高等学校电子信息系列

模拟电子技术基础

（第3版）

谢 红 主编

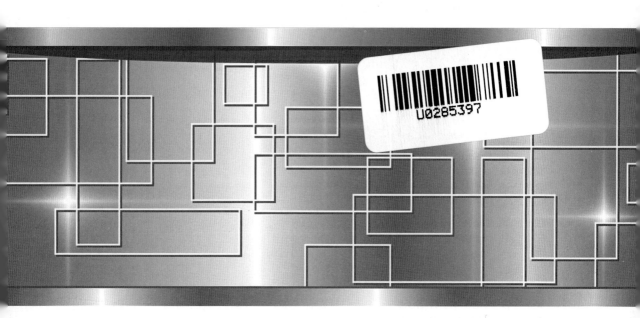

哈尔滨工程大学出版社
Harbin Engineering University Press

内 容 简 介

本书是作者根据多年的教学实践经验和电子技术最新发展情况,在《模拟电路基础》(第一版)的基础上进行的修改增删和总结提高。全书共分九章,包括半导体器件、基本单元电路、多级放大电路与频率响应、集成运算放大器、功率放大电路、放大电路中的反馈、集成运算放大器的应用、信号发生电路、直流稳压电源。本书全面、清楚地阐述了电子技术中的基本概念、基本原理及基本分析方法,并配有一定数量的例题、思考题与习题。

本书可作为高等院校通信与自动化等专业模拟电子技术课程的教材,也可供有关工程技术人员自学与参考。

图书在版编目(CIP)数据

模拟电子技术基础 / 谢红主编. — 3 版. — 哈尔滨:
哈尔滨工程大学出版社,2020.9(2024.8 重印)
ISBN 978 – 7 – 5661 – 2739 – 6

Ⅰ.①模… Ⅱ.①谢… Ⅲ.①模拟电路 – 电子技术
Ⅳ.①TN710

中国版本图书馆 CIP 数据核字(2020)第 144748 号

责任编辑　马佳佳
封面设计　李海波

出版发行	哈尔滨工程大学出版社
社　　址	哈尔滨市南岗区南通大街 145 号
邮政编码	150001
发行电话	0451 – 82519328
传　　真	0451 – 82519699
经　　销	新华书店
印　　刷	哈尔滨市海德利商务印刷有限公司
开　　本	787 mm×1 092 mm　1/16
印　　张	24
字　　数	620 千字
版　　次	2020 年 9 月第 3 版
印　　次	2024 年 8 月第 4 次印刷
定　　价	49.80 元

http://www.hrbeupress.com
E-mail:heupress@ hrbeu.edu.cn

编审委员会成员名单

主 任　阳昌汉

副主任　刁　鸣　王淑娟　赵旦峰

编　委　（依姓氏笔画排序）

叶树江　白雪冰　付永庆

付家才　杨　方　杨春玲

张朝柱　席志红　谢　红

童子权　谭　峰

前　言

本书是为了适应电子技术发展的新形势,配合教学改革的需要,结合作者多年的教学实践编写而成。本书对 1993 年 12 月由哈尔滨船舶工程学院出版社出版的《模拟电路基础》(第一版)教材上进行了修改和扩充,重新组织编排了全书内容。在编写过程中,尽量压缩了半导体物理内容,只是简要地阐述了晶体管的某些参数受环境温度影响的原因。对分立元件电路部分也进行了适当的缩减,增加了一些新内容。

本书的编写的原则是:保证基础、精选内容、加强概念、面向更新、联系实际、利于自学。全书共分九章,每章后均有小结,并配有思考题与习题,有利于读者对内容的消化理解。

与第一版(原版)和第二版教材相比较,本书(新版)具有以下几点不同之处。

1. 将原版分散在第一章、第二章、第三章中的二极管、三极管、场效应管集中起来放在新版的第一章中介绍,并增加了一些特殊二极管。新版第一章的主要任务是介绍各种常用器件,为后续各章电路奠定基础。另外,把原版第二章中晶体管混合参数 π 型等效电路也安排到新版的第一章中。

2. 将原版第二章中的基本放大电路和第三章中的场效应管放大电路,以及第四章中的差放、电流源电路部分组合成新版的第二章基本单元电路。这是全书的基础内容,也是重点内容。

把原版第二章中的多级放大电路及频率响应抽出来单独构成新版的第三章;将功率放大电路另作为一章内容安排在新版的第五章,对其做了较详细的讨论,并增加了集成功率放大电路。

3. 新版的第四章是将原版的第四章中的集成电路部分加以充实、扩展而成。主要介绍通用型集成运算放大器,并把原版第七章中理想运放的三种输入方式合并到新版第四章中来。

4. 原版中的难点内容,即第五章放大电路中的反馈,概念抽象,不易掌握。本书将这部分内容安排在第六章,通过更多的实例将抽象的概念具体化,从而降低了学习的难度。这些实例兼顾了集成电路和分立元件电路,教学实践效果较好。

5. 本书的第七章集成运算放大器的应用对原版内容进行了拓宽,增加了开关电容滤波器、集成模拟乘法器及电压比较器。

6. 将原版中第六章正弦波振荡电路及第七章中非正弦波振荡电路合并为新版的第八章信号发生电路。

7. 本书第九章直流稳压电源是将原版第一章中的整流、滤波电路,硅稳压管稳压电路及第七章中晶体管串联型直流稳压电路集中起来构成的。

8. 凡带"＊"号的内容为选学内容。

本书的编写提纲由有关专家审核认定,全书由哈尔滨工程大学谢红教授主编,李万臣教授参编,阳昌汉教授主审。

由于编者水平有限,教材中存在的问题与错误在所难免,敬请读者批评指正。

编 者

2020 年 6 月

目　　录

绪 论

一、课程的性质与任务

本课程是电气类、自动控制类和电子类等专业在电子技术方面入门性质的技术基础课。本书所涉及的基本电子电路包括分立元件电路和集成电路两大部分。读者应掌握基本电子电路的工作原理、主要特性以及电路之间的互联匹配等基本知识，以便给以后深入学习电子技术新领域中的内容，以及电子技术在专业中的应用打下良好的基础，通过实践环节培养学生分析问题与解决问题的能力和实际操作技能。

二、课程的特点

(一)内容丰富,涉及面宽

本课程涉及的基本概念、基本单元电路、基本分析方法等内容多且复杂，不易入门，给初学者造成一定的困难。器件包括二极管、三极管、场效应管、集成电路；电路部分包括基本单元电路、多级放大电路及集成运算电路、各种运放的应用电路等。学习时应注意及时总结归纳、对比，掌握它们的异同点，找出记忆规律。制作电路时应以设计计算为参考，以调试结果为准。

(二)实践性强

本课程设有实验课和适量的练习题，与理论知识相配合。学生通过实验能够验证理论的正确性，通过练习题可深入地理解、消化理论知识。只有理论计算而没有经过实际调试的电路是无用的电路。

(三)工程近似计算

工程近似计算又称估算。在进行电路性能的计算时，我们应本着严密分析、定量估算的原则，抓住主要矛盾，忽略次要矛盾，当大量与小量相比相差十倍或十倍以上时，可以忽略小量，只考虑大量的影响。这样做所带来的误差在工程上是允许的，而且会使计算大为简化。

三、什么是电子器件、电子系统和电子技术

电子器件是指电真空器件、半导体器件和集成电路等。

电真空器件是以电子在高度真空中运动为工作基础的器件，如电子管、示波管、显像管、

雷达荧光屏和大功率发射管等。

半导体器件是以带电粒子(电子和空穴)在半导体中运动为工作基础的器件。如半导体二极管、三极管、场效应管等。

集成电路是将一定数量的元器件及电路用集成化工艺制作在很小的芯片上,成为一个不可分割的且具有一定功能的电路。按集成的元器件数目的多少分为小规模、中规模、大规模乃至超大规模集成电路。目前,在几十平方毫米的芯片上可集成百万个元器件。

电子系统是指由若干相互联结、相互作用的基本电路组成的具有特定功能的电路整体。由于大规模集成电路和模拟－数字混合集成电路的大量出现,在单个芯片上可能集成许多种不同类型的电路,从而自成一个系统。例如,目前有多种单个芯片构成的数据采集系统产品,芯片内部往往包括多路模拟开关、可编程放大电路、取样－保持电路、模数转换电路、数字信号传输与控制电路等多种功能电路,并且已互相联结成为一个单片电子系统。

电子技术是研究电子器件、电子电路和电子系统及其应用的科学技术。现代电子技术的应用概括为通信、控制、计算机和文化生活等方面,其中文化生活包括的内容很广泛,如广播、电视、录音、录像、多媒体技术、电化教学、自动化办公设备、电子文体用具和家庭电子化设备等。

四、课程的研究对象

本课程的研究对象是模拟信号,主要研究模拟信号的传输、放大、控制等问题。

什么是信号?什么又是模拟信号呢?一般地讲,信号是信息的载体。例如,声音信号可以传达语言、音乐或其他信息,图像信号可以传达人类视觉系统能够接受的图像信息。模拟信号是指在时间上和幅值上均具有连续性的信号,在一定动态范围内可能取任意值。从宏观上看,我们周围世界大多数的物理量都是时间连续、数值连续的变量,如压力、温度及转速等。这些变量通过相应的传感器都可转换为模拟信号输入到电子系统中去。处理模拟信号的电子电路称为模拟电路,如放大电路、滤波电路、电压/电流变换电路等。本书主要讨论各种模拟电子电路的基本概念、基本单元电路、基本分析方法、基本原理及基本规律。

五、学习中应注意的问题

(一)基本概念

本课程基本概念占了相当大的比例,如果概念不清楚或者掌握得不准确,必然会造成对电路分析计算上的错误。对于一般的术语要知道"叫什么",有的概念还需要知道"为什么"。

(二)基本单元电路

复杂电路是由基本单元电路组成的,只要把基本单元电路的工作原理、定量计算熟练掌握了,复杂电路的分析计算也就不难了,所以基本单元电路是学习的重点。

(三)基本分析方法

基本分析方法包括图解法、估算法、等效电路法,这些分析方法的利用率很高,必须重点学习,熟练运用。

(四)基本原理

每遇到一个新电路,它是怎么工作的,它有什么特点,我们都应熟练地叙述出来,换句话说就是要会读电路图。掌握电路的基本原理是学好电路最起码的本领,否则电路的性能计算就无从下手。

(五)基本规律

本书前两章规律性不强,有一定的难度,需要多下点功夫。以后各章逐步表现出规律性,分析思路重复率高,掌握了这些规律,学习会越来越轻松,随之学习兴趣也会越来越浓。

综上所述,可以说重点就是基本功,只要练好这些基本功就不难学好本课程。当然,上好实验课也是一个必要环节。

第一章

半导体器件

半导体器件是指各种半导体晶体管。它们是放大电路的核心部件。电路的性能与其所用器件的特性密切相关。因此,在学习电路之前,必须先了解半导体器件。

本章在简要说明半导体的导电规律之后,讨论了PN结的特性,又讨论了二极管、稳压管、三极管、场效应管的工作原理、特性及参数,其目的是使读者能正确地选用各种器件。

第一节 半导体基础知识

一、本征半导体

(一)半导体及其特点

半导体是一类导电能力介于导体与绝缘体之间的物质。高度提纯的、晶体结构完整的半导体材料单晶体称为本征半导体。

最常用的半导体材料是硅(Si)和锗(Ge)。它们都是四价元素,共价键结构。其每个原子外层拥有四个价电子,十分稳定。因此,在绝对零度(0 K)时,本征半导体中无载流子,不导电。

然而,在光照或加热的情况下,本征硅(或锗)的导电性能就不一样了。导电能力随着温度的变化而变化,这种性质称为半导体的热敏特性;导电能力随着光照的强弱而变化的性质,称为半导体的光敏特性。人们可以利用半导体的这两个特性制造热敏元件和光敏元件。另外,半导体还有一个很重要的特性,就是掺杂特性,其导电能力随着掺杂的多少而变化。晶体管就是利用掺杂特性而制造的半导体器件。

(二)半导体中的载流子

载流子是指运载电荷的粒子。导体能导电是因为有载流子。导体(如金属)中的载流子只有一种,即自由电子,带负电,运动方式是在自由空间内自由飞翔;半导体中的载流子有两种,除了自由电子外还有空穴。空穴带正电性,沿着共价键做依次递补的运动,如图1-1所示。

空穴是怎样产生的呢?本征热激发能产生电子-空穴对。当温度升高(加热或光照)

时,价电子获得足够的能量挣脱原子核及共价键的束缚,进入自由空间成为自由电子参加导电,同时在原来位置上留下空位,称为空穴。该过程称为本征热激发,其效果是产生电子－空穴对,因电子与空穴是成对出现的,由此得名。

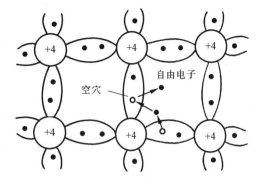

图1－1 本征半导体中的载流子示意图

当温度一定时,由于热运动使本征热激发产生多少个电子－空穴对,就有多少个电子－空穴对被复合,即电子又落回到空穴上使原子中和,这种状态称为动态平衡。

当温度升高时,热运动加剧,旧的平衡被打破,新的平衡又建立起来,使载流子浓度升高,容易导电。这就是半导体具有热敏特性与光敏特性的原因。

在一定温度下,电子浓度与空穴浓度相同。

二、杂质半导体

常温下,本征半导体的载流子浓度远远小于导体中的载流子,导电能力很差。但掺杂后的半导体就大不相同了。掺过杂质的半导体称为杂质半导体,按掺杂的不同分为 P 型(空穴型)半导体和 N 型(电子型)半导体两种。

(一)P 型半导体

在本征硅(或锗)中,掺入微量的三价元素(如硼),就会形成含大量空穴的 P 型杂质半导体。如图 1－2(a)所示,由于三价杂质原子只有三个价电子,与相邻四个硅(或锗)原子组成共价键时缺少一个电子而留有一个空位(不是空穴,因为杂质原子仍呈电中性)。相邻的价电子很容易填补这个空位,于是在这个电子原来的位置上产生了一个空穴,而杂质原子则获得一个电子而成为负离子,用"⊖"表示。三价杂质原子在电离中接受了一个电子,称为受主杂质。常温下,所有杂质原子的空位全部填满,产生与杂质原子个数相同的空穴。

另外,还有本征热激发产生的空穴。总之,在这种半导体中,空穴浓度远大于电子浓度,因此,将空穴称为多数载流子,简称多子;而将电子称为少数载流子,简称少子。将这两种半导体的载流子情况用带电粒子分布图来描述,如图 1－2(b)所示。

(二)N 型半导体

在本征硅(或锗)中掺入微量的五价元素(如磷),就会形成含大量电子的 N 型杂质半导体。如图 1－3(a)所示,杂质磷的五个价电子除了与相邻的硅(或锗)原子组成共价键外,还多余一个电子。这个多余电子仅受原子核的引力,因为距离远,所以这个引力很弱,极易挣脱束缚变成自由电子参加导电。当磷原子丢失一个电子时就变成了带正电的正离子,用"⊕"表示。把磷称作施主杂质。

除了磷原子在电离时释放出的电子,还有本征热激发产生的电子。可见,电子的浓度远远大于空穴的浓度。因此,在 N 型半导体中,电子是多子,空穴是少子。带电粒子分布图表示如图 1－3(b)所示。

必须指出的是,以上所说的正、负离子不是载流子,不能参加导电。

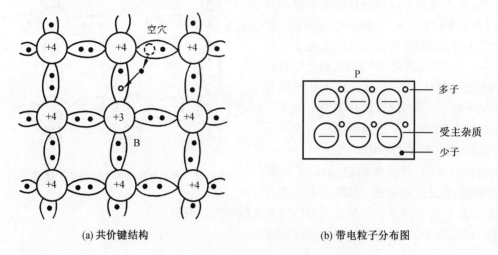

(a) 共价键结构   (b) 带电粒子分布图

图 1-2 P 型半导体中的载流子示意图

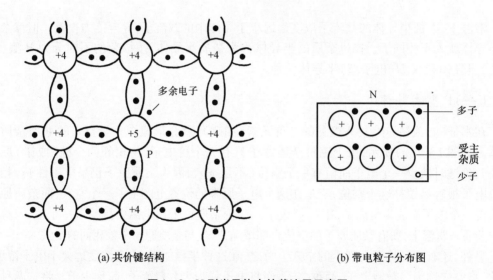

(a) 共价键结构   (b) 带电粒子分布图

图 1-3 N 型半导体中的载流子示意图

三、PN 结

(一)PN 结的形成与特点

通过掺杂工艺,把本征硅(或锗)片的一边做成 P 型半导体,另一边做成 N 型半导体,这样在它们的交界面处会形成一个很薄的特殊物理层,称为 PN 结。PN 结很薄,约为几微米至几十微米。PN 结是半导体器件的基本组成部分。

如图 1-4 所示,PN 结形成的物理过程实际上就是两种运动:多子做扩散运动,少子做漂移运动。

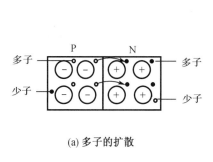
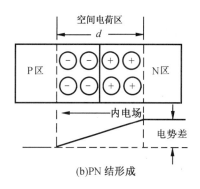

(a) 多子的扩散   (b)PN 结形成

图 1-4 PN 结的形成过程示意图

P 型半导体和 N 型半导体结合在一起时,因为在它们的界面处存在空穴和电子的浓度差,P 区中的空穴会向 N 区扩散,N 区中的电子也会向 P 区扩散,形成较大的扩散电流;同时在界面的两侧会形成由等量正、负离子组成的空间电荷区,这个空间电荷区就是 PN 结。

由于空间电荷区的出现,在界面处形成了一个方向由 N 区指向 P 区的内电场,其内电场的电位差 V_{h0} 值的大小与半导体材料有关。

内电场一方面会阻止多数载流子的扩散,另一方面将引起少数载流子的漂移,形成很小的漂移电流。这两种运动形成的电流方向相反,结电流等于这两种电流的代数和,即 $I_j = I_D - I_S$, I_D 表示扩散电流,I_S 表示漂移电流。最后,因浓度差而产生的扩散力为电场力所抵消,使扩散运动和漂移运动达到动态平衡。平衡时空间电荷区的宽度一定,电位差 V_{h0} 也就一定,V_{h0} 的值较小,一般只有零点几伏。

在 PN 结中只有不能移动的正、负离子(空间电荷),因此人们有时也把 PN 结称作耗尽区(因为在空间电荷区中载流子被耗尽了)。内电场阻止了扩散运动的进行,PN 结具有电阻效应,因此,PN 结也被称为阻挡层。当多子的扩散运动与少子的漂移运动达到一种动态平衡时,内电场值大小一定,在空间电荷区建立起势垒(电势差),所以又把 PN 结称作势垒区。

(二)PN 结的单向导电特性

PN 结具有单向导电性的原因是 PN 结具有电阻效应。由于 PN 结中充满不导电的正、负离子,电阻率很高,而两边的 P 区及 N 区中充满大量的载流子,电阻率很低,相当于导体。外加电压时主要集中降落在阻挡层上,其厚度 d 将随着外加电场的极性变化而变厚(电阻增大)或变薄(电阻减小),因而表现出单向导电特性。

1. 外加正向电压(正偏置)——PN 结导通

如图 1-5 所示,外加正向电压时,P 区的多子(空穴)浓度增加。多子主要来源于外电场,有利于扩散。P 区中的空穴与 N 区中的电子(多子)受外电场的驱使进入阻挡层,并与其中的一部分正、负离子中和,减少了空间电荷,使 PN 结厚度 d 变薄,并且内电场减小,使结电阻大大减小,结电流剧增,相当于导体导电的情况,这种状态称为导通状态。

2. 外加反向电压(反偏置)——PN 结截止

如图 1-6 所示,外加反向电压时,其效果与正向加压相反,此时外电场与内电场同向,内电场被加强,PN 结变厚,结电阻增加,结电流基本为零。

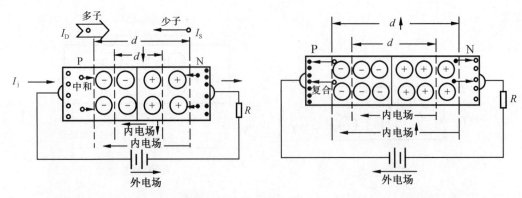

图 1-5 PN 结正向加压示意图　　　　图 1-6 PN 结反向加压示意图

3. 单向导电性

综上所述,PN 结正偏导通,结电流很大,表现为低阻态;而反偏时 PN 结截止,结电流基本为零,表现为高阻态,这种性质称为 PN 结的单向导电特性。

(三)PN 结的电容效应

PN 结不仅有电阻效应,而且还有电容效应(充放电效应),称为结电容。结电容与结电阻成并联关系,如图 1-7 所示。其中 r_j 表示结电阻,C_j 表示结电容。C_j 数值较小,在中、低频下可视为开路,但在高频下它的影响不容忽视,它可造成反向漏电,破坏单向导电性。PN 结正偏时,r_j 称为正偏电阻,阻值很小,可忽略不计;反偏时阻值较大,称为反偏电阻,经常作开路处理。

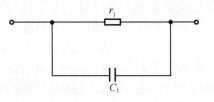

图 1-7 PN 结高频等效电路图

结电容 C_j 由两种电容组成,它们是扩散电容 C_D 及阻挡层电容(或势垒电容)C_B,即

$$C_j = C_D + C_B \tag{1-1}$$

1. 扩散电容 C_D

扩散电容是多子做扩散运动中由于储存所造成的电容效应。正偏时,由 P 区扩散到 N 区的空穴(多子)不可能同时与电子全部复合,还未来得及复合的空穴与 P 区中的少子(电子)、N 区中的部分多子(电子)分别组成点电容,所有点电容的集合称扩散电容。C_D 的数量级为 $C_D \geqslant 0.01\ \mu F$。

2. 阻挡层电容 C_B

阻挡层电容发生在阻挡层。阻挡层内的正、负电荷的多少能随外电场的变化而变化,相当于平行板电容器的充放电作用。正偏时,PN 结较薄,正、负电荷量较少,相当于放电;反偏时,PN 结较厚,正、负电荷量较多,相当于充电。C_B 的数量级很小,为 $0.5 \sim 100\ pF$。PN 结正偏时,主要是扩散运动,因此 C_j 主要由 C_D 决定;而反偏时,阻挡层变厚,C_j 主要由 C_B 决定。利用 C_j 随外电场而变化的特点可以制作变容二极管。

第二节　半导体二极管

一、二极管的结构

半导体二极管是由一个 PN 结(管芯)加上电极引线和管壳构成的。从 P 型区引出的电极称为正极;与 N 型区相连的电极为负极,其结构示意图和电路符号如图 1-8 所示,二极管的文字符号用 V 表示。使用时正极加高电平,负极加低电平,二极管内才能有电流流过。

二极管按结构不同分为点接触型和面接触型两类。

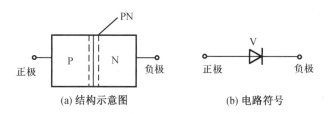

(a) 结构示意图　　　　(b) 电路符号

图 1-8　二极管的结构示意图与电路符号

(一)点接触型二极管

这类二极管的 PN 结是用电形成法制造的,在一块 N 型锗片上,放一根很细的含有三价元素的金属触丝,然后通入一个电流脉冲(大小有几安培,时间为 0.1~0.4 s),触丝尖端被加热熔化,三价元素渗入到 N 型锗中,触丝下面的那部分 N 型锗就变成 P 型,从而形成一个 PN 结,如图 1-9(a)所示。

点接触型的优点是 PN 结面积小,结电容小,工作频率高,可达 100 MHz 以上;缺点是不能承受大的正向电流和反向电压,因此,这类二极管适用于高频检波或在数字电路中作开关元件。

(二)面接触型二极管

这类二极管的 PN 结是用合金法或扩散法制成的,图 1-9(b)是用合金法制成的面接触型二极管的结构。这类管子的 PN 结面积较大,可通过较大的工作电流,但结电容也大,工作频

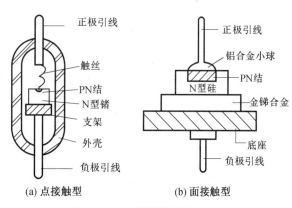

(a) 点接触型　　　　(b) 面接触型

图 1-9　二极管的结构图

率低,反向击穿电压高,能承受大的反向电压。多用于低频整流电路中。

半导体器件的种类很多,需要用型号加以区别和表示。国家标准《半导体分立器件型号命名方法》(GB/T 249—2017)规定了由第一部分到第五部分组成的器件型号的符号及其意

义。国产半导体器件的类型、材料和参数用一组数字和汉语拼音字母表示。这个数字和字母的组合代表了器件的型号。型号中各组成部分的含义如表 1-1 所示。例如,2AP1 表示是用 N 型锗制成的普通二极管,2CZ52A 表示是用 N 型硅材料制成的整流二极管。

表 1-1 半导体分立器件型号命名方法(GB/T 249—2017)

第一部分		第二部分		第三部分		第四部分	第五部分
用阿拉伯数字表示器件的电极数目		用汉语拼音字母表示器件的材料和极性		用汉语拼音字母表示器件的类别		用阿拉伯数字表示登记顺序号	用汉语拼音字母表示规格号
符号	意义	符号	意义	符号	意义		
2	二极管	A	N 型,锗材料	P	小信号管		
		B	P 型,锗材料	H	混频管		
		C	N 型,硅材料	V	检波管		
		D	P 型,硅材料	W	电压调整管和电压基准管		
		E	化合物合金材料	C	变容管		
3	三极管	A	PNP 型,锗材料	Z	整流管		
		B	NPN 型,锗材料	L	整流堆		
		C	PNP 型,硅材料	S	隧道管		
		D	NPN 型,硅材料	K	开关管		
		E	化合物或合金材料	N	噪声管		
				F	限幅管		
				X	低频小功率晶体管 ($f_a < 3$ MHz,$P_C < 1$ W)		
				G	高频小功率晶体管 ($f_a \geq 3$ MHz,$P_C < 1$ W)		
				D	低频大功率晶体管 ($f_a < 3$ MHz,$P_C \geq 1$ W)		
				A	高频大功率晶体管 ($f_a \geq 3$ MHz,$P_C \geq 1$ W)		
				T	闸流管		
				Y	体效应管		
				B	雪崩管		
				J	阶跃恢复管		

注:场效应晶体管、特殊晶体管、复合管、PIN 二极管、激光二极管等型号命名只有第三、第四、第五部分(参见 GB/T 249—2017)。

示例 1：锗 PNP 型高频小功率晶体管

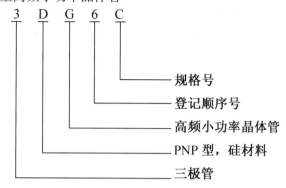

示例 2：场效应晶体管

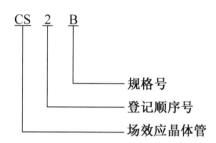

二、二极管的伏安特性曲线及电流方程式

二极管的主要特性就是 PN 结的单向导电特性，可以用电流方程式和伏安特性曲线来描述。

(一)二极管的电流方程式

$$I = I_S(e^{U/U_T} - 1) \tag{1-2}$$

其中，I 表示二极管的正向电流；I_S 表示二极管的反向饱和电流，即反偏时少子做漂移运动所形成的漂移电流；U 表示二极管的外加电压；U_T 是温度电压当量，常温下 $U_T \approx 26\ \text{mV}$。

(二)伏安特性曲线

由二极管方程式用逐点描迹法绘成曲线，如图 1-10 所示。

1. 正向特性

当外加正向电压较小时，不足以克服内电场的作用，结电阻仍较大，因此正向电流趋于零，将该区称为死区。当正向电压增加到一定数值 U_{on} 时，开始出现正向电流，此时的电压称为开启电压 U_{on}（或称为死区电压）。常温下，硅二极管的 $U_{on} \approx$ 0.5 V，锗二极管的 $U_{on} \approx 0.1$ V。

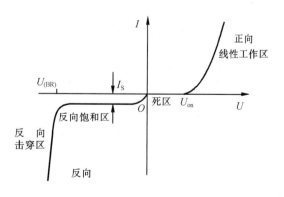

图 1-10　二极管的伏安特性曲线图

当外加正向电压大于 U_{on} 时,正向电流呈指数规律近似线性上升,因此将该区称为线性工作区。二极管正向导通时应工作在该区。通常在小功率二极管正常工作的电流范围内,线性工作区内的管压降变化范围都比较小,硅管为 0.6~0.8 V,锗管为 0.1~0.3 V。

2. 反向特性

在反向电压作用下,没有多子做扩散运动,只有少子做漂移运动,形成很小的漂移电流,称为反向饱和电流 I_S。当温度一定时,I_S 表现饱和性质,因此,将该区称为反向饱和区,管子基本呈截止状态。硅管的 I_S 约在纳安(nA)量级,锗管约在微安(μA)量级。

当反向电压增加到一定数值时,反向电流 I_S 剧增,二极管被反向击穿,曲线出现长尾现象,将该区称为反向击穿区,所对应的反向电压 $U_{(BR)}$ 称为反向击穿电压。这是因为反向电压加大,空间电荷区的电场很强,在强电场作用下,少子获得足够大的能量与价电子碰撞,产生新的电子 – 空穴对,它们又去碰撞别的价电子产生新的电子 – 空穴对。如此下去,像雪崩一样,载流子个数成倍增加,使 I_S 剧增,这种击穿称为雪崩击穿。当 PN 结很薄时,无须加很大的反向电压就可以产生强电场作用,直接将价电子拉出参加导电,使 I_S 剧增,这种击穿称为齐纳击穿。二极管反向加压时,PN 结较厚,主要是雪崩击穿。

三、环境温度对伏安特性曲线的影响

二极管的伏安特性曲线随着环境温度的变化而漂移,如图 1 – 11 所示。当温度升高 $(T_2 > T_1)$ 时,正向特性曲线向左平移。开启电压 U_{on} 减小 $(U_{on2} < U_{on1})$,其规律是温度每升高 1 ℃,U_{on} 减小 2 mV 左右。反向饱和特性曲线随着温度的升高向下平移。反向饱和电流 I_S 增加,即 $I_{S2} > I_{S1}$,其变化规律为

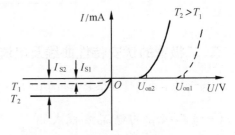

图 1 – 11 伏安特性曲线受温度的影响图

$$I_{S(T_2)} = I_{S(T_1)} \cdot 2^{\frac{T_2 - T_1}{10}} \qquad (1-3)$$

也就是说,温度每升高 10 ℃,I_S 值翻一番,不论是硅管还是锗管均如此。

四、二极管的主要参数

为了使管子安全可靠地工作,选用管子时必须充分注意它的参数。

(一)最大整流电流 I_F

I_F 是指二极管长期使用时允许流过的最大正向平均电流,其大小由 PN 结的面积和散热条件决定。由于正向特性曲线受温度的影响,对应相同的外加电压值 U,T_2 温度下的正向电流要比 T_1 温度下的正向电流大得多,有可能超过 I_F 值而进入过流区 $(I > I_F$ 的区域),会使管子过热而损坏,必须采取散热措施。

(二)最大反向工作电压 U_R

U_R 是指二极管允许承受的最大反向工作电压。为了避免反向击穿,取击穿电压 $U_{(BR)}$ 的一半定为 U_R。

（三）反向电流 I_R

I_R 是指在室温和 U_R 条件下的反向电流。I_R 值越小,二极管的单向导电性越好。

（四）最高工作频率 f_M

f_M 取决于 PN 结结电容的大小,结电容越大,则二极管允许的最高工作频率越低。使用时信号频率不得超过 f_M,否则,单向导电性能下降。

二极管的用途很多,例如,作整流、检波、温度补偿、门电路等。作整流用的二极管称为整流二极管;作检波用的二极管称为检波二极管等。

锗点接触型普通二极管的参数见表 1 - 2。

表 1 - 2　锗点接触型普通二极管参数

型号	测试条件			反向电流 $I_R = 400\ \mu A$	正向电压 $U_F = 1\ V$	2AP1,2AP2,…,2AP7 的反向电压分别为 10 V、25 V、25 V、50 V、75 V、100 V、100 V			用途
	参数名称	最大整流电流 I_{OM}/mA	最高反向工作电压 U_{RM}/V	反向击穿电压 $U_{(BR)}/V$	正向电流 I_F/mA	反向电流 $I_R/\mu A$	截止频率 f/MHz	结电容 C_j/pF	
2AP1	参数值	16	20	≥40	≥2.5	≤250	150	≤1	在频率为 150 MHz 以下的无线电电子设备中作检波、整流用
2AP2			30	≥45	≥1.0				
2AP3		25	30	≥45	≥7.5				
2AP4		16	50	≥75	≥5.0				
2AP5			75	≥110	≥2.5				
2AP6		12	100	≥150	≥1.0				
2AP7					≥5.0				

五、二极管电路的分析方法

（一）二极管的直流电阻与交流电阻

1. 直流电阻

图 1 - 12 所示为二极管正向伏安特性曲线,在该曲线上选定 Q 点为直流工作点,把 Q 点处的直流电压 U_D 与相应的直流电流 I_D 的比值定义为二极管在该点的直流电阻,也称静态电阻,用 R_D 表示,即

$$R_D = \frac{U_D}{I_D} = \frac{1}{\tan \alpha} \qquad (1 - 4)$$

可见,二极管直流电阻的几何意义就是连接坐标原点与 Q 点的直线 $\overline{OQ}$ 斜率的倒

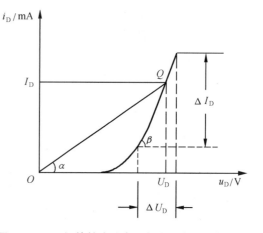

图 1 - 12　二极管的直流电阻与交流电阻示意图

数。还可以看出,R_D 的大小与 Q 点的位置有关。当 Q 点位置不同时,直线 $\overline{OQ}$ 的斜率不同,则直流电阻就不相同了。通常工作点 Q 越高,其直流电阻越小。

2. 交流电阻

在图 1-12 中二极管正偏导通后,当两端的电压在 Q 点附近发生变化时,流过二极管的电流也要相应地变化。我们把电压变化量 ΔU_D 与电流变化量 ΔI_D 的比值定义为二极管在 Q 点处的交流电阻,用 r_d 表示,即

$$r_d = \frac{\Delta U_D}{\Delta I_D} = \frac{1}{\tan \beta} \tag{1-5}$$

可见,二极管交流电阻的几何含义就是过 Q 点的外切线斜率的倒数。同时也能看出,交流电阻 r_d 的大小与 Q 点的位置有关,Q 点位置改变时,其外切线的斜率也变化,交流电阻也就不相同了。Q 点越高,交流电阻越小。

当 ΔU_D 很小时,r_d 近似等于特性曲线在 Q 点处的导数,只需对二极管电流方程求微分就可得到 r_d,即

$$r_d = \left(\frac{dI_D}{dU_D} \right)^{-1} \approx \left[\frac{d}{dU_D} (I_S e^{U_D/U_T}) \right]_Q^{-1} = \frac{U_T}{I_D} \tag{1-6}$$

当 $T = 300$ K 时,$r_d \approx \dfrac{26 \text{ mV}}{I_D}$。其交流等效电阻可用直流电流来计算。

(二) 图解法

图解法常用于确定二极管在直流工作状态下的电压和电流。如果电路比较复杂,可先将除二极管以外的线性电路部分用戴维南定理简化成由电压为 E 的理想电压源和电阻 R 串联的等效电路,然后再把二极管接上,就成为一个单回路电路,如图 1-13(a) 所示。在该电路中,如果电压 E 使二极管正偏导通,则可用图解法求出二极管两端的电压 U_D 和流过二极管的电流 I_D。在电路中,如果用直线 AB 将其分为两部分,右边部分 I_D 与 U_D 之间的关系应满足二极管的正向特性,如图 1-13(b) 中的曲线 OQC 所示。

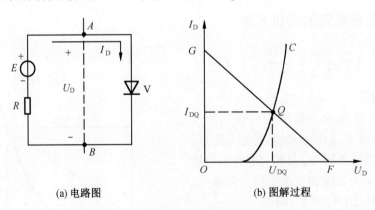

(a) 电路图   (b) 图解过程

图 1-13   二极管电路的图解分析法

左边部分 I_D 和 U_D 的值应满足根据电路基本定律(KVL)写出的方程

$$U_D = E - I_D R \tag{1-7}$$

只有同时满足二极管的伏安特性和式(1-7)中的 I_D, U_D 值才是该电路的解。为此,可把式(1-7)所表示的直线 GF 画到二极管伏安特性曲线的坐标平面上,该直线的斜率为 $-1/R$,称为负载线。负载线 GF 与二极管的伏安特性交于 Q 点,将 Q 点称为该电路的静态工作点,Q 点的坐标值就是该电路的解,即 $I_D = I_{DQ}$, $U_D = U_{DQ}$。

在图 1-13(a)中,如果电压 E 的值小于二极管死区电压或者 E 为负值使二极管反偏时,则二极管的电流 $I_D \approx 0$,端电压 $U_D = E$。

[例1-1] 在图 1-14(a)中,已知 $E = 2\text{ V}$,二极管的伏安特性如图 1-14(b)所示,试分别求出 $R = 500\ \Omega$ 和 $R = 1\ 000\ \Omega$ 时二极管的直流电阻。

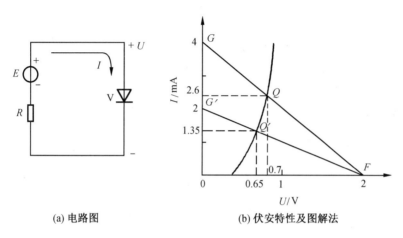

(a) 电路图　　　　　　　(b) 伏安特性及图解法

图 1-14　例 1-1 图

解　当 $R = 500\ \Omega$ 时

$$U = E - IR = 2 - 500I$$

令 $U = 0$,则 $I = E/R = 2/500 = 4\text{ mA}$,得到 G 点 $(0,4)$;再令 $I = 0$, $U = E = 2\text{ V}$,得到 F 点 $(2,0)$,连接 GF 所得负载线与二极管的伏安特性交于 Q 点,如图 1-14(b)所示。由 Q 点坐标值得到此时流过二极管的电流为 $I_Q = 2.6\text{ mA}$,二极管两端电压 $U_Q = 0.7\text{ V}$,因此二极管的直流电阻为

$$R_Q = \frac{U_Q}{I_Q} = \frac{0.7}{2.6 \times 10^{-3}} = 269\ \Omega$$

当 $R = 1\ 000\ \Omega$ 时

$$U = E - IR = 2 - 1\ 000I$$

由上式作出负载线 $G'F$ 与二极管的伏安特性交于 Q' 点,如图 1-14(b)所示。由 Q' 点坐标值得出 $I_{Q'} = 1.35\text{ mA}$, $U_{Q'} = 0.65\text{ V}$,因此二极管的直流电阻为

$$R_{Q'} = \frac{U_{Q'}}{I_{Q'}} = \frac{0.65}{1.35 \times 10^{-3}} = 481\ \Omega$$

(三)等效电路法

将二极管的伏安特性曲线进行分段线性化处理,就可以用某些线性元件来近似地代替二极管,从而得到二极管的等效电路,常用的有下面几种等效电路。

1. 理想二极管

在电路中如果二极管的正向压降远小于和它串联的其他元件上的电压,则可忽略二极管的正向压降。当二极管的反向电流远小于和它并联的支路中的电流时,其反向电流也可忽略不计。这时就可以用理想二极管来代替实际的二极管。图 1 – 15 中折线 *AOB* 为理想二极管的伏安特性,虚线为实际二极管的伏安特性。可见,理想二极管的死区电压和正向压降都等于零,反向电流也等于零。

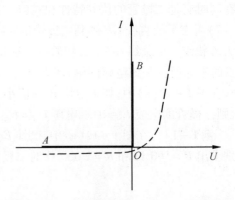

图 1 – 15 理想二极管的伏安特性示意图

理想二极管在电路中相当于一个开关元件,开关闭合还是断开取决于二极管两端电压的极性。当二极管正向偏置时,只要正向电压稍大于零,二极管就导通,相当于开关闭合。当二极管反偏时,二极管截止,相当于开关断开,如图 1 – 16 所示。

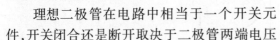

(a) 二极管正偏导通相当于开关闭合　　　(b) 二极管反偏截止相当于开关断开

图 1 – 16 理想二极管的开关作用示意图

2. 考虑正向压降时的等效电路

将实际二极管的伏安特性用图 1 – 17(a)中的折线 *AOBC* 来代替,认为二极管的死区电压和导通后的正向压降近似相等,均用 U_{on} 来表示。二极管导通后正向压降保持不变,即二极管的动态电阻为零。这样就可以用理想二极管和一个端电压为 U_{on} 的理想电压源相串联构成等效电路,如图 1 – 17(b)所示。U_{on} 可以从二极管的伏安特性上找出,也可以近似估算,通常硅二极管的正向压降为 0.7 V 左右,锗管的正向压降约为 0.2 V。

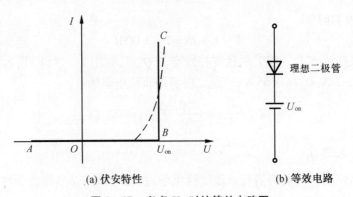

(a) 伏安特性　　　　　　　(b) 等效电路

图 1 – 17 考虑 U_{on} 时的等效电路图

3. 考虑 U_{on} 和正向特性斜率时的等效电路

由于二极管导通后,其正向压降会随正向电流的增加而稍有增大,因此可用图 1-18(a) 中的折线 $AOBC$ 来代替实际二极管的伏安特性,即二极管导通后的伏安特性用斜线 BC 来代替,这样二者就更为接近。斜线 BC 的斜率等于二极管工作范围内电流变化量 ΔI 与电压变化量 ΔU 的比值,其倒数为二极管导通后的等效电阻,用 $r_{D(on)}$ 表示,即 $r_{D(on)} = \Delta U / \Delta I$。这样二极管的电压与电流的关系可写成

$$U = U_{on} + I r_{D(on)} \tag{1-8}$$

等效电路由理想二极管、理想电压源 U_{on} 和等效电阻 $r_{D(on)}$ 串联组成,如图 1-18(b) 所示。

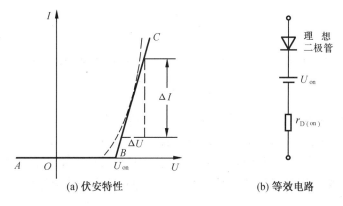

(a) 伏安特性　　　　　(b) 等效电路

图 1-18　考虑 U_{on} 和正向特性斜率时的等效电路图

4. 微变等效电路

当二极管两端的电压在某一固定值附近做微小变化,而且只研究这一电压微变量与电流微变量之间的关系时,我们可以用特性曲线在该固定点处的切线来代替这一小段曲线,如图 1-19(a) 所示,这样,电压变化量与电流变化量之比为一常数,即为二极管在该点的动态电阻 r,所以可用动态电阻 r 来等效地代替二极管,如图 1-19(b) 所示。动态电阻 r 可以从特性曲线上作图求得,但因为特性曲线比较陡,不易作得准确,所以还可以由 PN 结方程得出 r 的近似计算公式。

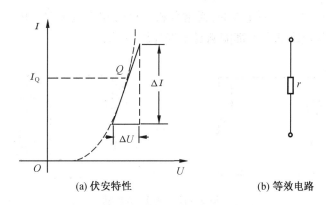

(a) 伏安特性　　　　　(b) 等效电路

图 1-19　二极管的微变等效电路图

由二极管电流方程我们知道二极管正偏导通后,二极管的电流与电压之间的关系可写成

$$I = I_{\mathrm{S}} \mathrm{e}^{U/U_{\mathrm{T}}} \tag{1-9}$$

二极管在伏安特性上 Q 点的动态电阻

$$r_Q = \left. \frac{\mathrm{d}U}{\mathrm{d}I} \right|_Q \tag{1-10}$$

由式(1-9)可得

$$\mathrm{d}I = \mathrm{d}\left[I_{\mathrm{S}} \mathrm{e}^{U/U_{\mathrm{T}}} \right] = \frac{1}{U_{\mathrm{T}}} I_{\mathrm{S}} \mathrm{e}^{U/U_{\mathrm{T}}} \mathrm{d}U$$

因此

$$\frac{\mathrm{d}U}{\mathrm{d}I} = \frac{U_{\mathrm{T}}}{I_{\mathrm{S}} \mathrm{e}^{U/U_{\mathrm{T}}}} = \frac{U_{\mathrm{T}}}{I}$$

在 Q 点处,流过二极管的电流为 $I_{\mathrm{D}Q} = I_{\mathrm{S}} \mathrm{e}^{U_{\mathrm{D}Q}/U_{\mathrm{T}}}$,$Q$ 点的动态电阻为

$$r_Q = \left| \frac{\mathrm{d}U}{\mathrm{d}I} \right|_Q = \frac{U_{\mathrm{T}}}{I_{\mathrm{D}Q}} \tag{1-11}$$

在室温下,式中 $U_{\mathrm{T}} = 26$ mV,$I_{\mathrm{D}Q}$ 单位为 mA 时,r_Q 的单位为 Ω。

以上几种等效电路是在不同的条件下得出的。在应用等效电路法进行分析时,应根据二极管电路的具体条件以及所需分析的问题选择合适的等效电路。下面举例加以说明。

[例1-2] 电路图和已知条件与[例1-1]相同,试用等效电路法求 $R = 1\,000$ Ω 时流过二极管的电流。

解 在该电路中,电压源的电压 $E = 2$ V,与二极管导通后的正向压降相差不是很多,所以不能用理想二极管来等效代替实际的二极管,应采用考虑正向压降时的等效电路,如图 1-20 所示。根据例1-1所给出的二极管的伏安特性可取 $U_{\mathrm{on}} = 0.7$ V,则流过二极管的电流 I 为

$$I = \frac{E - U_{\mathrm{on}}}{R} = \frac{2 - 0.7}{1\,000} = 1.3 \text{ mA}$$

与图解法所得结果相比,误差为

$$\frac{1.35 - 1.3}{1.35} \times 100\% = 3.7\%$$

这样的误差在工程实际中是允许的,通常分析二极管在直流电路中的工作情况时,采用图 1-17(b)中的等效电路基本上都能满足工程计算的要求。

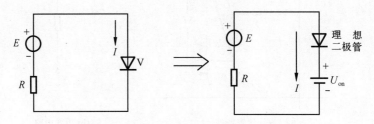

图 1-20 例1-2的图

[**例1-3**] 已知图$1-21(a)$中，$U_1=6$ V，$u_2=0.2\sin 3\,140t$ V，$R_S=1\,000$ Ω，二极管的伏安特性如图$1-21(c)$所示，试求流过二极管的电流I_D。

解 图$1-21(a)$中同时有直流电源和交流电源，直流电源U_1可使二极管正偏导通，交流电源又会使二极管的正向电压在某个范围内变化，正向电流也随着变化，因而采用前面所讲的第三种等效电路来分析比较合适。由二极管的伏安特性可得出等效电路中的$U_{on}=0.7$ V，等效电阻为

$$r_{D(on)}=\frac{\Delta U}{\Delta I}=\frac{70\text{ mV}}{8\text{ mA}}=8.75\ \Omega$$

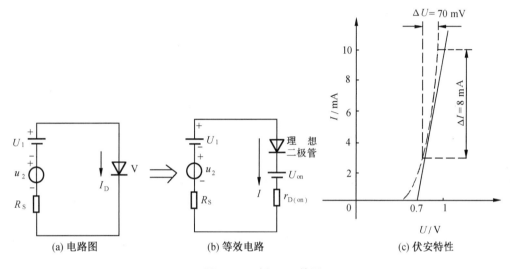

图$1-21$ 例$1-3$的图

将图$1-21(a)$中的二极管用其等效电路代替，其中理想二极管处于导通状态，因而成为一个闭合的线性电路，如图$1-21(b)$所示，这样就可以用叠加原理进行计算了。

设每个电源单独作用时，二极管中电流正方向均与I_D一致。直流电源U_1和U_{on}作用时流过二极管的电流为

$$I_D=\frac{U_1-U_{on}}{R_S+r_{D(on)}}=\frac{6-0.7}{1\,000+8.75}=5.25\ \text{mA}$$

交流电源u_2单独作用时流过二极管的电流为

$$i_d=\frac{u_2}{R_S+r_{D(on)}}=\frac{0.2\sin 3\,140t}{1\,000+8.75}=0.198\sin 3\,140t\ \text{mA}$$

二极管的总电流为

$$i_D=I_D+i_d=(5.25+0.198\sin 3\,140t)\ \text{mA}$$

六、特殊二极管

除了普通二极管以外，还有其他若干种特殊二极管，如稳压二极管(又称齐纳二极管)、变容二极管、光电子器件(包括光电二极管、发光二极管和激光二极管)等，分别介绍如下。

(一)稳压二极管

1. 稳压效应

利用反向击穿现象具有稳压效应而特制的二极管称为稳压二极管,简称稳压管(或称齐纳二极管)。如图 1-22(a)所示,在反向击穿区取一个较大的电流变化量 ΔI_Z,对应的电压变化量 ΔU_Z 基本为零,这就是稳压效应,是稳压管的主要特点。

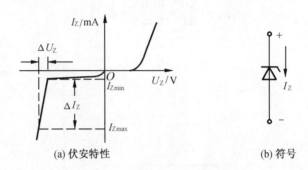

(a) 伏安特性   (b) 符号

图 1-22 稳压管的伏安特性曲线图及符号

稳压管的正向特性与普通二极管相同,其导通电压也只有零点几伏。为了保证稳压管工作在反向击穿状态,作稳压使用时必须反向加压,并且还必须加限流电阻,以保证工作电流 I_Z 满足

$$I_{Zmin} < I_Z < I_{Zmax} \tag{1-12}$$

若 $I_Z < I_{Zmin}$,则稳压管进入反向饱和区,没有稳压作用;若 $I_Z > I_{Zmax}$ 时,则会引起管子过热而损坏。稳压管使用时的接法如图 1-23 所示。

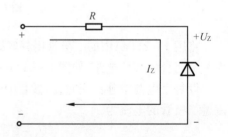

2. 稳压管的主要参数

(1)稳定电压 U_Z

U_Z 指稳压管反向击穿后,通过规定的电流 I_Z 时相应的电压值。实验证明,对于硅管来说,$U_Z > 7$ V 的稳压管表现为雪崩击穿,$U_Z < 4$ V 的稳压管表现为齐纳击穿,而 4 V $< U_Z < 7$ V 的稳压管两种

图 1-23 稳压管的使用条件示意图

击穿兼有。同型号的稳压管其稳压值不是唯一的,例如 2CW11,其 $U_Z = 3.2 \sim 4.5$ V。

(2)最小稳定电流 I_{Zmin}

I_{Zmin} 指稳压管具有正常稳压作用时的最小稳定电流。稳压使用时,要求 $I_Z \geqslant I_{Zmin}$。

(3)最大稳定电流 I_{Zmax}

I_{Zmax} 指稳压管具有正常稳压作用时的最大稳定电流。稳压使用时,要求 $I_Z \leqslant I_{Zmax}$。

(4)动态电阻 r_Z

r_Z 指稳压管两端电压的变化量 ΔU_Z 与所对应的电流变化量 ΔI_Z 之比值,即

$$r_Z = \frac{\Delta U_Z}{\Delta I_Z} \tag{1-13}$$

它是描写反向击穿线垂直程度的参数。r_Z 越小,击穿线越垂直,稳压性能越好。理想的稳

压管 $r_Z = 0$。

（5）稳定电压的温度系数 α_Z

稳定电压的温度系数是反映稳定电压 U_Z 受温度影响的参数。其大小为温度每升高 1 ℃时，稳定电压 U_Z 的相对变化量，用百分数表示，即

$$\alpha_Z = \frac{\Delta U_Z}{U_Z \cdot \Delta T} \times 100\% \qquad (1-14)$$

$U_Z > 7$ V 的稳压管具有正温度系数（温度升高，U_Z 增加）；$U_Z < 4$ V 的稳压管具有负温度系数（温度升高，U_Z 减小）；而 4 V $< U_Z < 7$ V 的稳压管，其温度系数最小；$U_Z \approx 6$ V 的稳压管具有零温度系数（当温度变化时，U_Z 不变）。图 1-24 示出了温度系数 α_Z 与稳定电压 U_Z 之间的关系曲线以及温度对 U_Z 的影响。当温度稳定性要求较高时，应选用 $U_Z \approx 6$ V 的稳压管，或者用具有温度补偿的双稳压管。例如 2DW7 型，如图 1-25 所示，由两个相同的稳压管反向串接，一个反向击穿时有正温度系数，另一个正向导通时有负温度系数，二者互相抵消，使 α_Z 最小。

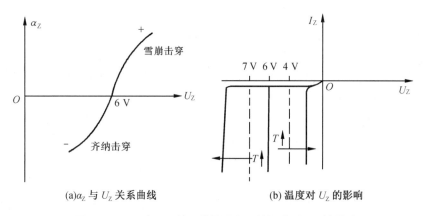

(a)α_Z 与 U_Z 关系曲线　　(b) 温度对 U_Z 的影响

图 1-24　$\boldsymbol{\alpha_Z}$ 与 $\boldsymbol{U_Z}$ 关系曲线图和环境温度对 $\boldsymbol{U_Z}$ 的影响

（6）额定功耗 P_{ZM}

P_{ZM} 是稳压管允许温升所决定的参数，其大小为

$$P_{ZM} = U_Z \cdot I_{Zmax} \qquad (1-15)$$

*（二）变容二极管

二极管结电容的大小除了与本身结构和工艺有关外，还与外加电压有关。结电容随反向电压 u_r 的增加而减小，这种效应显著的二极管称为变容二极管。图 1-26(a) 为它的代表符号，图(b) 是某种变容二极管的特性曲线。不同型号的管子，其电容最大值不同（5～300 pF）。最大电容与最小电容之比约为 5:1。变容二极管在高频技术中应用较多，例如作为电视机调谐回路的压控可变电容器，以实现用电压来改变频道。

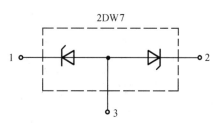

图 1-25　双稳压管符号

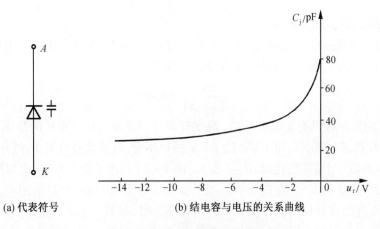

(a) 代表符号　　　　　　(b) 结电容与电压的关系曲线

图 1-26　变容二极管特性曲线图

*(三) 光电子器件

虽然模拟和数字电子技术中,广泛地应用半导体二极管和三极管电路来作信号处理,但是当前一种新的趋势是在信号传输和存储等环节中可有效地应用光信号。例如,在电话、计算机网络、计算机光盘 CD-ROM,甚至于在船舶和飞机的导航装置中均采用现代化的光电子系统。光电子系统的突出优点是抗干扰能力较强,可大量地传送信息,而且传输损耗小、工作可靠。它的主要缺点是光路比较复杂,光信号的操作与调制需要精心设计。

光信号和电信号的接口需要一些特殊的光电子器件,下面分别予以介绍。

1. 光电二极管

光电二极管的结构与 PN 结二极管类似,但在它的 PN 结处,通过管壳上的一个玻璃窗口能接收外部的光照。这种器件的 PN 结在反向偏置状态下运行,它的反向电流随光照强度的增加而上升。图 1-27(a)是光电二极管的代表符号,图(b)是它的等效电路,而图(c)则是它的特性曲线。其主要特点:它的反向电流与照度成正比,灵敏度的典型值为 0.1 μA/lx[①] 数量级。

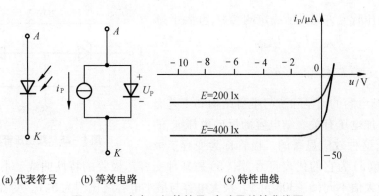

(a) 代表符号　　(b) 等效电路　　　　　(c) 特性曲线

图 1-27　光电二极管符号、电路及特性曲线图

---

① lx(勒克斯)为照度(E)的单位,1 lx = 1 lm/m^2。

光电二极管可用来作光的测量,是将光信号转换为电信号的常用器件。

2. 发光二极管

发光二极管通常用元素周期表中Ⅲ、Ⅴ族元素的化合物,如砷化镓、磷化镓等所制成。当这种管子通以电流时将发出光来,这是电子与空穴直接复合而放出能量的结果。光谱范围是比较窄的,其波长由所使用的基本材料而定。图 1–28 表示发光二极管的代表符号。几种常见发光材料的主要参数如表 1–3 所示。发光二极管常用来作为显示器件,除单个使用外,也常做成七段式或矩阵式器件,工作电流一般为几毫安至十几毫安。

图 1–28　发光二极管的代表符号

表 1–3　发光二极管的主要参数

颜色	波长/nm	基本材料	正向电压(10 mA 时)/V	光强(10 mA 时,张角 ±45°)/mcd*	光功率/μW
红外	900	砷化镓	1.3 ~ 1.5		100 ~ 500
红	655	磷砷化镓	1.6 ~ 1.8	0.4 ~ 1	1 ~ 2
鲜红	635	磷砷化镓	2.0 ~ 2.2	2 ~ 4	5 ~ 10
黄	583	磷砷化镓	2.0 ~ 2.2	1 ~ 3	3 ~ 8
绿	565	磷化镓	2.2 ~ 2.4	0.5 ~ 3	1.5 ~ 8

*　cd(坎德拉)发光强度的单位。

发光二极管的另一个重要用途是将电信号转变为光信号,通过光缆传输,然后再用光电二极管接收,再现电信号。图 1–29 表示一发光二极管发射电路通过光缆驱动一光电二极管接收电路。在发射端,一个 0 ~ 5 V 的脉冲信号通过 50 Ω 的电阻作用于发光二极管(LED),这个驱动电路可使 LED 产生一数字光信号,并作用于光缆。由 LED 发出的光约有 20% 耦合到光缆。在接收端,传送的光中约有 80% 耦合到光电二极管,以致在接收电路的输出端复原为 0 ~ 5 V 电平的数字信号。

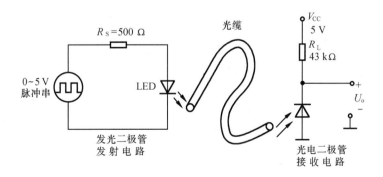

图 1–29　光电传输系统示意图

3. 激光二极管

光电二极管通常用于接收由光缆传来的光信号,此时光缆用作光传输线,它是由玻璃或塑料制成的。若传的光限于单色的相干性波长,则光缆更有效地用来传输。相干性的光是一种电磁辐射,其中所有的光子具有相同的频率且同相位。相干的单色光信号可以用激光二极管来产生。如图1-30(a)所示,激光二极管的物理结构是在发光二极管的结间安置一层具有光活性的半导体,其端面经过抛光后具有部分反射功能,因而形成一光谐振腔。在正向偏置的情况下,LED结发射出光来并与光谐振腔相互作用,从而进一步激励从结上发射出单波长的光,这种光的物理性质与材料有关。

半导体激光二极管的工作原理,理论上与气体激光器相同。但气体激光器所发射的是可见光,而激光二极管发射的则主要是红外线。这与所用的半导体材料(如砷化镓等)的物理性质有关,图1-30(b)是激光二极管的代表符号。激光二极管在小功率光电设备中应用广泛,如计算机上的光盘驱动器,激光打印机中的打印头等。

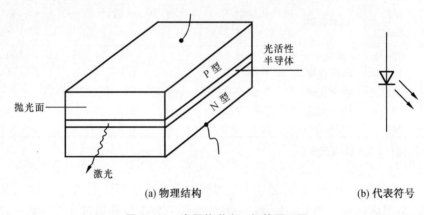

(a) 物理结构   (b) 代表符号

图1-30 半导体激光二极管原理图

*七、二极管的应用举例

二极管在电路中应用广泛,下面介绍两种应用电路。

(一)限幅电路

一种简单的限幅电路如图1-31所示。当U_i小于二极管导通电压时,二极管不通,$U_o \approx U_i$;U_i超过导通电压后,二极管导通,其两端电压就是U_o。因为二极管正向导通后,两端电压变化很小,所以当U_i有很大的变化时,U_o的数值却被限制在一定范围内。这种电路可用来减小某些信号的幅值以适应不同的要求或保护电路中的元器件。

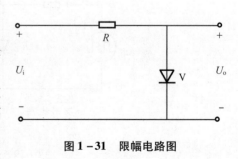

图1-31 限幅电路图

[**例1-4**] 在图1-31的电路中,$R = 2 \text{ k}\Omega$,二极管特性如图1-32(a)所示。试计算当U_i分别为0 V、5 V和10 V时,U_o的数值各是多少。

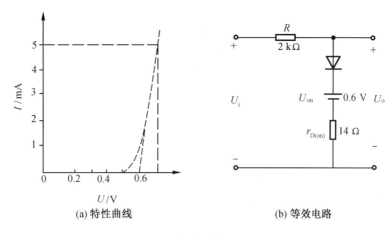

(a) 特性曲线　　　　　　(b) 等效电路

图 1-32　限幅电路的分析图

解　分析这个电路时,我们可利用图 1-18 的折线及等效电路来近似二极管,如图 1-32 所示。从图 1-32(a)中可以近似得到 $U_{on} \approx 0.6$ V,则

$$r_{D(on)} = \frac{0.67 - 0.6}{5 \times 10^{-3}} = 14 \ \Omega$$

当 $U_i = 0$ V 时,二极管两端的电压为零,二极管不导通,$U_o = 0$ V;

当 $U_i = 5$ V 时,二极管导通,则

$$U_o = U_{on} + \frac{r_{D(on)}}{R + r_{D(on)}}(U_i - U_{on}) \approx 0.631 \text{ V}$$

当 $U_i = 10$ V 时,仍可利用上述关系,得到 $U_o \approx 0.665$ V。

由此例题可知,在二极管导通后,当 U_i 变化很大时(5 V)二极管两端电压变化很小(约 0.034 V),可达到限幅的目的。

(二)二极管门电路

从前面的分析也可以知道,在某些情况下,二极管实际的作用很像一个开关:当其两端的电压低于导通电压时,二极管不导通,相当于开关断开;当其两端电压超过导通电压时,二极管导通,相当于开关接通。只是这个开关不够理想,接通时开关上压降不为零,约为 U_{on}。利用这种特性可以组成二极管门电路,实现一定的逻辑关系,类似门的开或关。图 1-33 所示电路就是一种二极管门电路。

[**例 1-5**]　试分析图 1-33 电路中,当 U_A 和 U_B 分别为 0 V 和 3 V 的不同组合时,二极管 V_1、V_2 的状态,并求出此时 U_o 的值。设二极管均为硅管。

解　这里我们采用图 1-17 所示的特性及等效电路来近似二极管,U_{on} 取 0.7 V。

1. 当 $U_A = U_B = 0$ V 时,因 V_1、V_2 两端电压均超

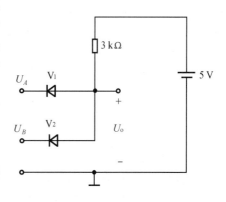

图 1-33　二极管门电路图

过导通电压值,故都导通,则 $U_o = U_{on} = 0.7$ V。

2. 当 $U_A = U_B = 3$ V 时,因 V_1、V_2 两端电压仍超过导通电压值,故都导通,则 $U_o = U_A + U_{on} = 3.7$ V。

3. 当 $U_A = 0$ V,$U_B = 3$ V 时,似乎 V_1、V_2 均处于导通状态,而实际上 V_1 导通后,U_o 被限制在 0.7 V,这就使 V_2 处于反向偏置状态,是不导通的。因此 $U_o = 0.7$ V。

4. 当 $U_A = 3$ V,$U_B = 0$ V 时,情况与 3 类似,V_2 导通,V_1 截止,$U_o = 0.7$ V。

将上述结果列于表 1-4 中。

表 1-4 [例 1-5]的结果

U_A/V	U_B/V	V_1	V_2	U_o/ V
0	0	导通	导通	0.7
0	3	导通	截止	0.7
3	0	截止	导通	0.7
3	3	导通	导通	3.7

第三节 半导体三极管

半导体三极管简称晶体管或三极管。因为半导体中有两种载流子(多子与少子)参加导电,所以又称双极型晶体管(BJT)。三极管是放大电路中的核心部件,其主要特点是电流放大作用。

一、三极管的结构与种类

三极管的种类很多,按照工作频率分,有高频管、低频管;按照功率分,有小功率管、大功率管;按照半导体材料可分为硅管和锗管;按照制造工艺来分,有平面型和合金型两类,如图 1-34 所示。各种三极管的外形虽然不同,但其内部的基本结构是相同的,它们都有两个 PN 结和三根电极引线,再加以管壳封装而成。但它们并不是两个结的简单组合,它们的两个结在形成过程中保持晶格连续,同时两个结中间只隔一层很薄的基区。

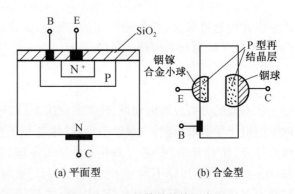

图 1-34 三极管的结构示意图

根据三极管内三个掺杂区排列方式的不同,分为 NPN 与 PNP 两种类型。

图 1-35 是 NPN 型三极管的结构示意图和电路符号。它的上下两层是 N 型半导体,中间是一层很薄的 P 型半导体。NPN 型硅三极管多半属于平面型结构,如图 1-34(a) 所示。这种结构形式的三极管是用扩散法制成的,主要工艺步骤是,先将 N 型硅片在高温下氧化,在硅片表面形成一层二氧化硅保护膜,然后用光刻技术把一部分区域的保护膜去掉,形成一个窗口,在高温下进行硼扩散,窗口下面的一层 N 型半导体就被杂质补偿转化为 P 型半导

体,形成了一个 PN 结。然后再氧化、光刻,进行高浓度的磷扩散,使 P 型半导体上边的一部分区域又转化为 N 型,而且掺杂浓度较原来的 N 型区高(用 N⁺ 表示),在 N⁺ 型和 P 型半导体的交界处又形成一个 PN 结,这样就形成了 NPN 型结构。

图 1-36 是 PNP 型三极管的结构示意图和电路符号,它的两边是 P 型半导体,中间是 N 型半导体。PNP 型锗管是用合金法制造的,在一片很薄的 N 型锗片上,一面放上一粒铟镓合金小球,另一面放一粒稍大的铟球,然后放在高温炉中加热,铟球熔化后与 N 型锗发生合金作用,形成 P 型再结晶层,在 N 型锗两边就形成了两个 PN 结,如图 1-34(b)所示。

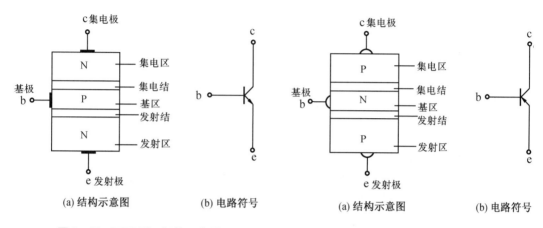

| (a) 结构示意图 | (b) 电路符号 | (a) 结构示意图 | (b) 电路符号 |

图 1-35　NPN 型三极管示意图　　　　**图 1-36　PNP 型三极管示意图**

我们将中间的掺杂区称为基区,两边的区域分别称为发射区和集电区。发射区、基区和集电区各自引出一个电极,分别称为发射极、基极和集电极。发射区和基区之间的 PN 结称为发射结,集电区与基区之间的 PN 结称为集电结。

图 1-35(b)与图 1-36(b)所示为 NPN 与 PNP 的代表符号,其中箭头表示发射结正向导通时的电流方向。NPN 型与 PNP 型的差别在于电流方向相反。

为了保证三极管具有电流放大作用,在制造三极管时必须满足以下工艺要求。

(1)基区必须做得很薄(几至十几微米),而且掺杂浓度最低(与发射区和集电区相比)。

(2)发射区的掺杂浓度远大于基区的掺杂浓度。

(3)集电区比发射区体积大,且掺杂浓度低。

可见,虽然发射区与集电区是用同类型半导体材料制成的,但由于它们掺杂浓度不同使形成的两个 PN 结是非对称结,发射极与集电极的功能不同,在将三极管用作放大管时,其发射极和集电极不能互换,否则管子的参数和特性将发生变化。

图 1-37 示出了三极管的几种外形图。目前,我国生产的硅管多为 NPN 型,锗管多为 PNP 型。尽管材料不同或是类型不同,它们的基本工作原理是相同的。本节以 NPN 管为例说明三极管的工作情况。

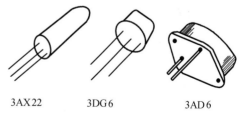

3AX22　　　3DG6　　　　3AD6

图 1-37　几种三极管外形图

二、三极管的放大原理

我们以 NPN 管接成共射电路(简记为 C·E)为例来阐述这个问题。所谓共射电路是指输入、输出回路的公用端为发射极的电路,如图 1-38 所示。图中 R_b 称为基极偏置电阻,R_c 称为集电极负载电阻。剖面图内的大箭头表示电子流的流动方向,不是电流正方向,电流正方向与之相反。欲使三极管处于导通状态,必须满足一定的条件,即 e 结正偏,c 结反偏,如图中 V_{CC}、V_{BB} 的接法。

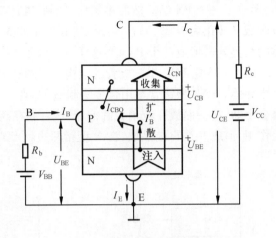

图 1-38　共射接法剖面图

(一)载流子的传输过程

为了说明三极管的放大作用,必须先从载流子在管内是如何传输的谈起。为了分析各极电流,先看电子流在发射区和基区的流动情况。发射区是高掺杂的 N 区,用"N^+"表示,具有大量的自由电子;基区是低掺杂的 P 区,自由电子很少。由于发射区和基区存在电子的浓度差,在外加正向电压 V_{BB} 的作用下,使 e 区多子(电子)向基区注入(强扩散),并经过基区向 c 结边缘扩散。在基区,从 e 区扩散过来的电子中一小部分与 b 区中的空穴相复合,形成复合电流 I_B',方向与 I_B 相同。因为 b 区很薄,扩散运动进行得很快,使复合机会不多,所以复合电流很小,而大多数电子穿过 b 区到达 c 结边缘,在 c 结反偏强电场的作用下被拉入 c 区,形成收集电流 I_{CN},这个过程称为收集。I_{CN} 的大小与 c 结面积有关,面积越大,收集到的电子数目越多,I_{CN} 就越大,但它总是略小于发射极电流 I_E。

另外,在集电区(N 区)还有少子(空穴),它们在电场 U_{CB} 的作用下顺着电场方向由 c 区向 b 区移动。同时 b 区中的少子(电子)也向 c 区移动,称为漂移运动,形成漂移电流 I_{CBO}。实际上,I_{CBO} 就是 PN 结的反向饱和电流 I_S,因此,I_S 的一切规律均适用于 I_{CBO}。

(二)电流分配关系

为了定量地描写 I_{CN} 与 I_B' 之间的关系,定义一个直流电流放大系数 $\bar{\beta}$ 为

$$\bar{\beta} = \frac{I_{CN}}{I_B'} \tag{1-16}$$

这个比例关系就是电流分配关系。它与管子的结构有关,结构固定,I_E 分配给 I_{CN} 与 I_B' 的比例关系就一定。$\bar{\beta}$ 一定,电流分配关系就确定下来了。因为 $I_{CN} \gg I_B'$,所以 $\bar{\beta} \gg 1$。由图 1-38 得到各极电流均由两个成分组成

$$I_C = I_{CN} + I_{CBO} \tag{1-17}$$

$$I_B = I_B' - I_{CBO} \tag{1-18}$$

$$I_E = I_C + I_B \tag{1-19}$$

将式(1-16)代入式(1-17)得

$$I_C = \overline{\beta}I'_B + I_{CBO} \qquad\qquad (1-20)$$

将式(1-18)代入式(1-20)得

$$I_C = \overline{\beta}I_B + (1+\overline{\beta})I_{CBO} \qquad\qquad (1-21)$$

令

$$I_{CEO} = (1+\overline{\beta})I_{CBO} \qquad\qquad (1-22)$$

则可写成

$$I_C = \overline{\beta}I_B + I_{CEO}$$

其中，I_{CEO}称为穿透电流，表示基极开路时由集电区穿过基区流到发射区的电流。因为I_{CBO}随温度而变化，因此I_{CEO}随温度变化更大。选管时应注意选择I_{CEO}小的管子，以保证它的温度稳定性。一般情况下，硅管比锗管的I_{CEO}小得多，因此硅管的应用更加广泛。I_{CEO}的数量级，对硅管小于几微安，对锗管则在几十微安至几百微安。穿透电流I_{CEO}的物理解释如下。

如图1-39所示，在V_{CC}作用下，一方面，集电区中的少子(空穴)在U_{CB}作用下向基区漂移；另一方面，发射区中的多子(电子)在U_{BE}电场的作用下向基区扩散。由于基区开路，即$I_B=0$，扩散的电子一部分与做漂移运动的空穴相复合，形成I_{CBO}，而其余大部分电子到集电区去了。由电流分配原理，发射极发射的电子中一份被基区中的空穴复合了，$\overline{\beta}$份被集电区收集了。收集电流用I'_{CN}表示，则$I'_{CN}=\overline{\beta}I_{CBO}$。发射极电流应为基区电流与收集电流的总和，即

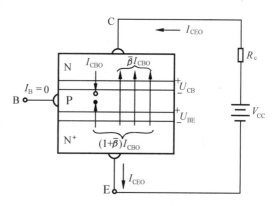

图1-39　穿透电流的形成图

$$I_{CEO} = I_{CBO} + I'_{CN} = (1+\overline{\beta})I_{CBO}$$

当输入、输出回路的公用端为基极时的电路称为共基电路，简记为C·B，图1-40示出了共基电路的剖面图。同样可定义直流电流放大系数$\overline{\alpha}$，即

$$\overline{\alpha} = \frac{I_{CN}}{I_E} \qquad (1-23)$$

所不同的是此时输入电流为I_E而不是I_B了。由于共基电路与共射电路载流子的传输过程相同，因此，下面两式仍成立

$$I_E = I_C + I_B \qquad (1-24)$$

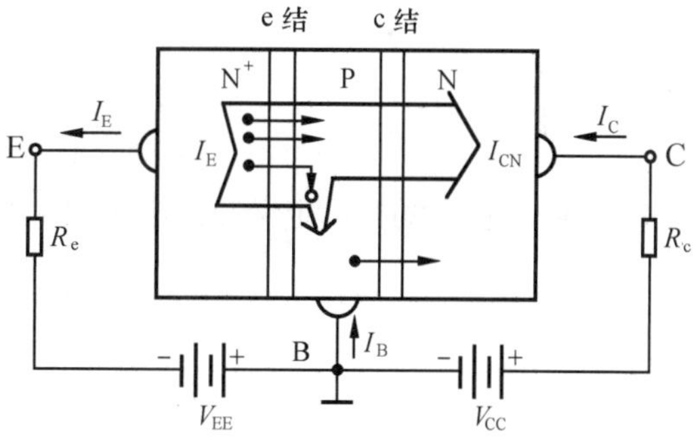

图1-40　共基接法剖面图

$$I_C = \overline{\alpha}I_E + I_{CBO} \qquad\qquad (1-25)$$

将式(1-24)代入式(1-25)，整理得到

$$I_C = \frac{\overline{\alpha}}{1-\overline{\alpha}}I_B + \frac{1}{1-\overline{\alpha}}I_{CBO} \qquad\qquad (1-26)$$

将式(1-26)与式(1-21)相比较知

$$\overline{\beta} = \frac{\overline{\alpha}}{1 - \overline{\alpha}}, \quad 1 + \overline{\beta} = \frac{1}{1 - \overline{\alpha}}$$

或写成
$$\overline{\alpha} = \frac{\overline{\beta}}{1 + \overline{\beta}} \tag{1-27}$$

该式反映了 $\overline{\beta}$ 与 $\overline{\alpha}$ 的关系。因为 $\overline{\beta} \gg 1$，所以 $\overline{\alpha} \leqslant 1$。

（三）电流放大作用

由三极管内部载流子的传输过程可知,从 e 区扩散过来的电子,大部分越过很薄的 b 区到达 c 极,形成集电极电流 I_C,只有很少的一部分流向 b 极,形成基极电流 I_B。管子做成后, I_C 与 I_B 的比例关系基本固定,因此能够通过改变 I_B 的大小控制 I_C,这就是三极管的电流放大作用。

与 $\overline{\beta}$ 相类似,我们把集电极电流变化量 ΔI_C 与基极电流变化量 ΔI_B 的比值定义为三极管交流电流放大系数 β,即

$$\beta = \frac{\Delta I_C}{\Delta I_B} \tag{1-28}$$

一般情况下,β 与 $\overline{\beta}$ 差别很小,在分析估算中常取 $\beta \approx \overline{\beta}$。

从电压关系上看,如图 1-38 所示,B-E 极间加的是正向电压 U_{BE}。只要有少量的变化 ΔU_{BE},根据二极管的正向特性,就会产生较大的基极电流变化量 ΔI_B,通过管子的电流放大作用又能引起更大的集电极电流变化量 ΔI_C。这个变化的电流通过集电极负载电阻 R_C 产生的压降 ΔU_{CE} 可能比 ΔU_{BE} 大很多倍。这样,三极管的电流放大作用就转换成电压放大作用了。

由于 β 与 $\overline{\beta}$ 可以混用,我们把式(1-21)与式(1-22)改写成
$$I_C = \beta I_B + (1 + \beta) I_{CBO} \tag{1-29}$$
$$I_{CEO} = (1 + \beta) I_{CBO} \tag{1-30}$$
对于硅管来说,I_{CEO} 很小,可以忽略不计,则有
$$I_C \simeq \beta I_B \tag{1-31}$$

对于共基电路,同样可定义交流电流放大系数 α,即
$$\alpha = \frac{\Delta I_C}{\Delta I_E} \tag{1-32}$$

同理有
$$\alpha \simeq \overline{\alpha}$$

与 $\overline{\alpha} = \dfrac{\overline{\beta}}{1 + \overline{\beta}}$ 的关系相类似,对于 β 与 α 同样也有

$$\alpha = \frac{\beta}{1 + \beta} \tag{1-33}$$

三、三极管的输入特性与输出特性

三极管的伏安特性曲线比二极管复杂得多,共有两族特性曲线。这是管子内部复杂的

物理过程的外部表现。下面以 NPN 管接成共射电路为例说明三极管各参量之间的关系。

（一）输入特性曲线族

三极管的输入特性曲线与二极管相同,表示以 U_{CE} 为参变量时 I_B 和 U_{BE} 的关系,即

$$I_B = f(U_{BE})\bigg|_{U_{CE}=C}$$

图 1-41(a)是一个硅 NPN 管的输入特性曲线。下面分两种情况来讨论。

1. $U_{CE} = 0$ V 时,b、e 极间加正向电压。这时,发射结和集电结均为正向偏置,相当于两个二极管正向并联的特性,与一个二极管的正向特性相同。

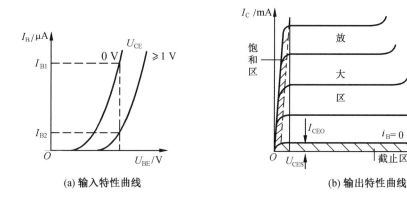

(a) 输入特性曲线　　　　　　　(b) 输出特性曲线

图 1-41　三极管的伏安特性曲线图

2. $U_{CE} = 1$ V 时,由图 1-41(a)可知,$U_{CE} = 1$ V 的一条特性曲线向右移动了一段距离。这是由于当 $U_{CE} = 1$ V 时集电结加了反向电压,集电结吸引电子的能力加强,使得从发射区进入基区的电子更多地流向集电区,因此,对应于相同的 U_{BE} 流向基极的电流 I_B 比 $U_{CE} = 0$ V 时减小了,特性曲线也就相应地向右移动。

3. $U_{CE} > 1$ V 以后的输入特性未画出。严格说来,U_{CE} 不同,所得的输入特性有所不同。但实际上,$U_{CE} > 1$ V 以后的输入特性与 $U_{CE} = 1$ V 的特性曲线非常接近。因为当 $U_{CE} > 1$ V 以后,只要 U_{BE} 保持不变,则从发射区发射到基区的电子数一定,而集电结所加的反向电压大到 1 V 以后,已能把这些电子中的绝大多数拉到集电结来,以至 U_{CE} 再增加,I_B 也不再明显减小,所以 $U_{CE} > 1$ V 后的输入特性基本重合。因此,通常只画出 $U_{CE} = 1$ V 的输入特性就可以代表 $U_{CE} \geq 1$ V 的一切情况。

（二）输出特性曲线族

如图 1-41(b)所示,三极管的输出特性曲线表示以 I_B 为参变量时,I_C 和 U_{CE} 的关系,即

$$I_C = f(U_{CE})\bigg|_{I_B=C}$$

输出特性曲线族共分以下四个区。

1. 放大区

放大区又称线性放大区,是指曲线平行等距的区域。三极管工作在该区时要求 e 结正

偏,c 结反偏。I_B 与 I_C 有一一对应的关系。该区具有两个性质:受控性与恒流性。受控性是指 I_B 的变化控制 I_C 的变化。这种以电流控制电流的器件称为流控器件。固定一个 U_{CE},取一个变化量 $\Delta I_B(\mu A)$,对应一个 $\Delta I_C(mA)$,$\Delta I_C \gg \Delta I_B$,体现出该区具有电流放大作用。受控性是电流放大的特征,放大管应该工作在该区。恒流性是指该区中 I_C 基本不随 U_{CE} 而变化。实际上,曲线不是严格的水平线,而是略有上翘。这是因为随着电场 U_{CE} 的增加,对 c 结边缘上聚集的大量电子的吸引力越强,c 区收集到的电子数目越多,因此 I_C 有所增加。但是,在发射出的电子数固定的情况下,其中绝大多数已被收集成 I_C,U_{CE} 再增加时 I_C 也无明显增加,所以曲线表现平坦。

2. 截止区

习惯上,把 $I_B \leqslant 0$ 的区域称为截止区。而实际上,当 $I_B = 0$(b 极开路)时,$I_C = I_{CEO} \neq 0$。此时管子处于失控状态,因此没有电流放大作用。通常,e 结反偏时管子截止。

3. 饱和区

指曲线密集垂直上升的区域。I_C 随着 U_{CE} 的增大基本成正比例上升关系,管压降很小,U_{CES} 称为饱和压降。小功率管为 0.3 ~ 0.5 V。I_C 与 I_B 无控制关系,当然也没有电流放大作用。

以上三个区代表了三极管的三种工作状态,在低频放大电路中,管子应工作在放大状态。

4. 击穿区

指曲线上翘的区域。I_B 越大越容易击穿,其击穿机理都是集电结雪崩击穿,三极管不允许工作在击穿区。

四、三极管的主要参数

三极管的参数是用来表征管子性能优劣和适应范围的指标,是选管的依据。为了使管子安全可靠地工作,必须注意它的参数。

(一)电流放大系数

1. 共射电路

(1)直流电流放大系数定义为

$$\bar{\beta} = \frac{I_C - I_{CEO}}{I_B} \simeq \frac{I_C}{I_B}$$

(2)交流电流放大系数定义为

$$\beta = \frac{\Delta I_C}{\Delta I_B}\bigg|_{U_{CE} = C}$$

β 值可以在输出特性曲线族上图解获得。如图 1 - 42 中取两条输出特性曲线 $I_{B1} = 60\ \mu A$,$I_{B2} = 80\ \mu A$,U_{CE} 为某一常数(如 $U_{CE} = 4$ V)下得到的电流 $I_{C1} = 6$ mA 和 $I_{C2} = 8$ mA,则

$$\beta = \frac{\Delta I_C}{\Delta I_B}\bigg|_{U_{CE} = C} = \frac{I_{C2} - I_{C1}}{I_{B2} - I_{B1}}\bigg|_{U_{CE} = 4\ V}$$

$$= \frac{(8 - 6)\ mA}{(80 - 60)\ \mu A} = 100$$

2. 共基电路

（1）直流电流放大系数定义为

$$\overline{\alpha} = \frac{I_C - I_{CBO}}{I_E} \simeq \frac{I_C}{I_E}$$

（2）交流电流放大系数定义为

$$\alpha = \frac{\Delta I_C}{\Delta I_E}\bigg|_{U_{CB} = C}$$

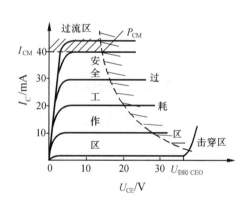

图 1-42　图解 β 值图

（二）极间反向电流

1. 反向饱和电流 I_{CBO}

I_{CBO} 指发射极开路时，集电极与基极间的反向饱和电流。

2. 穿透电流 I_{CEO}

I_{CEO} 指基极开路时，集电极与发射极间的穿透电流。它与 I_{CBO} 的关系是

$$I_{CEO} = (1 + \beta)I_{CBO}$$

（三）极限参数

三极管的极限参数表征在使用管子时不宜超过的限度。

1. 集电极最大允许功耗 P_{CM}

集电极的功率损耗（简称功耗）$P_C = I_C \cdot U_{CE}$。使用时，要求 $P_C < P_{CM}$，否则管子会过热而烧毁。P_{CM} 值决定于管子允许的温升。硅管约为 150 ℃，锗管约为 75 ℃。安装散热片可降低管子的温度。

临界功耗线是一条双曲线，如图 1-43 所示。功耗线将输出特性曲线族分为两个区：过耗区与安全工作区，放大管应工作在安全工作区。在需要输出大功率时，应选 P_{CM} 值大的功率管，同时必须注意满足其散热要求。

2. 集电极最大允许的电流 I_{CM}

在放大区内，β 值基本不变，称之为 β 的额定值。但当 I_C 超过一定数值后，β 将明显下降。规定 β 下降到额定值的 $\frac{2}{3}$ 时对应的 I_C 值为 I_{CM}。$I_C > I_{CM}$ 的区域称为过流区。管子进入

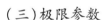

该区时放大性能变坏，但不一定会损坏。需要输出大电流时，应选 I_{CM} 大的管子。大功率管的 I_{CM} 大于等于几安培，小功率管的 I_{CM} 约为几十毫安。

图 1-43　三极管的极限参数图

3. 反向击穿电压

（1）$U_{(BR)EBO}$

$U_{(BR)EBO}$ 指集电极开路时，发射结允许加的最高反向电压。超过此值，发射结将出现反

向击穿。一般平面管的 $U_{(BR)EBO}$ 只有几伏,有的甚至不到 1 V。

(2) $U_{(BR)CBO}$

$U_{(BR)CBO}$ 指发射极开路时,集电结允许加的最高反向电压。一般管子的 $U_{(BR)CBO}$ 为几十伏,高反压管可达几百伏甚至上千伏。

(3) $U_{(BR)CEO}$

$U_{(BR)CEO}$ 指基极开路时,集电极与发射极间允许加的最高反向电压,比 $U_{(BR)CBO}$ 小得多。在需要工作电压高时,应选 $U_{(BR)CEO}$ 大的高反压管。

另外,还有基极与发射极间接电阻或短路时的反向击穿电压 $U_{(BR)CER}$ 和 $U_{(BR)CES}$。这些反向击穿电压间有如下关系:

$$U_{(BR)CBO} > U_{(BR)CES} > U_{(BR)CER} > U_{(BR)CEO}$$

(四)频率参数

1. 共射截止频率 f_{β}

当信号频率较高时,由于管子内部的电容效应作用明显,$\dot{\beta}$ 值下降。当 $\dot{\beta}$ 下降到中频值 β_0 的 0.707 时对应的频率称为共射截止频率 f_{β}。$\dot{\beta}$ 的幅频特性如图 1-44 所示。

2. 共射特征频率 f_T

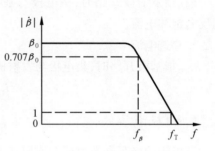

图 1-44 $\dot{\beta}$ 的幅频特性图

f_T 指当 $|\dot{\beta}| = 1$ 时的频率。当 $f > f_T$ 时,管子失去放大作用。

3. 共基截止频率 f_{α}

三极管接成共基组态时,其 $\dot{\alpha}$ 值也随着频率的升高而下降。当 $\dot{\alpha}$ 下降到中频值 α_0 的 0.707 时对应的频率称为共基截止频率 f_{α}。

五、环境温度对三极管参数的影响

温度对三极管参数的影响主要表现在 I_{CBO}、β 与 U_{BE} 上。由于它们随着温度的变化较大,会使放大电路的稳定性受到破坏,必须设法克服。

(一)温度对 I_{CBO} 的影响

I_{CBO} 是由集电区少子的运动形成的,而少子的数量与环境温度有很大关系,理论分析与实验结果都证明了 I_{CBO} 随温度而变化的规律如式(1-3)所示。硅管的 I_{CBO} 比锗管小得多,优良的硅管 I_{CBO} 可以做到 10 nA 以下。对硅管来说,I_{CBO} 随温度的变化往往不是主要问题,因此其应用更为广泛。

(二)温度对 β 的影响

三极管的 β 值随着温度的升高而增大。其规律为每升高 1 ℃,β 值增加 0.5% ~ 1%。

表现在输出特性曲线间隔加大,同时曲线族整体上移,说明 I_{CEO} 也加大。

(三)温度对 U_{BE} 的影响

这一影响与二极管正向特性随温度而变化的规律相同。当 I_B 一定时,温度每升高 1 ℃,U_{BE} 减小 2 mV 左右,或者说,对相同的 U_{BE},I_B 会随着温度的升高而增加,如图 1 – 45 所示。

NPN 型硅低频大功率三极管的参数见表 1 – 5。

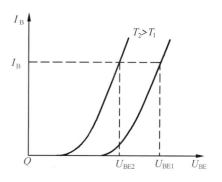

图 1 – 45　U_{BE} 受温度的影响示意图

表 1 – 5　NPN 型硅低频大功率三极管参数

型号			3DD53A	3DD53B	3DD53C	3DD53D	3DD53E
	测试条件	参数名称	参数值				
极限参数	$T_C = 75$ ℃	P_{CM}/W	5				
		I_{CM}/A	2				
	$I_{CE} = 1$ mA	$U_{(BR)CEO}/V$	≥30	≥50	≥80	≥110	≥150
		$T_{jM}/$ ℃	175				
直流参数	$U_{CE} = 20$ V	I_{CEO}/mA	≤0.5				
	$U_{CE} = 5$ V $I_C = 0.5$ A	h_{FE}	≥10				
	$I_C/I_B = 0.5$ A/0.1 A	$U_{CE(sat)}/V$	≤1				
	用途		用于电子设备的低频功率放大、电源变换和低速开关电路				

六、三极管的 h 参数微变等效电路及其参数

h 参数微变等效电路简称为 h 电路,记作[h]。它是在晶体管中频运用下、小信号等效画出来的电路,所以它适用于中频段,而且经常采用它简化的 h 参数微变等效电路进行分析计算。

h 参数一共有四个,为了抓主要矛盾,忽略次要矛盾,经常将其中的两个次要因素忽略不计,也就是将 h 电路进行简化,简化后的 h 电路称为简化的 h 参数微变等效电路。下面主要讨论简化的条件及等效电路参数的确定。

在小信号作用下,将非线性的三极管输入、输出特性曲线作线性化处理,这就是 h 参数微变等效电路,如图 1 - 46 所示。

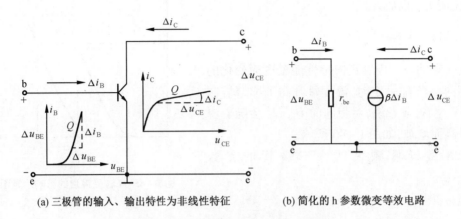

(a) 三极管的输入、输出特性为非线性特征   (b) 简化的 h 参数微变等效电路

图 1 - 46 将三极管等效为线性电路图

首先忽略两个次要因素:一是管子在放大状态下,输出电压对输出电流的影响,认为输出特性曲线基本水平,即 $r_{ce} = \dfrac{\Delta u_{CE}}{\Delta i_C} \to \infty$,开路;二是输出电压对输入特性的影响,认为 $U_{CE} = 1$ V 时的输入特性可以代表 $U_{CE} > 1$ V 的所有情况。因此图 1 - 46(b)称为简化的 h 参数微变等效电路。

从 b、e 极间看进去,对应一个 Δu_{BE},就有一个 Δi_B。因此,b、e 两端的三极管相当于一个电阻 $r_{be} = \dfrac{\Delta u_{BE}}{\Delta i_B}$。再从 c、e 极间看进去,是三极管的输出特性曲线,表现出受控性和恒流性。根据这两个性质可以用一个受控电流源来表示,其大小为

$$\Delta i_C = \beta \Delta i_B$$

其方向也受 Δi_B 的控制,Δi_B 向里流时,则 Δi_C 向下流,若 Δi_B 向外流时则 Δi_C 向上流。电流源的内阻 $r_{ce} = \dfrac{\Delta u_{CE}}{\Delta i_C} \to \infty$,常作开路处理,一般不画出。$r_{be}$ 与 r_{ce} 称为三极管的输入、输出电阻。r_{be} 可以用公式计算,即

$$r_{be} = r_{bb'} + (1 + \beta) r_e$$

其中 $r_{bb'}$ 指基区的区电阻,对低频小功率管约为 300 Ω(实验值);r_e 为发射结的结电阻,$(1 + \beta) r_e$ 是 r_e 折合到基极回路的等效电阻。由二极管方程可导出 $r_e = \dfrac{26 \text{ mV}}{I_E \text{ mA}}$,将它们代入上式可得 r_{be} 的计算公式为

$$r_{be} = 300 + (1 + \beta) \frac{26 \text{ mV}}{I_E \text{ mA}} \qquad (\Omega) \qquad\qquad (1 - 34)$$

该式表明,r_{be} 的大小与 Q 点(静态工作点)的位置有关,在输入特性曲线上 Q 点越高,I_E 越大,r_{be} 越小。r_{be} 的几何意义是表征过 Q 点外切线的倒斜率,如图 1 - 46(a)所示。应当注意的是,式(1 - 34)的适用范围为 0.1 mA $< I_E < 5$ mA,实验证明,超越此范围,将带来较大的误差。

在以上分析中,r_{be} 及 β 值是两个 h 参数,在中频下,它们是实数,直接用 r_{be} 及 β 表示就行了,不必出现"h"字样。r_{be} 可以用公式计算,β 值是晶体管参数,一般作为已知数或者在输

出特性曲线族上图解得到。

*七、晶体管的 h 参数

晶体管可以表示为如图 1-47 所示的四端网络,图中输入量为 U_{be} 和 I_b,输出量为 U_{ce} 和 I_c,均为正弦信号。由于在中频下,电压和电流之间不存在相移,所以就不用复数表示了。在共射组态时各变量之间的关系,可以写成以下形式:

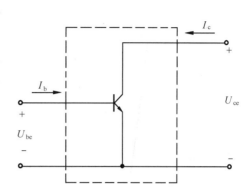

图 1-47　晶体管的四端网络图

输入特性为

$$u_{BE} = f_1(i_B, u_{CE})$$

输出特性为

$$i_C = f_2(i_B, u_{CE})$$

式中,i_B、i_C、u_{BE}、u_{CE} 均为各电量的瞬时总值。

因为晶体管是在小信号下工作的,所以在考虑电压、电流间的微变关系时,将以上两式用全微分形式表达,即得出

$$du_{BE} = \left.\frac{\partial u_{BE}}{\partial i_B}\right|_{u_{CE}} \cdot di_B + \left.\frac{\partial u_{BE}}{\partial u_{CE}}\right|_{I_B} \cdot du_{CE}$$

$$di_C = \left.\frac{\partial i_C}{\partial i_B}\right|_{u_{CE}} \cdot di_B + \left.\frac{\partial i_C}{\partial u_{CE}}\right|_{I_B} \cdot du_{CE}$$

令

$$\left.\frac{\partial u_{BE}}{\partial i_B}\right|_{u_{CE}} = h_{11}, \quad \frac{\partial u_{BE}}{\partial u_{CE}} = h_{12}$$

$$\left.\frac{\partial i_C}{\partial i_B}\right|_{u_{CE}} = h_{21}, \quad \left.\frac{\partial i_C}{\partial u_{CE}}\right|_{I_B} = h_{22}$$

则上两式可改写成

$$du_{BE} = h_{11} di_B + h_{12} du_{CE}$$

$$di_C = h_{21} di_B + h_{22} du_{CE}$$

并且 $du_{BE} = d(U_{BE} + u_{be}) = u_{be}$,同理 $di_B = i_b$,$du_{CE} = u_{ce}$,$di_C = i_c$,于是以上两式又可写成

$$u_{be} = h_{11} i_b + h_{12} u_{ce}$$

$$i_c = h_{21} i_b + h_{22} u_{ce}$$

根据以上关系,可以画出三极管完整的 h 参数微变等效电路,如图 1-48 所示。由于 h_{12} 数值很小,一般小于 10^{-2},可以忽略不计;h_{22} 数值也很小,通常小于 10^{-5} S(西门子),也可以忽略不计,因此,图 1-48 又可化简为图 1-49,用有效值写出它的关系式

$$U_{be} = h_{11} I_b$$

$$I_c = h_{21} I_b$$

从图 1-49 可以清楚地看到,h_{11} 对应于 r_{be},h_{21} 对应于 β 值。

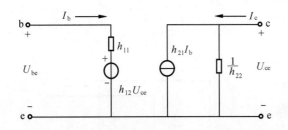

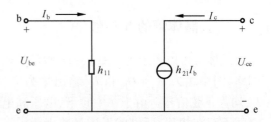

图 1-48　晶体管完整的 h 参数微变等效电路图　　图 1-49　简化的晶体管 h 参数微变等效电路图

图 1-50 是如何从三极管的特性曲线上求出四个 h 参数的示意图。可以看出 h 参数和特性曲线的形状有着密切的关系:输入特性越陡,h_{11} 越小;输入特性越密集,h_{12} 越小;输出特性间距越大,h_{21} 越大;输出特性越平坦,h_{22} 越小。

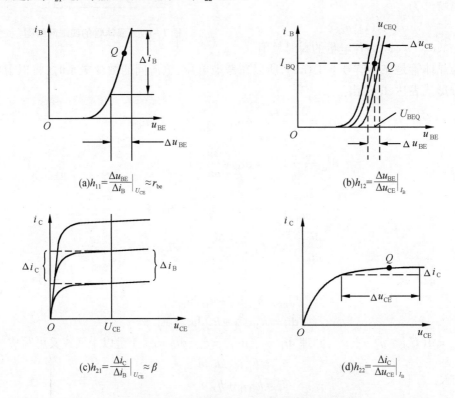

图 1-50　从特性曲线上求 h 参数的方法示意图

八、晶体管混合参数 π 型微变等效电路及其参数

(一)完整的混合参数 π 型微变等效电路

混合参数 π 型微变等效电路简称为混合 π 型电路,记为[π]。当三极管高频运用时,必须采用这种等效电路进行分析。用它也能分析中、低频段。因此,可以说混合 π 型电路

是全面分析频率响应的有力工具。

高频下,三极管的极间电容及分布电容作用不可忽视,而且 β 值也是频率的函数。从管子的实际结构出发画出它的等效电路,如图 1－51 所示。此时,再用 h 参数等效电路分析问题是不符合实际的。发现输出电流 $\dot{I}_c$ 实际上是与加在 e 结上的正偏置 $\dot{U}_{b'e}$ 成正比,比例系数称为跨导,即

$$g_m = \frac{\dot{I}_c}{\dot{U}_{b'e}} \quad \text{mA/V 或 mS} \tag{1－35}$$

电流源的方向受 $\dot{U}_{b'e}$ 极性的控制, $\dot{U}_{b'e}$ 上正下负时, $\dot{I}_c$ 向下流; $\dot{U}_{b'e}$ 下正上负时, $\dot{I}_c$ 向上流。

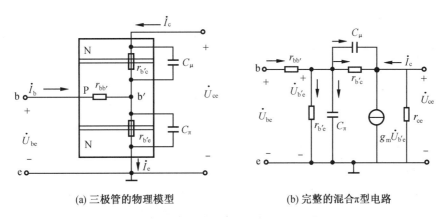

(a) 三极管的物理模型　　　　(b) 完整的混合π型电路

图 1－51　三极管的混合 π 型电路图

(二) 单向化的混合 π 型电路

为了便于分析计算,需将电路进行简化,使其符合单向化条件,即只考虑信号从输入到输出的单方向传输,而不考虑反方向的传输。简化后的等效电路称为单向化的混合 π 型电路。

图 1－51(b) 中, $r_{b'c}$ 为 c 结反偏电阻,数量级为兆欧姆,可视为开路处理; $r_{b'e}$ 为 e 结的结电阻,也较大; $r_{bb'}$ 为基区的区电阻,对小功率管约为几百欧姆;收集区与发射区区体电阻很小,可忽略,图中未画出; C_π 为 e 结正偏时的电容效应,主要是扩散电容; C_μ 为 c 结反偏时的电容效应,主要是势垒电容。

将 C_μ 折合到输入回路,相当于 $(1+K)C_\mu$ 大小的电容,再与 C_π 并联后接于输入回路中,称为输入电容 C'_π,即

$$C'_\pi = C_\pi + (1+K)C_\mu \tag{1－36}$$

C_μ 同样对输出回路也有影响,将 C_μ 折合到输出回路时相当于 $\dfrac{K+1}{K}C_\mu$ 大小的电容,称之为输出电容。单向化的混合 π 型电路如图 1－52 所示。

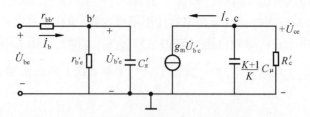

图 1 – 52　单向化的混合 π 型电路图

(三) 交流参数

将图 1 – 52 作中频处理:C'_π 与 $\dfrac{K+1}{K}C_\mu$ 均视为开路,再与中频等效电路比较可知,它们的本质相同,有内在联系,但它们也有不同点。因此,它们适用的频段不同。[π]电路作中频处理后就相当于[h]电路,如图 1 – 53 所示。

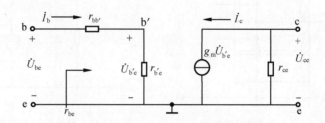

图 1 – 53　混合 π 型电路的中频处理图

由于混合 π 型电路中的元件参数在很宽的频带中与频率无关,因此,它们的参数可由[h]电路参数换算得到。

定义系数
$$K = g_m R'_c, \quad R'_c = r_{ce} /\!/ R_c{}^* \tag{1 – 37}$$

跨导
$$g_m = \frac{I_c}{U_{b'e}} \approx \frac{I_e}{U_{b'e}} = \frac{1}{r_e} = \frac{1}{\dfrac{26\ \text{mV}}{I_e\ \text{mA}}} = 38.5 I_E \quad \text{mS} \tag{1 – 38}$$

g_m 约为几十毫西。

$$C_\pi = \frac{g_m}{2\pi f_T} \geqslant 100\ \text{pF} \tag{1 – 39}$$

f_T 可查手册;$C_\mu = C_{ob}$ 为几皮法,C_{ob} 是手册上的符号;$\dfrac{K+1}{K}C_\mu \simeq C_\mu$,其值很小,可忽略不计。

$$r_{b'e} = \frac{\dot U_{b'e}}{\dot I_b} = \frac{\beta \dot I_b / g_m}{\dot I_b} = \frac{\beta}{g_m} \tag{1 – 40}$$

$*$ R_c 为三极管集电极负载电阻,属于电路参数。当电路带载时,R'_c 要用 $R'_L = R_c /\!/ R_L$ 代替。R_L 为负载电阻。一般 $r_{ce} \gg R_c$,因此 $R'_c \simeq R_c$。

或者

$$r_{b'e} = (1 + \beta) r_e = (1 + \beta) \frac{26 \text{ mV}}{I_E \text{ mA}}$$

$$r_{bb'} = r_{be} - r_{b'e}$$

$r_{bb'}$约为几十欧至几百欧。

第四节　场效应晶体管(FET)

场效应晶体管也是一种半导体晶体管,是用电场效应控制漏极电流的,属于压控器件。在这类管子中,只有多子参加导电,因此又称单极型晶体管。

与双极型晶体管相比较,场效应管具有输入阻抗高、温度稳定性好、低噪声、易集成化的特点,应用广泛。

场效应管分为结型和绝缘栅型两大类。下面分别介绍其工作原理及特性。

一、结型场效应管(JFET)

(一)结构与工作原理

1. 构成

如图1-54(a)所示,在N型Si棒两侧制作左右对称的两个PN结,接出三根电极引线,分别称源极、栅极和漏极,用S、G、D表示。两个PN结之间的N型区为导电沟道,称作N沟道。沟道中的多子(电子)参加导电。图1-54(b)是它的电路符号,箭头指向是PN结的正偏方向。

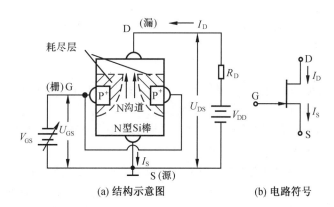

(a) 结构示意图　　　　(b) 电路符号

图1-54　N·JFET的结构示意图及符号

2. 工作原理

(1) U_{DS}决定耗尽层的楔形程度

U_{DS}使两个耗尽层处于反压,而且由上而下受压不均匀,上强下弱,从而使耗尽层形成楔形。U_{DS}越大,楔形程度越大。

(2)U_{GS} 决定沟道的宽窄度

当 U_{DS} 一定,耗尽层的楔形固定。负栅压 $U_{GS}=0$ 时,N 沟道最宽,漏极电流最大;增加负栅压值时,两耗尽层加厚而靠近,N 沟道变窄,沟道电阻变大,漏电流 I_D 变小;继续加大负栅压时,两耗尽层上端相遇,称为预夹断。随着负栅压越来越大,接触的部分越来越多,漏电流 I_D 越来越小。规定当 $I_D=1$ μA(或 10 μA)时,认为管子被夹断,即管子处于截止状态。此时的 U_{GS} 值称为夹断电压 $U_{GS(off)}$。

(3)U_{DS}、U_{GS} 同时作用

两个电场同时作用时,N 沟道在耗尽层楔形基础上,随 U_{GS} 做宽窄度变化,从而控制 I_D 的大小。

(二)转移特性与漏极特性

1. 转移特性及特征方程

转移特性是以 U_{DS} 为参变量,栅压 U_{GS} 对漏流 I_D 的控制关系曲线,其函数关系为

$$I_D = f(U_{GS}) \Big|_{U_{DS}=C}$$

当 U_{DS} 为一个常数时,U_{GS} 对 I_D 的控制作用分三种情况讨论。

(1)当 $U_{GS}=0$ 时,N 沟道最宽,I_D 最大,记作 I_{DSS},称为最大饱和漏电流。

(2)当 $U_{GS}<0$ 时,两个耗尽层加厚,I_D 成指数规律下降,其特征方程为

$$I_D = I_{DSS}\left(1 - \frac{U_{GS}}{U_{GS(off)}}\right)^2 \qquad (1-41)$$

$$U_{GS(off)} \leqslant U_{GS} \leqslant 0 \text{ V}$$

(3)当 $U_{GS}=U_{GS(off)}$ 时,N 沟道被夹断,$I_D \approx 0$,管子截止。

2. 漏极特性

漏极特性又称输出特性,是以 U_{GS} 为参变量的 U_{DS} 与 I_D 的关系曲线,其函数关系为

$$I_D = f(U_{DS}) \Big|_{U_{GS}=C}$$

漏极特性与 BJT 管的输出特性相仿,也分为三个区,与 BJT 管有对应关系:

(1)可变电阻区:曲线族表现密集上升的区域;

(2)饱和区:曲线族表现平行等距的区域,同样也具有受控性与恒流性;

(3)击穿区:曲线族表现上翘的区域。

取一条 $U_{GS}=0$ 的漏极特性曲线。当 U_{DS} 在较小的范围变化时,对沟道形状的影响不大,I_D 将随 U_{DS} 的增大近似成正比地增大,斜线的斜率由沟道电阻的倒数决定。而沟道电阻又取决于 U_{GS}。当 U_{GS} 一定,沟道电阻一定,斜率就确定下来了。因此将该区称为电阻区。继续加大 U_{DS} 值时,沟道虽被夹断,但仍有夹缝,所以 I_{DSS} 仍存在,而且显恒流性,其原因是:一方面来源于电源正极的正电荷密集在漏极附近,对电子的吸引力加强,有利于漏流 I_D;而另一方面,在 U_{DS} 强电场作用下使耗尽层的楔形严重,增加了沟道电阻,不利于漏流 I_D。这两种因素趋于平衡时,I_D 基本与 U_{DS} 值无关,表现出恒流性(或饱和性),曲线近似水平,因此将该区称为恒流区(或饱和区)。当 U_{DS} 再继续增加使 PN 结所受到的电场过强,导致雪崩击穿,电流 I_D 剧增,曲线上翘,称为击穿区。

当改变 U_{GS} 时,可得到一族漏极特性,称曲线族,每一条曲线的物理过程均相同。当增加负栅压 U_{GS} 时,沟道变窄,沟道电阻加大,电阻区的斜率变小,对应可变电阻区。在第三象限也有可变电阻区。可见场效应管的源、漏两极可以互换,这是 BJT 管所不能及的。

饱和区除了恒流性以外还有受控性,曲线族自上而下反映了栅压 U_{GS} 对漏流 I_D 的控制作用,受控电流 I_D 随着负栅压 U_{GS}(控制电压)的增加而减小,这是场效应管具有放大作用的重要标志。因此,饱和区也可以称放大区。场效应管作放大管时应工作在该区。

综上所述,转移特性与漏极特性同是反映场效应管的 U_{DS}、I_D、U_{GS} 三个参量之间的关系。因此,可以通过漏极特性曲线画出转移特性曲线;反之亦然,如图 1-55 所示。

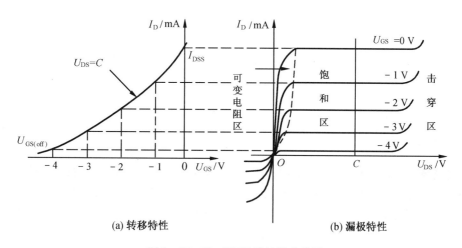

(a) 转移特性　　　　　　　　　　(b) 漏极特性

图 1-55　N·JFET 的特性曲线图

若将图 1-54(a) 中 N 型衬底换成 P 型,两个 P^+ 区换成 N^+ 区,并引出相应的电极,则可制成 P 沟道结型场效应管。其电路符号只将图 1-54(b) 中的箭头指向外部即可。P 沟道结型场效应管的符号及特性曲线如图 1-56 所示。

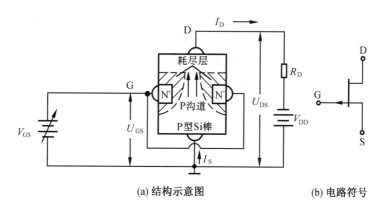

(a) 结构示意图　　　　　　　　(b) 电路符号

图 1-56　P·JFET 的结构示意图及符号

P 沟道结型场效应管的工作原理与 N 沟道管相同。只是它们的导电沟道不同,参与导电的载流子不同。它们的转移特性曲线关于原点对称。漏极特性曲线族类似,只是控制量

U_{GS}的极性有所不同:P 沟道管的 $U_{GS} \geq 0$,而 N 沟道管的 $U_{GS} \leq 0$。图 1-57 示出了 P 沟道结型场效应管的特性曲线。

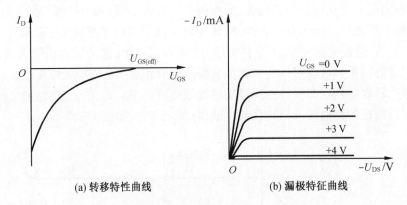

(a) 转移特性曲线   (b) 漏极特征曲线

图 1-57　P·JFET 的特性曲线图

二、绝缘栅场效应管

结型场效应管的直流输入电阻实际上是 PN 结的反偏电阻,不够高,而且当管子工作在高温环境下,PN 结的反向饱和电流增大,使输入电阻下降。这种管子的栅压不能正偏,不够灵活,高度集成化困难。为了克服 JFET 的缺点又研制出绝缘栅型场效应管。这类管子的特点是各电极之间是绝缘的,其输入电阻由绝缘材料(SiO₂)决定。它的直流电阻在 10^{10} Ω 以上。栅压可正可负可零,灵活性大,栅流为零,不怕高温,又便于高度集成化。

以 SiO₂ 为绝缘层的绝缘栅型场效应管是一种金属 - 氧化物 - 半导体场效应管,简称 MOS[①] 管,分 N 沟道与 P 沟道两类,每一类又有耗尽型与增强型两种,共四种 MOS 管。N 沟道的 MOS 管简称为 NMOS 管,P 沟道的 MOS 管简称为 PMOS 管。

(一) N 沟道耗尽型绝缘栅场效应管

1. 结构与符号

如图 1-58(a)所示,MOS 管在结构上与结型管的不同之处在于两个 PN 结做在硅片的同侧,三个电极引线也在同侧,并且栅极与源、漏两极之间由二氧化硅层绝缘,故称绝缘栅型。正因为这种特殊结构才使得管子输入电阻大大提高。它的电路符号如图 1-58(b)所示,其中 B 端为衬底,经常与源极短接在一起。

2. N 沟道的形成

当不加外电场($U_{GS} = 0$)时,在二氧化硅层中事先掺入的正离子(带正电荷)由于静电感应能在 P 衬底表面处(两 N⁺ 区之间)感应出同等数量的负电荷(电子),这些电子构成了一个电子薄层,形成了 N 型沟道,它将两个 N⁺ 区连接起来。由于是在 P 衬底上产生的 N 型沟道,所以又将 N 型沟道称为反型层。反型层的形成是 MOS 管能工作的关键。

由二氧化硅层中正离子引起的空间电荷区与 PN 结的耗尽区相同,因此也叫耗尽区。

---

① MOS 是 Metal(金属)、Oxide(氧化物)、Semiconductor(半导体)三个英文单词的缩写。

把两个 PN 结的耗尽区连通起来共同包围在两个 N^+ 区与反型层周围,如图 1 – 59 所示。必须指出,当不加外电场时 N 沟道就已经存在,这是耗尽型的特点。

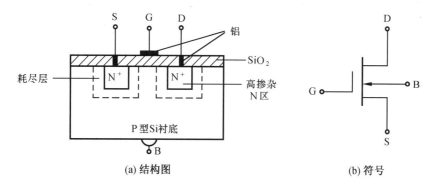

(a) 结构图　　　　　　　　　　(b) 符号

图 1 – 58　N・耗・MOS 管的结构图与符号

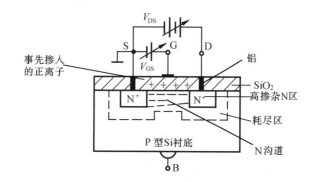

图 1 – 59　N 沟道的形成与外电场对 N 沟道的影响

3. MOS 管特性曲线及工作原理

（1）转移特性

如图 1 – 60（a）所示,转移特性曲线与 N 沟道结型管相仿,不同的是 U_{GS} 可以为正值,说明这种管子较灵活。转移特性反映 U_{GS} 对 I_D 的控制规律,控制原理可以分下述四种情况讨论。

（a）$U_{GS} > 0$ 时,来源于外电场 V_{GS} 正极的正电荷使 SiO_2 中原有的正电荷数目增加,由静电感应,N 沟道中的电子以同等数量增加,N 沟道变宽,沟道电阻减小,漏电流成指数规律下降。

（b）$U_{GS} = 0$ 时,N 沟道已经存在,因此 I_D 不为零,仍记为 I_{DSS},但不是最大值。

（c）$U_{GS} < 0$ 时,来源于外电场负极上的负电荷抵消一部分 SiO_2 中原有的正电荷,使其数目减少,沟道变窄,沟道电阻增加,从而漏电流 I_D 成指数规律下降。

（d）$U_{GS} = U_{GS(off)}$ 时,SiO_2 层中的正电荷全部被负电源中和,N 沟道中电子全部消失,也就是说 N 沟道不存在了,沟道电阻为无穷大,漏电流 $I_D = 0$,管子截止(夹断)。

综上所述,MOS 管与 J 型管的导电机构不同。J 型管利用耗尽区的宽窄控制漏流 I_D;而 MOS 管是利用感应电荷的多少改变导电沟道的性质,从而达到控制 I_D 的目的。

（2）漏极特性

如图 1 – 60（b）所示,MOS 管的漏极特性与 J 型管类似。U_{DS} 对 N 沟道也有楔形影响,只不过楔形是横向的,U_{DS}越大,N 沟道的楔形程度越严重。U_{DS}一定,楔形一定。改变 U_{GS} 值可改变 N 沟道的宽窄,U_{GS} 从正到负,即漏极特性曲线自上而下,反映 U_{GS} 对 I_D 的控制作用。可见,这种管子也有受控性及恒流性,也分三个区。读者可以仿照 J 型管的讨论方式自行叙述它的物理过程。

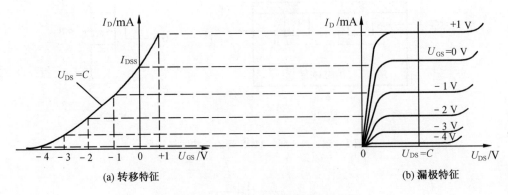

(a) 转移特征   (b) 漏极特征

图 1-60　N·耗·MOS 管的特性曲线图

*(二)N 沟道增强型绝缘栅场效应管

1. 结构与符号

N 沟道增强型绝缘栅场效应管的结构与 N 沟道耗尽型管几乎没有差别,只是在 N 沟道的形成上有所不同,增强型管子的 N 沟道只有当外加电场 $U_{GS} > 0$ 时才能存在,而当 $U_{GS} = 0$ 时,N 沟道就不存在了,这是增强型的特点。

N 沟道增强型 MOS 场效应管简称为增强型 NMOS 管。它的电路符号如图 1-61 所示。

2. 工作原理

MOS 管工作时通常将衬底和源极接在一起。当栅源电压 $U_{GS} = 0$ 时,由于源极与漏极之间有两个反向联结的 PN 结,不管 U_{DS} 的极性如何,其中总有一个 PN 结是反向偏置的,如果忽略 PN 结的反向电流,可认为漏极电流 $I_D \approx 0$。NMOS 管工作时必须在栅极和源极之间加上合适的正向电压。

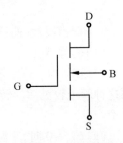

图 1-61　增强型 NMOS 管的符号

我们先讨论 $U_{DS} = 0$,$U_{GS} > 0$ 时的情况。在栅极和源极之间加正向电压后,由于衬底与源极相连,在栅极经绝缘层到衬底之间就会形成垂直方向的电场,其方向是由栅极指向衬底。该电场使 P 型衬底中的空穴向下移动,电子向上移动。在 U_{GS} 较小时,首先在 P 型衬底的上表面形成由负离子构成的空间电荷区(耗尽层),如图 1-62(a)所示。它和 PN 结中的空间电荷区一样,也是高阻区,只不过它不是载流子扩散形成的,而是在外加电场的作用下形成的。当栅源电压 U_{GS} 进一步增大时,电场也随着增强,会有更多的电子被吸引到栅极下的半导体表面。这些电子在 P 型衬底的表面形成了一个 N 型薄层,通常称为反型层,这一反型层就是联系漏极与源极的 N 型导电沟道。此沟道与 P 型衬底之间被耗尽层所绝缘,如图 1-62(b)所示。

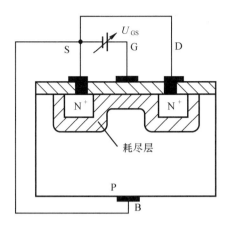
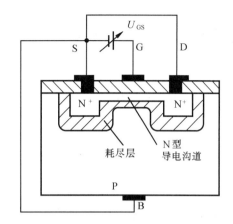

(a)$0 < U_{GS} < U_{GS(th)}$ 出现耗尽层　　　　　(b)$U_{GS} > U_{GS(th)}$ 出现 N 型沟道

图 1－62　N 沟道增强型 MOS 管导电沟道的形成

　　形成导电沟道之后,如果在漏源极之间加正向电压,就会产生漏极电流 I_D。这种场效应管在 $U_{GS} = 0$ 时,没有导电沟道,只有 U_{GS} 增大到一定程度才能形成导电沟道,因而称为增强型场效应管。我们把在一定 U_{DS} 下,开始出现漏极电流时的栅源电压称为开启电压,用 $U_{GS(th)}$ 表示。U_{GS} 达到开启电压后再增加时,反型层将加厚,沟道电阻减小,I_D 增大,实现了栅源电压对漏极电流的控制作用。

　　导电沟道形成后,U_{DS} 变化对沟道的影响和结型场效应相似。U_{DS} 的存在使沟道上各点与栅极间的电压不再相等。栅、漏极之间的电压 $U_{GD} = U_{GS} - U_{DS}$ 将小于栅源电压 U_{GS},漏极附近的电场减弱,反型层变薄,使沟道变成楔形,如图 1－63(a)所示。当 U_{DS} 较小时,沟道形状变化不大,沟道电阻也无明显变化,I_D 将随 U_{DS} 增加而线性增加。如果 U_{DS} 继续增大,漏极附近的沟道进一步变薄。当 U_{DS} 增加到使 $U_{GD} \leqslant U_{GS(th)}$ 时,在漏极附近的反型层首先消失,即沟道在漏极附近出现预夹断,如图 1－63(b)所示。此后 U_{DS} 再增大时,夹断区朝源极方向延伸,如图 1－63(c)所示,漏极电流 I_D 不再随 U_{DS} 变化,趋于饱和。

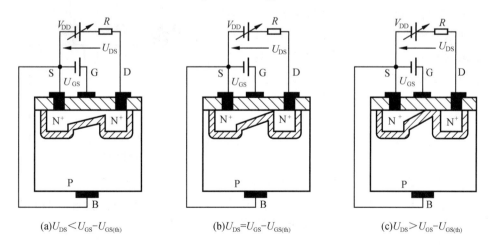

(a)$U_{DS} < U_{GS} - U_{GS(th)}$　　　(b)$U_{DS} = U_{GS} - U_{GS(th)}$　　　(c)$U_{DS} > U_{GS} - U_{GS(th)}$

图 1－63　U_{DS} 对导电沟道的影响

3. 特性曲线

图1-64(a)是增强型 NMOS 管的输出特性曲线。输出特性上也分为可变电阻区、饱和区、夹断区和击穿区。因为在

$$U_{GD} = U_{GS} - U_{DS} = U_{GS(th)}$$

或

$$U_{DS} = U_{GS} - U_{GS(th)} \qquad (1-42)$$

时出现预夹断,故可用式(1-42)找到可变电阻区和饱和区的分界线。

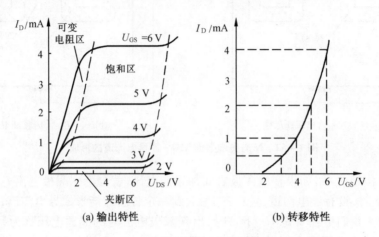

(a) 输出特性 (b) 转移特性

图1-64 增强型 NMOS 管的特性曲线图

图1-64(b)是管子工作在饱和区时的转移特性。当 $U_{GS} \leqslant U_{GS(th)}$ 时,$I_D = 0$,$U_{GS} > U_{GS(th)}$ 后,I_D 随 U_{GS} 增加而增大。I_D 与 U_{GS} 之间的关系还可用下式近似表示:

$$I_D = I_0 \left(\frac{U_{GS}}{U_{GS(th)}} - 1 \right)^2 \qquad (1-43)$$

式中,I_0 是 $U_{GS} = 2U_{GS(th)}$ 时的 I_D 值。

*(三)P 沟道绝缘栅场效应管(PMOS 管)

PMOS 管与 NMOS 管互为对偶关系,也分为耗尽型和增强型两种。图1-65是增强型 PMOS 管的结构示意图。工作时为了在两个 P⁺ 型区之间形成由空穴构成的 P 型导电沟道,栅源电压 U_{GS} 必须为负值,漏源电压 U_{DS} 和漏极电流的实际方向也与 NMOS 相反。

PMOS 管的符号和特性曲线请看表1-6中的有关部分。

在增强型绝缘栅场效应管中不用夹断电压,而用开启电压来表征管子的特性。由于栅极和导电沟道之间有 SiO₂ 绝缘层,所以 PMOS 管的直流输入电阻更高。

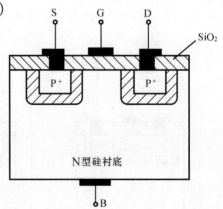

图1-65 增强型 PMOS 管的结构示意图

表1-6示出了各种场效应管的符号及特性曲线。读者可以将它们与双极型管作一类比,便于记忆。

表1-6　各种场效应管特性比较

结构种类	工作方式	符号	转移特性 $I_D = f(U_{GS})$	漏极特性 $I_D = f(U_{DS})$
绝缘栅 MOSFET N型沟道	耗尽型			
	增强型			
绝缘栅 MOSFET P型沟道	耗尽型			
	增强型			
结型 JFET P型沟道	耗尽型			
结型 JFET N型沟道	耗尽型			

三、场效应管的主要参数

(一)直流参数

1. 夹断电压 $U_{GS(off)}$ 是指当 $I_D \approx 0$ 时对应的 U_{GS} 值,适用于 J 型管及耗尽型的 MOS 管,约为几伏数量级。

$U_{GS(off)}$ 的大小可直接在转移特性上查到,也能在漏极特性上查到:对应基本与横坐标重合的漏极特性曲线所标示的 U_{GS} 值。

2. 开启电压 $U_{GS(th)}$ 指当 $U_{DS} = C$ 时,使 D—S 极连接起来所需要的最小 U_{GS} 值,适用于增强型 MOS 管。对耗尽型管,其夹断电压就是它的开启电压。

3. 饱和漏电流 I_{DSS} 指 $U_{GS} = 0$,$U_{DS} > |U_{GS(off)}|$ 时的沟道电流,适用于耗尽型管。

4. 直流输入电阻 R_{GS} 指当 $U_{DS} = 0$ 时,U_{GS} 与栅极电流的比值。对于 J 型管,取值在 $10^7 \ \Omega$ 到 $10^9 \ \Omega$;对 MOS 管一般可达 $10^{12} \ \Omega$ 至 $10^{15} \ \Omega$。

5. 击穿电压

(1) $U_{(BR)DS}$ 指在漏极特性中使 I_D 开始剧增的 U_{DS} 值;

(2) $U_{(BR)GS}$ 对 J 型管,指使反向饱和电流开始剧增时所对应的 U_{GS} 值。对 MOS 管,指使 SiO_2 绝缘层击穿的 U_{GS} 值。

(二)微变等效电路及其参数

根据漏极特性曲线族具有受控性及恒流性,在低频小信号情况下可画出 FET 简化的等效电路,如图 1-66 所示。其中 r_D 为管子的输出电阻(或漏极内阻),在恒流区数值很大,一般为几千欧姆至几百千欧姆,常作开路处理。$\dot{U}_{GS}$ 极性与 $\dot{I}_D$ 的方向、大小是受控关系。当 $\dot{U}_{GS}$ 上正下负时,$\dot{I}_D$ 向下流;否则 $\dot{I}_D$ 向上流。$\dot{I}_D$ 的大小与 $\dot{U}_{GS}$ 成正比,其比例系数是 g_m,称为跨导,即

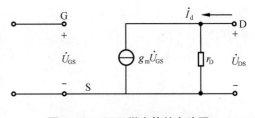

图 1-66   FET 微变等效电路图

$$\dot{I}_D = g_m \dot{U}_{GS} \tag{1-44}$$

低频跨导 g_m 的定义式为

$$g_m = \left| \frac{\partial i_D}{\partial u_{GS}} \right|_{U_{DS} = C} \tag{1-45}$$

这是一个反映 FET 管放大能力的重要参数,其单位用 mS 表示。一般它的数量级约为零点几毫西至几毫西。g_m 的大小有以下三种求法。

（1）在漏极特性上确定 g_m 的方法与 β 相同，如图 1-67 所示。

$$g_m = \left| \frac{\Delta I_D}{\Delta U_{GS}} \right|_{U_{DS}=C} \tag{1-46}$$

（2）在转移特性上求 g_m，如图 1-68 所示。

$$g_m = \left| \frac{\Delta I_D}{\Delta U_{GS}} \right|_{U_{DS}=C} = \tan \alpha \tag{1-47}$$

可见，g_m 的几何意义是过静态工作点 Q 作外切线的斜率。

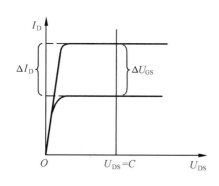

图 1-67　在漏极特性上求 g_m

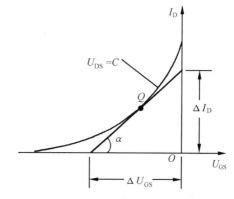

图 1-68　在转移特性上求 g_m

（3）用计算法求 g_m

$$g_m = \frac{dI_D}{dU_{GS}} = \frac{d}{dU_{GS}} \left[I_{DSS} \left(1 - \frac{U_{GS}}{U_{GS(off)}} \right)^2 \right] = -\frac{2I_{DSS}}{U_{GS(off)}} \left[1 - \frac{U_{GS}}{U_{GS(off)}} \right] \tag{1-48}$$

$$U_{GS(off)} \leqslant U_{GS} \leqslant 0$$

四、场效应管和双极型三极管的比较

我们在了解场效应管的一般性能以后，下面再把它和双极型三极管相比较，作为选用的依据。

1. 场效应管是电压控制元件，而双极型三极管则是电流控制元件，所以在向信号源基本不取电流的情况下，应该用场效应管；而在信号电压较弱但又允许取一定电流的情况下，应该选用双极型三极管。

2. 场效应管是利用多数载流子导电（例如 N 型硅中的自由电子），而双极型三极管既利用多数载流子又利用少数载流子。少数载流子的数目容易受温度或核辐射等外界因素的影响，因此在环境条件变化比较剧烈的情况下，采用场效应管比较合适。场效应管有一个零温度系数工作点，即当栅极电压在某一合适的数值时，I_D 不受温度变化的影响。

3. 场效应管的噪声系数比三极管要小，因此在低噪声放大器的前级，常选用场效应管。

4. 有些场效应管的源极和漏极可以互换，栅极电压可正可负，灵活性比双极型三极管强。

5. 场效应管能在很小的电流、很低的电压条件下工作，故适用于作为小功率无触点开关和由电压控制的可变电阻,而且它的制造工艺便于集成化,因而在电子设备中得到广泛的应用。

6. 场效应管的工作频率较低,不适合高频运用。绝缘栅场效应管容易被感应电压击穿,称为栅穿。使用和保存时应注意防栅穿,如保存时将各电极短接在一起,焊接时电烙铁要有良好的接地线或断电后利用余热焊接。

本 章 小 结

本章详细介绍了二极管、三极管、场效应管的结构、符号、工作原理、特性曲线及参数。读者应牢固掌握它们的主要特点,以便在实际应用中能正确地选用它们。二极管、三极管与场效应管均为半导体材料制成的晶体管,包含一个或两个 PN 结。由于它们结构上的不同而形成各自的特点。下面将各类管子的主要特点归纳如下。

一、两种二极管

普通二极管与稳压二极管是本章重点介绍的两种二极管。对于一些其他特殊二极管也做了简介,这部分内容属于参考内容。

普通二极管只有一个 PN 结。它的主要特点是单向导电性,即正偏导通,反偏截止。描写单向导电性的方法有两种:一种是电流方程式 $I = I_S(e^{U/U_T} - 1)$,另一种是伏安特性曲线。伏安特性曲线分四个区:线性工作区、死区、反向饱和区及反向击穿区。二极管正向导通时应工作在线性工作区。

稳压二极管的特点是稳压效应,主要做稳压用,使用时必须反向连接,还必须加限流电阻。

二、两种三极管——NPN 型与 PNP 型

这两种三极管均由两个 PN 结构成。它们的主要特点是电流放大作用。描写电流放大作用的主要参数是 β。它们的伏安特性曲线有两族,即输入特性与输出特性。输出特性曲线族分为四个区:放大区、饱和区、截止区与击穿区。击穿区是不允许进入的禁区,前三个区表征管子的三种工作状态。放大区表现两个重要性质,即受控性与恒流性。基极电流是控制电流,集电极电流是受控电流,因此它们是一种流控器件。

NPN 与 PNP 的导电类型不同。NPN 管要求 U_{BE} 为正值时导通,而 PNP 管需要 U_{BE} 为负值时导通。

三、六种场效应管

场效应管均含两个 PN 结。但两个 PN 结的位置不同、沟道的性质不同、工作方式不同。场效应分成结型与绝缘栅型两大类,每一类又分成 N 沟道与 P 沟道两种。绝缘栅型中每一种沟道又有增强型与耗尽型两种工作方式,共计六种。

场效应管具有输入电阻高、温度稳定性好、低噪声、便于集成化、灵活性强等特点。

场效应管也有两族特性曲线,它们是转移特性与漏极特性。漏极特性中的饱和区也表现出受控性与恒流性,其控制量是栅压,而受控量是漏极电流,因此它们是压控器件。场效应管也有放大作用,描写放大作用的参数是跨导 g_m。

思考题与习题

1-1 名词解释

半导体、载流子、空穴、自由电子、本征半导体、杂质半导体、N 型半导体、P 型半导体、PN 结。

1-2 判断下面答案是否正确,用√或×表示在括号内。

(1)本征半导体温度升高后,①自由电子数目增多,空穴数目基本不变( );②空穴数目增多,自由电子数目基本不变( );③自由电子和空穴数目都增多,且增量相同( );④自由电子和空穴数目不变( )。

(2)N 型半导体是纯净半导体加入以下物质后形成的半导体:①电子( );②硼元素(三价)( );③锑元素(五价)( )。

(3)当温度升高后,①二极管的正向电压增加( );②反向电流基本不变( )。

(4)工作在放大状态的三极管,流过发射结的电流主要是扩散电流( );流过集电结的电流主要是漂移电流( )。

1-3 选择填空

(1)在 PN 结未加外部电压时,扩散电流_____漂移电流。(a. 大于,b. 小于,c. 等于)

(2)当 PN 结外加正向电压时,扩散电流_____漂移电流。(a_1. 大于,b_1. 小于,c_1. 等于)此时耗尽层_____。(a_2. 变宽,b_2. 变窄,c_2. 不变)

(3)当 PN 结外加反向电压时,扩散电流_____漂移电流。(a_1. 大于,b_1. 小于,c_1. 等于)此时耗尽层_____。(a_2. 变宽,b_2. 变窄,c_2. 不变)

1-4 选择填空

(1)二极管电压从 0.65 V 增大 10%,流过的电流增大_____。(a. 10%,b. 大于 10%,c. 小于 10%)

(2)稳压管_____,(a_1. 是二极管,b_1. 不是二极管,c_1. 是特殊的二极管)它工作在_____状态。(a_2. 正向导通,b_2. 反向截止,c_2. 反向击穿)

(3)NPN 型和 PNP 型晶体管的区别是_____。(a. 由两种不同材料硅和锗制成的,b. 掺入的杂质元素不同,c. P 区和 N 区的位置不同)

(4)场效应管是通过改变_____(a_1. 栅极电流,b_1. 栅源电压,c_1. 漏源电压)来改变漏极电流的。因此是一个_____(a_2. 电流,b_2. 电压)控制的_____。(a_3. 电流源,b_3. 电压源)

(5)晶体管电流由_____(a_1. 多子,b_1. 少子,c_1. 两种载流子)组成,而场效应管的电流由_____(a_2. 多子,b_2. 少子,c_2. 两种载流子)组成。因此,晶体管电流受温度的影响比场效应管_____。(a_3. 大,b_3. 小,c_3. 差不多)

(6)晶体管工作在放大区时,b-e 极间为_____,b-c 极间为_____;工作在饱和区时,b-e 极间为_____,b-c 极间为_____。(a. 正向偏置,b. 反向偏置,c. 零偏置)

1-5　回答问题

(1)为什么说在使用二极管时,应特别注意不要超过最大整流电流和最高反向工作电压?

(2)如何用万用表的"Ω"挡来辨别二极管的阳、阴两极?(提示:万用表的黑笔接表内直流电源的正极端,而红笔接负极端)

(3)比较硅、锗两种二极管的性能。在工程实践中,为什么硅二极管应用得较普遍?

1-6　回答问题

(1)有两个三极管,A管的$\beta = 200$,$I_{CEO} = 200\ \mu A$,B管的$\beta = 50$,$I_{CEO} = 10\ \mu A$。其他参数大致相同。相比之下_____管的性能较好。

(2)若把一个三极管的集电极电源反接,使集电结也处于正向偏置,这样对三极管的放大作用是否更有利?

(3)一个三极管的$I_B = 10\ \mu A$时,$I_C = 1\ mA$,我们能否从这两个数据来决定它的交流电流放大系数?什么时候可以,什么时候不可以?

1-7　回答问题

(1)与BJT相比,FET具有哪些基本特点?

(2)从已知的场效应管输出特性曲线如何判断该管的类型(增强型还是耗尽型)、夹断电压(或开启电压)的大概数值,举例说明。

(3)图1-69(a)、(b)、(c)分别为三只场效应管的特性曲线,指出它们各属于哪种类型的管子(结型、绝缘栅型;增强型、耗尽型;N沟道、P沟道)。

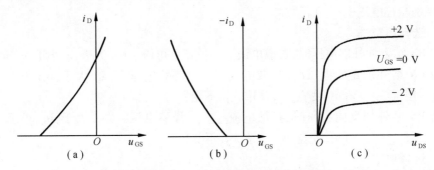

图1-69　几种场效应管特性曲线图

1-8　温度为25℃时,锗二极管和硅二极管的反向电流分别为$10\ \mu A$和$0.1\ \mu A$,试计算在60℃时它们的反向电流各为多少?

1-9　在图1-70所示电路中,已知U_i为正弦波形,二极管的正向压降和反向电流均可忽略(理想二极管),定性画出输出电压U_o的波形。

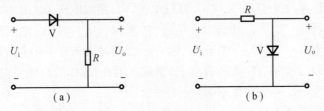

图1-70　题1-9图

1-10 分析图1-71(a)所示电路中二极管的工作状态(导通或截止),确定出 U_o 的值,并将结果填入图1-71(b)的表中。

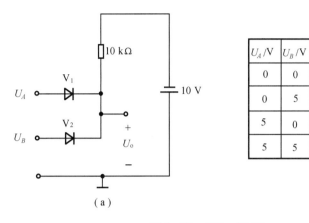

U_A/V	U_B/V	V_1	V_2	U_o/V
0	0			
0	5			
5	0			
5	5			

(a)   (b)

图1-71 题1-10图

1-11 两只硅稳压管的稳压值分别为 $U_{21}=6\ V,U_{22}=9\ V$。设它们的正向导通电压均为 0.7 V。把它们串联相接可得到几种稳压值,各是多少? 把它们并联相接呢?

1-12 测得工作在放大电路中两个晶体管的两个电极电流如图1-72所示。

(1)求另一个电极电流,并在图中标出实际方向。

(2)判断它们各是 NPN 型还是 PNP 型管,标出 e、b、c 极。

(3)估算它们的 β 和 α 值。

1-13 一只三极管的输出特性如图1-73的实线。试根据特性曲线求出管子的下列参数:β、α、I_{CEO}、I_{CBO}、$U_{(BR)CEO}$ 和 P_{CM}。

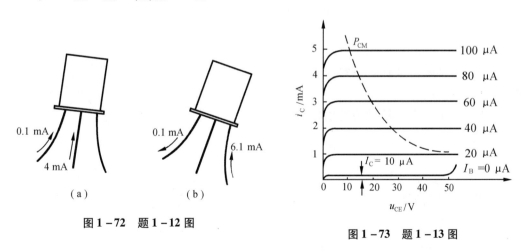

图1-72 题1-12图

图1-73 题1-13图

1-14 测得工作在放大电路中的几个晶体管的三个电极电位 U_1、U_2、U_3 分别为下列各组数据,判断它们是 NPN 型还是 PNP 型,是硅管还是锗管,确定 e、b、c 三个电极。

(1) $U_1=3.5\ V,U_2=2.8\ V,U_3=12\ V$;

(2) $U_1=3\ V,U_2=2.8\ V,U_3=12\ V$;

$(3) U_1 = 6 \text{ V}, U_2 = 11.3 \text{ V}, U_3 = 12 \text{ V};$

$(4) U_1 = 6 \text{ V}, U_2 = 11.8 \text{ V}, U_3 = 12 \text{ V}。$

1-15 绝缘栅型场效应管漏极特性曲线如图 1-74 所示。

(1)说明图(a)至图(d)中曲线对应何种类型的场效应管。

(2)根据图中曲线标定值确定 $U_{GS(th)}$、$U_{GS(off)}$ 和 I_{DSS} 的数值。

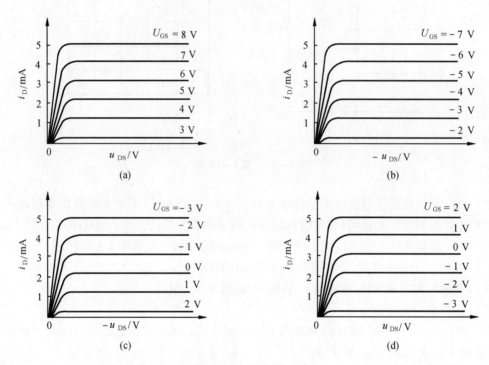

图 1-74   题 1-15 图

1-16   场效应管的漏极特性曲线如图 1-74 所示。分别画出各种管子对应的转移特性曲线 $I_D = f(u_{GS})$。

1-17   图 1-75 为场效应管的转移特性曲线 $I_D = f(u_{GS}) \Big|_{U_{DS}=C}$。

(1) I_{DSS}、$U_{GS(off)}$ 值为多少?

(2)根据给定曲线,估算 $I_D = 1.5$ mA 和 $I_D = 3.9$ mA 处 g_m 约为多少?

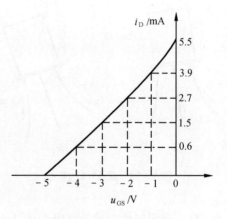

图 1-75   1-17 图

(3)根据 g_m 的定义 $g_m = \dfrac{dI_D}{dU_{GS}}$,计算 $U_{GS} = -1$ V 和 $U_{GS} = -3$ V 时相对应的 g_m 值。

1-18   填空题

试从下述几方面比较场效应管和晶体三极管的异同。

（1）场效应管的导电机理为_____，而晶体三极管为_____。比较两者受温度的影响，_____管优于_____管。

（2）场效应管属于_____器件，其 G、S 间的阻抗要_____晶体三极管 B、E 间的阻抗，后者则应属于_____式器件。

（3）晶体三极管三种工作区域是_____；与此不同，场效应管常把工作区域分为_____三种。

（4）场效应管三个电极 G、D、S 类同晶体三极管的_____电极；而 N 沟道、P 沟道场效应管则分别类同于_____两种类型的晶体三极管。

1-19　测得半导体三极管及场效应管三个电极对地的电位如图 1-76 所示，试判断下列器件的工作状态。

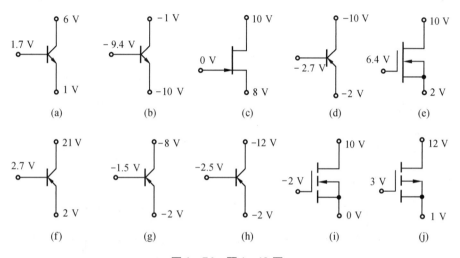

图 1-76　题 1-19 图

1-20　在图 1-77 所示的电路中，当开关 S 分别接到 A、B、C 三个触点时，判断晶体管的工作状态，确定 U_o 的值。设三极管的 $U_{BE}=0.7$ V，三极管的输出特性曲线如图 1-73 所示。

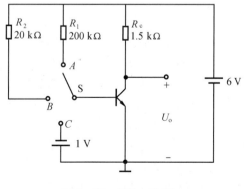

图 1-77　题 1-20 图

1-21 测得电路中三极管三个电极 U_B、U_C、U_E 的电位分别为下列各组数值:

(1)0.7 V、6 V、0 V;

(2)0.7 V、0.6 V、0 V;

(3)1.7 V、6 V、1.0 V;

(4)4.8 V、2.3 V、5.0 V;

(5) -0.2 V、-3 V、0 V;

(6) -0.2 V、-0.1 V、0 V;

(7)4.8 V、5 V、5 V;

(8)0 V、0 V、6 V。

试确定哪几组数据对应的三极管处于放大状态。

1-22 二极管电路如图 1-78 所示,判断图中的二极管是导通还是截止,并求出 AO 两端的电压 U_{AO}。

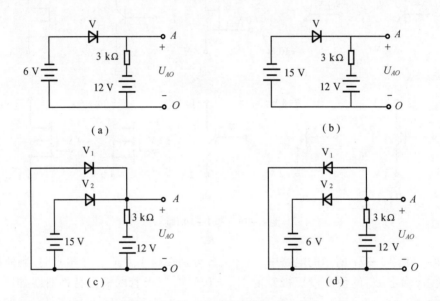

图 1-78 题 1-22 图

1-23 填空题

稳压管按其击穿的方式分为_____和_____两种,前者 PN 结的掺杂浓度应_____(低于、高于、等于)后者。通常前者的稳压值较_____(高、低),其范围约为_____,而后者稳压范围为_____。就其温度系数而言,前者为_____,后者为_____,介于_____和_____之间的温度系数约为_____。

1-24 PNP 管接成图 1-79 所示电路。已知发射结导通电压 $|U_{BE}| = 0.2$ V,在下列各组参数情况下:

(1) $-V_{CC} = -6$ V,$R_b = 100$ kΩ,$R_c = 1$ kΩ,$\beta = 80$;

(2) $-V_{CC} = -12$ V,$R_b = 310$ kΩ,$R_c = 3.9$ kΩ,$\beta = 100$;

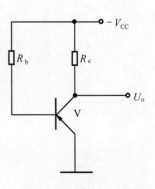

图 1-79 题 1-24 图

（3）$-V_{CC} = -15$ V，$R_b = 510$ kΩ，$R_c = 4$ kΩ，$\beta = 120$。
确定三极管的状态。

1－25　判断图 1－80 所示电路中的二极管是导通还是截止，为什么？

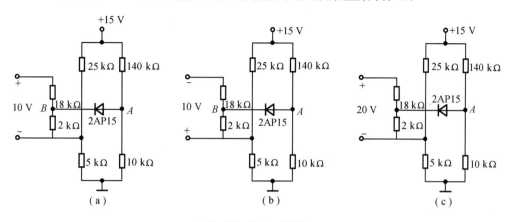

图 1－80　题 1－25 图

第二章

基本单元电路

放大电路是将微弱的电信号不失真地放大到所需量级,且功率增益大于 1 的电子线路。工程上各类放大器都是由基本放大电路级联构成的。基本放大电路又几乎是所有模拟集成电路与系统的基本单元。因此,本章将讨论主要基本放大单元的工作原理、基本概念、主要特性和基本分析方法。

第一节 放大概念及放大电路的性能指标

一、什么是放大

所谓放大,实质是实现能量的控制。输入信号微弱,能量很小,不能直接推动负载做功,因此,需要另外提供一个能源,即直流电源。由能量较小的输入信号控制这个能源使之转换成较大的能量输出,推动负载做功。这种以小能量控制大能量的作用,叫作放大作用。

二、放大电路的性能指标

一个放大电路必须具有优良的性能才能较好地完成放大任务。人们常用技术指标来衡量放大电路性能的优劣。图 2-1 是放大电路的指标测试示意图。

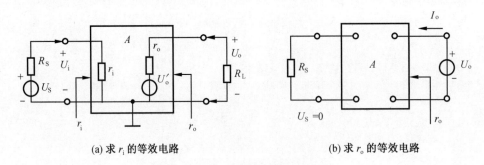

(a) 求 r_i 的等效电路   (b) 求 r_o 的等效电路

图 2-1 放大电路的指标测试图

（一）放大倍数

1. 电压放大倍数 A_u

定义
$$A_u = \frac{U_o}{U_i} \qquad\qquad (2-1)$$

式中，U_o 与 U_i 分别为输出、输入电压有效值；A_u 表征放大电路对信号电压的放大能力。

2. 电流放大倍数 A_i

定义
$$A_i = \frac{I_o}{I_i} \qquad\qquad (2-2)$$

式中，I_o 与 I_i 分别为输出、输入电流有效值；A_i 表征放大电路对信号电流的放大能力。

（二）输入电阻 r_i

定义
$$r_i = \frac{U_i}{I_i} \qquad\qquad (2-3)$$

式中，I_i 为输入电流有效值；r_i 是放大电路输入端的交流等效电阻，r_i 值越大越好，向信号源索取的电流小，使输入电压 U_i 越接近信号电压 U_S。

（三）输出电阻 r_o

放大电路的输出电阻是负载开路时输出端看的交流等效电阻，有两种求法。

1. 一般求法

将输入端信号源短路，即 $U_S = 0$，保留信号源内阻 R_S；在输出端将负载 R_L 去掉，加一个等效电压源，产生一个输出电流 I_o，则定义
$$r_o = \left.\frac{U_o}{I_o}\right|_{\substack{R_L = \infty \\ U_S = 0, R_S保留}} \qquad\qquad (2-4)$$

r_o 的等效电路如图 2-1(b) 所示。

2. 实验测定法

在输入端加入正弦信号电压 U_S，在输出端分别测出空载电压 U_o' 和带载电压 U_o。用公式计算 r_o，即
$$r_o = \left(\frac{U_o'}{U_o} - 1\right) R_L \qquad\qquad (2-5)$$

（四）通频带 f_{bw}

由于电路中有电抗元件和管子的极间电容的影响，放大倍数将随着信号频率的变化而变化。当频率很低或很高时，放大倍数都要下降，而在中间一段频率范围内基本不变。把放大倍数下降到中频值 A_{uM} 的 0.707 时对应的频率范围称为通频带，即
$$f_{bw} = f_H - f_L \qquad\qquad (2-6)$$

式中，f_L 和 f_H 分别称作下限频率及上限频率。通频带越宽，表明放大电路对信号频率变化的适应能力越强，放大电路的通频带如图 2-2 所示。

（五）最大输出幅度

最大输出幅度表示放大电路所能供给的最大不失真的输出电压（或输出电流）的峰值，用 U_{om}（或 I_{om}）表示。

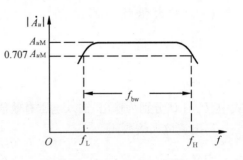

图 2-2 放大电路的通频带

（六）非线性失真系数 D

由于晶体管具有非线性特性，输出波形不可避免地要产生非线性失真，表现在对应于某一频率的正弦波输入电压时，输出波形将会有一定数量的谐波，它们的总量与基波分量之比称为非线性失真系数。

$$D = \frac{\sqrt{U_2^2 + U_3^2 + \cdots}}{U_1} \times 100\% = \frac{\sqrt{\sum_{n=2}^{\infty} U_n^2}}{U_1} \times 100\% \qquad (2-7)$$

式中，U_1 为基波分量有效值；U_2，U_3，…分别为各次谐波分量有效值。计算时取 3~5 次谐波即可，高次谐波可忽略不计。

（七）最大输出功率与效率

最大输出功率是指放大电路能向负载提供的最大不失真交变功率，用 P_{om} 表示。它是通过晶体管的控制作用把电源的直流功率转化为随信号变化的交变功率而得到的，因此就存在着一个功率转化的效率问题。将最大输出功率 P_{om} 与直流电源提供的额定功率 P_V 之比定义为效率 η，用百分数表示：

$$\eta = \frac{P_{om}}{P_V} \times 100\% \qquad (2-8)$$

以上是放大电路的几个主要技术指标。

第二节　放大电路的组成及工作原理

一、共射放大电路的组成原则及各元件的作用

我们以 NPN 管接成最常用的共射放大电路为例来说明基本放大电路的组成及工作原理。为了实现不失真地放大交流信号，放大电路必须按以下四项原则组成：

（一）电源极性必须使放大管处于放大状态，即 e 结正偏，c 结反偏，否则管子无放大作用。对于 NPN 管各极电位应满足 $V_C > V_B > V_E$；对于 PNP 管各极电位应满足 $V_C < V_B < V_E$。

（二）输入回路应使交流信号电压能加到管子上，以产生交流电流 i_b（或 i_e）。

（三）输出回路应使输出电流 i_c 尽可能多地流到负载上，减少其他分流。

（四）为了保证放大电路不失真地放大信号，必须在没有外加信号时使放大管有一个合适的静态工作点，称之为合理地设置静态工作点。

以上四个原则缺一不可,必须同时满足才能正常放大。图 2-3 所示电路为一共射基本放大电路。其中晶体管 V 起放大作用,是电路的核心部件。在输入回路中,直流电源 V_{BB} 提供偏置电流 I_{BQ},它的极性保证 e 结处于正偏。R_b 称偏置电阻,防止 V_{BB} 短路信号 U_i。因为直流电源的交流内阻极小,视为交流短路。R_b 与 V_{BB} 共同组成偏置电路,保证发射极处于发射状态,并有合适的偏置电流,使放大信号时保证不失真;C_1 称耦合电容,起隔直流通交流的作用,当接入信号源时,使信号通畅地加到管子上进行放大,起到交流耦合作用,同时使直流电流 I_{BQ} 不能流入信号源,起到隔直流作用。C_1 电容的数值一般在 μF 量级,因此必须是电解电容。

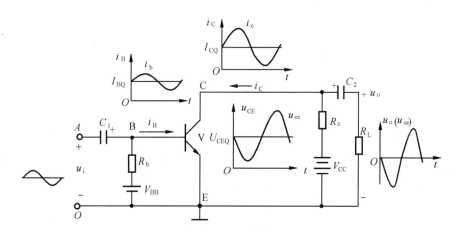

图 2-3　共射放大电路的组成与工作原理图

在输出回路中,直流电源 V_{CC} 给电路提供能源,并保证管子处于放大状态,即使 c 结处于反偏。使用者注意不得将它的极性接错;R_c 称为集电极负载电阻,它的作用是把交流电流 i_c 转换成电压形式输出;C_2 也是耦合电容,其作用与 C_1 相同,只将交流信号取出,而把直流电流 I_{CQ} 隔住;R_L 是负载电阻。

为了分析问题方便起见,规定交、直流电位均以地为公共参考点,用"⊥"符号表示。电流以流入为正,流出为负。为了节省电源种类,将输入、输出回路共用一个电源 V_{CC}。习惯上把图 2-3 改画成图 2-4。

[例 2-1]　试用组成放大电路的四个原则判断图 2-5 中(a)与(b)的电路能否正常放大正弦信号,为什么?

解　图(a)不能正常放大。因为 NPN 型三极管 V 的 e 结上加的是反向偏置,没有处于放大状态,违反了原则(一),所以不能正常放大正弦信号。

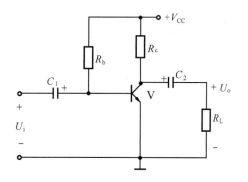

图 2-4　图 2-3 的习惯画法

图(b)电路也不能正常放大。因为电路中缺少 R_b,而使直流电源 V_{CC} 对交流信号相当于对地短路,从而使信号 U_i 通过短路线对地旁路,加不到晶体管的输入端,违反了原则(二),

故不能正常放大正弦信号。

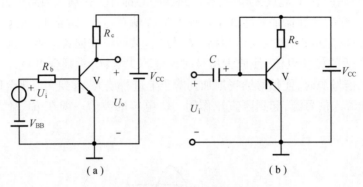

图 2-5 例 2-1 的图

二、工作原理

当放大电路输入端不加信号($U_i = 0$)时,电路所处的工作状态称为静态。此时,各处的电流、电压值都是直流量,称为静态值,用 I_{BQ}、U_{BEQ}、I_{CQ}、U_{CEQ} 表示。由于这一组数据代表着输入、输出特性曲线上的一个点,所以称为静态工作点,用"Q"表示。由三极管的输入特性可知,U_{BE} 的变化范围很小,可近似认为硅管的 $U_{BEQ} = 0.6 \sim 0.8$ V,通常估算时取 0.7 V;锗管的 $U_{BEQ} = 0.1 \sim 0.3$ V,取 0.2 V 作为已知量,只需估算出 I_{BQ}、I_{CQ} 及 U_{CEQ},那么静态工作点就是确定的了。

当加信号($U_i \neq 0$)时,电路所处的工作状态称为动态。当正弦信号电压 U_i 接入图 2-3 中"A—O"两端时,由 C_1 的耦合作用传输到放大管的基极上,从而使一个正弦变化的基极电流 i_b 叠加在静态电流 I_{BQ} 上。由晶体管的电流放大作用,在集电极也相应地引起一个放大了 β 倍的正弦变化的电流 i_c,叠加在静态电流 I_{CQ} 上。当 i_c 流过管子时,产生一个相位与 i_c 相反的正弦变化的管压降 u_{ce},这个电压也是叠加在静态值 U_{CEQ} 上的。通过隔直通交元件 C_2,将交流成分提取出来,供给负载 R_L。于是,在 R_L 上所得到的输出电压 u_o 与 u_i 相比,在大小上 u_o 比 u_i 大了许多倍,在相位上 u_o 与 u_i 相差 180°(反相)。各处的波形如图 2-3 所示。

第三节　放大电路的分析方法

一、直流通路与交流通路

在信号"输入—放大—输出"的物理过程中,交、直流量是共存的。为了分析问题方便起见,常把它们分开考虑。

(一)直流通路及其画法

直流通路是指直流电流所通过的路径。电路在静态下只有直流而无交流,此时直流电流通过的路径如图 2-6(a)所示。从图中不难看出,只要把原电路中的 C_1、C_2 断开,保留其他元件就可得到直流通路。原因是电容 C_1、C_2 具有隔直流作用。直流通路是求静态工作点的依据。

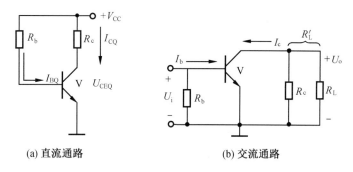

(a) 直流通路　　　　　　　　(b) 交流通路

图 2-6　图 2-4 放大电路的直流通路与交流通路图

由图 2-6(a)估算静态工作点 I_{BQ}、I_{CQ}、U_{CEQ} 的值。

$$I_{BQ} = \frac{V_{CC} - U_{BEQ}}{R_b} \tag{2-9}$$

$$I_{CQ} = \beta I_{BQ} \tag{2-10}$$

$$U_{CEQ} = V_{CC} - I_{CQ} \cdot R_c \tag{2-11}$$

如果是 PNP 管,求静态工作点时只需在 U_{CEQ} 前面加负号,而等号右边各量均用绝对值代入计算即可。

(二)交流通路及其画法

交流通路是交流电流所通过的路径,如图 2-6(b)所示。画交流通路图时,将直流电源 V_{CC} 对地交流短路;耦合电容 C_1、C_2 的交流容抗很小,也视为短路,其他元件保留不变,便可得到交流通路;R_c 与 R_L 对交流而言为并联关系,将它们的等效电阻 R'_L($R'_L = R_c /\!/ R_L$)称作交流等效负载电阻;输出电压就是集电极电流 I_c 在 R'_L 上的压降。交流通路是求解交流参数的依据。

[例 2-2]　在图 2-4 放大电路中,设 $V_{CC} = 12$ V,$R_c = 3$ kΩ,$R_b = 300$ kΩ,$R_L = 3$ kΩ,$\beta = 50$,$U_{BE} = 0.7$ V,晶体管的输入电阻 $r_{be} = 1$ kΩ。试利用直、交流通路估算静态工作点 $(I_{BQ}$、I_{CQ}、$U_{CEQ})$ 及电压放大倍数 $A_u = \dfrac{U_o}{U_i}$。

解　1. 求静态工作点

(1)画放大电路的直流通路图,如图 2-6(a)所示。

(2)从偏置电路入手列直流电压方程式

$$I_{BQ} \cdot R_b + U_{BE} = V_{CC}$$

解出

$$I_{BQ} = \frac{V_{CC} - U_{BE}}{R_b} = \frac{12 - 0.7}{300} \approx 40 \ \mu A$$

(3)由晶体管的电流放大原理求 I_{CQ}

$$I_{CQ} = \beta I_{BQ} = 50 \times 0.04 = 2 \ mA$$

(4)由输出回路列电压方程,确定管压降 U_{CEQ}

$$U_{CEQ} = V_{CC} - I_{CQ} \cdot R_c = 12 - 2 \times 3 = 6 \text{ V}$$

2. 求电压放大倍数 A_u

画放大电路的交流通路图,如图 2-6(b)所示。

$$A_u = \frac{U_o}{U_i}$$

其中
$$U_o = -I_c \cdot R'_L = -\beta I_b \cdot R'_L$$
$$U_i = I_b \cdot r_{be}$$

所以
$$A_u = -\beta \frac{R'_L}{r_{be}} = -50 \times \frac{3 /\!/ 3}{1} = -75$$

式中的负号表示 U_o 与 U_i 反相位。

二、图解法

图解法是指在管子的特性曲线上用作图的方法分析放大电路的工作情况。

(一)静态分析

图 2-7 是图 2-3 放大电路的直流通路。由于输入回路与输出回路的图解相同,以输出回路为例说明图解 Q 点的方法。

从 AB 两点向外看是 R_c 与 V_{CC} 构成的线性电路。它们的伏安特性是一条直线,称为直流负载线,是反映直流电流 I_{CQ} 与电压 U_{CEQ} 关系的一条直线。向内看是晶体管的输出特性曲线,为已知。静态工作点应是它们的交点,具体做法如下。

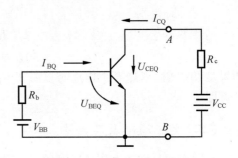

图 2-7　图 2-3 的直流通路

1. 在输出特性上作直流负载线使其满足方程

$$U_{CE} = V_{CC} - I_c \cdot R_c$$

连接两个截距 $(0, \frac{V_{CC}}{R_c})$ 与 $(V_{CC}, 0)$ 的直线即为直流负载线,如图 2-8 所示。由图可知,直流负载线的斜率为

$$\tan \beta = \frac{-V_{CC}/R_c}{V_{CC}} = -\frac{1}{R_c}$$

所以
$$\tan \alpha = \frac{1}{R_c} \qquad (2-12)$$

2. 由估算法求出 I_{BQ},并确定其对应的曲线,则曲线与直流负载线的交点为 Q 点。相对应的坐标 I_{CQ} 及 U_{CEQ} 为所求的静态工作点参数。

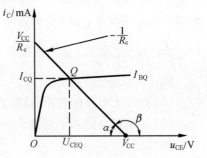

图 2-8　图解 Q 点图

当不给出输出特性曲线时,也可以用估算法求出 I_{CQ},并过 I_{CQ} 作水平线与直流负载线相交于一点,即 Q 点。

[**例 2 – 3**] 在图 2 – 9 的电路中，已知 $R_b = 280$ kΩ，$R_c = 3$ kΩ，电源电压 $V_{CC} = +12$ V，三极管的输出特性曲线如图 2 – 9(b)所示，试用图解法确定静态工作点 Q。

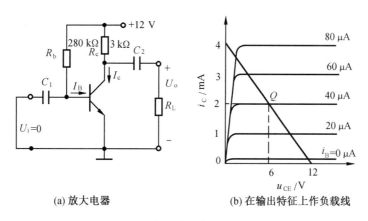

(a) 放大电器   (b) 在输出特征上作负载线

图 2 – 9 用图解法确定静态工作点示意图

解 （1）首先根据式（2 – 9），计算 I_{BQ}

$$I_{BQ} = \frac{V_{CC} - U_{BEQ}}{R_b} = \frac{12 - 0.7}{280} \approx 40 \text{ μA}$$

（2）在输出特性曲线上作负载线使其满足直线方程

$$U_{CE} = V_{CC} - I_c \cdot R_c$$

令 $U_{CE} = 0$ 时，$I_c = \frac{12}{3} = 4$ mA；$U_{CE} = 12$ V 时，$I_c = 0$。连接这两点的直线为直流负载线。

（3）直流负载线与 $i_B = 40$ μA 的特性曲线的交点为静态工作点 Q。从该曲线上查出 $I_{CQ} = 2$ mA，$U_{CEQ} = 6$ V。

（二）动态分析

如图 2 – 4 所示的放大电路，在输入端加上一个正弦信号 u_i 后，基极交流电压 u_{be} 将在静态值 U_{BEQ} 上下波动。因此，基极电流 i_b、集电极电流 i_c 和集电极电压 u_{ce} 也将分别在静态值 I_{BQ}、I_{CQ} 和 U_{CEQ} 的基础上变化，这时的工作状态称为动态。图解各处的电流、电压波形步骤如下：

1. 由输入回路确定 i_b 波形

图 2 – 10(a)示出了管子的输入特性。在其下边画出了 u_{be} 的正弦波形，它是叠加在 U_{BEQ} 上的。u_{be} 波形的 0、2、4 各点为由偏置电路决定的静态工作点，它保证管子的发射结正偏并高于死区电压。因此，当输入信号 u_i（u_{be}）加入后，可在基极上引起一个正弦变化的电流 i_b 叠加在 I_{BQ} 上。i_b 的具体画法如图 2 – 10(a)所示。各点的对应关系为 0→0′、1→1′、2→2′、3→3′、4→4′（当然也可以多取若干点），将 1′、2′、3′、4′逐点连成曲线，就得到 i_b 的波形。i_b 的大小与输入特性的斜率有关，斜率越大，在相同的 u_{be} 作用下得到的 i_b 也越大。为使 i_b 不失真，u_{be} 的变化范围不宜过大，应限制在输入特性线性较好的区域，一般不超过十分之几伏。这就是用图解法从已知的 u_{be} 波形求出相应的 i_b 波形的方法。

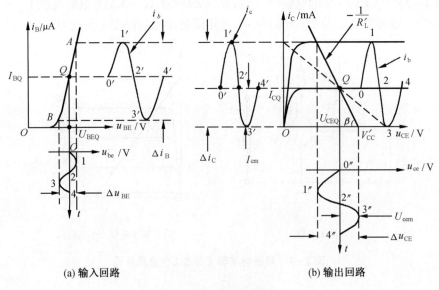

(a) 输入回路   (b) 输出回路

图 2 – 10   动态分析图

2. 由输出回路确定 u_{ce} 及 i_c 的波形

当 i_b 波形确定后,怎样在已知的输出特性上图解 u_{ce} 及 i_c 的波形呢? 首先,在图解 Q 点的基础上作出交流负载线,交流负载线表示动态时工作点移动的轨迹,是反映交流电压、电流的一条直线。交流负载线具有两个特点:第一,它必过 Q 点,Q 点就是正弦信号过零的时刻,这是很容易理解的;第二,交流负载线的斜率由 R'_L 决定($R'_L = R_c // R_L$),一般比直流负载线要陡,原因是 $R'_L < R_c$。由交流通路列方程可求出交流负载线的斜率,即

$$u_o = u_{ce} = i_c \cdot R'_L$$

$$- \tan \beta = \frac{\Delta i_C}{\Delta u_{CE}} = \frac{1}{\dfrac{\Delta u_{CE}}{\Delta i_C}} = \frac{1}{R'_L}$$

因此 $$\tan \beta = - \frac{1}{R'_L} \tag{2 – 13}$$

只当输出端不带负载时,其交流负载线与直流负载线相重合,它们的斜率均为 $- \dfrac{1}{R_c}$。

假设交流负载线已经画出,并且设交流负载线与横坐标的交点为 V'_{CC},由图 2 – 10(b)可以看出 V'_{CC} 的坐标为

$$V'_{CC} = U_{CEQ} + U_{cem}$$
$$= U_{CEQ} + I_{cm} \cdot R'_L$$
$$\approx U_{CEQ} + I_{CQ} \cdot R'_L \tag{2 – 14}$$

由两点法得知,连接 $V'_{CC}Q$ 的直线为交流负载线。它的斜率必满足式(2 – 13)。

交流负载线画出后,以 I_{BQ} 为平衡位置,找出相应的 Δi_B 并描出 i_b 的正弦波形。在 i_b 信号推动下,由晶体管的电流放大作用得到 i_c 波形,并且在管子的 c – e 两端获得电压波形 u_{ce}。i_c、u_{ce} 的具体画法如图 2 – 10(b)所示。各点的对应关系为 0→0′→0″、1→1′→1″、2→2′→2″、3→3′→3″、4→4′→4″。将 0′、1′、2′、3′、4′连成曲线,得到 i_c 的波形。可见,i_c 也是正弦波,但

比 i_b 放大了 β 倍,其相位与 i_b 相同。再将 0″、1″、2″、3″、4″逐点连成曲线,就得到 u_{ce} 的波形。显见,u_{ce} 也是正弦波,但幅值比 u_{be} 大了 A_u 倍,而相位与 u_{be} 相反。这就是用图解法从已知的 i_b 波形求出相应的 i_c 波形和 u_{ce} 波形的过程。

3. 图解最大不失真的输出幅度 U_{om}

用图解法确定最大不失真输出幅度时,不一定非画出晶体管的输出特性,只要已知电路形式及电路参数就能在自设的坐标系中确定 U_{om},方法如下:

第一步　确定 Q 点,方法同前;

第二步　画交流负载线,方法同前;

第三步　确定 U_{om}。

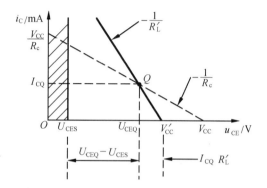

如图 2-11 所示,其中 $U_{CEQ} - U_{CES}$ 称为最大不饱和失真输出幅度;$I_{CQ} \cdot R'_L$ 称为最大不截止失真输出幅度。则

$$U_{om} = \min\{U_{CEQ} - U_{CES}, I_{CQ} \cdot R'_L\}$$
$$(2-15)$$

[**例 2-4**]　放大电路如图 2-9(a)所示,设 $R_L = 3 \text{ k}\Omega$,三极管的输入、输出特性曲线如图 2-12 所示,其他参数与[例 2-3]相同。用图解法求电压放大倍数。

图 2-11　用图解法确定最大不失真输出幅度 U_{om}

解　(1)由[例 2-3]的结果得知

$$I_{BQ} = 40 \text{ μA}, \quad I_{CQ} = 2 \text{ mA}, \quad U_{CEQ} = 6 \text{ V}$$

(2)在图 2-12(a)上确定

$$\Delta i_B = (50 - 30) \text{ μA} = 20 \text{ μA}$$

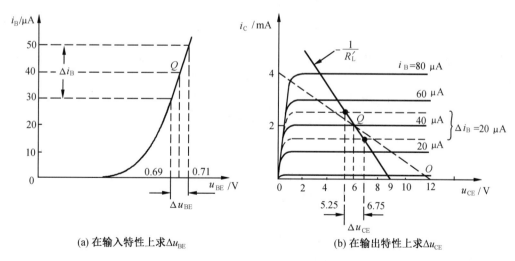

(a) 在输入特性上求 Δu_{BE}　　　　(b) 在输出特性上求 Δu_{CE}

图 2-12　用图解法确定电压放大倍数图

对应的　　　　　　　　　$\Delta u_{BE} = 0.71 - 0.69 = 0.02 \text{ V}$

（3）在图 2-12(b) 上作交流负载线，先计算

先计算

$$V'_{CC} = U_{CEQ} + I_{CQ} \cdot R'_L = 6 + 2 \times (3 /\!/ 3) = 9 \text{ V}$$

连接 QV'_{CC} 两点的直线为交流负载线。

（4）在图 2-12(b) 上找到 $\Delta i_B = 20 \ \mu A$，相对应的 $\Delta u_{CE} = 5.25 - 6.75 = -1.5 \text{ V}$

（5）计算电压放大倍数

$$A_u = \frac{\Delta u_{CE}}{\Delta u_{BE}} = \frac{-1.5}{0.02} = -75$$

（三）图解分析波形失真与 Q 点的关系

图 2-13 画出了 NPN 管的静态工作点处于不同位置时所得到的不同波形，其中忽略了截止区，认为 $I_{CEO} \approx 0$。当 Q 点设在交流负载线 MN 中点时，在信号 i_b 的推动下，Q 点总是在线性放大区内，因此得到不失真的 u_{ce} 与 i_c 波形；当 Q' 点设在靠近饱和区时，u_{be} 波形出现下削波，原因是当信号电流 i_b 在正半周变化时，一部分时间 Q' 点进入饱和区，饱和区无放大作用，所以出现下削波，对应的电流 i_c 波形出现上削波，这种失真又称为饱和失真；当 Q'' 点靠近截止区时，u_{ce} 波形出现上削波。原因是当 i_b 在负半周变化时，一部分时间 Q'' 点进入了截止区，而截止区也无放大作用，因此出现上削波，对应的电流 i_c 波形出现下削波，这种失真又称为截止失真。

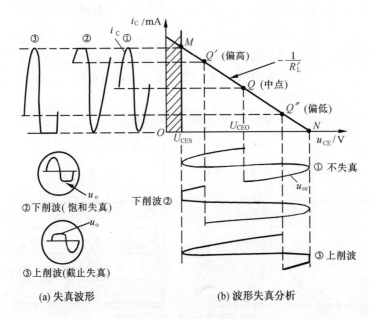

（a）失真波形　　　　（b）波形失真分析

图 2-13　波形失真分析图

饱和失真与截止失真均属于非线性失真。由以上分析得知，欲得到最大不失真输出波形，应将 Q 点设置在交流负载线的中点处（除饱和区及截止区外），设在 Q' 和 Q'' 点处显然是不合理的。如果管子为 PNP 管，则波形失真的性质与之相反。

（四）电路参数对静态工作点的影响

静态工作点的位置由电路参数决定。V_{CC}、R_c、R_b 的变化均可改变 Q 点的位置。如图 2-14（a）所示，当 R_b、R_c 固定不变时，改变 V_{CC} 值，直流负载线做平行移动。例如，增加 V_{CC} 时，决定直流负载线的两个点 V_{CC}/R_c 与 V_{CC} 同时增加相同的数值，于是直流负载线向右平移，Q 点垂直平移到 Q' 处。图 2-14（b）示出了单独改变 R_c 值（V_{CC} 与 R_b 固定）对 Q 点的影响，R_c 的变化会改变直流负载线的斜率。例如，将 R_c 减小，则 V_{CC}/R_c 点将升高，直流负载线变陡，Q 点沿着 I_{BQ} 的曲线移到 Q'' 点处，相应 I_{CQ}、U_{CEQ} 均有所增加；当 V_{CC}、R_c 一定，只改变 R_b 阻值时，直流负载线不变，只是 I_{BQ} 变了，也就是说，输出特性曲线不是原来的那一根了，而新的 Q 点就是直流负载线与新的 I_{BQ} 曲线的交点。换句话说，R_b 的改变会使 Q 点沿着直流负载线移动。例如，当 R_b 减小时，相应的 I_{BQ} 增加，如由 I_{BQ1} 增加到 I_{BQ2}，则 Q 点沿着直流负载线移到 Q''' 点处，对应的 I_{CQ} 增加，U_{CEQ} 减小了，即 Q 点向着饱和区移动。反之，若使 R_b 值增加，I_{BQ} 减小，I_{CQ} 减小，U_{CEQ} 增大，Q 点沿着直流负载线移向截止区。

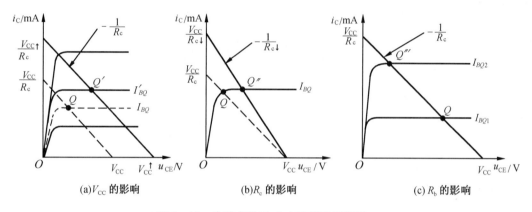

(a)V_{CC} 的影响　　　　(b)R_c 的影响　　　　(c) R_b 的影响

图 2-14　电路参数对 Q 点的影响示意图

一般情况下，当电路一定，V_{CC} 及 R_c 也就固定不变了，Q 点的位置由 R_b 来控制，所以通常在 R_b 旁边打上"＊"号，表示可调。为调节方便，在实际工作中常用一个电位器与一个固定电阻串联作为 R_b。

如果输出电压 u_o（或者用有效值表示法 U_o，以下均同）波形出现下削波失真，说明 Q 点位置偏高，靠近饱和区了，应将 R_b 加大，使 I_{BQ} 减小，从而使 I_{CQ} 减小，则 Q 点会沿着直流负载线降低；反之，输出电压 u_o 波形出现上削波，说明 Q 点偏低，应将 R_b 值减小，从而 I_{BQ}、I_{CQ} 增加，使 Q 点退出（或远离）截止区消除失真。总之，调节 R_b 可使 Q 点合理地落在放大区中间位置，以保证不失真地放大信号。

（五）图解法的适用范围

图解法的优点是直观性强，可以直接观察出 Q 点设置得是否合理，求放大倍数、分析波形失真和动态范围在曲线图上一目了然。在低频大信号运用下最适合用图解法，如分析功率放大电路的最大不失真输出幅度。一般对于交流通路（或微变等效电路）的输入、输出回路彼此独立的小信号放大电路较适用。

图解法的缺点是在特性曲线上作图工作量大而且不准确,不能分析动态参数输入电阻 r_i 及输出电阻 r_o,对于分析频率较高或复杂电路均不适用。因为这种电路的等效电路的输入、输出回路彼此不独立,所以又引出微变等效电路法来。

[**例2-5**] 电路如图2-15所示,设电源电压 $V_{CC} = +12$ V,晶体管参数 $U_{BE} = 0.7$ V,$\beta = 50$,$U_{CES} = 1$ V,$I_{CEO} \approx 0$,$R_c = 6$ kΩ,$R_b = 377$ kΩ,$R_L = 3$ kΩ。

求:(1)估算静态工作点 Q。

(2)求不失真输出幅度 U_{om} 的有效值。

(3)当输入信号 U_i 幅值足够大时,首先会出现何种性质的失真?画出用示波器接于电路输出端时所观察到的失真波形。

(4)为使输出端获得最大不失真输出幅度,R_b 应取多少?

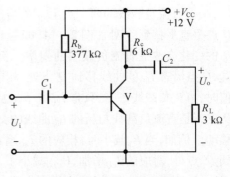

图2-15 例2-5的图

解 (1)求该电路的静态工作点 Q 应从 I_{BQ} 入手。

$$I_{BQ} = \frac{V_{CC} - U_{BE}}{R_b} = \frac{12 - 0.7}{377} \approx 30 \ \mu A$$

$$I_{CQ} = \beta I_{BQ} = 50 \times 30 \ \mu A = 1.5 \ mA$$

$$U_{CEQ} = V_{CC} - I_{CQ} \cdot R_c = 12 - 1.5 \times 6 = 3 \ V$$

(2)由估算 Q 点的结果在自立坐标系中点出 Q 点的位置,如图2-16(a)所示。计算

$$V'_{CC} = U_{CEQ} + I_{CQ} \cdot R'_L = 3 + 1.5 \times (6 // 3) = 6 \ V$$

连接 Q、V'_{CC} 两点的直线可得交流负载线,则

$$U_{om} = \min\{3-1, 6-3\} / \sqrt{2} = \frac{2}{\sqrt{2}} \approx 1.42 \ V$$

(3)由图解 U_{om} 知,Q 点靠近饱和区,当输入信号 U_i 足够大时,首先会出现饱和失真,用示波器观察电路输出端,$U_o = U_{ce}$,波形为下削波,如图2-16(b)所示。

(4)将 Q 点调整到交流负载线(除饱和区及截止区)中点处,方能获得最大不失真输出幅度,即

$$U_{CEQ} - U_{CES} = I_{CQ} \cdot R'_L$$

又可写成

$$V_{CC} - I_{CQ} \cdot R_c - U_{CES} = I_{CQ} \cdot R'_L$$

求得集电极电流

$$I_{CQ} = \frac{V_{CC} - U_{CES}}{R_c + R'_L} = \frac{12 - 1}{6 + 2} \approx 1.38 \ mA$$

因此 R_b 的取值为

$$R_b = \frac{V_{CC} - U_{BE}}{I_{CQ} / \beta} = \frac{12 - 0.7}{1.38 / 50} \approx 409 \ k\Omega$$

此时 U_{om} 有效值为

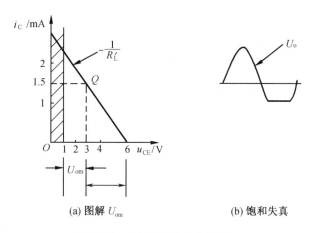

(a) 图解 U_{om} (b) 饱和失真

图 2 - 16 图解 U_{om} 及失真波形

$$U_{om} = I_{CQ} \cdot R'_L / \sqrt{2} = 1.38 \times 2/1.41 \approx 1.96 \text{ V}$$

[**例 2 - 6**] 由 PNP 管组成的共射放大电路如图 2 - 17(a)所示,已知三极管 3AX 31 的参数 $\beta = 30$,$U_{BE} = -0.2$ V。电源电压 $-V_{CC} = -12$ V,$R_b = 200$ kΩ,$R_c = 4$ kΩ,$R_L = 6$ kΩ。

求:(1)静态工作点的参数;

(2)在图 2 - 17(b)中画出交、直流负载线。

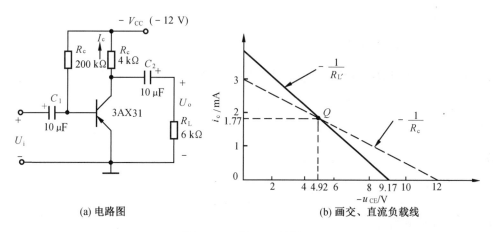

(a) 电路图 (b) 画交、直流负载线

图 2 - 17 例 2 - 6 的图

解 (1)求静态工作点

从 I_{BQ} 入手 $I_{BQ} = \dfrac{V_{CC} - U_{BE}}{R_b} = \dfrac{12 - 0.2}{200} = 59 \text{ μA}$

$$I_{CQ} = \beta I_{BQ} = 30 \times 0.059 = 1.77 \text{ mA}$$

$$-U_{CEQ} = V_{CC} - I_{CQ} \cdot R_c = 12 - 1.77 \times 4 = 4.92 \text{ V}$$

(2)直流负载线:连接(–12 V,0)与(0,3 mA)两点的直线,如图2-17(b)中所示虚线。
$$V'_{CC} = U_{CEQ} + I_{CQ} \cdot R'_L = 4.92 + 1.77 \times (4 /\!/ 6) \approx 9.17 \text{ V}$$
交流负载线:连接 Q、V'_{CC} 两点的直线,如图2-17(b)中实线所示。

三、h 参数微变等效电路法

(一)放大电路的 h 参数微变等效电路

在中频小信号作用下,画放大电路的 h 参数微变等效电路的步骤如下。

1. 画出放大电路的交流通路

如图2-4 所示的放大电路,其交流通路如图2-6(b)所示。

2. 将晶体管的 h 参数微变等效电路代入交流通路中,就得到放大电路的 h 参数微变等效电路,如图2-18 所示。图中的电流、电压均用有效值表示法表示交流量。

必须注意,图2-18 所示的等效电路属于线性电路,一切线性的定理、定律及公式均适用。

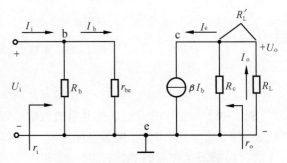

图2-18　图2-4 电路的 h 参数
微变等效电路图

(二)放大电路交流参数的计算公式

根据图2-18 可以推导出电路交流参数的计算公式。

1. 电压放大倍数 A_u

由定义式知
$$A_u = \frac{U_o}{U_i}$$
式中
$$U_o = -\beta I_b \cdot R'_L$$
$$U_i = I_b \cdot r_{be}$$
将它们代入定义式得

$$A_u = \frac{U_o}{U_i} = -\beta \frac{R'_L}{r_{be}} = -\beta \frac{R_c /\!/ R_L}{r_{be}} \tag{2-16}$$

式中,r_{be} 可由公式 $r_{be} = r_{bb'} + (1+\beta)\dfrac{26 \text{ mV}}{I_{EQ} \text{ mA}}$ 计算出来。

由式(2-16)可以看出,影响电压放大倍数的参数有 β、R_c 及 I_E。它们每个参数的增大都可以提高电压放大倍数 A_u,但是 A_u 与这三个参数间又不是简单的正比关系,在不同条件下,这些参数对 A_u 所起的作用,在程度上是不同的。

2. 电流放大倍数 $A_i = \dfrac{I_o}{I_i}$

根据图2-18 微变等效电路,可写出

$$I_{\mathrm{b}} = \frac{R_{\mathrm{b}}}{R_{\mathrm{b}} + r_{\mathrm{be}}} I_{\mathrm{i}}$$

或写成

$$I_{\mathrm{i}} = \frac{R_{\mathrm{b}} + r_{\mathrm{be}}}{R_{\mathrm{b}}} I_{\mathrm{b}}$$

而

$$I_{\mathrm{o}} = \frac{R_{\mathrm{c}}}{R_{\mathrm{c}} + R_{\mathrm{L}}} \beta I_{\mathrm{b}}$$

所以

$$A_i = \frac{I_{\mathrm{o}}}{I_{\mathrm{i}}} = \frac{R_{\mathrm{b}}}{R_{\mathrm{b}} + r_{\mathrm{be}}} \cdot \frac{R_{\mathrm{c}}}{R_{\mathrm{c}} + R_{\mathrm{L}}} \beta$$

可见,由于输入端 R_{b} 和输出端 R_{c} 的分流作用,电路的电流放大倍数 A_i 将小于管子的电流放大系数 β。若 $R_{\mathrm{b}} \gg r_{\mathrm{be}}$,则

$$A_i \approx \beta \frac{R'_{\mathrm{L}}}{R_{\mathrm{L}}} \qquad R'_{\mathrm{L}} = R_{\mathrm{c}} /\!/ R_{\mathrm{L}} \tag{2-17}$$

[例 2-7]　设图 2-4 放大电路中,$V_{\mathrm{CC}} = 12\ \mathrm{V}$,$R_{\mathrm{b}} = 300\ \mathrm{k\Omega}$,$R_{\mathrm{c}} = R_{\mathrm{L}} = 4\ \mathrm{k\Omega}$,$C_1 = C_2 = 20\ \mathrm{\mu F}$,$\beta = 40$,$r_{\mathrm{be}} = 0.966\ \mathrm{k\Omega}$。试计算电路的电流放大倍数。

解　$A_i = \dfrac{R_{\mathrm{b}}}{R_{\mathrm{b}} + r_{\mathrm{be}}} \times \dfrac{R_{\mathrm{c}}}{R_{\mathrm{c}} + R_{\mathrm{L}}} \beta = \dfrac{300}{300 + 0.966} \times \dfrac{4}{4 + 4} \times 40 \approx 20$

又由于 $R_{\mathrm{b}} \gg r_{\mathrm{be}}$,则可利用式(2-17)计算,则

$$A_i \approx \frac{R'_{\mathrm{L}}}{R_{\mathrm{L}}} \beta = 40 \times \frac{4 /\!/ 4}{4} = 20$$

可见,两个结果基本相同。

3. 输入电阻 r_{i}

放大电路在实际应用中总是要与其他电路或设备相连接的。如输入端与信号源相连,这样就产生了它们之间的相互联系和相互影响,这个联系和影响用输入电阻 r_{i} 来分析。

放大电路的输入电阻就是从输入端看进去的等效电阻,其大小等于放大电路输入端信号电压 U_{i} 与输入信号电流 I_{i} 的比值,即

$$r_{\mathrm{i}} = \frac{U_{\mathrm{i}}}{I_{\mathrm{i}}}$$

由等效电路显见

$$r_{\mathrm{i}} = \frac{U_{\mathrm{i}}}{I_{\mathrm{i}}} = R_{\mathrm{b}} /\!/ r_{\mathrm{be}} \tag{2-18}$$

式中,r_{be} 为晶体管本身的输入电阻。当 $R_{\mathrm{b}} \gg r_{\mathrm{be}}$ 时,有

$$r_{\mathrm{i}} \approx r_{\mathrm{be}}$$

r_{i} 的大小影响到实际加于放大电路输入端信号的大小。在图 2-19 中,把一个信号源内阻为 R_{S}、大小为 U_{S} 的正弦信号电压加到放大电路的输入端,由于 r_{i} 的存在,致使实际加到放大电路输入端的信号 U_{i} 的幅度比 U_{S} 要小,即

$$U_{\mathrm{i}} = \frac{r_{\mathrm{i}}}{R_{\mathrm{S}} + r_{\mathrm{i}}} U_{\mathrm{S}}$$

上式说明,放大电路的输入电压、电压放大倍数均受到一定的衰减,因此,r_{i} 反映了放大电路对前级信号源输出电压和电压增益影响的程度,是放大电路的一个重要指标。

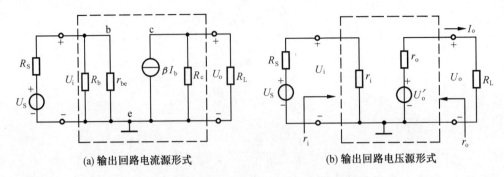

(a) 输出回路电流源形式　　　　　(b) 输出回路电压源形式

图 2 – 19　放大电路的输入电阻和输出电阻图

一般来说,希望放大电路的输入电阻高一些为好,特别是在信号源内阻 R_S 较大的场合,这样可以避免信号过多地衰减,作为放大电路的输入级尤其应当予以考虑。

怎样使放大电路的输入电阻提高呢? 可采取下列措施。

(1)加大基极偏流电阻 R_b。因为 r_i 等于 R_b 与 r_{be} 的并联值,通常 R_b 比 r_{be} 大得多,所以过分地增大 R_b 并不能使 r_i 显著提高,而且 R_b 的大小通常由静态偏置电流 I_{BQ} 决定。

(2)加大管子的输入电阻 r_{be}。一般 $r_{be} \ll R_b$,因此改变 r_{be} 比改变 R_b 对提高 r_i 更有效。

由于
$$r_{be} = r_{bb'} + (1 + \beta)\frac{26 \text{ mV}}{I_E \text{ mA}}$$

故降低静态工作电流 I_E 可提高 r_{be} 值。但是必须指出,增大 r_{be} 的同时会降低放大电路的放大倍数 $A_u (A_u = -\beta\frac{R'_L}{r_{be}})$。

(3)选择 β 大一些的管子是提高 r_{be} 的较好办法。但 β 过大的管子往往其他性能变差,所以这种方法也是有限度的。

(4)选用高输入电阻的场效应管,这是常用的方法。

(5)还有一种常用的提高 r_i 的措施,是在电路中对交流信号引入适当的负反馈。负反馈问题将在以后的章节中讲到。

4. 输出电阻 r_o

与输入电阻类似,放大电路在实际应用中,它的输出端与负载相连,这就产生了电路与负载的相互联系和相互影响,这个联系与影响可以用输出电阻来分析。

放大电路输出端在空载和带载时,其输出电压是不同的,带负载时的输出电压 U_o 要比空载时的输出电压 U'_o 低,其关系为

$$U_o = \frac{R_L}{r_o + R_L}U'_o$$

因此,放大电路对其所接负载来说,是一个具有内阻 r_o 的信号源,这个信号源的内阻 r_o 就是放大电路的输出电阻,如图 2 – 19(b)所示。从放大电路输出端向左看进去的内阻 r_o 就是输出电阻。

我们把图 2 – 19 微变等效电路加上信号源内阻 R_S 重画于图 2 – 19(a)。图中的输出回路是一个恒流源二端网络,可以用一个等效的恒压源二端网络来代替,就得到图 2 – 19(b)

所示的输出回路。

这两个有源网络输出端开路时,它们的开路电压应相等,即

$$U_o' = -\beta I_b R_c$$

在图 2 - 19(b)恒压源网络中的恒压源 U_o' 短路时,从输出端看进去的电阻值 r_o 等于图 2 - 19(a)中恒流源开路时从输出端看进去的电阻 R_c,即

$$r_o \approx R_c \qquad\qquad (2-19)$$

式(2 - 19)是在忽略了 r_{ce} 的情况下的输出电阻。当考虑 r_{ce} 时,则输出电阻应当为

$$r_o = r_{ce} /\!/ R_c$$

[例 2 - 8]　放大电路如图 2 - 20 所示,设 $V_{CC} = 12$ V,$R_b = 472$ kΩ,$R_c = 4$ kΩ,$R_L = 6$ kΩ,$\beta = 60$,$r_{bb'} = 100$ Ω,$U_{BE} = -0.2$ V。

(1)试计算电路静态工作电流 I_{CQ}。

(2)画出 h 参数微变等效电路。

(3)试计算电路的交流输入电阻 r_i、输出电阻 r_o 及电压放大倍数 $A_u = \dfrac{U_o}{U_i}$。

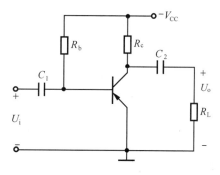

图 2 - 20　例 2 - 8 的图

解　(1)求 I_{CQ}

电路图 2 - 20 的直流通路如图 2 - 21 所示。求直流参数就是求解直流通路的问题。本例的入手点是 I_{BQ}

$$I_{BQ} = \frac{V_{CC} - U_{BE}}{R_b} = \frac{12 - 0.2}{472} = 25 \ \mu A$$

因此

$$I_{CQ} = \beta I_{BQ} = 60 \times 0.025 = 1.5 \ mA$$

(2)图 2 - 22 为图 2 - 20 的 h 参数微变等效电路,该等效电路是线性电路,是计算交流参数的依据。

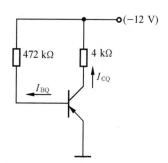

图 2 - 21　图 2 - 20 电路的
直流通路图

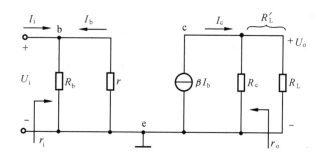

图 2 - 22　图 2 - 20 电路的 h 参数
等效电路图

由电压放大倍数的计算公式

$$A_u = \frac{U_o}{U_i} = -\beta \frac{R_L'}{r_{be}}$$

式中
$$r_{be} = r_{bb'} + (1+\beta)\frac{26\text{ mV}}{I_{EQ}\text{ mA}} \approx 100 + (1+60)\frac{26\text{ mV}}{1.5\text{ mA}} \approx 1.2\text{ k}\Omega \qquad (I_{EQ} \approx I_{CQ})$$

$$R'_L = R_c // R_L = 4 // 6 = 2.4\text{ k}\Omega$$

将数据代入公式得
$$A_u = -60\frac{2.4}{1.2} = -120$$

输入电阻
$$r_i = \frac{U_i}{I_i} = R_b // r_{be} \approx 1.2\text{ k}\Omega$$

输出电阻
$$r_o \approx R_c = 4\text{ k}\Omega$$

可见,只要是共射电路,其输出电阻均由 R_c 决定。

四、放大电路的混合 π 型等效电路及放大倍数的表达式

放大电路如图 2-23(a)所示。将 PN 结的电阻效应与电容效应均考虑进去,并进行简化后所得到的等效电路称为晶体管单向化的混合 π 型等效电路,将它代入放大电路的交流通路就得到放大电路的混合 π 型等效电路,如图 2-23(b)所示。

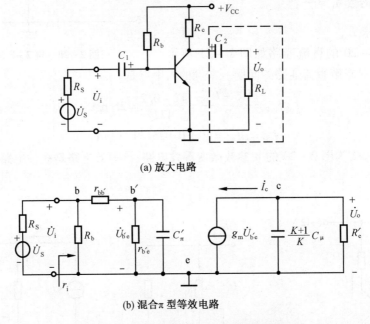

(a) 放大电路

(b) 混合π型等效电路

图 2-23 放大电路的混合 π 型等效电路图

由于信号在不同的频段下放大倍数的表达式不同,在一般情况下,放大电路的上限频率 f_H 远大于下限频率 f_L,为了简化计算可分为三个频段进行分析推导,再将三段的结果组合起来就得到电路完整的放大倍数表达式。

（一）中频电压放大倍数 $A_{uSM} = \dfrac{U_o}{U_S}$

先将图 2-23(b)作中频处理:C'_π 与 $\dfrac{K+1}{K}C_\mu$ 的容值很小,对中频信号的影响可忽略不计,视为

开路；C_2 与 R_L 作为下一级参数考虑，并记 $R'_c = r_{ce} /\!/ R_c$。此时中频等效电路如图 2-24 所示。

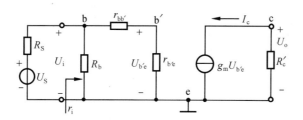

图 2-24 中频等效电路图

$$A_{uSM} = \frac{U_o}{U_S} = \frac{U_o}{U_i} \times \frac{U_i}{U_S}$$

由图知

$$r_i = R_b /\!/ (r_{bb'} + r_{b'e})$$

$$r_{b'e} = (1 + \beta) \frac{26 \text{ mV}}{I_{EQ} \text{mA}}$$

$$\frac{U_i}{U_S} = \frac{r_i}{R_S + r_i}$$

$$U_o = - g_m U_{b'e} R'_c, \quad R'_c = r_{ce} /\!/ R_c$$

$$U_i = \frac{r_{bb'} + r_{b'e}}{r_{b'e}} U_{b'e}$$

令

$$P = \frac{r_{b'e}}{r_{bb'} + r_{b'e}}$$

则

$$\frac{U_o}{U_i} = - P g_m R'_c$$

整理以上各式可得

$$A_{uSM} = - \frac{r_i}{R_S + r_i} \cdot P g_m R'_c \qquad (2-20)$$

可见，A_{uSM} 是一个与频率无关的常数。

（二）低频电压放大倍数 $\dot{A}_{uSL} = \dfrac{\dot{U}_o}{\dot{U}_S}$

低频时，C_1 的容抗不可忽略，画等效电路时应保留下来；C'_π 与 $\dfrac{K+1}{K} C_\mu$ 值均很小，对低频信号可视为开路。此时的等效电路如图 2-25 所示。

由图知

$$\dot{U}_o = - g_m \dot{U}_{b'e} R'_c \qquad (2-21)$$

$$\dot{U}_{b'e} = \frac{r_{b'e}}{r_{bb'} + r_{b'e}} \dot{U}_i = P \dot{U}_i$$

式中

$$\dot{U}_i = \frac{r_i}{(R_S + \dfrac{1}{j\omega C_1}) + r_i} \dot{U}_S$$

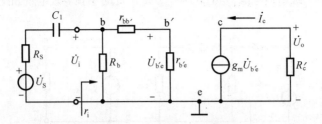

图 2－25　低频等效电路图

将以上两式代入式(2－21)可得

$$\dot{U}_o = \frac{r_i}{R_S + r_i + \dfrac{1}{j\omega C_1}} \cdot P g_m R'_c \dot{U}_S$$

因此

$$\dot{A}_{ouSL} = \frac{\dot{U}_o}{\dot{U}_S} = -\frac{r_i}{R_S + r_i + \dfrac{1}{j\omega C_1}} \cdot P g_m R'_c$$

$$= -P g_m R'_c \frac{r_i \cdot j\omega C_1}{(R_S + r_i)j\omega C_1 + 1}$$

$$= -P g_m R'_c \frac{j\omega C_1 \dfrac{r_i}{R_S + r_i} \cdot (R_S + r_i)}{(R_S + r_i)j\omega C_1 + 1}$$

$$= -P g_m R'_c \frac{r_i}{R_S + r_i} \cdot \frac{j\omega C_1(R_S + r_i)}{1 + (R_S + r_i)j\omega C_1}$$

$$= A_{uSM} \frac{j\omega C_1(R_S + r_i)}{1 + (R_S + r_i)j\omega C_1}$$

令

$$\omega_L = 2\pi f_L = \frac{1}{(R_S + r_i)C_1}$$

则

$$f_L = \frac{1}{2\pi(R_S + r_i)C_1} \qquad (2-22)$$

故

$$\dot{A}_{uSL} = A_{uSM} \frac{j\dfrac{\omega}{\omega_L}}{1 + j\dfrac{\omega}{\omega_L}} = A_{uSM} \frac{j\dfrac{f}{f_L}}{1 + j\dfrac{f}{f_L}} = A_{uSM} \frac{1}{1 - j\dfrac{f_L}{f}} \qquad (2-23)$$

可见,下限频率 f_L 主要由低频时间常数 $\tau_L = (R_S + r_i)C_1$ 来决定。时间常数越大, f_L 越小,电路的低频响应越好。

(三)高频电压放大倍数 $\dot{A}_{uSH} = \dfrac{\dot{U}_o}{\dot{U}_S}$

在图 2－23(b)中, $\dfrac{K+1}{K}C_\mu$ 比 C'_π 小得多,对高频信号的影响可忽略不计,视为开路,只保留 C'_π。利用戴维南定理,将图 2－23(b)的输入回路进行简化,则简化后的等效电路如

图2-26所示。

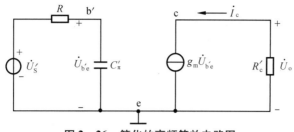

图2-26　简化的高频等效电路图

图中
$$\dot{U}_S' = \frac{r_i}{R_S + r_i} \cdot \frac{r_{b'e}}{r_{bb'} + r_{b'e}} \dot{U}_S = \frac{r_i}{R_S + r_i} P \dot{U}_S$$

$$R = r_{b'e} \mathbin{/\mkern-5mu/} [r_{bb'} + (R_S \mathbin{/\mkern-5mu/} R_b)] \tag{2-24}$$

可见,R 是从 C_π' 两端向左看时的等效电阻。

由图可得

$$\dot{U}_{b'e} = \frac{\dfrac{\dot{U}_S'}{j\omega C_\pi'}}{R + \dfrac{1}{j\omega C_\pi'}} = \frac{1}{1 + j\omega R C_\pi'} \cdot \dot{U}_S'$$

则
$$\dot{U}_o = -g_m \dot{U}_{b'e} R_c' = -\frac{r_i}{R_S + r_i} \cdot \frac{1}{1 + j\omega R C_\pi'} \cdot P g_m R_c' \dot{U}_S$$

$$\dot{A}_{uSH} = \frac{\dot{U}_o}{\dot{U}_S} = \dot{A}_{uSM} \frac{1}{j\omega R C_\pi'}$$

令
$$\omega_H = 2\pi f_H = \frac{1}{R C_\pi'}$$

所以
$$f_H = \frac{1}{2\pi R C_\pi'} \tag{2-25}$$

则
$$\dot{A}_{uSH} = A_{uSM} \frac{1}{1 + j\dfrac{\omega}{\omega_H}} = A_{uSM} \frac{1}{1 + j\dfrac{f}{f_H}} \tag{2-26}$$

由式(2-25)可见,上限频率 f_H 主要由高频等效电路的时间常数 $\tau_H = R C_\pi'$ 决定。$R C_\pi'$ 越小,f_H 越大,高频响应越好。

(四)完整的放大倍数表达式 $\dot{A}_{uS} = \dfrac{\dot{U}_o}{\dot{U}_S}$

将式(2-20)、式(2-23)与式(2-26)三个表达式组合起来就构成了完整的电压放大倍数表达式,即

$$\dot{A}_{uS} = \frac{A_{uSM}}{\left(1 - j\dfrac{f_L}{f}\right)\left(1 + j\dfrac{f}{f_H}\right)} \tag{2-27}$$

可见,放大倍数 $\dot{A}_{us}$ 是信号频率的函数。

混合 π 型电路也是小信号运用下的等效电路,它与 h 参数微变等效电路的实质是相同的。用混合 π 型电路也可以计算中频电压放大倍数,而且物理概念清楚。

它们的不同之处在于所适用的频段不同,h 参数微变等效电路适用于中频,而混合 π 型电路适用于高频。当全面分析放大电路的频率响应时必须采用混合 π 型电路。

下面举例说明混合 π 型电路的应用。

[**例 2 – 9**] 在图 2 – 27(a)的电路中,已知晶体管的 $C_\mu = 5$ pF,$r_{bb'} = 300$ Ω,$f_T = 150$ MHz,$\beta = 50$,并已知 $R_S = 2$ kΩ,$R_c = 2.5$ kΩ,$R_b = 250$ kΩ,$R_L = 10$ kΩ,$C_1 = 0.5$ μF,$C_2 = 10$ μF,$V_{CC} = 10$ V,试画出电路简化的混合 π 型电路,并计算中频电压放大倍数 $A_{uSM} = U_o/U_S$、上限频率 f_H、下限频率 f_L 及通频带 f_{bw}。

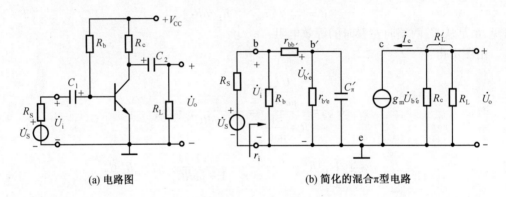

(a) 电路图   (b) 简化的混合π型电路

图 2 – 27 例 2 – 9 的图

解 (1)电路简化的混合 π 型电路如图 2 – 27(b)所示。

(2)计算中频电压放大倍数 A_{uSM}

$$I_{BQ} = \frac{V_{CC} - U_{BE}}{R_b} = \frac{10 - 0.7}{250} = 0.037 \text{ mA}$$

$$I_{CQ} = \beta I_{BQ} = 50 \times 0.037 = 1.85 \text{ mA}$$

$$r_{b'e} = \beta \frac{26 \text{ mV}}{I_{CQ} \text{ mA}} = 50 \times \frac{26 \text{ mV}}{1.85 \text{ mA}} = 703 \text{ Ω}$$

$$g_m = 38.5 I_{CQ} = 38.5 \times 1.85 = 71.2 \text{ mS}$$

$$r_i = R_b /\!/ (r_{bb'} + r_{b'e}) \approx r_{bb'} + r_{b'e} = 300 + 703 \approx 1 \text{ kΩ}$$

所以

$$A_{uSM} = \frac{U_o}{U_S} = -\frac{r_i}{R_S + r_i} \cdot \frac{r_{b'e}}{r_{bb'} + r_{b'e}} g_m (R_c /\!/ R_L)$$

$$= -\frac{1}{2 + 1} \times \frac{0.703}{0.3 + 0.703} \times 71.2 \times \frac{2.5 \times 10}{10 + 2.5} = -33.3$$

(3)计算 f_H

因为

$$C_\pi \approx \frac{g_m}{2\pi f_T} = \frac{71.2 \times 10^{-3}}{2\pi \times 150 \times 10^6} = 76 \text{ pF}$$

$$C'_\pi = C_\pi + (1 + g_m R'_L) C_\mu = 76 + (1 + 71.2 \times 2) \times 5 = 793 \text{ pF}$$

C'_π 所在回路中的等效电阻

$$R = \frac{r_{b'e} \cdot (R_S /\!/ R_b + r_{bb'})}{r_{b'e} + (R_S /\!/ R_b + r_{bb'})} = \frac{0.703 \times 2.3}{0.703 + (2 + 0.3)} = 0.54 \text{ k}\Omega$$

故

$$f_H = \frac{1}{2\pi R C'_\pi} = \frac{1}{2\pi \times 0.54 \times 10^3 \times 793 \times 10^{-12}} = 0.37 \text{ MHz}$$

（4）计算 f_L

$$f_L = \frac{1}{2\pi (R_S + r_i) C_1} = \frac{1}{2\pi \times 3 \times 10^3 \times 0.5 \times 10^{-6}} = 106 \text{ Hz}$$

（5）计算 f_{bw}

$$f_{bw} = f_H - f_L \approx f_H = 0.37 \text{ MHz}$$

第四节　工作点稳定电路

一、电路的产生与特点

由单个 R_b 提供偏置的共射放大电路是工作点不稳定的电路（参见图 2-4）。因为它的偏置电流 $I_{BQ} = (V_{CC} - U_{BE})/R_b$ 及工作电流 $I_{CQ} = \beta I_{BQ}$ 均与晶体管的温度敏感参数 U_{BE} 及 β 有关。由第一章知，当环境温度变化时会引起 β、I_{CBO} 及 U_{BE} 的变化，从而使工作点不稳定，进而导致输出电压波形的失真，因此必须加以克服。

改进的办法是设置工作点稳定电路。具体方法是加入 R_{b1}、R_{b2}、R_e、R_F 及 C_e 元件。适当选取 R_{b1}、R_{b2} 值组成分压器使满足

$$I_R \gg I_B \qquad\qquad (2-28)$$

一般硅管取 $I_R = (5 \sim 10) I_B$，对锗管取 $I_R = (10 \sim 20) I_B$。忽略 I_B，形成分压供偏方式，则

$$U_B \approx \frac{R_{b1}}{R_{b1} + R_{b2}} V_{CC} \qquad\qquad (2-29)$$

利用发射极电阻 R_e，将电流 I_E 的变化转换成电压的变化（$\Delta U_E = \Delta I_E \cdot R_e$），回送到输入回路，因 $U_E = U_B - U_{BE}$，当

$$U_B \gg U_{BE} \qquad\qquad (2-30)$$

时，就可以认为 U_E 也基本上是固定的。对硅管取 $U_B = 3 \sim 5$ V，对锗管取 $U_B = 1 \sim 3$ V。这样发射极电流 I_E 也基本恒定，即

$$I_E = \frac{U_B - U_{BE}}{R_e} \approx \frac{U_B}{R_e} \qquad\qquad (2-31)$$

式（2-31）说明，只要满足式（2-28）与式（2-30）的条件，当 U_B 为固定值时，I_E 可以认为是恒定的，并且与晶体管参数 U_{BE}、β、I_{CBO} 几乎无关。不仅很少受温度影响，而且当换用不同的管子时工作点也近似不变，而只决定于外电路参数，有利于电子设备的批量生产与维修。R_e 会损耗信号使 U_o 减小影响放大性能。为此加一个旁路电容 C_e 与 R_e 并联。C_e 的交流电阻很小，可视为交流短路。这样，R_e 中只有直流电流流过而无交流信号损耗，这样既达到

了稳定工作点的目的,又不会使电压放大倍数降低。另一方面,对交流通路来说,由于 R_{b1} 与 R_{b2} 的并联效果会降低输入电阻。为此再加一个小电阻 R_F,使之不被 C_e 旁路。当然,R_F 中会有信号损耗,因此取值较小,一般 R_F 约为几十欧姆至几百欧姆,R_e 可取几百欧姆至几千欧姆,C_e 一般取 50 μF 至 100 μF 足以起旁路作用了。工作点稳定电路如图 2−28 所示。

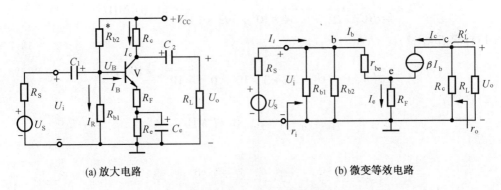

(a) 放大电路　　　　　　　　　　(b) 微变等效电路

图 2−28　工作点稳定电路图

二、稳定工作点的原理

这种电路为什么能使 I_C 基本维持恒定呢? 下面用箭头表示法叙述这一稳流过程。

设　　　　$T\uparrow \rightarrow I_C\uparrow \rightarrow I_E\uparrow \rightarrow U_E\uparrow \xrightarrow{U_B \text{一定}} U_{BE}\downarrow$

$\dfrac{I_C\downarrow}{I_C \text{ 基本稳定}} \xleftarrow{\hspace{3cm}} I_B\downarrow$

将这一过程称为负反馈过程。工作点稳定原理就是负反馈原理。

当环境温度 T 升高而引起工作电流 $I_C \approx I_E$ 增加时,在电阻 $(R_e + R_F)$ 上产生的压降 $U_E = I_E(R_e + R_F)$ 也要增加。$I_E(R_e + R_F)$ 的增加量回送到基−射回路去控制 U_{BE},使之减小(因 $U_{BE} = U_B - U_E$,而 U_B 又被 R_{b1}、R_{b2} 固定)。U_{BE} 控制 I_B,使 I_B 自动减小,结果牵制了 I_C 的增加,从而使 I_C 基本恒定。可见,这种电路的稳定工作点的实质是利用 R_F 和 R_e 的负反馈作用,将输出量 I_E 的变化回送到输入回路来抑制 I_C 的变化。

三、电路的分析计算

(一)估算静态工作点

入手点是 U_B

$$U_B \simeq \frac{R_{b1}}{R_{b1} + R_{b2}} V_{CC}$$

$$I_{CQ} \simeq I_{EQ} = \frac{U_B - U_{BE}}{R_e + R_F} \simeq \frac{U_B}{R_e + R_F} \quad (U_B \gg U_{BE})$$

必须注意,在具体计算时若不满足 $U_B \geqslant 10U_{BE}$ 的条件,不要忽略 U_{BE},否则带来的误差太大。

$$U_{CEQ} = V_{CC} - I_{CQ}(R_e + R_F + R_c) \tag{2-32}$$

$$I_{BQ} = \frac{I_{CQ}}{\beta}$$

如果工作点不理想可调节 R_{b2} 值。因此 R_{b2} 旁边打上"＊"号表示可调。

(二)h 参数微变等效电路及交流参数的计算

图 2-28(a)的微变等效电路如图 2-28(b)所示。值得注意的是,R_e 中无交流电流流过,在等效电路中不要画出;而 R_F 中有交流电流,需保留下来。等效电路是线性电路,是求交流参数的有力工具,但不适合图解 U_{om}。

电压放大倍数 $A_u = \dfrac{U_o}{U_i}$

其中

$$U_o = -\beta I_b \cdot R'_L, \quad R'_L = R_c /\!/ R_L$$
$$U_i = I_b[r_{be} + (1+\beta)R_F]$$

所以

$$A_u = -\beta \frac{R'_L}{r_{be} + (1+\beta)R_F} \tag{2-33}$$

可见,R_F 使 A_u 下降。

输入电阻

$$r_i = \frac{U_i}{I_i} = R_{b1} /\!/ R_{b2} /\!/ [r_{be} + (1+\beta)R_F] \tag{2-34}$$

可见,R_F 使 r_i 提高。

考虑 R_S 影响的电压放大倍数 $A_{uS} = \dfrac{U_o}{U_S}$

$$A_{uS} = \frac{U_o}{U_i} \times \frac{U_i}{U_S} = A_u \times \frac{r_i}{R_S + r_i} \tag{2-35}$$

可见,R_S 使 A_u 下降。

输出电阻 r_o:对于共射电路,$r_{ce} \gg R_c$,二者并联等效电阻由 R_c 决定,R_F 的存在更加大了 r_{ce} 值,再与 R_c 并联后其等效电阻更接近于 R_c,因此仍有

$$r_o \simeq R_c \tag{2-36}$$

特例:当 $R_F = 0$ 时仍为工作点稳定电路,读者自行写出求静态工作点及交流参数的表达式,此时也可用图解法写出。

[**例 2-10**]　工作点稳定的共射放大电路如图 2-29 所示。试写出计算静态工作点及中频交流参数的表达式,该电路的最大不失真输出幅度 U_{om} 的表达式。

解　1.求静态工作点

将 C_1、C_2 视为开路,从输入回路入手

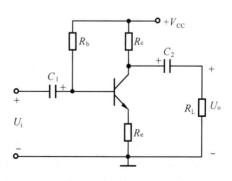

图 2-29　放大电路图

$$I_{BQ} = \frac{V_{CC} - U_{BE}}{R_b + (1+\beta)R_e}$$

$$I_{CQ} = \beta I_{BQ}$$

$$U_{CEQ} = V_{CC} - I_{CQ}(R_c + R_e)$$

2. 画中频微变等效电路,计算交流参数。等效电路如图 2-30 所示。

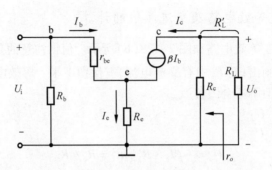

图 2-30　等效电路图

电压放大倍数 $A_u = \dfrac{U_o}{U_i}$

其中　　　　　　　$U_o = -\beta I_b \cdot R_L', R_L' = R_c /\!/ R_L$

$$U_i = I_b[r_{be} + (1+\beta)R_e]$$

所以　　　　　　　$A_u = -\beta \dfrac{R_L'}{r_{be} + (1+\beta)R_e}$　　　　　　(2-37)

输入电阻　　　　　$r_i = R_b /\!/ [r_{be} + (1+\beta)R_e]$　　　　　(2-38)

输出电阻　　　　　$r_o \simeq R_c$　　　　　　　　　(2-39)

将 $V_{CC} = 15$ V, $R_b = 510$ kΩ, $R_c = R_L = 5$ kΩ, $R_e = 200$ Ω, $\beta = 50$, $U_{BE} = 0.7$ V 代入以上各式,则

$$I_{BQ} = \frac{15 - 0.7}{510 + 51 \times 0.2} \approx 27 \text{ μA}$$

$$I_{CQ} = 50 \times 0.027 \approx 1.4 \text{ mA}$$

$$U_{CEQ} = 15 - 1.4 \times 5.2 \approx 7.7 \text{ V}$$

$$r_{be} = 300 + 51 \times \frac{26}{1.4} \approx 1.25 \text{ kΩ}$$

$$A_u = -50 \times \frac{2.5}{1.25 + 51 \times 0.2} \approx -11$$

$$r_i = 510 /\!/ [1.25 + 51 \times 0.2] \approx 11.45 \text{ kΩ}$$

$$r_o \approx 5 \text{ kΩ}$$

[例 2-11]　在如图 2-31(a)所示的电路中,设信号源内阻 $R_S = 600$ Ω,三极管 3AX25 的 $\beta = 50$, $R_{b1} = 10$ kΩ, $R_{b2} = 33$ kΩ, $R_e = 1.3$ kΩ, $R_F = 200$ Ω, $R_c = 3.3$ kΩ, $R_L = 5.1$ kΩ, $V_{CC} = 12$ V, $C_1 = C_2 = 10$ μF, $C_e = 50$ μF。

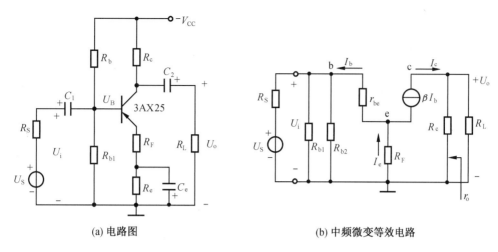

(a) 电路图　　　　　　　　　　(b) 中频微变等效电路

图 2 - 31　例 2 - 11 的图

1. 画出 h 参数微变等效电路。

2. 当 $U_S = 15$ mV 时，求输出电压 U_o。

3. 求放大电路的输入电阻 r_i 及输出电阻 r_o。

解　1. 画微变等效电路如图 2 - 31(b) 所示。

2. 先求静态电流 I_{EQ}：将 C_1、C_2、C_e 视为开路。

入手点
$$-U_B = \frac{R_{b1}}{R_{b1} + R_{b2}} V_{CC} = \frac{10}{10 + 33} \times 12 = 2.8 \text{ V}$$

$$I_{EQ} = \frac{U_B - U_{BE}}{R_e + R_F} = \frac{2.8 - 0.2}{1.3 + 0.2} = 1.73 \text{ mA}$$

求 r_{be}
$$r_{be} = 300 + (1 + \beta)\frac{26 \text{ mV}}{I_{EQ} \text{ mA}} = 300 + (1 + 50) \times \frac{26 \text{ mV}}{1.73 \text{ mA}} = 1.07 \text{ k}\Omega$$

求放大倍数
$$A_u = \frac{U_o}{U_i} = -\beta \frac{R_c /\!/ R_L}{r_{be} + (1 + \beta)R_F}$$

$$= -50 \times \frac{3.3 /\!/ 5.1}{1.07 + (1 + 50) \times 0.2} = -8.87$$

求输入电阻 r_i
$$r_i = R_{b1} /\!/ R_{b2} /\!/ [r_{be} + (1 + \beta)R_F]$$

$$= 10 /\!/ 33 /\!/ [1.07 + (1 + 50) \times 0.2] \approx 4.6 \text{ k}\Omega$$

求考虑了 R_S 的电压放大倍数 A_{uS}
$$A_{uS} = A_u \frac{r_i}{R_S + r_i} = -8.87 \times \frac{4.6}{0.6 + 4.6} = -7.85$$

求输出电压 U_o
$$U_o = A_{uS} \times U_S = -7.85 \times 15 \text{ mV} = -117.7 \text{ mV}$$

负号表示 U_o 与 U_S 反相位。

3. 输出电阻

$$r_o \approx R_c = 3.3 \text{ k}\Omega$$

将[例2-10]与[例2-11]作以比较发现:对于不同偏置方式的电路,求静态参数时的思路不一样。求简单供偏的共射电路(偏置只由R_b一个电阻构成)的入手点是先求偏置电流I_{BQ},再由三极管的电流放大作用求出输出回路的电流I_{CQ}及管压降U_{CEQ};而对于分压供偏的共射电路而言,其入手点是先求基极电位U_B,再由输入回路直接求出输出回路电流I_{CQ}及管压降,然后利用β倍的关系求偏置电流I_{BQ}。

第五节　放大电路的三种组态及其性能比较

在以上几节中,我们都是从共射接法为例讨论问题的。晶体管除了共射接法外,还有共集、共基两种接法,被称作三种基本组态。下面就讨论共集和共基电路的放大作用、性能特点,然后对三种组态的特点及应用作以比较。

一、共集电路

(一)电路形式及特点

输入回路与输出回路的公共端为集电极的电路称为共集电极电路,简称共集电路,简记为 C·C。图2-32 示出了共集电路的形式及其微变等效电路。在图2-32(a)中,由于此时输出电压U_o不在集电极取出,所以不用接R_c,但是R_e必须存在。该电路的特点是信号由b极和c极间加入,从e极和c极间取出,因此共集放大电路又被称为射极输出器。根据这一特点可以判别共集组态。

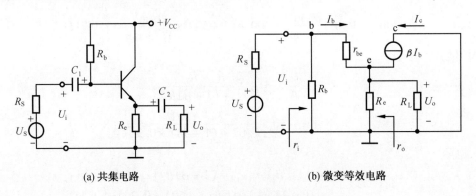

(a) 共集电路　　　　　　　　　　　(b) 微变等效电路

图2-32　共集电路及其等效电路图

(二)电路分析与计算

1. 求静态工作点

将电路中的C_1、C_2断开得到直流通路。从输入回路入手:

$$I_{BQ} = \frac{V_{CC} - U_{BE}}{R_b + (1+\beta)R_e}$$

$$I_{CQ} = \beta I_{BQ}$$

$$U_{CEQ} = V_{CC} - I_{CQ} \cdot R_e$$

2. 求交流参数

先画出微变等效电路, 如图 2-32(b) 所示。

(1) 电压放大倍数 $A_u = \dfrac{U_o}{U_i}$

$$U_o = (1+\beta)I_b \cdot R_e' \qquad R_e' = R_e /\!/ R_L$$

$$U_i = I_b [r_{be} + (1+\beta)R_e']$$

因此

$$A_u = \frac{(1+\beta)R_e'}{r_{be} + (1+\beta)R_e'} \tag{2-40}$$

一般有 $(1+\beta)R_e' \gg r_{be}$, 则 $A_u \lesssim 1$。说明共集电路无电压放大作用, 具有电压跟随性质, 即 U_o 与 U_i 大小基本相等, 相位相同, 因此又称其为电压跟随器, 简称射随。

(2) 输入电阻 r_i

$$r_i = R_b /\!/ [r_{be} + (1+\beta)R_e'] \tag{2-41}$$

可见, 共集电路的输入电阻较高, 对信号源的影响小。

(3) 输出电阻 $r_o = \dfrac{U_o}{I_o} \bigg|_{\substack{R_L = \infty \\ U_S = 0, R_S \text{保留}}}$

求 r_o 的等效电路, 如图 2-33 所示。由 U_o 产生的输出电流 I_o 在 e 处有三个分流, 列电流方程式:

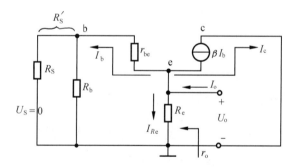

图 2-33 求 r_o 的等效电路图

$$I_o = I_{R_e} + I_b + \beta I_b = \frac{U_o}{R_e} + (1+\beta)\frac{U_o}{R_S' + r_{be}} = U_o \left(\frac{1}{R_e} + \frac{1}{\dfrac{R_S' + r_{be}}{1+\beta}} \right)$$

$$\frac{1}{r_o} = \frac{I_o}{U_o} = \frac{1}{R_e} + \frac{1}{\dfrac{R_S' + r_{be}}{1+\beta}}$$

因此, $r_o = R_e /\!/ \dfrac{R_S' + r_{be}}{1+\beta}$, $\quad R_S' = R_S /\!/ R_b$。

因为 R_e 约为几百欧姆至几千欧姆，$\dfrac{R'_S + r_{be}}{1+\beta}$ 约为几个欧姆至几百欧姆，所以

$$r_o \simeq \frac{R'_S + r_{be}}{1+\beta} \tag{2-42}$$

可见，共集电路的输出电阻很低，带负载能力强。

综上所述，以上三个交流参数的结论构成共集电路的三大特点。

（4）电流放大倍数 $A_i = \dfrac{I_o}{I_i}$

$$A_i = \frac{I_o}{I_i} = \frac{I_e}{I_b} = 1+\beta \tag{2-43}$$

（三）图解电压跟随范围 U_{OP-P}

输出电压波形的峰–峰值称为电压跟随范围，用 U_{OP-P} 表示。当 Q 点设在交流负载线 MN 的中点时跟随范围最大，如图 2–34 所示。直流负载线的斜率由 $-\dfrac{1}{R_e}$ 决定，交流负载线的斜率由 $-\dfrac{1}{R'_e}$ 决定。此时

$$U_{CEQ} - U_{CES} = I_{CQ} \cdot R'_e = U_{om} \tag{2-44}$$

根据该式可以求解。

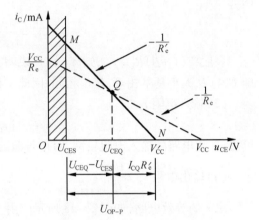

图 2 – 34 求共集电路的电压跟随范围

[例 2 – 12]　在图 2 – 32 的电路中，设 $R_b = 500\ \text{k}\Omega$，$R_e = R_L = 4.7\ \text{k}\Omega$，$\beta = 100$，$V_{CC} = 15\ \text{V}$，$R_S = 10\ \text{k}\Omega$，$C_1$、$C_2$ 足够大，$U_{BE} = 0.7\ \text{V}$。

（1）求电路的静态工作点。

（2）求交流参数 A_u、r_i、r_o 各值。

解　（1）求 Q 点

该电路属于简单供偏的电路，所以入手点是 I_{BQ}

$$I_{BQ} = \frac{15 - 0.7}{500 + (1+100) \times 4.7} = 0.014\ \text{mA}$$

集电极电流 $\qquad I_{CQ} = \beta I_{BQ} = 100 \times 0.014 = 1.4\ \text{mA}$

管压降 $\qquad U_{CEQ} = 15 - 1.4 \times 4.7 = 8.42\ \text{V}$

（2）求 $A_u = \dfrac{U_o}{U_i}$，r_i、r_o

$$A_u = \frac{(1+\beta)R'_e}{r_{be} + (1+\beta)R'_e} = \frac{(1+100) \times (4.7 /\!/ 4.7)}{2.18 + (1+100) \times (4.7 /\!/ 4.7)} = 0.991$$

式中 $\qquad r_{be} = 300 + (1+100)\dfrac{26\ \text{mV}}{1.4\ \text{mA}} = 2.18\ \text{k}\Omega$

$$r_i = R_b /\!/ \left[r_{be} + (1+\beta)(R_e /\!/ R_L) \right]$$
$$= 500 /\!/ (2.18 + 101 \times 2.35) \approx 162\ \text{k}\Omega$$

$$r_o = R_e // \frac{R_S // R_b + r_{be}}{1 + \beta} \approx \frac{R_S + r_{be}}{\beta} = \frac{10 + 2.18}{100} \approx 122 \ \Omega$$

二、共基电路

(一)电路形式与特点

输入、输出回路的公共端为基极的电路称为共基极电路,简称共基电路,简记为 C·B。图 2 – 35 示出电路形式、直流通路及微变等效电路。该电路的特点是信号由 e 极和 b 极间加入,从 c 极和 b 极间取出。根据这一特点可以判别共基组态。

(二)电路分析与计算

1. 求静态工作点

共基电路的直流通路如图 2 – 35(b)所示。显见,它与共射电路的直流通路相同。因此,计算工作点的方法也完全相同。

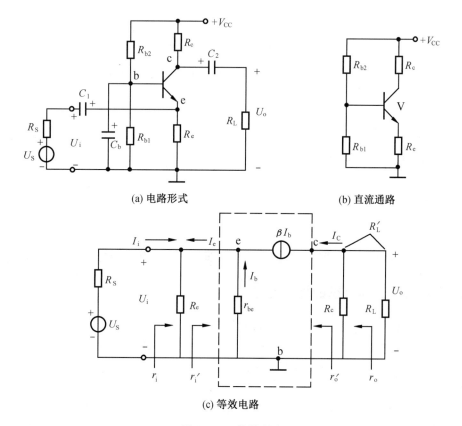

(a) 电路形式　　　　　　(b) 直流通路

(c) 等效电路

图 2 – 35　共基电路图

2. 求交流参数

微变等效电路如图 2 – 35(c)所示。

（1）求电压放大倍数 $A_u = \dfrac{U_o}{U_i}$

其中
$$U_o = -\beta I_b \cdot R_L', \quad R_L' = R_c /\!/ R_L$$
$$U_i = -I_b \cdot r_{be}$$

因此
$$A_u = \beta \frac{R_L'}{r_{be}} \tag{2-45}$$

可见，共基电路也有电压放大作用，其大小与简单供偏的共射电路相同，但 U_o 与 U_i 同相位。

（2）求电流放大倍数 $A_i = \dfrac{I_o}{I_i}$
$$A_i = \frac{I_o}{I_i} = \frac{I_c}{-I_e} = -\alpha \tag{2-46}$$

可见，共基电路无电流放大作用。

（3）求输入电阻 $r_i = \dfrac{U_i}{I_i}$

晶体管的输入电阻
$$r_i' = \frac{U_i}{-I_e} = \frac{-I_b \cdot r_{be}}{-(1+\beta)I_b} = \frac{r_{be}}{1+\beta}$$

与共射电路相比，管子的输入电阻减小了 $(1+\beta)$ 倍。而放大电路的输入电阻为
$$r_i = R_e /\!/ r_i' = R_e /\!/ \frac{r_{be}}{1+\beta} \tag{2-47}$$

（4）求输出电阻 r_o

求输出电阻 r_o 时先考虑不含 R_c 的等效电阻
$$r_o' = \frac{U_o}{I_c}\bigg|_{\substack{R_L=\infty \\ U_S=0,R_S保留}} = r_{cb}$$

则
$$r_o = R_c /\!/ r_o' = R_c /\!/ r_{cb} \simeq R_c \tag{2-48}$$

晶体管共基接法的输出特性曲线比共射接法更平坦，即 $r_{cb} > r_{ce}$。因此，输出电阻 r_o 更接近 R_c。

三、放大电路三种组态的性能比较

上面介绍了放大电路的三种组态，现将它们的特点及应用作以比较。

1. 共射电路的电压放大倍数与电流放大倍数都比较高，其输入电阻与输出电阻也比较适中。当对输入、输出电阻没有特殊要求时均常采用。常用于低频电压放大的输入级、中间级和输出级。

2. 共集电路具有电压跟随的特点，其输入电阻很高、输出电阻很低。利用输入电阻高的特点，它可作为多级放大电路的输入级，从而减小对信号源的影响；它还可放在多级放大电路的中间，起到隔离的作用；另外，利用其输出电阻低带载能力强的特点，共集电路可作为输出级。

3. 共基的特点是输入电阻低，使晶体管结电容的影响不明显，其截止频率 f_α 很高，频率响应好，适用于高频电路中作宽频带放大器。另外，还可以利用它的输出电阻高的特点作恒流源。

下面将这三种组态及常用的带射极电阻的共射电路的性能作以比较，如表 2-1 所示。

表2－1　放大电路三种基本组态的比较

电路组态	静态工作点	性能 h参数微变等效电路	交流参数	用途
共射电路	$I_{BQ} = \dfrac{V_{CC} - U_{BE}}{R_b}$ $I_{CQ} = \beta I_{BQ}$ $U_{CEQ} = V_{CC} - I_{CQ} \cdot R_c$	（电路图）	$A_u = -\dfrac{\beta R_L'}{r_{be}}$（高） $r_i = R_b \mathbin{/\!/} r_{be}$（高） $r_o \approx R_c$（高）	多级放大电路的中间级
带R_F的共射电路	$U_B = \dfrac{R_1}{R_1 + R_2} V_{CC}$ $I_{CQ} = \dfrac{U_B - U_{BE}}{R_F + R_e}$ $I_{BQ} = I_{CQ}/\beta$ $U_{CEQ} = V_{CC} - I_{CQ}(R_c + R_F + R_e)$	（电路图）	$A_u = -\dfrac{\beta R_L'}{r_{be} + (1+\beta)R_F}$（高） $r_i = R_1 \mathbin{/\!/} R_2 \mathbin{/\!/} [r_{be} + (1+\beta)R_F]$（高）	多级放大电路的中间级
共集电路	$I_{BQ} = \dfrac{V_{CC} - U_{BE}}{R_b + (1+\beta)R_e}$ $I_{CQ} = \beta I_{BQ}$ $U_{CEQ} = V_{CC} - I_{CQ} \cdot R_e$	（电路图）	$A_u = \dfrac{(1+\beta)R_e'}{r_{be} + (1+\beta)R_e'}$（低） $r_i = R_b \mathbin{/\!/} [r_{be} + (1+\beta)R_e']$（高） $r_o = R_e \mathbin{/\!/} \dfrac{r_{be} + R_S \mathbin{/\!/} R_b}{1+\beta}$（低）	输入级 输出级 缓冲级
共基电路	$U_B = \dfrac{R_1}{R_1 + R_2} V_{CC}$ $I_{CQ} = \dfrac{U_B - U_{BE}}{R_e}$ $I_{BQ} = I_{CQ}/\beta$ $U_{CEQ} = V_{CC} - I_{CQ} \cdot (R_c + R_e)$	（电路图）	$A_u = \dfrac{\beta R_L'}{r_{be}}$（高） $r_i = R_e \mathbin{/\!/} \dfrac{r_{be}}{1+\beta}$（低） $r_o \approx R_c$（高）	高频、宽频带电路，恒流源电路

[**例2-13**] 共基放大电路如图2-36(a)所示。设晶体管的参数 $\beta = 50$，$r_{be} =$ 1.2 kΩ。试计算 A_u、r_i 及 r_o 的值。

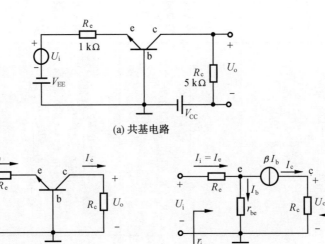

(a) 共基电路

(b) 交流电路　　　　　　(c) 微变等效电路

图2-36　例2-13的图

解　(1)求电压放大倍数 $A_u = \dfrac{U_o}{U_i}$

交流等效电路如图2-36(c)所示。其中

$$U_o = \beta I_b \cdot R_c$$

$$U_i = I_e R_e + I_b r_{be} = I_b [r_{be} + (1+\beta)R_e]$$

因此

$$A_u = \beta \frac{R_c}{r_{be} + (1+\beta)R_e} = 50 \times \frac{5}{1.2 + 51 \times 1} \approx 4.8$$

(2)求输入电阻 $r_i = U_i / I_i$

$$U_i = I_e R_e + I_b r_{be} = I_e R_e + \frac{I_e}{1+\beta} \cdot r_{be} = I_e \left(R_e + \frac{r_{be}}{1+\beta}\right)$$

$$I_i = I_e$$

因此

$$r_i = R_e + \frac{r_{be}}{1+\beta} = 1 + \frac{1.2}{51} \approx 1 \text{ k}\Omega$$

(3)求输出电阻 r_o

$$r_o \approx R_c = 5 \text{ k}\Omega$$

第六节 场效应管基本放大电路

场效应管放大电路的组成原则与双极型管相同,要求有合适的静态工作点,使输出信号波形不失真,而且幅度最大。场效应管有三个电极也可组成三种接法的电路,其分析方法与双极型管相同。

一、自给偏压共源放大电路

(一)电路形式及特点

以 N 沟道结型管为例构成电路形式如图 $2-37$(a)所示。因栅流近似为零,R_G 上压降近似为零,栅极电位 $U_G = 0$,即 $U_{GS} < 0$。因为是耗尽型管,即便 $U_{GS} = 0$,仍有电流 I_{DQ} 存在。$I_{DQ} \simeq I_{SQ}$ 在 R_S 上产生压降,结果在栅源之间形成一个负偏置电压,即

$$U_{GSQ} = U_{GQ} - U_{SQ} = -I_{DQ} \cdot R_S \tag{2-49}$$

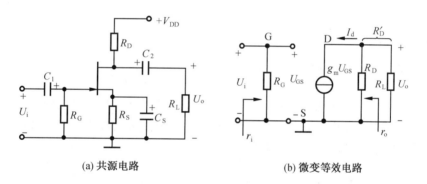

(a) 共源电路   (b) 微变等效电路

图 $2-37$ 自给偏压电路

这个偏置电压系由场效应管本身的电流 I_D 产生,故称自给偏压。R_D 称为漏极负载电阻,相当于 R_c;R_S 称为源极电阻;R_G 称为栅极电阻,其作用是提供负栅压偏置。另外,R_S 相当于 R_e 的作用,也能稳定静态工作点;C_S 相当于 C_e 的作用。

(二)求静态工作点

$$\begin{cases} U_{GS} = -I_D R_S \\ I_D = I_{DSS}\left[1 - \dfrac{U_{GS}}{U_{GS(off)}} \right]^2 \end{cases}$$

联立求解可得 I_D 和 U_{GS}。因此

$$U_{DS} = V_{DD} - I_D(R_D + R_S)$$

则 U_{GS}、I_D、U_{DS} 为所求的静态工作点参数。

（三）求交流参数

自偏压共源放大电路的微变等效电路如图2-37(b)所示。

1. 求电压放大倍数 $A_u = \dfrac{U_o}{U_i}$

$$U_o = -g_m U_{GS} \cdot R'_D, \quad R'_D = R_D /\!/ R_L$$
$$U_i = U_{GS}$$

因此

$$A_u = -g_m R'_D \qquad\qquad (2-50)$$

可见,场效应管共源放大电路也有电压放大作用,并且 U_o 与 U_i 反相位。

2. 求输入电阻 r_i

由图2-37(b)显见

$$r_i \simeq R_G \qquad\qquad (2-51)$$

因栅流基本为零,R_G 可取很大值。

3. 求输出电阻 r_o

显见

$$r_o \simeq R_D \qquad\qquad (2-52)$$

可见,共源电路与共射电路类似。

二、分压供偏式共源放大电路

分压供偏式电路适用于一切场效应管,这里以 N 沟道耗尽型绝缘栅场效应管为例组成放大电路。在不加旁路电容 C_S 的情况下,从稳定 Q 点及放大倍数 A_u 出发,R_S 取大一些有利。但另一方面,R_S 的加大又会使 A_u 下降太多,甚至会产生严重的非线性失真。

为了解决这一矛盾,采用 R_1 与 R_2 组成分压器,给栅极提供正电位,即 $U_G = \dfrac{R_1}{R_1 + R_2} V_{DD}$。然而,由于 R_1 与 R_2 的并联作用又会使电路的输入电阻减小,为此再串接一个大电阻 R_G,使输入电阻 $r_i = R_1 /\!/ R_2 + R_G \approx R_G$ 得以补偿。电路形式如图2-38(a)所示。R_G 中无电流流过,其两端等电位。

（一）求静态工作点

$$U_{GSQ} = \frac{R_1}{R_1 + R_2} V_{DD} - I_{DQ} R_S$$

$$I_{DQ} = I_{DSS}\left(1 - \frac{U_{GSQ}}{U_{GS(off)}}\right)^2$$

联立求解可得到 U_{GS} 和 I_D。于是 $U_{DSQ} = V_{DD} - I_{DQ}(R_D + R_S)$。

（二）求交流参数

放大电路的微变等效电路如图2-38(b)所示。

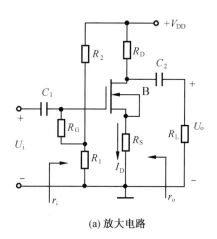

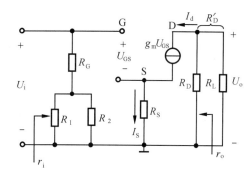

(a) 放大电路　　　　　　　　　　(b) 微变等效电路

图 2 – 38　分压供偏式共源放大电路

1. 电压放大倍数 A_u

因为
$$U_o = -g_m U_{GS}(R_D /\!/ R_L)$$
$$U_i = U_{GS} + I_S R_S = U_{GS}(1 + g_m R_S)$$

所以
$$A_u = \frac{U_o}{U_i} = -g_m \frac{R_D /\!/ R_L}{1 + g_m R_S} \qquad (2-53)$$

式中的负号表示 U_o 与 U_i 反相位。

2. 输入电阻 r_i
$$r_i = R_1 /\!/ R_2 + R_G \approx R_G \qquad (2-54)$$

3. 输出电阻 r_o
$$r_o \approx R_D \qquad (2-55)$$

[**例 2 – 14**]　在图 2 – 38(a) 电路中，已知 $R_1 = 50\ \text{k}\Omega, R_2 = 150\ \text{k}\Omega, R_G = 1\ \text{M}\Omega, R_D = R_S = 10\ \text{k}\Omega, V_{DD} = 20\ \text{V}, R_L = 1\ 000\ \text{k}\Omega, U_{GS(off)} = -5\ \text{V}, I_{DSS} = 1\ \text{mA}$，求静态工作点。

解　求解以下联立方程式

$$\begin{cases} U_{GSQ} = \dfrac{50}{50 + 150} \times 20 - 10 I_{DQ} \\[2mm] I_{DQ} = 1 \times \left(1 + \dfrac{U_{GSQ}}{5}\right)^2 \end{cases}$$

即
$$\begin{cases} U_{GSQ} = 5 - 10 I_{DQ} \\[2mm] I_{DQ} = \left(1 + \dfrac{U_{GSQ}}{5}\right)^2 \end{cases}$$

将上式中的 U_{GSQ} 表达式代入 I_{DQ} 表达式

$$I_{DQ} = \left(1 + \frac{5 - 10 I_{DQ}}{5}\right)^2$$

即
$$4 I_{DQ}^2 - 9 I_{DQ} + 4 = 0$$
$$I_{DQ} = 0.61\ \text{mA}$$

从而
$$U_{GSQ} = 5 - 0.61 \times 10 = -1.1\ \text{V}$$

$$U_{DSQ} = 20 - 0.61 \times (10 + 10) = 7.8 \text{ V}$$

[例 2 - 15] 在[例 2 - 15]中,若在 R_S 两端加旁路电容 C_S,试计算此时的交流参数 A_u、r_i、r_o 值。

解 加 C_S 后的微变等效电路如图 2 - 39 所示。

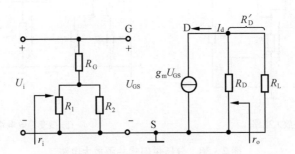

图 2 - 39 加 C_S 后的等效电路

加 C_S 后并不影响电路原来的静态工作点,可由原工作点求出 g_m 值,即

$$g_m = -\frac{2I_{DSS}}{U_{GS(off)}}\left(1 - \frac{U_{GSQ}}{U_{GS(off)}}\right) = -\frac{2 \times 1}{-5}\left(1 - \frac{1.1}{5}\right) = 0.312 \text{ mS}$$

电压放大倍数

$$A_u = \frac{U_o}{U_i} = -g_m R'_D = -0.312 \times (10 /\!/ 1\,000) \approx -3.12$$

可见,场效应管放大电路的电压放大倍数较小,原因是 g_m 值较小。

输入电阻 $r_i = R_1 /\!/ R_2 + R_G = 50 \text{ k}\Omega /\!/ 150 \text{ k}\Omega + 1 \text{ M}\Omega \approx 1 \text{ M}\Omega$

输出电阻 $r_o \approx R_D = 10 \text{ k}\Omega$

三、共漏放大电路

(一)电路形式及特点

共漏放大电路又称源极输出器,如图 2 - 40(a)所示。它与共集电路相似,也具有相同的三大特点。

(二)求静态工作点

$$\begin{cases} U_{GS} = \dfrac{R_{G1}}{R_{G1} + R_{G2}}V_{DD} - I_D \cdot R_S & (2 - 56) \\[4mm] I_D = I_{DSS}\left(1 - \dfrac{U_{GS}}{U_{GS(off)}}\right)^2 & (2 - 57) \end{cases}$$

联立求解可得 U_{GS} 及 I_D。因此

$$U_{DS} = V_{DD} - I_D \cdot R_S \qquad\qquad (2 - 58)$$

则 U_{GS}、I_D、U_{DS} 为所求静态工作点参数。

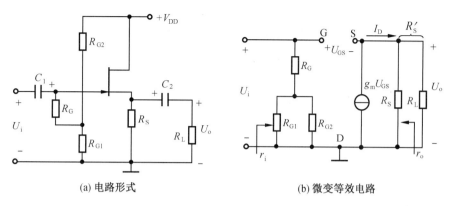

(a) 电路形式　　　　　　　(b) 微变等效电路

图 2-40 共漏电路

(三)求交流参数

微变等效电路如图 2-40(b)所示。

1. 求电压放大倍数 $A_u = \dfrac{U_o}{U_i}$

$$U_o = g_m U_{GS} \cdot R_S', \qquad R_S' = R_S /\!/ R_L$$

$$U_i = U_{GS} + U_o = U_{GS}(1 + g_m R_S')$$

则
$$A_u = \frac{g_m R_S'}{1 + g_m R_S'} \tag{2-59}$$

一般有 $g_m R_S' \gg 1$,因此 $A_u \lesssim 1$,表现为电压跟随性质。

2. 求输入电阻 r_i

$$r_i = R_G + R_{G1} /\!/ R_{G2} \simeq R_G \tag{2-60}$$

R_G 可选值很大,使共漏电路的输入电阻很高。

3. 求输出电阻 r_o

为求输出电阻画出图 2-41 所示等效电路。图中 U_o' 为外加信号电压。在 U_o' 作用下,产生从输出端流入管子的电流 I_o'。$U_{GS} = -U_o'$,因此受控电流源仍存在 $g_m U_{GS}$,显见

$$I_o' = \frac{U_o'}{R_S} - g_m U_{GS}$$

$$= \frac{U_o'}{R_S} + g_m U_o'$$

$$= U_o'\left(\frac{1}{R_S} + g_m\right)$$

因此
$$r_o = \frac{U_o'}{I_o'} = \frac{1}{g_m + \dfrac{1}{R_S}}$$

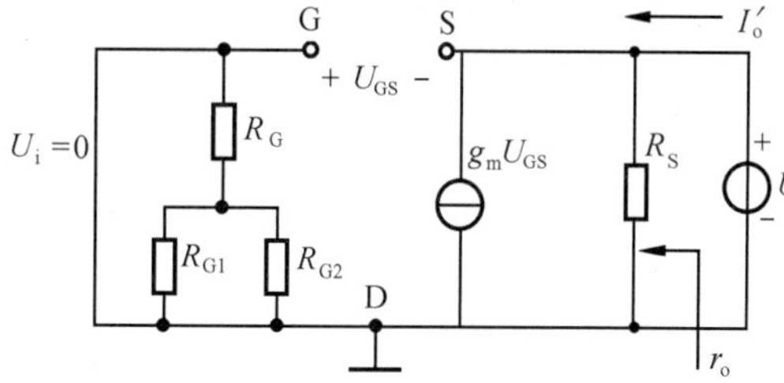

图 2-41　求 r_o 的等效电路

$$= R_S /\!/ \frac{1}{g_m} \tag{2-61}$$

可见,共漏电路输出电阻比共源电路小。

第七节 差动放大电路

差动放大电路(简称差放)是模拟集成电路中常用的基本单元电路,具有优良的差模性能及抑制零点漂移的作用。集成运放的输入级几乎毫无例外地采用差放,在电子测量技术、电子仪器及医用仪器中常作信号转换电路。

一、差动放大电路的构成及基本概念

(一)典型差动放大电路的构成

如图 2 – 42 所示,用两级相同的共射电路接成面对面的形式,将两个输入信号分别接于两个输入端与地之间,实现双端输入。输出信号取自两管的集电极,即将负载 R_L 接于两管集电极之间,构成双端输出。引入负电源 $-V_{EE}$ 及 R_e,共同作用,给两晶体管提供合适的偏置,即 V_{EE} 大部分降在 R_e 上,只保留晶体管的开启电位(如 -0.7 V)于公共发射极 E 处。使两管的 e 结处于发

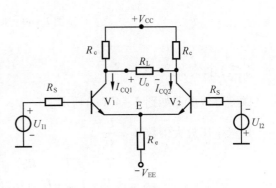

图 2 – 42 典型差动放大电路

射状态。采用双电源供电还能扩大线性放大范围。R_e 的作用同前,它能同时稳定两管的工作电流 I_E,但对有用信号无影响,所以无需加旁路电容 C_e。两晶体三极管的发射极与电阻 R_e 一端相连接,称射极带 R_e 电阻的差放为长尾式差放。R_e 取值较大。R_S 视为信号源内阻,静态下两基极电位可视为零。理想差放的条件要求 V_1、V_2 两管的特性完全对称,即 $\beta_1 = \beta_2 = \beta$,$r_{be1} = r_{be2} = r_{be}$,因此,$V_1$、$V_2$ 被称作差动对管。此外,电路参数也要对称,即 $R_{c1} = R_{c2} = R_c$,$R_{S1} = R_{S2} = R_S$,U_{I1}、U_{I2} 为两个输入信号。

(二)差模信号与差模输入

差模信号是指大小相等、极性相反的两个信号。将差模信号加入两个输入端的方式称为差模输入。必须明确,差模信号是有用信号,是放大的对象。

由图 2 – 43 知

$$U_{Id1} = \frac{U_{Id}}{2} \tag{2 – 62}$$

$$U_{Id2} = \frac{-U_{Id}}{2} \tag{2 – 63}$$

差模输入电压用 U_{Id} 表示

$$U_{Id} = U_{Id1} - U_{Id2} \tag{2 – 64}$$

（三）共模信号与共模输入

共模信号是指大小相等,极性相同的两个信号。将共模信号加入两个输入端的方式称为共模输入。必须明确,共模信号是无用信号,是抑制的对象。由于环境温度变化引起静态工作点的漂移(简称温漂或零点漂移)折合到输入端相当于在输入端加上了共模信号。差动放大电路解决的主要矛盾是放大差模信号的同时使共模信号受到抑制,从而提高输出信号的精度。下面就将温漂视为共模信号来讨论。

实现共模输入的接法如图 2－44 所示。其中 U_{Ic} 表示共模输入电压。

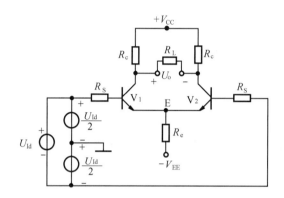 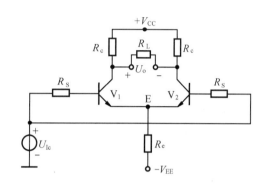

图 2－43　差模信号与差模输入　　　　图 2－44　共模信号与共模输入

二、差放抑制共模信号的原理

（一）R_e 的共模抑制原理

在工作点稳定电路中已讨论过 R_e 的作用。此处所不同的是电阻 R_e 对差动对管 V_1、V_2 同时起着稳定静态工作点的作用。其稳定过程用箭头表示法描述:

$$T\uparrow\begin{cases}I_{C1}\uparrow\downarrow\\I_{C2}\uparrow\downarrow\end{cases}>I_E\uparrow\xrightarrow{R_e}U_E\uparrow\begin{cases}U_{BE1}\downarrow\to I_{B1}\downarrow\\U_{BE2}\downarrow\to I_{B2}\downarrow\end{cases}$$

（二）双端输出方式的共模抑制原理

当共模输入时,由于电路的理想对称性及双端输出方式,使两个输出端的共模输出电压 U_{Oc1} 与 U_{Oc2} 大小相等,极性相同。其共模输出电压用 U_{Oc} 表示,有

$$U_{Oc} = U_{Oc1} - U_{Oc2} = 0 \tag{2－65}$$

共模电压放大倍数

$$A_c = \frac{U_{Oc}}{U_{Ic}} = 0（理想值） \tag{2－66}$$

式(2－65)与式(2－66)说明,理想差放对共模信号具有理想的抑制作用。

三、典型差放的静态计算

如图 2–43 所示,静态时,$U_{\text{Id}}=0$,两个输入端相当于接地,同时,基极电流 I_{BQ} 远小于 R_{e} 电阻中流过的电流 I_{EQ},则可认为两三极管基极电位 $U_{\text{B1Q}}=U_{\text{B2Q}}\approx0$。因此,可列出下面的方程:

$$I_{\text{EQ}}=\frac{V_{\text{EE}}-U_{\text{BE}}}{R_{\text{e}}}\simeq\frac{V_{\text{EE}}}{R_{\text{e}}} \qquad (V_{\text{EE}}\gg U_{\text{BE}})$$

各极静态电流

$$I_{\text{CQ1}}=I_{\text{CQ2}}=\frac{1}{2}I_{\text{EQ}}\simeq\frac{V_{\text{EE}}}{2R_{\text{e}}} \qquad\qquad (2-67)$$

由于电路对称,R_{L} 中无电流,$U_{\text{o}}=0$,且集电极对地电位为

$$U_{\text{CQ1}}=U_{\text{CQ2}}=V_{\text{CC}}-I_{\text{CQ1}}\cdot R_{\text{c}} \qquad\qquad (2-68)$$

I_{CQ1}、I_{CQ2} 及 U_{CQ1}、U_{CQ2} 为典型差放的静态工作点参数。

四、典型差放的动态分析及计算

差模信号与共模信号是共存的,同时被放大。为了分析问题方便起见,常把它们分开来考虑。

(一)差模交流通路及差模参数

1. 差模交流通路

当差模输入时,将电路参数做差模等效处理就得到差模交流电路。由于两管的差模电流 $i_{\text{e1}}=-i_{\text{e2}}$,在公共发射极处相互抵消,所以 R_{e} 对差模信号无影响,做短路处理;直流电源($-V_{\text{EE}}$)的交流内阻很小,可忽略不计,对地做交流短路处理。这样一来,公共发射极 E 处相当于差模地电位。从输出端看,两管的差模电流在 R_{L} 中点处互相抵消,因此,R_{L} 中点处相当于交流地电位。也就是说,R_{L} 折合到单管上需要减半,其他参数保留不变。差模交流通路如图 2–45 所示。

2. 差模电压放大倍数 A_{d}

设单管的放大倍数为 A_1、A_2。由电路的对称性知 $A_1=A_2$,则

$$U_{\text{C1}}=A_1U_{\text{Id1}}=\frac{1}{2}A_1U_{\text{Id}}$$

$$U_{\text{C2}}=A_2U_{\text{Id2}}=-\frac{1}{2}A_2U_{\text{Id}}$$

所以

$$U_{\text{od}}=U_{\text{C1}}-U_{\text{C2}}=A_1U_{\text{Id}}$$

则

$$A_{\text{d}}=\frac{U_{\text{od}}}{U_{\text{Id}}}=A_1 \qquad (2-69)$$

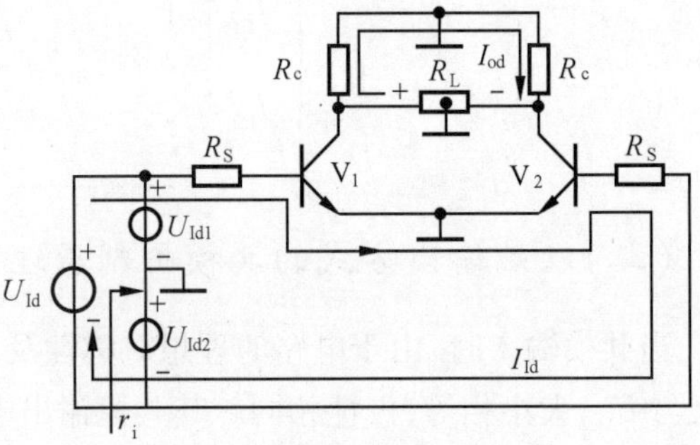

图 2–45　差模交流通路

可见,对放大有贡献的只有一只管子,而另一只管子则用来作温度补偿。因此,求 A_{d} 时只需画出单臂(一个共射电路)的交流通路或微变等效电路即可。例如,左臂微变等效电路

如图 2 - 46 所示。

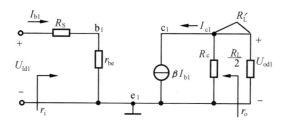

图 2 - 46　单臂差模交流等效电路

$$U_{\text{od1}} = -\beta I_{\text{b}_1} \cdot \left(R_{\text{c}} /\!/ \frac{R_{\text{L}}}{2} \right)$$

$$U_{\text{Id1}} = I_{\text{b}_1} \cdot (R_{\text{S}} + r_{\text{be}})$$

所以

$$A_{\text{d}} = A_1 = \frac{U_{\text{od1}}}{U_{\text{Id1}}} = -\beta \frac{R_{\text{c}} /\!/ \dfrac{R_{\text{L}}}{2}}{R_{\text{S}} + r_{\text{be}}} \tag{2-70}$$

3. 差模输入电阻 $r_{\text{id}} = \dfrac{U_{\text{Id}}}{I_{\text{Id}}}$

如图 2 - 45 所示,差模输入电流 I_{Id} 流经两管的输入回路。由对称性可知

$$r_{\text{id}} = 2r_{\text{id1}} = 2(R_{\text{S}} + r_{\text{be}}) \tag{2-71}$$

可见,输入电阻为单管输入电阻的 2 倍。

4. 差模输出电阻 r_{od}

如图 2 - 45 所示,输出电流流经两管的输出回路。由对称性知

$$r_{\text{od}} = 2R_{\text{c}} \tag{2-72}$$

可见,输出电阻为单管输出电阻的 2 倍。

(二)共模交流通路及共模参数

1. 共模交流通路

共模信号也是交流信号。当共模输入时,将电路参数做共模等效处理就得到共模交流通路。共模信号电流 $\Delta I_{\text{C1}} = \Delta I_{\text{C2}}$ 均通过 R_{e},因此,将 R_{e} 折合到单管上相当于 $2R_{\text{e}}$;从输出端看,$U_{\text{C1}} = U_{\text{C2}}$,$R_{\text{L}}$ 中无电流流过,相当于开载情况,因此不画出;直流电源 $\pm V_{\text{CC}}$ 做共模交流对地短路处理;保留其他元件,如图 2 - 47 所示。

2. 共模电压放大倍数 A_{c} 与共模抑制比 K_{CMR}

由式(2 - 66)知 $A_{\text{c}} = 0$,定义

$$K_{\text{CMR}} = \left| \frac{A_{\text{d}}}{A_{\text{c}}} \right| \tag{2-73}$$

K_{CMR} 值越大,说明差放对共模信号的抑制能力越强。对于理想对称、双端输出的差放有

$$K_{\text{CMR}} = \infty \qquad (理想值) \tag{2-74}$$

[**例 2 - 16**]　长尾式差动放大电路如图 2 - 48 所示。已知晶体管参数 $U_{\text{BE}} = 0.7 \text{ V}$,

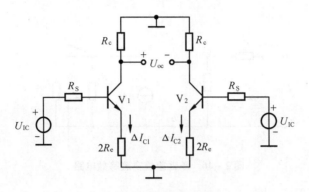

图 2-47 共模交流通路

$\beta = 100, r_{bb'} = 100\ \Omega$,其他电路参数已标在电路图中,试计算:

(1)电路静态工作点$(I_{BQ}、I_{CQ}、U_{CEQ})$;

(2)差模电压放大倍数A_d;

(3)差模输入电阻r_{id}与输出电阻r_{od}。

解 (1)电路静态工作点

在计算长尾式差动放大电路的Q点时,可设定两个对称三极管的基极电位$U_B = 0\ V$。于是三极管发射极电位U_E为

$$U_E = -0.7\ V$$

射极电阻R_e上的电流I_E为

$$I_E = \frac{U_E - (-V_{EE})}{R_e} = \frac{-0.7 + 6}{5.1} = 1.04\ mA$$

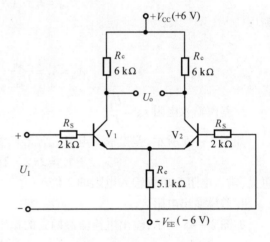

图 2-48 例 2-16 的图

三极管集电极电流$I_{C1} = I_{C2} = \frac{1}{2}I_E$,即

$$I_{CQ1} = I_{CQ2} = I_{CQ} \approx \frac{1}{2}I_E = 0.52\ mA$$

三极管的基极电流

$$I_{BQ1} = I_{BQ2} = I_{BQ} = \frac{I_{CQ}}{\beta} = 5.2\ \mu A$$

三极管 C、E 间管压降U_{CEQ}为

$$U_{CEQ1} = U_{CEQ2} = V_{CC} - I_{CQ} \cdot R_c - U_E$$
$$= 6 - 0.52 \times 6 + 0.7 = 3.58\ V$$

由I_{BQ}值可直接算出在输入信号$U_i = 0$时的基极电位U_B,其值为

$$U_B = -I_{BQ} \cdot R_S = -0.005\ 2 \times 2 \times 10^3 = -0.01\ V$$

由此可见,长尾式差动电路静态时基极电位U_B设定为$0\ V$,和实际相差并不大。

(2)差动电压放大倍数A_d

由于长尾式电路射极 E 点对差模信号无反馈作用,即U_E点对地相当于短路,因此差模

电压放大倍数 A_d 为

$$A_d = \frac{U_o}{U_i} = -\frac{\beta R_c}{R_S + r_{be}}$$

式中

$$r_{be} = r_{bb'} + (1+\beta)\frac{26}{I_{CQ}} \approx 100 + (1+100)\times\frac{26}{0.52} = 5.15 \text{ k}\Omega$$

于是得

$$A_d = -\frac{100\times6}{2+5.15} = -84$$

(3)差模输入电阻 r_{id} 与输出电阻 r_{od}

由电路图可直接得到 r_{id}，即为

$$r_{id} = 2(R_S + r_{be}) = 2\times(2+5.15) = 14.3 \text{ k}\Omega$$

输出电阻 r_{od} 为

$$r_{od} = 2R_c = 2\times6 = 12 \text{ k}\Omega$$

五、差放的四种接法

(一)四种接法与单端输入－单端输出差放

差放输出端除了双端输出方式外,还可以单端输出,即将负载接于某一单管的集电极与地之间的方式;输入方式也不仅限于双端输入,还可以将信号源仅接于单管的输入端与地之间,而另一输入端直接接地,构成单端输入方式。这样,差放就有四种接法,即双端输入－双端输出、单端输入－单端输出、双端输入－单端输出、单端输入－双端输出。其中,第一种接法已经讨论过;第三、第四种接法包含在第一、第二种接法中,不必重述。下面只需讨论单端输入－单端输出接法。仍以典型差放为例,电路如图2－49(a)所示。

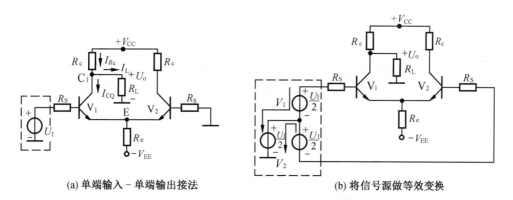

(a) 单端输入－单端输出接法　　　　　(b) 将信号源做等效变换

图2－49　单端输入－单端输出的差放

单端输入的效果与双端输入相同,均使差动对管得到差模信号。为证明这一点,将信号源做一等价变换,如图2－49(b)所示。V_1 管得到的信号为 $\frac{U_I}{2} + \frac{U_I}{2} = U_I$;$V_2$ 管输入端如同接地,即 $-\frac{U_I}{2} + \frac{U_I}{2} = 0$,所以图2－49(a)与2－49(b)的信号源等价。对于差模信号,显然 V_1 管得到 $\frac{U_I}{2}$;而

V_2 管得到 $-\dfrac{U_1}{2}$，它们的中点相当于差模地电位，所以说其效果与双端输入相同。

(二)单端输入 – 单端输出差放的静态计算

如图 2 – 49(a)所示，求 I_{CQ} 的方法同前，并且已知 $I_{BQ1} = I_{BQ2} = I_{BQ}$，$I_{CQ1} = I_{CQ2} = I_{CQ}$。而求 U_{CQ} 的方法有所不同。单端输出时，R_L 中有电流流过，此时求 U_{CQ1}(对地)的方法需列电流方程式

$$I_{R_C} = I_{CQ1} + I_L$$

即

$$\frac{V_{CC} - U_{CQ1}}{R_c} = I_{CQ1} + \frac{U_{CQ1}}{R_L}$$

解出

$$U_{CQ1} = \frac{V_{CC} - I_{CQ1} \cdot R_c}{R_c + R_L} \cdot R_L \tag{2 – 75}$$

$$U_{CQ2} = V_{CC} - I_{CQ2} \cdot R_c \tag{2 – 76}$$

显然，此时 $U_{CQ1} \neq U_{CQ2}$。

(三)单端输入 – 单端输出差放的动态计算

1. 差模电压放大倍数 $A_d = \dfrac{U_{od}}{U_{Id}}$

单端输出时，其差模输出电压为双端输出时的一半，因此 A_d 也减少一半，但 R_L 不减半，即

$$A_d = \frac{1}{2}A_1 = \pm \beta \frac{R_c /\!/ R_L}{2(R_S + r_{be})} \tag{2 – 77}$$

式中的正、负号表示输出电压与输入电压的相位关系。如图 2 – 49(a)所示，U_{od} 与 U_{Id} 反相，应取负号；若 R_L 接于 C_2 与地之间，则 A_d 为正，表示同相。因此，将 b_1、c_1(或 b_2、c_2)称为反相端，而把 b_1、c_2(或 b_2、c_1)称为同相端。

2. 差模输入电阻与差模输出电阻

既然单端输入与双端输入效果相同，输入回路也相同。R_e 对差模信号仍无影响，E 点仍为差模地电位。故差模输入电阻的计算与双端输入相同，仍为单管的 2 倍，即

$$r_{id} = 2(R_S + r_{be})$$

输出端只取自单管的集电极，因此输出电阻就是单管的输出电阻，即

$$r_{od} = R_c \tag{2 – 78}$$

3. 共模电压放大倍数 A_c 与共模抑制比 K_{CMR}

单端输出时，共模信号仅靠 R_e 的作用受到抑制。由于 R_e 的取值大，一般约为几十千欧，对单管仍起着 $2R_e$ 的强大负反馈作用，共模抑制能力仍然很强。此时，虽然共模电压放大倍数 $A_c \neq 0$，但可以做到很小，达到满意的效果。

如图 2 – 50 所示为单臂共模等效电路。由电路可以导出 A_c 与 K_{CMR} 的表达式。

$$A_c = \frac{U_{oc1}}{U_{Ic1}} = -\beta \frac{R_c /\!/ R_L}{(R_S + r_{be}) + (1 + \beta)2R_e} \tag{2 – 79}$$

当 $(1 + \beta)2R_e \gg (R_S + r_{be})$ 时，则

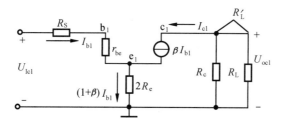

图 2 - 50　单臂共模等效电路

$$A_c \simeq -\frac{R_c /\!/ R_L}{2R_e} \rightarrow 很小 \tag{2-80}$$

$$K_{CMR} = \left| \frac{A_d}{A_c} \right| = \frac{(R_S + r_{be}) + (1+\beta)2R_e}{2(R_S + r_{be})} = \frac{1}{2} + \frac{(1+\beta)R_e}{R_S + r_{be}} \tag{2-81}$$

由式(2 - 81)可知，R_e 越大，K_{CMR} 越高，共模抑制能力越强。

由以上分析知，单端输出时，输出电压含有三个成分，即直流电位、差模输出及共模输出：

$$U_o = U_{CQ1} + U_{od1} + U_{oc1}$$

若两个输入信号不相等时，则差模输入与共模输入同时存在。它们的大小与两个输入信号的关系为

$$|U_{Id1}| = |U_{Id2}| = \frac{1}{2} |(U_{I1} - U_{I2})| \tag{2-82}$$

$$|U_{Ic1}| = |U_{Ic2}| = \frac{1}{2} |(U_{I1} + U_{I2})| \tag{2-83}$$

由此可以得到求差模参数的记忆规律：

(1)差模电压放大倍数 A_d 仅与输出方式有关，若双端输出时，与单管的放大倍数相同，即 $A_d = A_1$；若单端输出时，为单管放大倍数的一半，即 $A_d = \frac{1}{2}A_1$。

(2)差模输出电阻 r_{od} 也仅与输出方式有关，若双端输出时则为单管输出电阻的 2 倍，即 $r_{od} = 2R_c$；若单端输出时与单管输出电阻相同，即 $r_{od} = R_c$。

(3)差模输入电阻 r_{id} 与输入方式无关，均为单管输入电阻的 2 倍，即 $r_{id} = 2(R_S + r_{be})$。

(4)负载 R_L 的处理仅与输出方式有关，若双端输出时，R_L 减半；若单端输出时，R_L 不减半。

[例 2 - 17]　差动放大电路如图 2 - 51 所示。已知两管的 $\beta_1 = \beta_2 = 100$，$U_{BE1} = U_{BE2} = 0.7$ V，试计算：

(1)静态时 V_1、V_2 管的集电极电流 I_{CQ1}、I_{CQ2} 及集电极电位 U_{CQ1}、U_{CQ2}；

(2)求电路的差模电压放大倍数 A_d、共模电压放大倍数 A_c 及共模抑制比 K_{CMR}；

(3)当加入信号 $U_I = 10$ mV 时，重新计算此时 V_1、V_2 管集电极对地的电位 U_{c1}、U_{c2}。

解　(1)求静态

这是一个双入 - 单出的长尾式差放，求静态时从长尾入手，令 $U_{B1} = U_{B2} = 0$，故 $U_E = -0.7$ V。因为电路满足对称性，所以

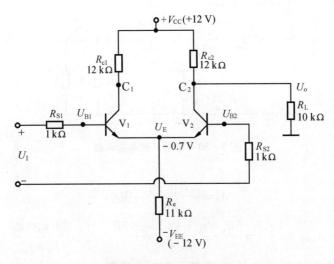

图 2−51 例 2−17 的图

$$I_{CQ} = I_{CQ1} = I_{CQ2} = \frac{1}{2} \cdot \frac{U_E - (-V_{EE})}{R_e}$$

$$= \frac{1}{2} \cdot \frac{12 - 0.7}{11} = 0.51 \text{ mA}$$

$$U_{CQ1} = V_{CC} - I_{CQ1} \cdot R_{c1} = 12 - 0.51 \times 12 = 5.88 \text{ V}$$

求 U_{CQ2} 时需要注意,因为 V_2 管带负载,静态下 R_L 上有电流流过,此时 $U_{CQ2} \neq U_{CQ1}$,需列电流方程式求 U_{CQ2},即

$$I_{R_{C2}} = I_{CQ2} + I_L$$

用欧姆定律代入得

$$\frac{V_{CC} - U_{CQ2}}{R_{c2}} = I_{CQ2} + \frac{U_{CQ2}}{R_L}$$

解出

$$U_{CQ2} = \frac{V_{CC} - R_{c2}I_{CQ2}}{R_L + R_{c2}} \cdot R_L = \frac{12 - 12 \times 0.51}{10 + 12} \times 10 \approx 2.67 \text{ V}$$

(2)求 A_d、A_c、K_{CMR}

因为这是单端输出,差模电压放大倍数应为单管的一半,即

$$A_d = -\frac{1}{2}A_2 = -\frac{1}{2} \times \frac{-\beta(R_{c2}//R_L)}{(R_{S2} + r_{be})} = 100 \times \frac{12//10}{2 \times (1 + 5.5)} \approx 42$$

式中

$$r_{be} = 300 + (1 + \beta)\frac{26 \text{ mV}}{I_{CQ} \text{ mA}} = 300 + (1 + 100) \times \frac{26}{0.51} \approx 5.5 \text{ k}\Omega$$

因为是同相端输出,所以输出与输入信号不反相,A_d 应取正值。

共模电压放大倍数 A_c:

$$A_c = \frac{-\beta(R_{c2}//R_L)}{R_S + r_{be} + 2(1 + \beta)R_e} = \frac{-100 \times (12//10)}{1 + 5.5 + 2 \times (1 + 100) \times 11} \approx -0.25$$

可见,单端输出时有共模输出,但由于 R_e 对共模信号具有强负反馈作用,致使共模电压放大倍数 A_c 很小,接近于零(理想值)。

由共模抑制比的定义式有

$$K_{CMR} = \left| \frac{A_d}{A_c} \right| = \frac{42}{0.25} = 168$$

(3)计算 U_{C1}、U_{C2}

设 A_{d1} 为 V_1 管的差模电压放大倍数;A_{d2} 为 V_2 管的差模电压放大倍数。V_1 管处于空载状态,V_2 管处于带载状态,因此需要注意 $A_{d1} \neq A_{d2}$。此时 U_{C1}、U_{C2} 都是由直流输出和交流输出两种成分组成的。

$U_{C1(对地)}$:

$$A_{d1} = \frac{1}{2}A_1 = -\beta \frac{R_{c1}}{2(R_{S1}+r_{be})} = -100 \times \frac{12}{2(1+5.5)} \approx -92$$

$$U_{C1(对地)} = U_{CQ1} + A_{d1} \cdot U_I = 5.88 - 92 \times 0.01 = 4.96 \text{ V}$$

$U_{C2(对地)}$:

$$A_{d2} = A_d = 42$$

$$U_{C2(对地)} = U_{CQ2} + A_{d2} \cdot U_I = 2.67 + 42 \times 0.01 = 3.09 \text{ V}$$

六、带恒流源的差放

(一)电路的产生

前已述,R_e 越大,共模抑制能力越强。但由式(2-67)知,欲使 I_{CQ} 稳定,R_e 增大时 V_{EE} 也必须提高,这是不经济的,而且难以实现。另外,R_e 太大也不宜集成化。于是想到采用交流电阻很大而直流电阻较小的恒流源代替 R_e,则可在 V_{EE} 不太大的条件下获得与采用大电阻 R_e 时相同的效果。这就是带恒流源的差放。仍以双端输入-双端输出为例,如图 2-52 所示。图中虚线框内为恒流源电路。不难看出,它就是一个工作点稳定的共射电路。恒流源电路可以用它的代表符号表示。R_W 是调零电位器,在电路不满足对称性时调节 R_W,可满足零输入时零输出(即 $U_I = 0$ 时 $U_o = 0$)。

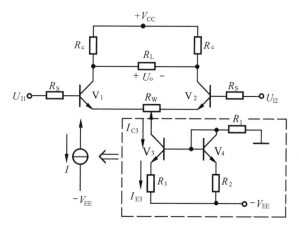

图 2-52　恒流源差放

(二)求静态工作点

设电路已满足对称性,R_W 滑动端位于中点处,晶体管的 U_{BE} 值均相同。从恒流源入手计算静态参数。

$$U_{R_2} \approx \frac{R_2}{R_1 + R_2}(V_{EE} - U_{BE}) \qquad (忽略 I_{B3})$$

$$I_{CQ3} \simeq I_{EQ3} = \frac{U_{R_2}}{R_3}$$

$$I_{CQ1} = I_{CQ2} = \frac{1}{2}I_{CQ3} = \frac{U_{R_2}}{2R_3} \qquad (2-84)$$

$$U_{CQ1} = U_{CQ2} = V_{CC} - I_{CQ1} \cdot R_c$$

(三)求动态参数

计算动态参数的方法与典型差放相同,只是需将 R_W 的影响考虑进去。先画出单臂差模等效电路,如图 2-53 所示。

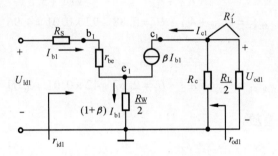

图 2-53 单臂差模等效电路

差模放大倍数

$$A_d = A_1 = \frac{U_{od1}}{U_{Id1}} = -\beta \frac{R_c // \dfrac{R_L}{2}}{R_S + r_{be} + (1+\beta)\dfrac{R_W}{2}} \qquad (2-85)$$

可见,R_W 会使 A_d 减小。这是由于 $R_W/2$ 中有差模信号损耗的缘故。正因为如此,R_W 取值不能过大,一般在几十欧姆至几百欧姆之间。

差模输入电阻

$$r_{id} = 2r_{id1} = 2\left[R_S + r_{be} + (1+\beta)\frac{R_W}{2} \right] \qquad (2-86)$$

可见,R_W 使差模输入电阻提高了。

差模输出电阻

$$r_{od} = 2R_c$$

共模电压放大倍数

$$A_c = 0$$

共模抑制比

$$K_{CMR} = \left| \frac{A_d}{A_c} \right| = \infty$$

[**例2-18**] 恒流源式差动放大电路如图2-54所示。已知三极管的 $U_{BE} = 0.7$ V, $\beta = 50$, $r_{bb'} = 100$ Ω, 稳压管的 $U_Z = +6$ V, $+V_{CC} = +12$ V, $-V_{EE} = -12$ V, $R_S = 5$ kΩ, $R_c = 100$ kΩ, $R_e = 53$ kΩ, $R_L = 30$ kΩ, $R_W = 200$ Ω, $R = 1$ kΩ。

(1)求静态工作点 $Q(I_{BQ}, I_{CQ}, U_{CEQ})$。

(2)求差模电压放大倍数 A_d。

(3)求差模输入电阻 r_{id} 与输出电阻 r_{od}。

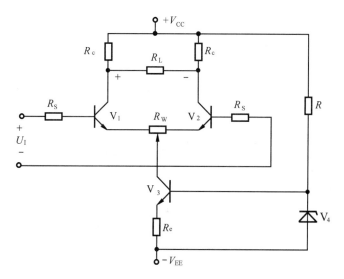

图2-54 例2-18的图

解 (1)静态工作点的计算

和长尾式差动电路不同的是,恒流源式差动电路静态工作点的计算是从 V_3 管的射极电流入手,由图2-54知

$$I_{E3} = \frac{U_Z - U_{BE3}}{R_e} = \frac{6 - 0.7}{53} = 0.1 \text{ mA}$$

若电位器 R_W 不影响电路的对称性,则 V_1、V_2 管的工作电流 I_{CQ1}、I_{CQ2} 为

$$I_{CQ} = I_{CQ1} = I_{CQ2} \approx \frac{1}{2} I_{E3} = 0.05 \text{ mA}$$

V_1、V_2 管的基极电流 I_{BQ1}、I_{BQ2} 为

$$I_{BQ} = I_{BQ1} = I_{BQ2} = \frac{I_{CQ}}{\beta} = \frac{0.05}{50} = 1 \text{ μA}$$

仍假设 V_1、V_2 管基极电位 $U_B = 0$ V,则两管的射极电位 $U_E = -0.7$ V,于是 V_1、V_2 管的压降 U_{CEQ1}、U_{CEQ2} 为

$$U_{CEQ1} = U_{CEQ2} = V_{CC} - I_{CQ} \cdot R_c - U_E$$
$$= 12 - 0.05 \times 100 + 0.7 = 7.7 \text{ V}$$

而 V_3 管的基极电流 I_{BQ3} 为

$$I_{BQ3} = \frac{I_{CQ3}}{\beta_3} \approx \frac{0.1}{50} = 2 \text{ μA}$$

V_3管的管压降 U_{CEQ3} 为

$$U_{CEQ3} = U_{C3} - U_{E3} \approx U_{E1} - U_{E3}$$
$$= -0.7 - (-6 - 0.7) = 6 \text{ V}$$

(2)差模电压放大倍数 A_d

本例电路中射极接有调零电位器 R_W,集电极接有负载电阻 R_L。在计算电压放大倍数 A_d 时,可将负载电阻 R_L 的中点处视为接地点,因而对 V_1、V_2 管集电极相当于 R_c 并联一个 $R_L/2$ 的电阻。射极电位器 R_W 的滑动端亦处于中点位置,且中点也为地电位,于是可直接代入计算公式,即

$$A_d = -\frac{\beta \cdot R_c /\!/ \dfrac{R_L}{2}}{R_S + r_{be} + (1+\beta)\dfrac{R_W}{2}}$$

式中 r_{be} 为 V_1、V_2 管 b、e 间的等效电阻,其值为

$$r_{be} = 100 + (1 + 50) \times \frac{26}{0.05} = 26.5 \text{ k}\Omega$$

于是得

$$A_d = -\frac{50 \times \left(100 /\!/ \dfrac{30}{2}\right)}{5 + 26.5 + (1 + 50) \times \dfrac{0.2}{2}} = -18$$

(3)差模输入电阻 r_{id} 与输出电阻 r_{od}

由于这是双端输入,其差模输入电阻应为单管的 2 倍,即

$$r_{id} = 2\left[R_S + r_{be} + (1+\beta)\frac{R_W}{2}\right]$$
$$= 2\left[5 + 26.5 + (1 + 50) \times \frac{0.2}{2}\right] = 73 \text{ k}\Omega$$

输出方式为双端输出,因此输出电阻也为单管的 2 倍,即
$$r_{od} = 2R_c = 2 \times 100 = 200 \text{ k}\Omega$$

七、FET 差动放大电路

由 BJT 组成的差动放大电路对共模输入信号有相当强的抑制能力,但它的差模输入阻抗很低。因此,高输入阻抗模拟集成电路中,常采用输入电阻高、输入偏置电流很小的 FET 差动放大电路。

FET 差动放大电路的电路结构、工作原理和分析方法与 BJT 差放基本相同,并具有相同的电路特点,只不过是用 FET 的微变等效电路来分析计算而已。

如图 2-55 所示为带恒流源的 JFET 差动放大电路。其中 JFET V_1、V_2 是差动对管,BJT V_3、V_4 及 R_1、R_2、R_3 组成恒流源电路,用于抑制共模信号。该电路是单入-单出差放,因此其差模电压放大倍数应为单管的一半,即

$$A_d = \frac{1}{2} \cdot g_m R_D \tag{2-87}$$

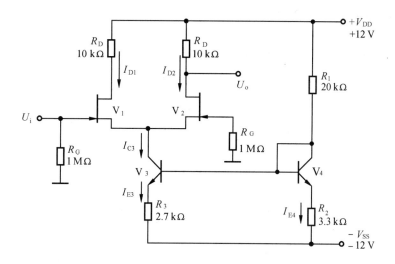

图 2 - 55 JFET 差动放大电路

式中, g_m 为 V_1、V_2 管的跨导; R_D 为漏极负载电阻。因为是同相端输出,所以 A_d 取正值。

由 JFET 构成的差动放大电路的输入电阻可达 10^{12} Ω,输入偏置电流约为 100 pA 数量级;而 MOSFET 差动放大电路的输入电阻则可达 10^{15} Ω,而输入偏置电流在 10 pA 以下。

[例 2 - 19]   如图 2 - 55 所示,设 JFET 的 $g_m = 1$ mA/V, $U_{BE3} = U_{BE4} = 0.7$ V,其他参数已标在图中。

(1)求 V_1、V_2 管的静态电流 I_{D1}、I_{D2}。

(2)求差模电压放大倍数 A_d。

解 (1)计算 I_{D1}、I_{D2}

从恒流源入手。

忽略 V_3 管的基极电流 I_{B3},则

$$I_{E4} \approx I_{R_1} = \frac{12 - (-12) - 0.7}{20 + 3.3} = 1 \text{ mA}$$

因为 $U_{BE3} = U_{BE4}$,所以 $I_{E3}R_3 = I_{E4} \cdot R_2$,则

$$I_{C3} \approx I_{E3} = \frac{I_{E4} \cdot R_2}{R_3} = \frac{1 \times 3.3}{2.7} \approx 1.2 \text{ mA}$$

由电路的对称性,有

$$I_{D1} = I_{D2} = \frac{1}{2}I_{C3} = \frac{1}{2} \times 1.2 = 0.6 \text{ mA}$$

或者用分压的观点求 I_{E3}:

$$I_{E3} = \frac{\left[12 - (-12) - 0.7 \right] \times \dfrac{3.3}{20 + 3.3}}{2.7} = 1.2 \text{ mA}$$

(2)计算 A_d

$$A_d = \frac{1}{2}g_m R_D = \frac{1}{2} \times 1 \times 10 = 5$$

八、复合管差动放大电路

为了扩大 β 值,常用两只或两只以上的晶体管组合而成的管子,称复合管或达林顿电路。组合的原则必须保证管子之间的联系电流能流通。共有四种组合方式,如图 2-56 所示。其特点:①复合管的管型取决于第一只管子的管型;②复合管的 β 值为各管 β 值的乘积;③输入电阻 $r_{be} \approx r_{be1} + (1 + \beta_1) r_{be2}$;④三个等效电极由 V_1 管决定;⑤V_1、V_2 管功率不同时,则 V_2 为大功率,可组合成大功率管。

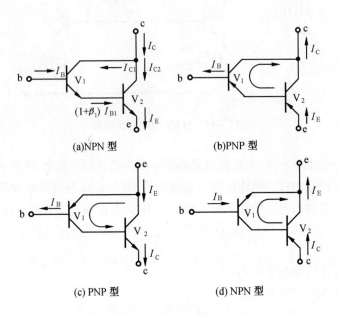

(a)NPN 型 (b)PNP 型

(c) PNP 型 (d) NPN 型

图 2-56 两个晶体管构成的复合管

下面以图 2-56(a) 为例证明 $\beta \approx \beta_1 \beta_2$。

由图知 $\qquad I_C = I_{C1} + I_{C2} = \beta_1 I_{B1} + \beta_2 I_{B2} = \beta_1 I_{B1} + \beta_2 (1 + \beta_1) I_{B1}$

因为 $\qquad\qquad I_B = I_{B1}$

所以 $\qquad I_C = I_B (\beta_1 + \beta_2 + \beta_1 \beta_2)$

复合管的 β 值应为

$$\beta = \frac{I_C}{I_B} = \beta_1 + \beta_2 + \beta_1 \beta_2 \approx \beta_1 \beta_2$$

可见,复合管的 β 值约为各管 β 值的乘积。

当然,FET 与 BJT 也可以复合,能提高输入电阻及跨导。复合管可作差动对管、功率放大管、复合放大管及复合调整管等。

图 2-57 是复合管差动放大电路。由于复合管的 β 值很大,对应同样的集电极电流,其基极电流就很小,可使输入电阻提高。设两

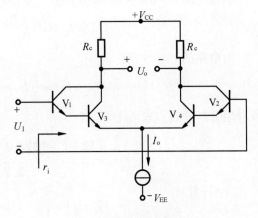

图 2-57 复合管差放

臂电路对称,则输入电阻近似为

$$r_i \approx 2\left[r_{be1} + (1+\beta_1)r_{be3} \right]$$

这种复合管差放的差模输入电压范围比基本差放增加一倍。但两个复合管不易做到良好的匹配,因而电路的失调电压及温漂均较大,这是它的缺点。

第八节 电流源电路

电流源电路多用于集成运放中作偏置电路。电流源具有交流电阻大而直流电阻较小的特点,适合作有源负载,代替共射放大电路中的集电极偏置电阻 R_c、长尾式差放中的偏置电阻 R_e、射随电路中的射极偏置电阻 R_e 等。工作点稳定的共射电路就是一种电流源电路,已在前面差放中介绍过,这里不再重述。下面介绍几种其他形式的电流源电路。

一、基本镜像电流源电路

基本镜像电流源电路如图 2-58 所示。它是由两个特性对称的三极管 V_1、V_2 及一个电阻 R 构成。图中 I_R 称为基准电流(或参考电流),I_{C2} 是输出电流。下面推导 I_{C2} 与 I_R 的关系,即

由于 V_1、V_2 特性相同,所以有 $\beta_1 = \beta_2 = \beta$;$U_{BE1} = U_{BE2} = U_{BE}$;$I_{B1} = I_{B2} = I_B$;$I_{C1} = I_{C2}$。

$$I_R = I_{C1} + 2I_B = I_{C2} + 2 \cdot \frac{I_{C2}}{\beta} = I_{C2}\left(1 + \frac{2}{\beta}\right) \qquad (2-88)$$

当 $\beta \gg 2$ 时,则有

$$I_R \approx I_{C2} \qquad (2-89)$$

而

$$I_R = \frac{V - U_{BE}}{R} \qquad (2-90)$$

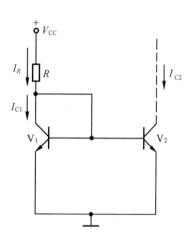

图 2-58 基本镜像电流源电路

由式(2-89)知,I_{C2} 与 I_R 成镜像关系,镜像电流源由此得名。由式(2-90)知,改变 V_{CC} 与 R 值就可得到所需的 I_{C2} 值。当 V_{CC} 与 R 值确定后,I_{C2} 为 mA 量级的恒流。它的优点是电路简单,且 V_1 接成二极管的形式对 I_{C2} 具有温度补偿作用。等效电路如图 2-59 所示,它的温补作用如下:

$$I_R = I + I_{B2}$$

当环境温度 $T \downarrow \longrightarrow I_{C2} \uparrow \downarrow$

$\longrightarrow I \uparrow \rightarrow I_{B2} \downarrow$

该电路的缺点是:I_{C2} 直接受电源 V_{CC} 的影响,故要求电源 V_{CC} 十分稳定;R 取值不宜过大,否则不宜集成化;将式(2-88)中的 $\frac{2}{\beta}I_{C2}$ 项称为误差项。当 β 值较小时带来的误差较大。

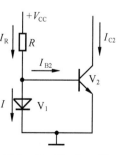

图 2-59 V_1 对 I_{C2} 的温补作用

二、减小 β 影响的镜像电流源电路

为了减小 β 的影响,可采用如图 2 - 60 所示的改进型电路,在这个电路中,将 V_1 管的集电极与基极之间的短路线用 V_3 管取代。利用 V_3 管的电流放大作用,减小 $(I_{B1} + I_{B2})$ 对 I_R 的分流,使 I_{C1} 更接近 I_R,从而有效地减小了 I_R 转换为 I_{C2} 过程中由有限 β 值引入的误差。

由图示可知,$I_R = I_{C1} + I_{B3}$,其中 $I_{B3} = I_{E3} / (1 + \beta_3)$,$I_{E3} = I_{B1} + I_{B2}$,若各晶体管的 β 值相同,则经推导求得

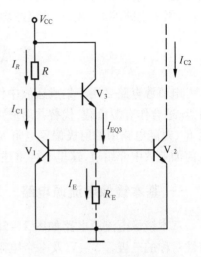

图 2 - 60 减小 β 影响的镜像电流源电路

$$I_{C2} = \frac{\beta^2 + \beta}{\beta^2 + \beta + 2} I_R \approx I_R \qquad (2 - 91)$$

式中

$$I_R = \frac{V_{CC} - 2U_{BE}}{R}$$

实际电路中,为了避免 V_3 管因工作电流过小而引起 β 的减小,从而使 I_{B3} 增大,一般都在 V_3 管发射极上接一个适当阻值的电阻 R_E,如图 2 - 60 中虚线所示,产生电流 $I_E(I_E = U_{BE} / R_E)$,使 I_{EQ3} 适当增大。这时,只要 R_E 取值适当,与未加 R_E 前比较,I_{B3} 也不一定会增长。

三、多路输出电流源电路

在集成电路中,有时需要多个相同的电流源,这时可采用多路输出电流源电路,其电路如图 2 - 61 所示。如果图中的 $V_1 \sim V_5$ 特性都相同,则有

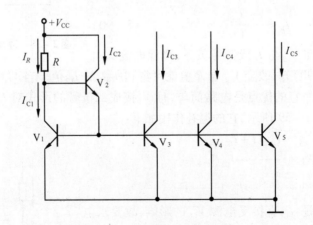

图 2 - 61 多路输出电流源电路

$$I_{C3} = I_{C4} = I_{C5} = I_R - \frac{n + 1}{\beta^2 + \beta + n + 1} I_R \qquad (2 - 92)$$

其中,n 为输出电流源的个数,当 β 不是很小,n 不是很大时,仍有

$$I_{C3} = I_{C4} = I_{C5} \approx I_R$$

四、微电流源电路

在实际应用中,还需要一种能提供微安量级电流的电流源电路。这个要求很难在上面介绍的电路中实现。原因是:当输出电流 I_{C2} 为 μA 量级时,I_R 也相应为 μA 量级,由此求得的 R 值将很大,可达 MΩ 量级。在集成工艺中,要制作大阻值的电阻,需要很大的芯片面积,显然,这是不合适的。因此,实际电路中,一般在基本镜像电流源电路的基础上,将电阻 R_e 接于 V_2 管发射极上,如图 2 – 62 所示,并使 $U_{BE2} < U_{BE1}$,从而 $I_{C2} < I_{C1}$。这样,电路可在 R 与 R_e 阻值均不太大的情况下取得较小的电流 I_{C2} 值。同时,R_e 又可起到稳定 I_{C2} 的作用。

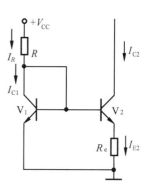

图 2 – 62　微电流源电路

由图知
$$U_{BE1} = U_{BE2} + I_{E2} \cdot R_e \approx U_{BE2} + I_{C2} \cdot R_e$$

因此
$$U_{BE1} - U_{BE2} \approx I_{C2} \cdot R_e$$

由二极管方程
$$I_C = I_S(e^{U_{BE}/U_T} - 1) \approx I_S e^{U_{BE}/U_T} \qquad (U_{BE} \gg U_T)$$

因此
$$\frac{I_C}{I_S} \approx e^{U_{BE}/U_T}$$

两边取对数
$$\ln \frac{I_C}{I_S} = \frac{U_{BE}}{U_T}, \qquad U_T = 26 \text{ mV}$$

因此
$$U_{BE} = U_T \ln \frac{I_C}{I_S}$$

于是
$$U_{BE1} = U_T \ln \frac{I_{C1}}{I_{S1}}$$

$$U_{BE2} = U_T \ln \frac{I_{C2}}{I_{S2}}$$

则
$$U_{BE1} - U_{BE2} = U_T \left(\ln \frac{I_{C1}}{I_{S1}} - \ln \frac{I_{C2}}{I_{S2}} \right)$$

因为 V_1、V_2 特性相同,所以 $I_{S1} = I_{S2}$,则
$$U_{BE1} - U_{BE2} = U_T \ln \frac{I_{C1}}{I_{C2}} \approx I_{C2} \cdot R_e \qquad (2-93)$$

当已知 I_{C1} 及 R_e 时,解对数方程式(2 – 93)便可求得 I_{C2} 值。

本 章 小 结

一、四个基本问题

(一)直流与交流

直流是指不变的量,是静态工作点的问题,是保证不失真地放大信号的基础。解决静态工作点的办法是采用估算法或图解法。

交流是指变化的量,是动态问题,是指正弦变化的信号,是放大的对象,我们的目的就是放大正弦信号。解决信号放大的办法是采用微变等效电路法。

直流与交流是两个不同性质的问题,在实际电路中二者是共存的,交流叠加在直流上。有时为了方便分析问题,把它们分开考虑,例如直流通路与交流通路。

(二)差模信号与共模信号

差模信号与共模信号适用于差动放大电路。它们均属于交流问题。差模信号是指大小相等、极性相反的两个信号,是有用信号,是放大的对象,是人为加的信号。共模信号是指大小相等、极性相同的两个信号,是无用信号,是被抑制的对象,本书中的共模信号就是指温漂,是不为人的主观意志而转移的客观存在。差动放大电路解决的主要矛盾是在放大差模信号的同时使共模信号受到抑制。

二、两种基本分析方法——图解法与微变等效电路法

用图解法可以确定静态工作点的位置,分析波形失真问题,还能图解最大不失真的输出幅度。它最大的优点是直观性强,例如静态工作点设置得是否合理,在图上一目了然;缺点是工作量大,有作图误差,尤其在小信号运用下更不易准确。另外,用图解法不能全面地求解放大电路的交流参数,只能求电压放大倍数 A_u,而不能求输入电阻及输出电阻。对于复杂电路(如射极带 R_e 的共射电路)用图解法不能直接得结果,必须借助另一种基本分析方法,这就是微变等效电路法。微变等效电路法包括两种形式,它们是 h 参数微变等效电路和混合 π 型电路。二者的实质相同,都属于微变(小信号)等效,只是所适用的频段不同,h 参数微变等效电路适用于中频段,而混合参数 π 型电路则适用于高频段。h 参数微变等效电路是解决放大电路中频交流参数的有力工具,而混合参数 π 型电路则是全面分析频率响应的有力工具,这是第三章所要讨论的内容。

三、三种基本组态

双极型管放大电路有共射、共集及共基三种基本组态,而单极型管放大电路也有相应的共源、共漏及共栅三种基本组态。它们都是组成多级放大电路的基本单元。组成多级放大电路时应根据各种组态的特点进行合理搭配。关于共射、共集及共基三种组态的性能比较

请参阅表 2 – 1。共集与共漏组态的实质相同，它们均具有放大倍数 A_u 近似等于 1、输入电阻高、输出电阻低的特点。共射与共源电路主要作电压放大级用，共基电路多用于作宽频带放大电路，在本课程正弦信号发生电路中用到它，共栅电路在本课程中没有用到它，所以没讨论。

四、八种基本单元电路

本章讨论了简单供偏的共射放大电路、工作点稳定的共射电路、共集电路、共基电路、自偏式共源电路、共漏电路、差动放大电路及电流源电路，共计八种电路形式。有关它们的直流参数、交流参数的计算及微变等效电路应熟练掌握。

简单供偏的共射放大电路结构简单易实现，但工作点不稳定；工作点稳定的共射电路的工作点稳定，带 R_F 的共射电路不仅工作点稳定而且电压放大倍数也稳定，是比较理想的常用电路；共集电路与共漏电路一样，其工作点和电压放大倍数均稳定；自偏式共源电路的工作点也是稳定的。总之，凡是射极（或源极）带有反馈电阻的电路，其工作点都是稳定的，若反馈电阻无旁路电容者，电压放大倍数也是稳定的。这在放大电路中的反馈一章中还要做深入的讨论。

求以上各电路的直流参数（或静态工作点）时应注意它们的入手点。简单供偏的共射电路的入手点是 I_{BQ}，工作点稳定的共射电路是 U_B 电位，共集电路的入手点也是 I_{BQ}，而共基电路的入手点与工作点稳定的共射电路相同。

差动放大电路有两种具体的电路形式，它们是典型差放（长尾电路）及带恒流源差放。求静态工作点时，应从长尾（或恒流源）入手。差放还有四种接法，有五个交流参数需要计算，它们是差模电压放大倍数 A_d、差模输入电阻 r_{id}、差模输出电阻 r_{od}、共模电压放大倍数 A_c 及共模抑制比 K_{CMR}，这些参数代表着差动的交流性能。求差放四种接法（组态）的差模参数公式的记忆规律请参阅差放后的归纳小结。

电流源电路一共介绍了四个电路形式，要求掌握基本镜像电流源电路及微电流源电路。其本镜像电流源恒流在 mA 量级，而且晶体管的 β 值越大，误差越小；微电流源恒流在 μA 量级。这两种电流源电路经常在集成电路中作偏置电路或有源负载用。

第二章是本课程的重点章、基础章，必须很好地掌握，给以后学习各章内容打下良好的基础。

思考题与习题

2 – 1 判断正确（✓）与错误（✗）。

电路的静态是指：

（1）输入交流信号的幅值不变时的电路状态。（　　　）

（2）输入交流信号的频率不变时的电路状态。（　　　）

（3）输入交流信号且幅值为零时的状态。（　　　）

（4）输入端开路时的状态。（　　　）

（5）输入直流信号时的状态。（　　　）

2 – 2 试判断图 2 – 63(a) 至图 (i) 所示各电路对交流正弦电压信号能不能进行正常放

大,并说明理由。

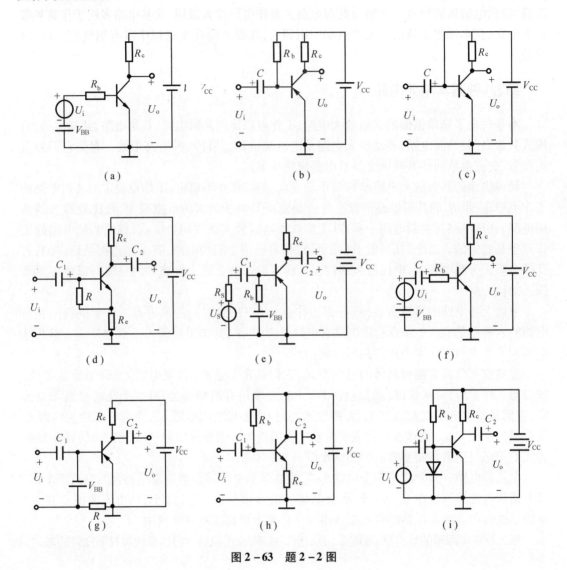

图 2 – 63   题 2 – 2 图

2 – 3   如图 2 – 64 所示,三极管为 3AX 21,$R_b = 100$ kΩ,$V_{CC} = 9$ V,晶体管参数 $\beta = 50$,$U_{BE} = -0.2$ V。

(1)要求 $I_C = 2$ mA,$V_{BB} = ?$

(2)要求 $I_C = 2$ mA,$-U_{CE} = 5$ V,$R_c = ?$

(3)如果基极改为由电源 V_{CC} 供电,工作点不改变,则 R_b 值应改为多少?

2 – 4   如果放大电路的接法如图 2 – 65 所示,其中 $R_b = 120$ kΩ,$R_c = 1.5$ kΩ,$V_{CC} = 16$ V,三极管为 3AX 21,它的 $\dot{\beta} \approx \beta = 40$,$I_{CEO} = 0$。

(1)求静态工作点处的 I_{BQ}、I_{CQ}、U_{CEQ} 值。

(2)如果原来的三极管坏了,换上一只 $\beta = 80$ 的三极管,试计算此时的静态工作点有何变化,电路能否达到改善放大性能的目的,为什么?

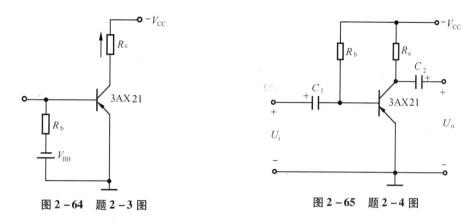

图 2 – 64　题 2 – 3 图　　　　　　　图 2 – 65　题 2 – 4 图

2 – 5　已知图 2 – 66(a)中:$R_b = 510$ kΩ,$R_c = 10$ kΩ,$R_L = 1.5$ kΩ,$V_{CC} = 10$ V。三极管的输出特性如图 2 – 66(b)所示。

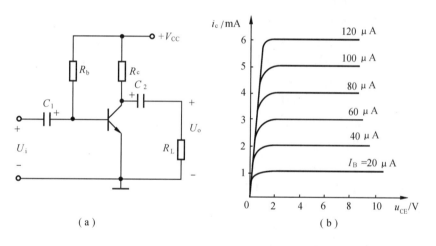

图 2 – 66　题 2 – 5 图

(1)试用图解法求出电路的静态工作点,并分析这个工作点选得是否合适。

(2)在 V_{CC} 和三极管不变的情况下,为了把三极管的管压降 U_{CEQ} 提高到 5 V 左右,可以改变哪些参数,如何改变?

(3)在 V_{CC} 和三极管不变的情况下,为了使 $I_{CQ} = 2$ mA,$U_{CEQ} = 2$ V,应该改变哪些参数,改成什么数值?

2 – 6　在图 2 – 67(a)所示电路中,若已知 $R_b = 130$ kΩ,$R_c = 2$ kΩ,$V_{CC} = 8$ V,三极管 3AG21 的输出特性如图 2 – 67(b)所示,输入特性如图 2 – 67(c)所示,试用图解法求电压放大倍数。(注:应选线性程度较好的线段,I_{BQ} 值可用估算法求出)

如果输入信号是交流正弦波,那么,最大不失真(即未饱和、未截止)的输出电压、电流(变化量的有效值)各为多少?

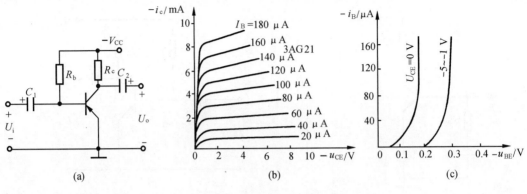

图 2 - 67　题 2 - 6 图

2 - 7　如果在图 2 - 67(a)电路的输出端并联一个负载 $R_L = 2$ kΩ，

(1)试分析此时电压放大倍数应是多少？交流负载线有什么变化？

(2)求最大不失真的输出电压有效值和集电极电流变化量的有效值。

2 - 8　判断下列说法是否正确，用√或×号表示在括号内。

(1)图解法较适于解决的问题是：

①输入、输出均为小信号时电路的交流性能；(　　　)

②输入正弦波信号时的输出波形；(　　　)

③输出为大信号时的幅值与波形；(　　　)

④输入为高频信号时的情况；(　　　)

⑤静态工作点的设置情况；(　　　)

⑥输入为低频信号时的情况。(　　　)

(2)h 参数等效电路法较适于解决的问题是：

①输入、输出均为小信号时电路的交流性能；(　　　)

②输入正弦波信号时的输出波形；(　　　)

③输出为大信号时的幅值与波形；(　　　)

④输入为高频信号时的情况；(　　　)

⑤静态工作点的设置情况；(　　　)

⑥输入为低频信号时的情况。(　　　)

2 - 9　画出图 2 - 68 中(a)至图(e)各电路的直流通路，并估算它们的静态工作点。

2 - 10　放大电路如图 2 - 69(a)所示，其中 $R_{b1} = 11$ kΩ，$R_{b2} = 39$ kΩ，$R_L = R_c = 2$ kΩ，$R_e = 1$ kΩ，$V_{CC} = 15$ V。晶体管的输出特性如图 2 - 69(b)所示。

(1)在图 2 - 69(b)中画出直流负载线；

(2)定出 Q 点(设 $U_{BEQ} = 0.7$ V)；

(3)在图 2 - 69(b)中画出交流负载线；

(4)定出对应于 I_B 由 0 ~ 100 μA 时，U_{CE} 的变化范围，并由此计算 U_o(正弦电压有效值)。

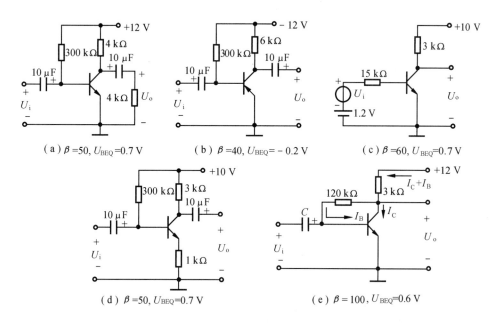

（a）$\beta=50$，$U_{BEQ}=0.7$ V　　（b）$\beta=40$，$U_{BEQ}=-0.2$ V　　（c）$\beta=60$，$U_{BEQ}=0.7$ V

（d）$\beta=50$，$U_{BEQ}=0.7$ V　　（e）$\beta=100$，$U_{BEQ}=0.6$ V

图 2-68　题 2-9 图

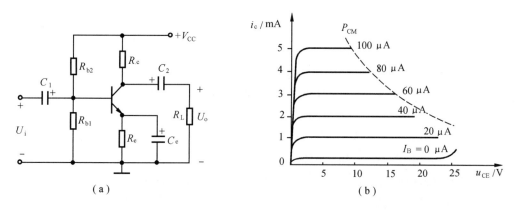

图 2-69　题 2-10 图

2-11　放大电路如图 2-70（a）所示，其中 $R_c=4$ kΩ，$V_{CC}=12$ V，晶体管的输出特性如图 2-70（b）所示。

（1）在输出特性上画直流负载线，如要求 $I_C=1.5$ mA，确定此时的 Q 点，对应的 R_b 有多大？

（2）若 R_b 调节到 150 kΩ，且 i_B 的交流分量 $i_b=20\sin\omega t$，画出 i_c 及 u_{ce} 的波形图，这时出现什么失真？

（3）若 R_b 调节到 600 kΩ，且 i_B 的交流分量 $i_b=40\sin\omega t$，画出 i_c 及 u_{ce} 的波形图，这时出现什么失真？

（4）在图 2-70（a）中，为什么 R_b 要用一个电位器加一个固定电阻串联组成，只用一个电位器行不行,会有什么不良后果?

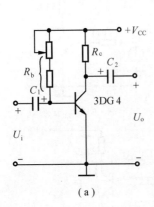 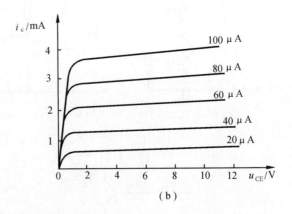

(a)　　　　　　　　　　　　(b)

图 2 - 70　题 2 - 11 图

2 - 12　在上题中,如三极管改用 PNP 管(电源 V_{CC} 和电容 C_1、C_2 的极性已做相应改变),当 PNP 管的特性与上题 NPN 管相同(只是相应的 +、- 符号改变),而且工作点的变化及基极输入电流 i_b 也与上题相同时,分析此时在示波器上观察到的 u_o 波形是否与上题相同?分别定性地画出采用 NPN 管和 PNP 管时在示波器上应观察到的 u_o 波形,并做出比较。

2 - 13　在题 2 - 10 图(a)电路中,设三极管为 3DG4,$\beta = 30$,电路参数 $R_{b1} = 10$ kΩ,$R_{b2} = 51$ kΩ,$R_c = 3$ kΩ,$R_L = \infty$,$R_e = 500$ Ω,$V_{CC} = 12$ V。

(1)计算 I_{CQ}、I_{BQ} 和 U_{CEQ};

(2)如果换上一只 $\beta = 60$ 的同类型管子,估计放大电路是否能工作在正常状态。

(3)如果温度由 10 ℃上升至 50 ℃,U_c(对地)将如何变化(增加、减少或基本不变)?

(4)如果换上 PNP 型三极管,试说明应做出哪些改变(包括电容的极性),才能保证正常工作。若 β 仍为 30,你认为各静态值将有多大的变化?引起这种变化的原因是什么?

2 - 14　判断正确(√)或错误(×)

(1)分析放大电路时,常常采用交直流分开分析的方法。这是因为:

①晶体管是非线性器件;(　　　)

②电路中存在着电容;(　　　)

③电路既有交流成分,又有直流成分;(　　　)

④交流成分与直流成分变化规律不同;(　　　)

⑤在一定条件下,电路可视为线性电路,因此,可用叠加定理。(　　　)

(2)在直流通路中只考虑:

①直流输入信号的作用;(　　　)

②直流电源作用。(　　　)

(3)在交流通路中只考虑:

①直流输入信号的作用;(　　　)

②直流输入信号中变化量的作用;(　　　)

③交流信号的作用。(　　　)

(4)电路中各电量的交流成分是由交流信号源提供的。( )

2-15 选择合适的答案填空

(1)某个处于放大状态的电路,当输入电压为 10 mV 时,输出电压为 7 V;输入电压为 15 mV 时,输出电压为 6.5 V(以上均为直流电压)。它的电压放大倍数为_____(700,100,-100)。

(2)两个 $A_u = 100$ 的放大电路Ⅰ和Ⅱ分别对同一个具有内阻的电压信号进行放大时,得到 $U_{o1} = 4.85$ V,$U_{o2} = 4.95$ V。由此可知,放大电路_____(Ⅰ、Ⅱ)比较好,因为它的_____(a. 放大倍数大;b. 输入电阻大;c. 输出电阻小),向信号源索取的电流小。设所接负载电阻相同。

(3)两个放大电路Ⅰ和Ⅱ分别对同一个电压信号进行放大。当输出端开路时,输出电压同是 5 V,都接入 2 kΩ 负载后,U_{o1} 下降为 2.5 V,U_{o2} 下降为 4 V。这说明放大电路Ⅰ的输出电阻约为_____,放大电路Ⅱ的输出电阻约为_____(2 kΩ、0.5 kΩ、10 kΩ)。比较两个放大电路,_____的带负载能力较强(Ⅰ、Ⅱ)。

2-16 设图 2-71 电路中,三极管的 $\beta = 60$,$R_b = 530$ kΩ,$R_c = R_L = 5$ kΩ,$V_{CC} = 6$ V。

(1)估算静态工作点。

(2)求 r_{be} 值。

(3)画出放大电路的中频等效电路。

(4)求电压放大倍数 A_u,输入电阻 r_i 和输出电阻 r_o。

2-17 放大电路如图 2-72(a)所示。设三极管的 $\beta = 140$,$R_{b1} = 2.5$ kΩ,$R_{b2} = 10$ kΩ,$R_c = 2$ kΩ,$R_L = 1.5$ kΩ,$R_e = 750$ Ω,$V_{CC} = 15$ V。

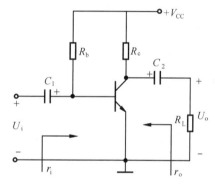

图 2-71 题 2-16 图

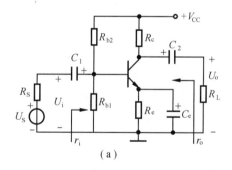

(a)

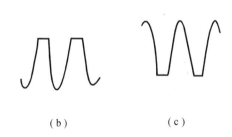

(b)　　　　(c)

图 2-72 题 2-17 图

(1)求该电路的电压放大倍数 $A_u = \dfrac{U_o}{U_i}$、输入电阻 r_i 及输出电阻 r_o 各为多少?(设 $R_S = 0$)

(2)若考虑 $R_S = 10$ kΩ 时,则电压放大倍数 $A_{uS} = \dfrac{U_o}{U_S} = ?$

(3)从以上两种放大倍数的计算结果得到什么结论?

(4)若将 C_e 断开,画出此时放大电路的 h 参数微变等效电路,并求 $A_u = \dfrac{U_o}{U_i} = ?$ $r_i = ?$ 说明 R_e 对 A_u 及 r_i 的影响。

(5)在(1)的条件下,若将图 2-72(a)中的输入信号 U_i 的幅值逐渐加大,你认为用示波器观察输出波形时,将首先出现图 2-72(b)、(c)中所示的哪种形式的失真现象? 应改变哪一个电阻器的阻值(增大或减小)来减小失真?

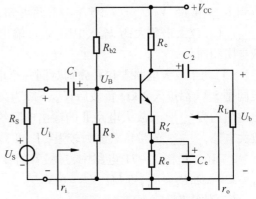

2-18 设图 2-73 中三极管的 $\beta = 100$,$U_{BEQ} = 0.6$ V,$r_{bb'} = 100$ Ω,$R_{b1} = 33$ kΩ,$R_{b2} = 100$ kΩ,$R_S = 4$ kΩ,$R_c = R_L = 3$ kΩ,$R_e = 1.8$ kΩ,$R_e' = 200$ Ω,$V_{CC} = 10$ V。

(1)求静态工作点;

(2)画出 h 参数微变等效电路;

(3)求 $A_u = \dfrac{U_o}{U_i} = ?$

(4)求 r_i 及 r_o 各为多少?

(5)求 $A_{uS} = \dfrac{U_o}{U_S} = ?$

图 2-73 题 2-18 图

2-19 共集电路如图 2-74 所示。设晶体管的 $\beta = 50$,$r_{bb'} = 200$ Ω,$R_b = 3.8$ kΩ,$R_e = 5$ kΩ,$V_{BB} = 7.3$ V,$V_{CC} = 12$ V。

(1)计算 Q 点的数值。

(2)画出交流等效电路,并计算 A_u、r_i 和 r_o。

2-20 画出如图 2-75 所示放大电路的 h 参数微变等效电路,写出计算电压放大倍数 $\dfrac{U_{o1}}{U_i}$ 和 $\dfrac{U_{o2}}{U_i}$ 的公式,并画出当 $R_c = R_e$ 时的两个输出电压 U_{o1} 和 U_{o2} 的波形(与正弦波 U_i 相对应)。

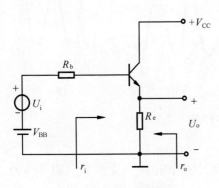

图 2-74 题 2-19 图

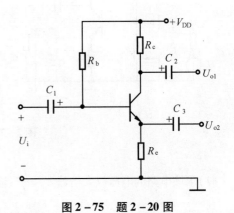

图 2-75 题 2-20 图

2-21 如图 2-76 所示电路,已知 $I_{DSS}=5$ mA, $U_{GS(off)}=-4$ V, $V_{DD}=20$ V, $R_G=2$ MΩ, $R_D=3$ kΩ, $R_S=1.5$ kΩ, $R_L=1$ kΩ, $U_{GSQ}=-0.5$ V。

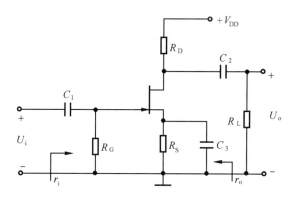

图 2-76 题 2-21 图

(1)画出交流等效电路。

(2)求交流参数 $A_u = \dfrac{U_o}{U_i}$、r_i 和 r_o 值。

2-22 如图 2-77 所示电路中,已知 $I_{DSS}=5$ mA, $U_{GS(off)}=-4$ V, $V_{DD}=10$ V, $R_{G1}=10$ kΩ, $R_{G2}=91$ kΩ, $R_G=510$ kΩ, $R_D=3$ kΩ, $R_S=2$ kΩ, C_1、C_2、C_3 足够大, $R_L=3$ kΩ, $U_{GSQ}=-2.4$ V。

(1)画出交流等效电路。

(2)求交流参数 $A_u = \dfrac{U_o}{U_i}$、r_i 和 r_o。

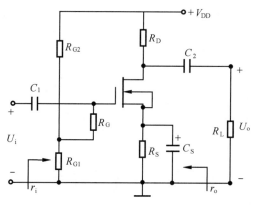

图 2-77 题 2-22 图

2-23 图 2-78 所示为场效应管放大电路。设 $g_m=4$ mA/V,画出交流等效电路,计算放大倍数 $A_u = \dfrac{U_o}{U_i}$、输入电阻 r_i、输出电阻 r_o。

2-24 场效应管源极输出电路如图2-79所示,已知 $U_{GS(off)} = -4$ V, $I_{DSS} = 2$ mA, $V_{DD} = +15$ V, $R_G = 1$ MΩ, $R_S = 8$ kΩ, $R_L = 1$ MΩ,试计算:

(1)静态工作点 Q;

(2)输入电阻 r_i 及输出电阻 r_o;(设 $g_m = 0.4$ mA/V)

(3)电压放大倍数 $A_u = \dfrac{U_o}{U_i}$。

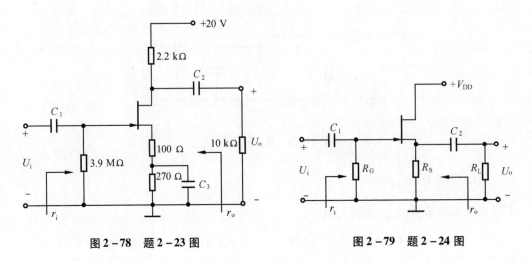

图2-78 题2-23图　　　　　图2-79 题2-24图

2-25 填空题

(1)差动放大电路的特点是抑制_____信号,放大_____信号。

(2)集成运放的输入极几乎毫无例外的都是由_____放大电路组成。

2-26 试说明长尾式差动放大电路(双入-双出接法)是怎样抑制零漂的? 在单端输出时,是否仍有抑制零漂的作用?

2-27 设图2-80中 R_W 的滑动端位于中点,三极管的 $\beta_1 = \beta_2 = 100$, $r_{be1} = r_{be2} = 10.3$ kΩ,试求:

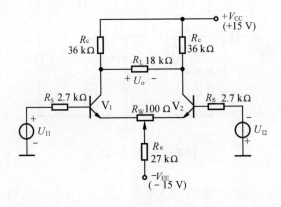

图2-80 题2-27图

（1）静态工作点；

（2）差模电压放大倍数 A_d；

（3）差模输入电阻 r_{id} 和差模输出电阻 r_{od}。

2-28 差动放大电路如图 2-81 所示，已知 $\beta_1=\beta_2=100$，$U_{BE1}=U_{BE2}=0.7$ V，$r_{be1}=r_{be2}=5.4$ kΩ，试求差模电压放大倍数 A_d，并画出差模信号交流通路。

2-29 差动放大电路如图 2-82 所示，已知两管的 $\beta_1=\beta_2=100$，$U_{BE1}=U_{BE2}=0.7$ V，试计算：

（1）静态时 V_1、V_2 管的集电极电流 I_{CQ1}、I_{CQ2} 和集电极电位 U_{CQ1}、U_{CQ2}；

（2）求电路的差模电压放大倍数 A_d、共模电压放大倍数 A_c 及共模抑制比 K_{CMR}；

（3）当加入 $U_1=10$ mV 的直流信号时，重新计算此时 V_1、V_2 管集电极对地的电位 U_{C1}、U_{C2}。

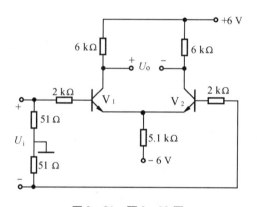

图 2-81 题 2-28 图

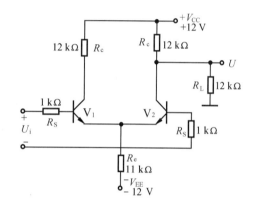

图 2-82 题 2-29 图

2-30 在图 2-83 所示差动电路中，已知各晶体管的 β 值均为 50，U_{BE} 均为 0.7 V，$R_W=200$ Ω 且滑端处于中点，试求：

（1）静态时晶体管 V_1、V_2、V_3 的集电极电流 I_{CQ1}、I_{CQ2}、I_{CQ3}；

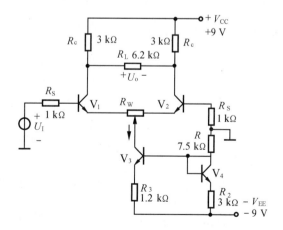

图 2-83 题 2-30 图

(2)差模电压放大倍数 A_d；

(3)差模输入电阻 r_{id} 和输出电阻 r_{od}。

2-31　差动放大电路如图 2-84 所示,设三极管的 β 值均为 100, U_{BE} 均为 0.7 V, r_{be1} = r_{be2} =5.6 kΩ。

(1)估算静态工作点 I_{CQ3}, I_{CQ1}; V_1、V_2 管集电极对地的电位 U_{C1}、U_{C2} 值。

(2)求 r_{id} 和 r_{od}。

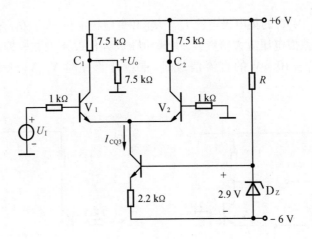

图 2-84　题 2-31 图

2-32　电路如图 2-85 所示,已知晶体管 V_3 的 β_3 =50,电流源 I = 1 mA,求静态时的 U_o。

2-33　在图 2-86 中,已知各晶体管的 β 值均为 100, U_{BE} 均为 0.7 V,稳压管的 U_Z = 3.7 V,试求:

(1)欲使 U_I =0 时, U_o =0, R_{e4} 应取何值?

(2)电路的差模电压放大倍数 $A_d = \dfrac{U_o}{U_I}$。

(3)若负载 R_L 开路,重新求电路的差模电压放大倍数 $A_d = \dfrac{U_o}{U_I}$。

(4)电路的差模输入电阻 r_{id} 和输出电阻 r_{od} 各为多少?

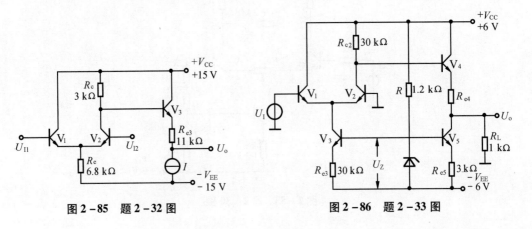

图 2-85　题 2-32 图　　　　　图 2-86　题 2-33 图

2-34 电路如图 2-87 所示。已知各晶体管的 U_{BE} 均为 0.7 V，$\beta_1 = \beta_2 = \beta_3 = 100$，$\beta_4 = 50$，电流源电流 $I_1 = I_2 = 1$ mA，试求：

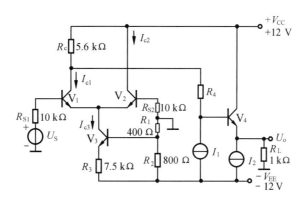

图 2-87 题 2-34 图

(1) 静态时 I_{CQ1}、I_{CQ2}、I_{CQ3} 之值；

(2) 欲使电路满足零输入零输出（即 $U_S = 0$ 时 $U_o = 0$）要求，R_4 应取何值？

(3) 若取 $R_4 = 2.9$ kΩ，求电路的差模电压放大倍数 $A_d = \dfrac{U_o}{U_S}$。

(4) 电路的差模输入电阻 r_{id} 和输出电阻 r_{od}。

2-35 图 2-88 为各种复合管的接法，哪些组合方式是合理的，哪些是不合理的？复合管是 NPN 型还是 PNP 型？

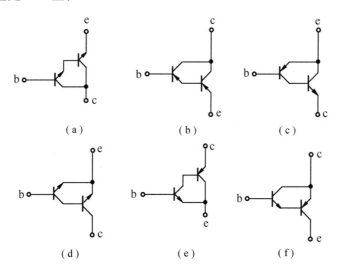

图 2-88 题 2-35 图

第三章

多级放大电路与频率响应

　　基本放大电路的电压放大倍数通常只有几十倍到几百倍,在实际应用中远不能满足需要。将若干个基本放大电路串接起来构成多级放大电路,可提供足够大的放大倍数。本章着重讨论多级与单级的关系。通过举例说明多级放大电路的分析计算。

　　频率响应是放大电路的一个重要指标。在讨论多级放大电路之后,再讨论基本放大电路的频率响应及波特图的画法,最后讨论多级放大电路的频率响应。

第一节　多级放大电路的一般问题

一、多级放大电路的组成方框图

一个多级放大电路的组成如图 3 - 1 所示。

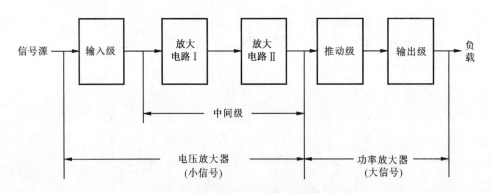

图 3 - 1　多级放大电路的组成框图

　　根据每级所处的位置和作用的不同,多级放大电路大致可分为三部分:输入级、中间级和输出级。信号源由输入级将信号送入放大电路,经放大后输出级得到一定的信号功率去推动负载。

　　输入级是多级放大电路的第一级,有时也称为前置级。这级一般要求有较高的输入阻抗,使它与信号源相接时,索取电流很小。所以常采用高输入阻抗的放大电路,如射极输出器、场效应管放大电路等。

　　放大电路的中间级,一般承担着主要的电压放大的任务,故称之为电压放大级,常采用共射电路。

输入级和中间级都是将输入的微弱信号加以放大,以获得一定的电流、电压放大倍数,它们所放大的信号幅度比较小,因此,又称为小信号放大器。

输出级是放大电路的最后一级,直接与负载相连。为适应负载变动而输出电压不变的要求,选用输出电阻较小的共集电路为宜。输出级还要求在失真很小的情况下,向负载供给足够大的功率,因此,往往在它前面再加上一级推动级(该推动级也被称为末前级)。输出级和推动级所放大的信号幅度很大,常称为功率放大器。例如,扩音机的喇叭,就需要一定的功率,功率小了声音弱,甚至不响。

在实际应用中,也有负载并不需要较大功率的情况,如晶体管毫伏表,这时多级小信号放大电路本身就是一个独立的放大电路。

二、级间耦合方式

在多级放大器中各级之间、放大电路与信号源之间、放大电路与负载之间的连接方式被称为耦合方式。

(一)对级间耦合电路的要求

放大电路前后级一旦连接起来,相互间就会有影响,因为前级的输出就是后级的信号源,而后级的输入阻抗又是前级的负载,因此要合理解决级与级之间的耦合,按不同的需要选择合适的级间耦合电路。

对级间耦合电路的要求:一是耦合电路必须保证信号通畅地、不失真地传输到下一级,尽量减少损失;二是保证各级有合适的静态工作点。

(二)耦合方式

多级放大电路的耦合方式通常有三种:直接耦合、阻容耦合及变压器耦合。图 3 – 2 所示。

1. 直接耦合

如图 3 – 2(a)所示,级与级之间直接连接,电路元件少,频率特性好。但各级静态工作点互相影响,电路的设计和调试比较复杂。直接耦合电路不仅能放大交流信号,而且还可对直流信号或缓慢变化的信号进行放大。所以,很适用于集成电路放大器。

2. 阻容耦合

多级放大电路级与级之间,通过电阻和电容连接起来传送信号,如图 3 – 2(b)为两个单级共射电路,是通过耦合电容 C_2 和 R_{b2} 把第一级输出信号传送到第二级输入端的。

这种耦合方式的特点是各级静态工作点彼此独立,互不影响。但由于电容的隔直作用,使它不适于放大缓慢变化的信号,特别不能用于直流信号的放大。在集成电路中由于制造大电容很困难,也不宜采用这种耦合方式。不过,这种耦合方式在分立元件交流放大电路中却获得了广泛应用。

3. 变压器耦合

级与级之间利用变压器传递交流信号。各级静态工作点的设置,也是彼此独立的。这种耦合方式的特点是可以进行阻抗变换,使级间达到阻抗匹配,放大电路可以得到较大的功率输出。但由于变压器体积大、笨重、频率特性不好、不便于集成等缺点,目前应用极少。

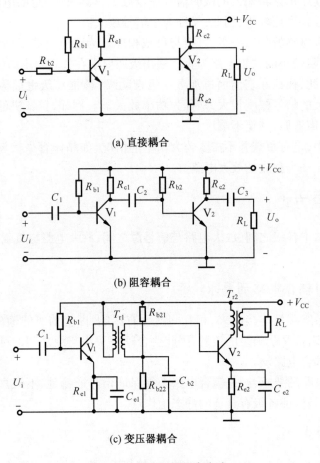

(a) 直接耦合

(b) 阻容耦合

(c) 变压器耦合

图 3－2　三种级间耦合方式

第二节　直接耦合放大电路

一、直接耦合放大电路的必要性及特殊性

(一)采用直接耦合放大电路的必要性

直接耦合放大器在现代电子设备中获得了广泛的应用,主要原因是:

1. 生产实践和科学实践中,经常需要放大变化极缓慢的信号

例如,在测量或自动控制系统中遇到的往往不是一秒内变化成千上万次的交流信号,而是几秒或几分钟,甚至更长时间内才稍有变化的信号。对于变化缓慢的信号,采用电抗性元件进行级间耦合显然是不行的,这就需要采用直接耦合的方式,把缓慢信号从一级送到下一级去。

2. 集成电路需要直接耦合的方式

随着电子工业的飞速发展和科学实验的需要,新型的电子器件和电子设备都向小型化、微型化的方向迈进,采用的集成电路也就越来越多。而集成电路要制作体积庞大的耦合电容和电感元件是很困难的,甚至是不可能的,所以都采用直接耦合方式。直接耦合放大电路不仅能放大缓慢信号,而且也能放大频率较高的信号,其应用越来越广泛。

(二)直接耦合放大电路的特殊性

若想使两个基本单元电路采用直接耦合方式连成两级放大电路,是否就简单地把前一级的输出端和后一级的输入端直接连接起来,如图 3-3 示出的形式就可以正常工作呢? 不一定。因为,这时放大器的静态工作点受到了影响。从图上可以看到,当输入信号 $U_i = 0$ 时,第二级 V_2 管子的基极偏置电阻已不再是 R_{b2},而要由 R_{c1} 与 R_{b2} 并联来决定 I_{B2}。若

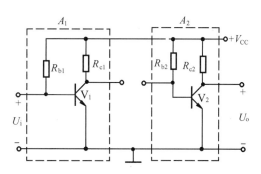

图 3-3 两个基本放大电路简单的直耦连接

I_{B2} 过大,V_2 管饱和,这样就破坏了管子的放大状态。即使 I_{B2} 不过大,V_1 的集电极电位也会被 V_2 的基极限制在 0.7 伏左右。为了使直接耦合的放大电路有合适的静态工作点,必须在电路形式和元器件参数上做合理的安排。选择合适的 R_{c1} 阻值,保证 V_2 有恰当的基流。当使 V_1 管的 U_{CE1} 有一定的动态变化范围,在 V_2 管射极接入射极电阻 R_{e2}。这样构成的两级直接耦合放大电路如图 3-2(a)所示。

在图 3-2(a)电路中,当 $U_i = 0$ 时,输出电压 U_o 不为零,$U_o = U_{CE2}$。而若由 n 级 NPN 型管组成共射放大电路,信号从基极输入、集电极输出,它的集电极电位总比基极电位高。经过 n 级电路后,输出端的直流电位就偏离零电位很远。但由于电源电压是有限的,会使输出电压的幅值下降,所以需要采取措施补偿直流电位的偏移,把输出直流电位拉到我们所需要的零电位上来。这样的电路,就是通常所说的电位移动电路。

作为一个放大器,它的输出应该是反映输入信号的变化情况:当输入信号为零时,输出信号也为零,即所谓零输入零输出;当有输入信号时,输出随输入信号变化,从而实现信号的放大。

二、直接耦合多级放大电路的分析

图 3-4 是一个两级直接耦合放大电路,静态时调节 R_W 可以使输出端电位为零,实现零输入零输出。我们以这个电路为例,来说明直接耦合多级放大电路的静态工作点、放大倍数、输入电阻和输出电阻的计算方法。

(一)计算静态工作点

在直接耦合放大电路中,由于前后级的直流通路是相通的,工作点相互牵连,

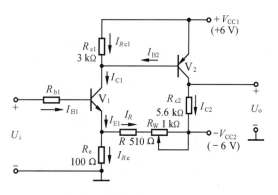

图 3-4 静态时输出端电位为零的直接耦合电路

所以严格地讲,每级的静态工作点都不能单独计算。但为了简化计算,通常总是首先找出最容易确定的环节,以使各级静态工作点可以分别进行计算。

（二）计算电压放大倍数 A_u、r_i 及 r_o

1. 画出图 3-4 电路的微变等效电路,如图 3-5 所示。

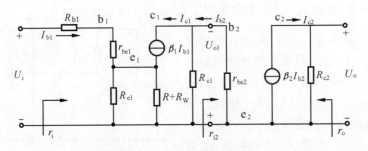

图 3-5　图 3-4 电路的微变等效电路

在画两级放大电路的 h 参数微变等效电路时,为了减少出错率,最好标出后级电流的实际正方向来。后级电流的正方向受前级信号电流的控制,而与管子的导电类型(NPN 还是 PNP)无关。同理可画出 n 级放大电路的微变等效电路。

2. 求 A_u

由图 3-5 可知,第一级的放大倍数为

$$A_{u1} = \frac{U_{o1}}{U_i}$$

第二级的放大倍数为

$$A_{u2} = \frac{U_{o2}}{U_{i2}} = \frac{U_o}{U_{o1}}$$

两级总的放大倍数为

$$A_u = \frac{U_o}{U_i} = \frac{U_o}{U_{o1}} \cdot \frac{U_{o1}}{U_i} = A_{u1} \times A_{u2}$$

由此可知 n 级放大电路的电压放大倍数为

$$A_u = A_{u1} \cdot A_{u2} \cdot A_{u3} \cdot \cdots \cdot A_{un} \qquad (3-1)$$

其中每级的电压放大倍数均可按单级放大电路放大倍数的公式计算,而多级放大电路总的放大倍数就是各级电压放大倍数的乘积。这里特别要注意,各级之间动态是互相有影响的。如第一级的输出是第二级的输入,考虑第二级对第一级的影响,可以把第二级的输入电阻 r_{i2} 作为第一级的负载电阻来处理。或者将前级作为后级的信号源考虑,将信号源的电压为前级的开路电压,信号源内阻为前级的输出电阻。一般常用前者。

3. 输入电阻 r_i 及输出电阻 r_o

一般说来,多级电路的输入电阻就是输入级的输入电阻,而输出电阻就是输出级的输出电阻。不过,有时它们不仅与本级参数有关,也和中间级的参数有关。例如,输入级为射极输出器时,它的输入电阻还与后一级的输入电阻有关。又例如,输出级为射极输出器时,它的输出电阻也与前级的输出电阻有关,因为前一级的输出电阻就是后一级的信号源内阻。

(三)输入、输出电压的相位关系

U_o 与 U_i 的相位关系由多级电路中包含共射电路的级数决定,若为奇数,则 U_o 与 U_i 反相位;若为偶数,则同相位。

三、零点漂移

(一)零点漂移现象

图 3－4 是一个可以零输入零输出的直接耦合电路。如果我们将该电路的输入端对地短路即 $U_i = 0$,在其输出端接一个电压表,再通过调节 R_W,使 $U_o = 0$。从理论上说,电表的指针应该一直停在零点,但实际上电表的指针却离开零点,出现忽大忽小,忽快忽慢的不规则摆动的漂移,如图 3－6 曲线所示,这种现象被称为零点漂移(简称零漂)。零点漂移对多级直耦电路放大作用的影响是不容忽视的。零漂的大小是衡量直接耦合放大电路性能的一个重要指标。

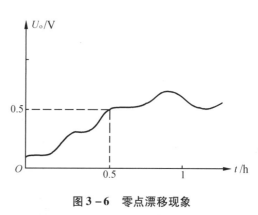

图 3－6　零点漂移现象

(二)产生零漂的主要原因

对于直接耦合放大电路来说,产生零点漂移的主要原因是晶体管的参数 I_{CBO}、U_{BE} 和 β 随温度的变化而变化,这在前面已做过详细分析。一般小功率硅管,U_{BE} 的温度影响是主要的;而对锗管来说,I_{CBO} 的温度影响是主要的。因此,硅管电路引起输出漂移的主要因素是管子 U_{BE} 随温度增加而下降,而锗管电路引起漂移的主要因素则是管子 I_{CBO} 随温度的增加而增加。管子的 U_{BE}、I_{CBO} 及 β 随温度变化的结果,都导致放大电路静态工作点的偏移。一般来说,温度每变 1 ℃所造成的影响,相当于在放大管的 b,e 两端接入几毫伏的信号电压。

产生零漂除温度变化这一主要因素外,电源电压的波动,电路元件的老化,也都能造成输出电压的漂移。针对其他这些因素,可以采取相应的措施来克服,例如,采用高稳定度的稳压电源,精选电路元器件,采取防老化措施等。

(三)衡量零漂的指标

零漂是缓慢的、不规则的变化,故放大电路的级数越多,放大倍数越大,零漂就越严重。放大电路第一级的零漂所产生的影响占主要地位。因此,单从放大器输出漂移电压的大小,还不足以评价放大器质量的好坏,还必须考虑放大倍数的差异。在实际应用中,总是把输出电压的漂移除以放大倍数和温度的变化量,即把它折合为输入电压的漂移来衡量放大电路零点漂移的程度,使之与有效输入信号相比较,从而达到正确选用放大器的目的。

(四)抑制零漂的办法

根据前面的分析可以看出,要想抑制零漂,就要集中精力来解决第一级放大电路的零漂问题,主要措施如下。

1. 选用高质量的硅管

硅管的 I_{CBO} 受温度的影响和锗管差不多,但它的绝对值比锗管小几十倍甚至几百倍,所以硅管受温度变化的影响比锗管小,即前者的温度特性比后者的好。

2. 采用温度补偿电路

在补偿电路中采用热敏电阻、半导体二极管等具有负温度系数器件来抵消三极管的温漂。图 3-7(a)是利用热敏电阻 R_t 进行温度补偿的电路。当环境温度增加时,使晶体管的 I_C 上升,但具有负温度系数的 R_t 阻值减小,而使晶体管的基极电位下降,I_B 减小进而使 I_C 减小,以补偿 I_C 的上升。不过,这种方法要挑选与晶体管温度特性相匹配的合适电阻,是一件麻烦的事。

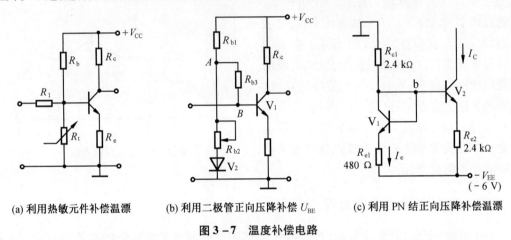

(a) 利用热敏元件补偿温漂　　(b) 利用二极管正向压降补偿 U_{BE}　　(c) 利用 PN 结正向压降补偿温漂

图 3-7　温度补偿电路

图 3-7(b)利用二极管 V_2 的正向压降补偿晶体管 U_{BE} 的变化。图中 R_{b3} 的接入为提高放大电路的输入电阻,调节 R_{b2} 使二极管有合适的工作电流。其补偿原理如下:

$$当\ T\uparrow\ \begin{cases} \nearrow U_{BE}\downarrow \longrightarrow I_C\uparrow \\ \searrow U_D\downarrow \rightarrow U_A\downarrow \rightarrow I_B\downarrow \rightarrow I_C\downarrow \end{cases}$$

在线性集成电路中,常将三极管的集电极 c 与基极 b 短接,用发射结代替二极管,如图 3-7(c)所示。其补偿原理如下:

$$当\ T\uparrow\ \begin{cases} \nearrow U_{BE2}\downarrow \longrightarrow I_C\uparrow \\ \searrow U_{DE1}\downarrow \rightarrow I_{B2}\downarrow \rightarrow I_C\downarrow \end{cases}$$

在集成电路中,由于 V_1、V_2 是在完全相同的条件下制造的对管,容易做到 U_{BE} 温度系数一致,能得到较好的温度补偿效果。

3. 采用差动式放大电路

这是利用两只同型号、特性相同的晶体管对管组成差动放大电路,在起放大作用的同时,还能有效地抑制零漂。它是线性集成电路的主要组成单元之一。它的补偿原理已在第二章中讨论过。

*4.采用调制式直流放大电路

这种方案是将直流成分或缓慢变化的信号,通过某种方式先转换成频率较高的信号(称为调制),经过基本不产生零漂的阻容耦合或变压器耦合的交流放大器放大后,再转换成缓慢变化的信号(称为解调),其幅值比原来的信号已放大了许多倍。这种电路基本上可以克服零漂,但电路较复杂、成本高、频率特性较差,多用于工业仪表、自动控制中。

第三节　阻容耦合多级放大电路简介

图 3-8 是一个两级 *RC* 耦合放大电路。输入信号 U_i 通过耦合电容 C_1 加到放大电路第一级 V_1 管上,它的输出信号 U_{o1} 通过电容 C_2 与 V_2 管组成的第二级输入端相接,第二级又通过 C_3 将放大后的信号 U_{C2} 传送给负载。同时,由于每一级放大电路又都具有输入电阻,所以称这种耦合方式的电路为阻容耦合放大电路。耦合电容可

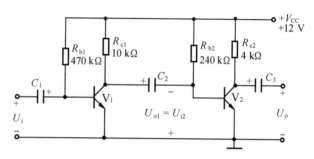

图 3-8　两级阻容耦合放大电路

以顺利地传送交流信号,同时又把前后级之间的直流电位隔开,因此,它们的静态工作点是彼此独立的,可以单独进行计算。温度对静态工作点的影响,被限制在本级范围内。

适当地选择耦合电容,使之对交流信号的容抗很小,可以忽略。这样,放大电路的动态估算就与直接耦合多级放大电路类似。

第四节　放大电路的频率响应

频率响应是放大电路的一项重要指标,它是用来衡量放大电路对不同频率信号的适应程度。它可以直接用放大电路的放大倍数与频率的关系来进行描写。本节从共射放大电路为例分三个频段讨论电压放大倍数与频率的关系,上、下限频率的计算以及波特图的画法。以混合 π 型电路为工具,分析小信号放大电路的频率响应,得出定性和基本定量的结论。

最后还介绍了计算多级放大电路上、下限频率的近似公式以及多级放大电路波特图的作图原理。

一、基本概念

(一)幅频特性与相频特性

以图 3-9 所示共射基本放大电路为例建立频率特性的一般概念。由于三极管有极间

电容效应以及电路中也有电抗元件,当输入正弦信号频率变化时,电路的电压放大倍数便成为频率的函数。将放大电路对不同频率正弦信号的稳态响应称为放大电路的频率响应,简称频响或频率特性。此时电压放大倍数是个复数,用 $\dot{A}_u$ 表示。频率特性包括幅频特性与相频特性两部分:描写放大倍数之模与频率的关系曲线称为幅频特性,而描写相位与频率的关系曲线称为相频特性,如图 3 –9(b)与(c)所示。

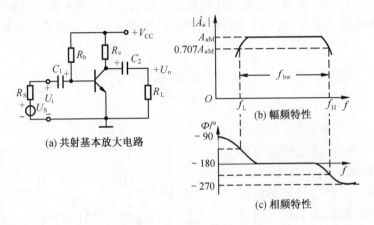

(a) 共射基本放大电路

(b) 幅频特性

(c) 相频特性

图 3 –9 共射电路的频率响应

在绝大多数的放大器应用中,我们总希望它的输出能保真,也就是要求输出波形与输入波形一致。前面讨论放大电路时,输入信号都是以单一频率的正弦电压作为例子。而在实际应用中,信号通常都不是单一频率,而是包含许多频率分量的。例如,广播中的语言和音乐信号,其波形是非正弦的,利用傅里叶法则可知这类波形可由许多不同频率的正弦波叠加而成。放大器要想得到理想的不失真的输出,就必须使所有频率的分量,都得到等量的放大。

理想的放大器应在所要求的通频带内具有恒定的幅频特性。整个波形通过放大器时的相频特性也必须一致,或者说,在整个所要求的通频带内各个频率分量相对相位关系不变。

(二) 中频段、低频段和高频段

实际的放大器在通频带内其幅频特性并不是恒定的,而是随着频率的降低和升高有所下降,如图 3 –9(b)与(c)所示。只是在通频带以内下降得不多,则认为基本恒定,而在通频带以外就下降得多了。所以当全面分析频率响应时,常分为三个频段进行:中频段、低频段与高频段。

中频段是指在通频带以内的频率范围($f_L < f < f_H$)。中频时电路中各种容抗影响极小,可忽略不计。此时电压放大倍数基本上是一个与频率无关的常数,在图上表现为近似一条水平线。中频电压放大倍数用 A_{uM} 表示。除了晶体管的反相作用外,无其他附加相移产生,所以中频电压放大倍数的相角 $\Phi = -180°$。

低频段是指 $f < f_L$ 的频率范围。此时耦合电容的容抗不可忽略,由于频率很低,电容上会损耗一部分信号,从而使放大倍数下降。

高频段是指 $f > f_H$ 的频率范围。引起高频段放大倍数下降的原因有两个:一方面三极管的极间电容及接线电容起作用,将信号旁路掉一部分;另一方面,晶体管的 $\dot{\beta}$ 值也随频率升高而减小,从而使电压放大倍数下降。不仅如此,电容的作用还使输出电压与输入电压之间产生附加相移,使在低频段产生超前 90° 的相移,高频段产生滞后 90° 的相移。$\dot{A}_u$ 用它的模与相角表示为

$$\dot{A}_u = A_u \angle \Phi \tag{3-2}$$

其中,幅度 A_u 和相角 Φ 都是频率的函数。

(三)下限频率 f_L、上限频率 f_H 及通频带 f_{bw}

工程上规定,当放大倍数下降到中频值的 0.707 倍(即 $\dfrac{1}{\sqrt{2}}$)时所对应的低频频率和高频频率分别称为下限频率 f_L 及上限频率 f_H。

在中频段内,放大器的功率输出是

$$P_o = \frac{U_o^2}{R_L}$$

而在 $f = f_H$(或 $f = f_L$)时,输出电压为 $U_o/\sqrt{2}$,则其输出功率为

$$P_o = P_L = \frac{(U_o/\sqrt{2})^2}{R_L} = \frac{U_o^2}{2R_L}$$

只有中频功率的一半。因此,f_H 及 f_L 亦称为半功率频率。

定义上限频率 f_H 与下限频率 f_L 之间的频率范围为通频带 f_{bw}。其实 $f_H \gg f_L$,则

$$f_{bw} = f_H - f_L \approx f_H \tag{3-3}$$

通频带的宽度表征放大电路对不同频率输入信号的响应能力,是放大电路的重要技术指标之一。如果放大电路的通频带不够宽,不能使不同频率的信号得到同样的放大,输出波形就会失真。不同的电子设备,对通频带的要求是不同的,例如,在电声系统的设备中,一般只需 20 Hz 到 20 kHz 的通频带。

(四)频率失真与相位失真

由于放大电路对不同频率的输入信号呈现不同的放大倍数,从而使输出信号波形产生失真,我们称这种失真为频率失真,图3-10(a)是一个频率失真的简单例子。如果一个输入信号由基波和二次谐波组成,基波的放大倍数较大,而二次谐波的放大倍数较小,则输出电压中振幅的比例就与放大前不同了,于是输出电压波形产生了失真。

同样,当放大电路对不同频率的信号产生的相移不同时就产生相位失真。在图3-10(b)中,如果放大后的二次谐波相位滞后了一个相角,结果输出电压也会产生变形,这种变形叫作相位失真。

(五)增益带宽积

在设计电路时,总希望放大电路具有高增益、宽频带。然而,高增益与宽频带是互相制约的。所以,将增益与带宽结合起来,用一个表征放大电路性能优劣的参数来表示,这就是增益带宽积。它定义为放大电路的中频增益幅值和通频带乘积的绝对值,即

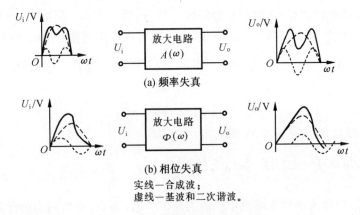

(a) 频率失真

(b) 相位失真

实线—合成波；
虚线—基波和二次谐波。

图 3－10　频率失真与相位失真

$$增益带宽积 = |A_{uSM} \cdot f_{bw}| \qquad (3-4)$$

由理论分析推导知

$$|A_{uSM} \cdot f_{bw}| \approx \frac{1}{2\pi(R_S + r_{bb'})C_\mu} \qquad (3-5)$$

可见，欲使增益带宽积大，必须选用 C_μ 及 $r_{bb'}$ 小的高频管。当管子选定后，增益带宽积大体上就一定了。因此，若把放大倍数提高几倍，通频带也几乎变窄同样的倍数，即增益带宽积为一个常数。

二、波特图

(一)什么是波特图

图 3－9(b)、(c)所示的幅频特性曲线及相频特性曲线实际上是很难画准确的，用折线近似法可以代表真正的频率特性曲线，给画图带来了极大的方便。为了扩展视野，采用对数坐标，即横坐标频率 f 采用 $\lg f$ 对数刻度，可以将频率的大幅度的变化范围压缩在一个小范围内(例如用 $1 \sim 6$ 代表 $10 \sim 10^6$)，幅频特性的纵坐标电压增益，用分贝(dB)表示为 $20\lg A$，(当 A 从 10 倍变化到 10^3 倍时，分贝值只从 20 变化到 60)，这样做图比较容易，绘出的 $20\lg A - \lg f$ 的关系曲线称为对数幅频特性。而相频特性的纵坐标相移 Φ 采用线性刻度，绘制出的 $\Phi - \lg f$ 关系曲线称为对数相频特性。两者合起来，称为对数频率响应。因此，作图时不是用逐点描绘曲线，而是采用折线近似的方法画出的对数频率特性，通常称为波特图。这种对数频率特性，在工程上是一种简便实用的方法。

(二)波特图的画法

1. 一般画法

画波特图时，以放大电路的混合 π 型等效电路为工具，分三个频段对其进行分析，先画幅频特性，顺序是中频段、低频段和高频段。将三个频段的频率特性(或称频率响应)合起来就是全频段的幅频特性，然后再根据幅频特性画出相应的相频特性。

（1）中频段

由第二章混合 π 型电路的讨论得知，中频时电压放大倍数的表达式为 $A_{uSM} = -\dfrac{r_i}{R_S + r_i} P g_m R_c'$，它是一个与频率无关的常数，其波特图就是一条水平线，这是最简单的一种情况。

（2）低频段

由第二章得知，低频时电压放大倍数是频率的函数，它的表达式是一个复数，即

$$\dot{A}_{uSL} = \frac{\dot{U}_o}{\dot{U}_S} = \frac{A_{uSM}}{1 - j\dfrac{f_L}{f}}$$

其中

$$f_L = \frac{1}{2\pi(R_S + r_i)C_1}$$

将 $\dot{A}_{uSL}$ 表达式用模和相角来表示，得

$$|\dot{A}_{uSL}| = \frac{|A_{uSM}|}{\sqrt{1 + (\dfrac{f_L}{f})^2}} \tag{3-6}$$

总相角为

$$\Phi = -180° + \arctan\frac{f_L}{f} \tag{3-7}$$

现在，我们用折线近似的方法，画低频段的幅频特性和相频特性。

将式（3-6）两边取对数，得

$$L_A = 20\lg|\dot{A}_{uSL}| = 20\lg|A_{uSM}| - 20\lg\sqrt{1 + (\frac{f_L}{f})^2} \text{ dB} \tag{3-8}$$

先看式（3-8）中的第二项。当 $f \gg f_L$ 时，

$-20\lg\sqrt{1 + \left(\dfrac{f_L}{f}\right)^2} \approx 0$，因此，它将以横轴作为渐

近线；当 $f \ll f_L$ 时，$-20\lg\sqrt{1 + \left(\dfrac{f_L}{f}\right)^2} \approx -20\lg\dfrac{f_L}{f} =$

$20\lg\dfrac{f}{f_L}$，其渐近线也是一条直线，该直线通过横轴

上 $f = f_L$ 的一点，斜率为 20 dB/十倍频程，即当横坐标频率每增加十倍时，纵坐标就增加 20 dB。因此式（3-8）中的第二项的图形可以用以上两条渐近线构成的折线来近似。再将此折线向上平移 $20\lg|A_{uSM}|$ 的距离，就得到由式（3-8）所表示的低频段时对数幅频特性。如图 3-11（a）所示。可以证明，这种折线近似带来的误差不超过 3 dB，发生在 $f = f_L$ 处。

再来分析低频段的相频特性，根据式（3-7）可知，当 $f \gg f_L$ 时，$\arctan\dfrac{f_L}{f}$ 趋于 0，则 $\Phi = -180°$；当

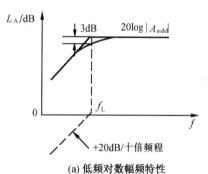

(a) 低频对数幅频特性

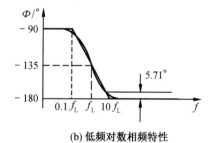

(b) 低频对数相频特性

图 3-11 低频段对数频率响应

$f \ll f_L$时，arctan$\dfrac{f_L}{f}$趋于90°，则$\Phi \approx -90°$；当$f = f_L$时，arctan$\dfrac{f_L}{f} = 45°$，$\Phi = -135°$。为了作图方便，可以用以下三段直线构成的折线近似低频段的相频特性曲线，如图3-11(b)所示。$f \geqslant 10f_L$时，$\Phi = -180°$；$f \leqslant 0.1f_L$时，$\Phi = -90°$；$0.1f_L < f < 10f_L$时，斜率为$-45°$/十倍频程的直线。可以证明，这种折线近似的最大误差为$\pm 5.71°$，分别发生在$0.1f_L$和$10f_L$处。

(3)高频段

将第二章推导出来的高频段电压放大倍数表达式及f_H计算公式重写一下，即

$$\dot{A}_{uSH} = \frac{A_{uSM}}{1 + j\dfrac{f}{f_H}}$$

$$f_H = \frac{1}{2\pi RC'_\pi}$$

将$\dot{A}_{uSH}$表达式也用模和相角表示，即

$$|\dot{A}_{uSH}| = \frac{|A_{uSM}|}{\sqrt{1 + (\dfrac{f}{f_H})^2}} \tag{3-9}$$

总相角
$$\Phi = -180° - \arctan\frac{f}{f_H} \tag{3-10}$$

对式(3-9)两边取对数，得

$$L_A = 20\lg|\dot{A}_{uSH}| = 20\lg|A_{uSM}| - 20\lg\sqrt{1 + (\frac{f}{f_H})^2} \tag{3-11}$$

根据式(3-10)和式(3-11)，利用与低频时同样的方法，可以画出高频段折线化的对数幅频特性和相频特性，如图3-12所示。折线近似的最大误差为3 dB，发生在$f = f_H$处。

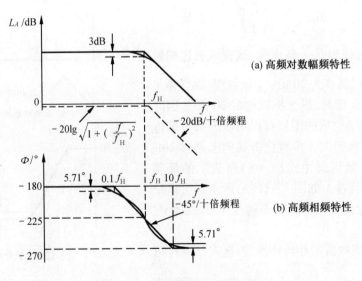

图3-12 高频段对数频率响应

（4）完整的频率响应曲线

将以上在中频、低频和高频时的放大倍数表达式综合起来，就得到共射基本放大电路在全部频率范围内放大倍数表达式，即

$$\dot{A}_{uS} = \frac{A_{uSM}}{\left(1 - j\dfrac{f_L}{f}\right)\left(1 + j\dfrac{f}{f_H}\right)}$$

同时，将中频、低频和高频时分别画出的频率响应曲线综合起来，就得到基本放大电路完整的频率响应曲线，如图 3-13 所示。图中的"ss"符号为任意延长符号。0 dB 只代表纵坐标的坐标原点，而不代表横坐标的坐标原点。频率坐标 f 也用对数刻度。

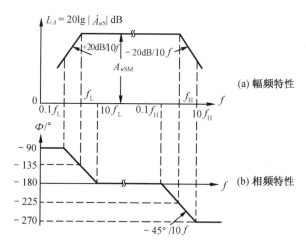

图 3-13　波特图的一般画法

最后将共射基本放大电路折线化对数频率响应（波特图）的作图原理及步骤归纳如下。

波特图的作图原理是抓住两个趋势（左趋势、右趋势），一个特殊点（拐点），取十倍频程。

作图步骤。

①根据电路参数及计算公式先求出中频电压放大倍数 A_{uSM}、下限频率 f_L 和上限频率 f_H。A_{uSM}、f_L 和 f_H 称作波特图的三要素。

②在幅频特性的横坐标上，找到对应于 f_L 和 f_H 的两点；在 f_L 与 f_H 之间的中频区作一条 $L_A = 20\lg|A_{uSM}|$ 的水平线；从 $f = f_L$ 点开始，在低频区作一条斜率为 20 dB/十倍频程的直线折向左下方；又从 $f = f_H$ 点开始，在高频区作一条斜率为 -20 dB/十倍频程的直线折向右下方。以上三段直线构成的折线即是放大电路的幅频特性。

③再画相频特性。在 $10f_L$ 至 $0.1f_H$ 之间的中频区，$\Phi = -180°$；当 $f < 0.1f_L$ 时，$\Phi = -90°$；当 $f > 10f_H$ 时，$\Phi = -270°$；在 $0.1f_L$ 至 $10f_L$ 之间以及 $0.1f_H$ 至 $10f_H$ 之间，相频特性分别为两条斜率为 -45°/十倍频程的直线。以上五段直线构成的折线就是放大电路的相频特性。

2. 归一化画法

波特图还可以采用另一种画法，这就是归一化画法。此时电压放大倍数 $\dot{A}_{uS}$ 表达式采

用归一化方法表示,即求下面的比值

$$\frac{\dot{A}_{uS}}{A_{uSM}} = \frac{1}{(1 - j\frac{f_L}{f})(1 + j\frac{f}{f_H})} \tag{3-12}$$

按上述的作图原理和步骤,同样可以画出归一化的幅频特性与相频特性,如图 3-14 所示。

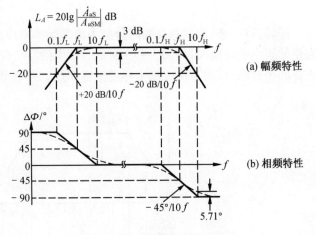

图 3-14 波特图的归一化画法

与一般画法相比较,所不同的是在第一步只需计算 f_L 及 f_H 两个要素就行了,无须计算中频电压放大倍数 A_{uSM},因为在归一化中已包含了 A_{uSM}。此时,中频段的幅频特性就是一条与横坐标(0 dB)相重合的水平线。相当于把一般画法中的中频段特性向下平移了 A_{uSM} 倍(或 $20\lg|A_{uSM}|$ dB)。

在相频特性中,纵坐标必须用附加相移 $\Delta\Phi$ 表示。所谓附加相移就是指除晶体管反相($-180°$)作用以外的相移,附加相移是由于电路中的电抗元件(例如耦合电容、旁路电容及连线电容等)引起的。此时,对应中频段的相移为 $0°$,而不是 $-180°$ 了。其他各点的相移只要在一般画法中,将总相角 Φ 中加上 $180°$ 就得到归一化的相移了。

下面通过两个例题说明波特图的具体画法。

[例 3-1] 如图 3-9(a)所示共射基本放大电路。已知三极管为 3DG8D,它的 $C_\mu = 4$ pF, $f_T = 150$ MHz, $\beta = 50$,又知 $R_S = 2$ kΩ, $R_c = 2$ kΩ, $R_b = 220$ kΩ, $R_L = 10$ kΩ, $C_1 = 0.1$ μF, $V_{CC} = 5$ V。计算静态工作电流 I_{CQ}、中频电压放大倍数、上限频率、下限频率及通频带,并画出波特图(用一般画法)。设 C_2 的容量很大,在通频带范围内可认为交流短路,静态时,$U_{BE} = 0.6$ V。

解 (1)求静态工作电流 I_{CQ}

$$I_{BQ} = \frac{V_{CC} - U_{BE}}{R_b} = \frac{5 - 0.6}{220} = 0.02 \text{ mA}$$

$$I_{CQ} = \beta I_{BQ} = 50 \times 0.02 = 1 \text{ mA}$$

(2)计算中频电压放大倍数 A_{uSM}

$$r_{b'e} = \beta \frac{26 \text{ mV}}{I_{CQ} \text{ mA}} = 50 \times \frac{26}{1} = 1\,300 \text{ Ω}$$

$$r_i = R_b // (r_{bb'} + r_{b'e}) \approx r_{bb'} + r_{b'e} = 300 + 1\,300 = 1\,600 \text{ Ω}$$

$$P = \frac{r_{b'e}}{r_{b'e} + r_{bb'}} = \frac{1\,300}{1\,600} = 0.81$$

$$R'_L = R_c // R_L = \frac{2 \times 10}{2 + 10} = 1.67 \text{ kΩ}$$

$$g_m = \frac{I_C}{26} = 38.5 \text{ mS}$$

所以

$$A_{uSM} = \frac{-r_i}{R_S + r_i} P g_m R'_L = -\frac{1.6}{2 + 1.6} \times 0.81 \times 38.5 \times 1.67 = -23.1$$

（3）计算上限频率f_H

$$C_{\pi} \approx \frac{g_m}{2\pi f_T} = \frac{38.5 \times 10^{-3}(\text{S})}{2\pi \times 150 \times 10^{6}(\text{Hz})} = 41 \times 10^{-12} \text{ F} = 41 \text{ pF}$$

$$C'_{\pi} = C_{\pi} + (1 + g_m R'_L) C_{\mu} = 41 + (1 + 38.5 \times 1.67) \times 4 = 302 \text{ pF}$$

$$R'_S = R_S /\!/ R_b \approx 2 \text{ k}\Omega$$

$$R = \frac{r_{b'e}(R'_S + r_{bb'})}{r_{b'e} + R'_S + r_{bb'}} = \frac{1.3 \times 2.3}{1.3 + 2.3} = 0.83 \text{ k}\Omega$$

所以

$$f_H = \frac{1}{2\pi R C'_{\pi}} = \frac{1}{2\pi \times 830 \times 302 \times 10^{-12}} = 6.3 \times 10^{5} \text{ Hz} = 0.63 \text{ MHz} = 630 \text{ kHz}$$

（4）计算下限频率f_L

$$f_L = \frac{1}{2\pi(R_S + r_i)C_1} = \frac{1}{2\pi(2 + 1.6) \times 10^{3} \times 0.1 \times 10^{6}} = 442 \text{ Hz} = 0.442 \text{ kHz}$$

（5）计算通频带f_{bw}

$$f_{bw} \approx f_H = 0.63 \text{ MHz}$$

（6）画波特图

①幅频特性

中频段：$L_A = 20\lg|A_{uSM}| = 20\lg 23.1 = 27.3$ dB

在幅频特性的坐标系中找到$f_L = 0.442$ kHz，$f_H = 630$ kHz 两点，在（0.442～630）kHz 频率范围内，作$L_A = 27.3$ dB 的水平线，即为中频段幅频特性。

低频段：

$$L_A = 20\lg|\dot{A}_{uSL}| = 20\lg|A_{uSM}| - 20\lg\sqrt{1 + \left(\frac{f_L}{f}\right)^2} \quad \text{dB}$$

当$f \ll f_L$时，取$f = 0.1f_L = 0.1 \times 0.442 = 0.0442$ kHz，则

$$L_A = 20\lg|A_{uSM}| - 20\lg\sqrt{1 + \left(\frac{f_L}{0.1f_L}\right)^2} \approx 27.3 - 20 = 7.3 \text{ dB}$$

当$f \gg f_L$时，取$f = 10f_L$，则

$$L_A = 20\lg|A_{uSM}| - 20\lg\sqrt{1 + \left(\frac{f_L}{10f_L}\right)^2} = 27.3 \text{ dB}$$

连接（0.442,27.3）与（0.0442,7.3）两点的直线，即为低频段幅频特性。

当$f = f_L$时，则

$$|\dot{A}_{uSL}| = \frac{|A_{uSM}|}{\sqrt{1 + \left(\frac{f_L}{f_L}\right)^2}} = \frac{|A_{uSM}|}{\sqrt{2}} = 0.707|A_{uSM}|$$

满足 f_L 的定义, f_L 是低频特性的拐点。

高频段:

$$|\dot{A}_{uSH}| = \frac{|A_{uSM}|}{\sqrt{1 + (\frac{f}{f_H})^2}}$$

$$L_A = 20\lg|A_{uSM}| - 20\lg\sqrt{1 + (\frac{f}{f_H})^2}$$

当 $f \ll f_H$ 时,取 $f = 0.1f_H$,则

$$L_A = 20\lg|A_{uSM}| - 20\lg\sqrt{1 + (\frac{0.1f_H}{f_H})^2} \approx 27.3 \text{ dB}$$

当 $f \gg f_H$ 时,取 $f = 10f_H = 10 \times 630 = 6\ 300 \text{ kHz}$,则

$$L_A = 27.3 - 20\lg\sqrt{1 + (\frac{10f_H}{f_H})^2} \approx 27.3 - 20 = 7.3 \text{ dB}$$

连接 $(630, 27.3)$ 与 $(6\ 300, 7.3)$ 两点的直线,即为高频段幅频特性。

当 $f = f_H$ 时, $|\dot{A}_{uSH}| = \dfrac{|A_{uSM}|}{\sqrt{1 + (\frac{f_H}{f_H})^2}} = \dfrac{|A_{uSM}|}{\sqrt{2}} = 0.707|A_{uSM}|$,满足 f_H 的定义, f_H 是高频

特性的拐点。

②相频特性

中频段的相移就是晶体管的反相作用,即 $-180°$。主要是画低频段与高频段的相频特性。

根据前述的作图原理,先画低频段的相频特性如下:

$$\Phi = -180° + \arctan\frac{f_L}{f}$$

左趋势:当 $f \ll f_L$ 时,取 $f = 0.1f_L$,则

$$\Phi = -180° + \arctan\frac{f_L}{0.1f_L} \approx -180° + 90° = -90°$$

右趋势:当 $f \gg f_L$ 时,取 $f = 10f_L$,则

$$\Phi = -180° + \arctan\frac{f_L}{10f_L} \approx -180°$$

特殊点:当 $f = f_L$ 时,则

$$\Phi = -180° + \arctan\frac{f_L}{f_L}$$
$$= -180° + 45° = -135°$$

将以上三个点连成直线并延长其左趋势,即为低频段的相频特性。

可见,低频段的相移比中频段超前了 $90°$。

用同样的方法可画出高频段的相频特性。结论是高频段相移比中频段滞后了 $90°$。

本例的波特图如图 3 - 15 所示。

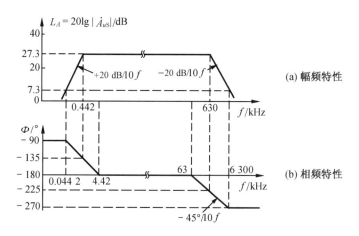

图 3 - 15 例 3 - 3 的波特图

*三、发射极旁路电容对低频响应的影响

在电流负反馈工作点稳定电路中,为了减弱发射极电阻的负反馈作用,提高交流放大倍数,要在 R_e 两端并联一个很大的电容 C_e,如图 3 - 16 所示。在频率不是太低时,只要 C_e 上的交流压降远小于信号电压,则可以认为 R_e 被 C_e 短路。所以,在计算放大倍数时,就如同发射极接地一样。

但是,倘若信号频率下降得很低,以至于 C_e 上的压降已经不能忽略时,则必须考虑 R_e、C_e 对放大倍数的影响。而且,由于 C_e 的容抗是频率的函数,这种影响也将与频率有关。

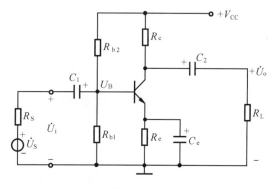

图 3 - 16 发射极接有旁路电容的放大电路

可以证明,如果暂不考虑图 3 - 16 中 C_1、C_2 的影响,则由发射极旁路电容 C_e 决定的下限频率近似为

$$f'_L = \frac{1}{2\pi R_e C_e}\left(1 + \frac{R'_e}{R'}\right) \qquad (3 - 13)$$

式中,$R'_e = (1+\beta)R_e$;$R' = r_{be} + R'_S$;$R'_S = R_{b1} /\!/ R_{b2} /\!/ R_S$。此外,如果 C_e 值选得不够大,则 f'_L 往往比输入回路的低频时间常数决定的 $f_L = \dfrac{1}{2\pi(R_S + r_i)C_1}$ 要高。在这种情况下,整个放大电路的下限频率可以认为基本上由 f'_L 来决定,这一点将通过下面的例题来说明。

[例 3 - 2] 在图 3 - 16 所示的电流负反馈工作点稳定电路中,已知 $R_S = 2$ kΩ,$R_{b1} = 2.5$ kΩ,$R_{b2} = 7.5$ kΩ,$R_c = 2$ kΩ,$R_e = 1$ kΩ,$R_L = 2$ kΩ,三极管 $\beta = 30$,$V_{CC} = 12$ V,$C_1 = C_2 = 5$ μF,$C_e = 50$ μF。试求:

(1)忽略 C_1、C_2 上交流压降时的 f'_L 值;

(2)忽略 C_e 及 C_2 上交流压降时的 f_L 的值。

解 (1)根据式

$$f'_L = \frac{1}{2\pi R_e C_e}(1 + \frac{R'_e}{R'}) = \frac{1}{2\pi R_e C_e}[1 + \frac{(1+\beta)R_e}{r_{be} + (R_S // R_{b1} // R_{b2})}]$$

$$U_B = \frac{R_{b1}}{R_{b1} + R_{b2}}V_{CC} = \frac{2.5}{2.5 + 7.5} \times 12 = 3 \text{ V}$$

$$I_E = \frac{3 - 0.7}{1} = 2.3 \text{ mA}$$

则

$$r_{be} = 300 + (1 + 30) \times \frac{26}{2.3} = 650 \text{ } \Omega$$

而

$$R_S // R_{b1} // R_{b2} = 2 // 2.5 // 7.5 = 0.97 \text{ k}\Omega$$

因此由 C_e 决定的下限频率为

$$f'_L = \frac{1}{2\pi R_e C_e}(1 + \frac{31 \times 10^3}{650 + 970}) = 3.18 \times 20.1 \approx 64 \text{ Hz}$$

(2)由 C_1 决定的下限频率 f_L 应为

$$f_L = \frac{1}{2\pi(R_S + r_i)C_1} = \frac{1}{2\pi[R_S + (R_{b1} // R_{b2} // r_{be})]C_1}$$

$$= \frac{1}{2\pi \times 2\,480 \times 5 \times 10^{-6}} = 12.8 \text{ Hz}$$

其中

$$R_S + R_{b1} // R_{b2} // r_{be} = 2 + 2.5 // 7.5 // 0.65 = 2\,480 \text{ } \Omega$$

此时 $f'_L = 5f_L$，故可认为该电路的下限频率是 64 Hz。也就是说，当电路中包含几个电容时，应分别求出各电容所决定的下限频率，再取其中最大的一个作为电路的下限频率。

四、多级放大电路的频率特性

(一)多级放大电路的幅频特性与相频特性

如前所述，多级放大电路总的电压放大倍数为各单级放大倍数的乘积，即

$$\dot{A}_u = \dot{A}_{u1} \cdot \dot{A}_{u2} \cdots \dot{A}_{un} = \prod_{k=1}^{n} \dot{A}_{uk} \qquad n = 0,1,2,\cdots$$

将上式取绝对值后再取对数，就可得到多级放大电路的对数幅频特性。

$$20\lg|\dot{A}_u| = 20\lg|\dot{A}_{u1}| + 20\lg|\dot{A}_{u2}| + \cdots + 20\lg|\dot{A}_{un}| = \sum_{k=1}^{n} 20\lg|\dot{A}_{uk}| \qquad (3-14)$$

多级放大电路的总相移为

$$\Phi = \Phi_1 + \Phi_2 + \cdots + \Phi_n = \sum_{k=1}^{n} \Phi_k \qquad (3-15)$$

以上表达式中的 $\dot{A}_{uk}$ 和 Φ_k 分别为第 k 级放大电路的放大倍数和相移。式(3-14)和式(3-15)表明，多级放大电路的对数增益等于各级对数增益之和，而相移也是等于各级相移之和。根据叠加原理，只要把各级特性曲线在同一横坐标上的纵坐标相加，就可描绘出多级放大电路的幅频特性与相频特性。

例如，已知单级放大电路幅频特性曲线和相频特性曲线如图3-17所示，若把具有同样

参数的两级放大器串接起来,只要把每级曲线的每一点的纵坐标增加一倍,就得到总的幅频特性和相频特性曲线。从曲线上可以看到,原来对应每级下限 3 dB 的频率 f_{L1} 和 f_{H1},现在比中频段要下降 6 dB。由此得出结论:多级放大电路下降 3 dB 的通频带,总比组成它的每一级的通频带要窄。

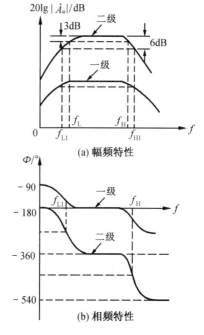

(a) 幅频特性

(b) 相频特性

图 3-17 两级放大电路幅频特性曲线与相频特性曲线的合成

(二) 多级放大电路的上限频率和下限频率

下面讨论多级放大电路的上、下限频率与单级上、下限频率的关系。

1. 上限频率 f_H

可以证明,多级放大电路的上限频率和组成它的各级上限频率之间的关系,由下面近似公式确定

$$\frac{1}{f_H} \approx 1.1 \sqrt{\frac{1}{f_{H1}^2} + \frac{1}{f_{H_2}^2} + \cdots + \frac{1}{f_{Hn}^2}} \quad (3-16)$$

式中,1.1 为修正系数。一般级数越多,误差越小。根据式(3-16)可以算出,具有同样 f_H 的两级放大电路,其总的上限频率 f_H 是单级 f_{H1} 的 0.64 倍。

2. 下限频率 f_L

计算多级放大电路的下限频率的近似公式为

$$f_L \approx 1.1 \sqrt{f_{L1}^2 + f_{L2}^2 + \cdots + f_{Ln}^2} \quad (3-17)$$

式中,1.1 也是修正系数,利用式(3-17)可以算出,当放大电路由具有同样 f_{L1} 的两级串联组成时,总的下限频率 f_L 将上升为 f_{L1} 的 1.55 倍。

[例 3-3] 一个由三级同样的放大电路组成的多级放大电路,为保证总的上限频率为 0.5 MHz,下限频率为 100 Hz,每级单独的上限频率和下限频率应当是多少?

解 (1)计算每一级的上限频率 f_{H1}

根据式(3-16),对于三级相同的放大电路,总的上限频率 f_H 和每一级的上限频率 f_{H1} 之间存在以下关系。

$$\frac{1}{f_H} = 1.1 \sqrt{3 \times \frac{1}{f_{H1}^2}}$$

则

$$f_{H1} = 1.1\sqrt{3} \cdot f_H = 1.9 \times 0.5 \approx 1 \text{ MHz}$$

(2)计算每一级的下限频率 f_{L1}

根据式(3-17),对于三级相同的放大电路,f_L 和 f_{L1} 之间有以下关系

$$f_L = 1.1 \sqrt{3 \times f_{L1}^2}$$

则

$$f_{L1} = \frac{f_L}{1.1\sqrt{3}} = \frac{100}{1.9} \approx 50 \text{ Hz}$$

可见,具有相同参数的三级放大电路的上限频率约为单级的 1/2 倍,它的下限频率约为单级的 2 倍。

当然,在实际的电路中,很少有各级参数完全相同的情况。当各级时间常数相差悬殊时,可取起主要作用的那一级作为估算的依据。例如,若其中某一级的上限频率 f_{Hk} 比其他各级小很多时,则可以近似认为总的 $f_H \approx f_{Hk}$;同理,若其中某一级的下限频率 f_{Lk} 比其他各级大很多时,可近似认为总的 $f_L \approx f_{Lk}$。

本 章 小 结

本章介绍了多级放大电路的构成、工作原理及性能计算;放大电路频率响应的概念及波特图的画法。

一、多级放大电路耦合方式

多级放大电路有三种耦合方式:直接耦合、阻容耦合及变压器耦合。它们各有优缺点。由于集成电路的发展及放大缓慢变化的信号的需要,直接耦合多级放大电路成为我们重点讨论的内容。直接耦合放大电路既能放大直流信号(变化缓慢的信号),又能放大交流信号(如正弦波);阻容耦合多级放大电路由于有隔直电容的存在,因此只能放大交流信号,不能放大直流信号。这种耦合方式在分立元件电路中经常采用,所以我们也做了重点的讨论;变压器耦合多级放大电路虽然具有阻抗变换作用等优点,但变压器体大笨重、频率特性不好、不易集成等问题,一般不常采用,属于淘汰内容。

多级放大电路的电压放大倍数为各级电压放大倍数的乘积,但在计算每一级的电压放大倍数时要考虑前后级之间的相互影响。

多级放大电路的输入电阻一般由第一级的输入电阻决定;而输出电阻一般由末级的输出电阻决定。但是,如果第一级(或末级)为共集电路,则输入电阻(或输出电阻)不仅与本级电路参数有关,还与其他级电路参数有关。

二、放大电路的电压放大倍数是频率的函数

这种函数关系就是放大电路的频率特性(或频率响应)。

从物理概念来分析,在低频段,基本放大电路的电压放大倍数下降的主要原因是隔直电容的容抗随着频率的降低而增大,使信号在电容两端的压降增加;在高频段,放大倍数下降的主要原因是由于三极管存在极间电容,另外晶体管参数 β 也随着频率的升高而减小。

我们采用混合 π 型等效电路分析放大电路的频率响应。通过分析可以得出以下结论:下限频率 f_L 与低频时间常数 $\tau_L = (R_S + r_i)C_1$ 成反比;上限频率 f_H 与高频时间常数 $\tau_H = RC'_\pi$ 成反比。

在用图形描绘放大电路的频率响应时,常采用对数坐标;同时为了简化作图,常用折线近似法,如此得到的放大电路对数频率特性被称为波特图。

分析表明,多级放大电路的通频带总是比组成它的每一级的通频带要窄。总的上限频

率 f_H、下限频率 f_L 与各级上、下限频率之间的关系由式(3-16)与式(3-17)决定。

思考题与习题

3-1　选择填空(只填 a,b,c,d)

(1)直接耦合放大电路能放大_____,阻容耦合放大电路能放大_____。(a. 直流信号,b. 交流信号,c. 交、直流信号)

(2)阻容耦合与直接耦合的多级放大电路之间的主要不同点是_____。(a. 所放大的信号不同,b. 交流通路不同,c. 直流通路不同)

(3)因为阻容耦合电路_____(a. 各级 Q 点互相独立,b. Q 点互相影响,c. 各级 A_u 互不影响,d. A_u 互相影响),所以这类电路_____(a. 温漂小,b. 能放大直流信号,c. 放大倍数稳定),但是_____(a. 温漂大,b. 不能放大直流信号,c. 放大倍数不稳定)。

3-2　如图 3-18 所示两级阻容耦合放大电路中,三极管的 β 均为 100,$r_{be1} = 5.3\ \text{k}\Omega$,$r_{be2} = 6\ \text{k}\Omega$,$R_S = 20\ \text{k}\Omega$,$R_b = 1.5\ \text{M}\Omega$,$R_{e1} = 7.5\ \text{k}\Omega$,$R_{b21} = 30\ \text{k}\Omega$,$R_{b22} = 91\ \text{k}\Omega$,$R_{e2} = 5.1\ \text{k}\Omega$,$R_{c2} = 12\ \text{k}\Omega$,$C_1 = C_3 = 10\ \mu\text{F}$,$C_2 = 30\ \mu\text{F}$,$C_e = 50\ \mu\text{F}$,$V_{CC} = 12\ \text{V}$。

(1)求 r_i 和 r_o。

(2)分别求出当 $R_L = \infty$ 和 $R_L = 3.6\ \text{k}\Omega$ 时的 A_{uS}。

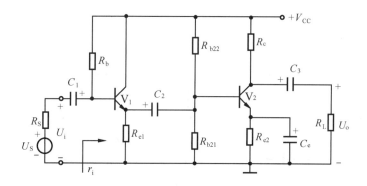

图 3-18　题 3-2 图

3-3　两级直接耦合放大电路如图 3-19 所示。已知 r_{be1}、r_{be2}、β_1、β_2。

(1)画出放大电路的交流通路及 h 参数微变等效电路。

(2)求两级放大电路的电压放大倍数 $A_u = \dfrac{U_o}{U_i}$ 的表达式,并指出 U_o 与 U_i 的相位关系。

(3)推导该电路输出电阻的表达式。

3-4　在图 3-20 所示的阻抗变换电路中,设 $\beta_1 = \beta_2 = 50$,$R_b = 100\ \text{k}\Omega$,$R_{b1} = 51\ \text{k}\Omega$,$R_{b2} = 7.5\ \text{k}\Omega$,$R_{e1} = 12\ \text{k}\Omega$,$R_{e2} = 250\ \Omega$,$V_{CC} = 5\ \text{V}$。

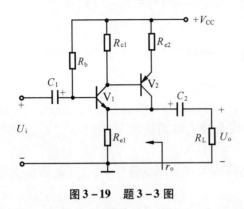

图 3-19　题 3-3 图

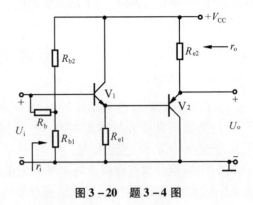

图 3-20　题 3-4 图

(1)求电路的静态工作点(输入端开路)。

(2)求电路的输入电阻 r_i 和输出电阻 r_o。

(3)求电路的中频电压放大倍数 $A_u = \dfrac{U_o}{U_i}$。

3-5　如图 3-21 两级放大电路,在工作频率范围内,C_1、C_2、C_3 的容抗均很小,可视为短路。

(1)画出直流、交流通路及 h 参数等效电路。

(2)写出表达式 $A_{u1} = \dfrac{U_{o1}}{U_i}$,$A_{u2} = \dfrac{U_o}{U_{i2}}$,$r_i$。

(3)分析 U_o 与 U_i 的相位关系(同相或反相)。

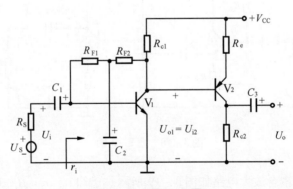

图 3-21　题 3-5 图

3-6　在图 3-22 所示的两级差放电路中,已知 $\beta_1 = \beta_2 = 80$,$\beta_3 = \beta_4 = 50$,$U_{BE1} = U_{BE2} = 0.7\ V$,$U_{BE3} = U_{BE4} = -0.2\ V$,试求电路的静态工作点及差模电压放大倍数。

3-7　电路如图 3-23 所示。已知 $\beta_1 = \beta_2 = 50$,$\beta_3 = 80$,$U_{BE1} = U_{BE2} = 0.7\ V$,$U_{BE3} = -0.2\ V$,且当 $U_S = 0$ 时,$U_o = 0$。试求:

(1)各级静态工作点(各管的 I_B 均可忽略);

(2)满足 $U_S = 0$ 时 $U_o = 0$ 的 R_{e2} 值。

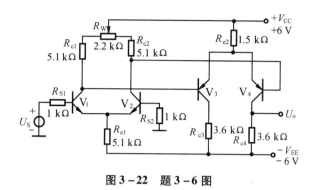

图 3-22　题 3-6 图

图 3-23　题 3-7 图

3-8　选择合适的答案填空

（1）电路的频率响应是指对于不同频率的输入信号放大倍数的变化情况。高频时放大倍数下降，主要原因是_____的影响。（a. 耦合电容和旁路电容，b. 晶体管的非线性特性，c. 晶体管的极间电容和分布电容）

（2）当输入信号频率为 f_L 和 f_H 时，放大倍数的幅值约下降为中频时的_____（0.5、0.7、0.9），或者说是下降了（3 dB、5 dB、7 dB）。此时与中频时相比，放大倍数的附加相移约为_____（45°，90°，180°）。

（3）多级放大电路与单级放大电路相比，频带_____（变窄，变宽，差不多）；高频时附加相移_____（变大，变小，基本不变）。

3-9　回答下列问题

（1）一个放大电路的对数电压增益为 60 dB，相当于把电压信号放大了多少倍？

（2）一个放大电路的电压放大倍数为 2 000，问以分贝表示时是多少？

（3）某放大电路由三级组成，已知每级电压放大倍数为 15 dB，问总的电压放大倍数为多少分贝？相当于把信号放大了多少倍？

3-10　放大电路如图 3-24 所示。已知三极管的 $\beta = 50$，$V_{CC} = 12$ V，$C_1 = 3$ μF，$C_2 = 1$ μF，$R_S = 50$ Ω，$R_{b1} = 20$ kΩ，$R_{b2} = 80$ kΩ，$R_e = 1$ kΩ，$R_c = 2.5$ kΩ，$R_L = 7.5$ kΩ，试计算由 C_1 决定的下限频率 $f_L = ?$ 画出低频段的波特图。

3-11　共射电路如图 3-25 所示。已知三极管的 $r_{bb'} = 100$ Ω，$r_{b'e} = 900$ Ω，$g_m =$

$0.04\text{ S},C'_\pi=500\text{ pF}$。

(1)试计算中频电压放大倍数 A_{uS}。

(2)试计算电路的上、下限频率 f_H 及 f_L。

(3)用归一化画法画出波特图。

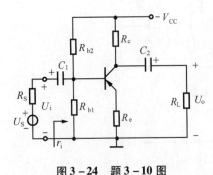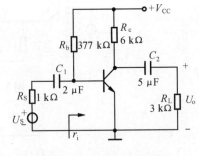

图 3 - 24　题 3 - 10 图　　　　　　图 3 - 25　题 3 - 11 图

3 - 12　某放大电路的对数幅频特性如图 3 - 26 所示,试求:

(1)中频电压放大倍数 A_{uM} 为多少分贝? 折合多少倍数?

(2)下限频率 $f_L=$?

(3)上限频率 $f_H=$?

(4)通频带 $f_{bw}=$?

(5)画出相应的相频特性,并标出斜率。

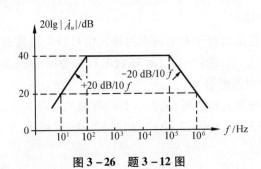

图 3 - 26　题 3 - 12 图

3 - 13　判断下面的说法是否正确。

(1)有甲、乙两个放大器,在不加输入信号的情况下,测出甲输出端的零点漂移电压为 0.5 V,乙输出端的零点漂移电压为 1.2 V。显然,甲的零点漂移小于乙,所以,甲的质量好于乙。(　　)

(2)甲、乙两个放大器,它们具有相同的电压放大倍数,并处于同样的环境温度下,当不加输入信号时,在它们的输出端分别测量电压,其结果是:甲的输出电压为 0.3 V,乙的输出电压为 2 V。显然,甲的零点漂移小于乙,所以甲的质量好于乙。(　　)

第四章

集成运算放大器

集成电路是 20 世纪 60 年代初期发展起来的一种新型电子器件。它采用硅平面制造工艺,将二极管、三极管、电阻、电容等元器件以及它们之间的连线同时制造在一小块半导体基片上,构成具有特定功能的电子电路,称为集成电路。与分立元件组成的电子电路相比,集成电路具有体积小、质量轻、功能更强、元件参数的一致性好等优点,由于集成电路在设计和制造上实现了元件、材料和电路的统一,大大减少了焊接点和连线,因而使集成电路有很高的可靠性。随着集成电路制造技术日新月异地发展,使电子设备更新换代加快,可靠性和性能价格比大大提高,并加速了仪器设备的小型化。

集成电路按制造工艺的不同,可分为单片集成电路(将二极管、三极管和电阻及其连线制作在同一基片上构成特定功能的电路)和混合集成电路(在单片集成电路基础上再制造电容器等其他电路元件)。按其功能可分为数字集成电路和模拟集成电路,数字集成电路是产生和处理数字信号(在时间上和数值上均为离散量的信号)的电路,除此之外的集成电路统称为模拟集成电路;而模拟集成电路又可分为集成运算放大器、集成功率放大器、集成电压比较器、集成乘法器、集成稳压电源、集成振荡器等不同类型。按构成集成电路的有源器件可分为由晶体管组成的双极型和由场效应管组成的单极型等。模拟集成电路用来产生、放大、加工各种模拟信号(在时间上和数值上均为连续性的信号)或者进行模 – 数转换。

集成运算放大器(简称集成运放或运放)是模拟集成电路中应用最广泛的一种,在以后的几章中均有应用。运放又称线性集成电路,是指管子均工作在线性区。

本章首先介绍有关集成运放的特点、符号、分类及技术指标等概况;剖析一个产品,使读者对集成运放有个完整的了解;着重介绍运放工作在线性与非线性状态下的两条结论、理想运放的特点以及三种基本输入方式。

第一节　集成运算放大器简介

一、集成运算放大器发展史

自从 20 世纪 60 年代集成电路诞生以来,经历了以下几个发展阶段:小规模集成电路,即在一块半导体芯片(常见的芯片是面积约为几平方毫米,厚约 0.2 mm 的半导体硅片)上,集成的晶体管和元件数目小于 100;中规模集成电路,集成的元件数在 100 至 1 000 之间;大规模集成电路,集成的元件数目在 10^3 至 10^5 之间;超大规模集成电路,集成的元件数目大于 10^5,出现了不少新技术,使集成电路的集成度和各种性能也有了很大提高。

集成运放是具有高增益、输入电阻高、输出电阻低、集成化了的多级直接耦合放大器。在发展初期,它主要用于模拟计算机的加、减、乘、除、积分、微分等数学运算电路中,故将"运算放大器"的名称保留至今。近年来应用范围越来越广泛,除运算功能之外,还可组成各种比较器、振荡器、有源滤波器和采样保持器等。几乎在所有的电子技术领域中都有应用,例如自动控制、自动测量、无线电技术,等等。

早期的运算放大器由电子管组成,以后逐步被晶体管分立元件所取代。自 20 世纪 60 年代初,第一个集成运放出现以来,通用型集成运放至 1973 年已发展到第四代,还研制出低功耗型、高精度、高输入阻抗等几十个品种系列,广泛应用于信号处理、测试、自动控制等许多领域。

随着集成运放的性能指标、集成工艺水平的不断提高,目前已达到相当高的水平。例如,超高速运放 AD9610 的转换速率 $S_R \geqslant 3\,500\ \text{V}/\mu\text{s}$。LT1028 在带宽 0.1 ~ 10 Hz 内的等效输入噪声电压低到 $e_n \leqslant 35\ nV_{P-P}$ 等。

集成运放按功能不同可分为:高精度、高速度、高压、高输入阻抗、大功率、低噪声、低漂移、低功耗等。

二、集成电路的特点

集成放大电路和分立元件电路不同,从其成本与面积成正比的角度看,由于晶体管体积可以做得比无源的电阻或电容更小,因而价格也更便宜,故可以把原先用无源元件组成的电路设计,用晶体管或二极管来代替,会更为经济。

与分立元件组成的放大器相比,集成放大器具有以下特点。

1. 各元件参数的对称性好,温度的均一性好

这是因为所有元件置于同一硅芯片上,相距很近,同时又是通过相同工艺过程制造出来的,所以对称性好,温度的均一性也好。因此,对要求对称性高的差动放大器的制造非常合适。

2. 不宜制造阻值过大的电阻,一般在几十欧到几十千欧

由于电阻是硅半导体的体电阻,所以其阻值不能作得太大或太小。同时,阻值的精度也难以控制,误差可达 10% ~ 20%。对于高阻值多用三极管等有源器件来代替或用外接件实现。不宜制作大电阻的另一个原因是阻值越大,在芯片上占的面积也越大,不利于高度集成化。

3. 不宜制作大电容,造电感更困难

由于受生产工艺水平所限,只能制作容值在 0.1 pF 至 50 pF 的小电容,或用 PN 结电容代替。制作电感尚未研制出来。所以集成放大器都是采用直接耦合放大器。

4. 二极管多由集电极与基极短接的三极管构成

一般不单独制造二极管,这样可减少管子的种类,其温度特性与三极管 U_{BE} 的温度特性基本相同。作补偿元件时,对三极管发射结的温漂有较好的温度补偿作用。

5. 电源电压低

这是为了减小功耗,便于安全工作。

6. 制造 NPN 管容易,制造 PNP 管困难

由于受工艺上的限制,只能制作横向的 PNP 管,其 $\beta < 10$,但击穿电压 $U_{(BR)CEO}$ 可高达几十伏。

三、集成运放的引脚和符号

集成运放在芯片制作完成后,要引出
多个引脚,加上外壳封装,构成完整的产
品。集成运放的外形有双列直插塑料封
装,或类似晶体管的金属圆壳封装等不同
形式,如图4-1所示。

集成运放有多个引出端:两个输入端,
即反相输入端和同相输入端;一个输出端;
一至两个电源端;接调零电位器和消振电

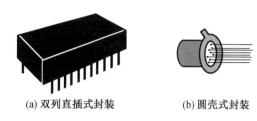

(a) 双列直插式封装　　(b) 圆壳式封装

图4-1　集成运放的外形图

路的引出端等。值得注意的是,运放在实际应用时,必须按要求接好电源,如果需要,还应接
入调整、消振和保护电路等外接元件,才能保证其正常工作。对于不同型号的运放,引脚的
数目和作用不完全相同,图4-2所示为两种常用运放的外部接线图。

为了分析方便,在电路图中采用图4-3所示符号表示运放,它省略了内部电路和外接
元件,只画出两个输入端和一个输出端。反相输入端的负号"-"表示输出信号与该端输入
信号反相位,同相输入端的正号"+"表示输出信号与该端输入信号同相位。符号"∞"表示
理想运放的开环电压放大倍数为无穷大,符号"A"表示实际运放的开环电压放大倍数为有
限值。图中的 I_i 为运放的输入电流。

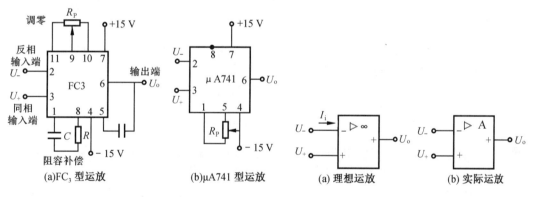

(a)FC₃型运放　　　　(b)μA741型运放　　　(a) 理想运放　　　　　(b) 实际运放

图4-2　集成运放的外部连接图　　　　　**图4-3　运放的电路符号**

第二节　通用型集成运算放大器

本节介绍一种通用型集成运放741作为模拟集成电路的典型例子。

一、组成方框图

通常,集成运放有四个基本组成部分,如图4-4所示。输入级的主要作用是抑制电路
的零点漂移。要求输入级的失调电压、失调电流小,共模抑制比要大。此外,还要求输入级

具有较高的输入电阻和一定的增益。输入级一般采用改进的差动放大电路。

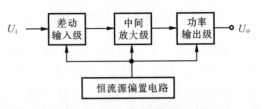

图 4-4　集成运放结构方块图

中间级的作用是放大信号。要求有尽可能高的电压增益。中间级一般采用直接耦合共射放大电路或差动放大电路。

输出级直接与负载相连,需要带动负载做功,所以要求输出级必须提供足够大的功率,而且输出电阻要小,以便提高其带负载的能力。由于输出管是大功率管,通过的电流较大,容易烧坏功率管,为了安全工作,还要对输出级设置过载保护电路,用以保护功率管安全可靠地工作。输出级多采用直接耦合功率放大电路,例如 OCL 功放或准 OCL 功放。

偏置电路要为各级提供合适的静态工作电流,并要求所提供的电流要稳定。为此,偏置电路均为各种形式的电流源电路。

二、工作原理

图 4-5(a)是集成运放 741 的原理电路。下面介绍它各部分的工作情况。

(一)偏置电路

741 型集成运放由 24 个双极型管、10 个电阻和一个电容所组成。在体积小的条件下,为了降低功耗以限制温升,必须减小各级的静态工作电流,故采用微电流源电路。

741 的偏置电路如图 4-5(a)所示,图中由 $+V_{CC} \to V_{12} \to R_5 \to V_{11} \to V_{EE}$ 构成主偏置电路,决定偏置电路的基准电流 I_R。主偏置电路中的 V_{11} 和 V_{10} 组成微电流源电路($I_R \approx I_{C11}$),由 I_{C10} 供给输入级中 V_3、V_4 的偏置电流。I_{C10} 远小于 I_R。

V_8 和 V_9 为一对横向 PNP 型管,它们组成镜像电流源,$I_{E8} = I_{E9}$,供给输入级 V_1、V_2 的工作电流($I_{E8} \approx I_{C10}$),这里 I_{E9} 为 I_{E8} 的基准电流。于是 $I_{C1} = I_{C2} = (1 + \dfrac{2}{\beta})\dfrac{I_{C8}}{2}$,$I_{C1} \approx I_{C3} = I_{C4} = I_{C5} = I_{C6}$。必须指出,输入级的偏置电路本身构成反馈环,可减小零点漂移。例如,当温度升高时,引进 I_{C3}、I_{C4} 的增加,则产生如下的自动调整过程:

$$T(℃) \uparrow \longrightarrow (I_{C3} + I_{C4}) \uparrow \longrightarrow I_{E8} \uparrow \longrightarrow I_{E9} \uparrow \longrightarrow I_{C9} \uparrow$$
$$(I_{C3} + I_{C4}) \downarrow \xleftarrow{(\because I_{C9} + I_{3,4} = I_{C10} \approx 常数)} I_{3,4} \downarrow \xleftarrow{}$$

由此可见,由于 I_{C10} 恒定,上述反馈过程保证了 I_{C3} 和 I_{C4} 十分恒定,从而起到了稳定工作点的作用,提高了整个电路的共模抑制比。

V_{12} 和 V_{13} 构成双端输出的镜像电流源,V_{13} 是一个双集电极的横向 PNP 型管,可视为两个双极型管,它们的两个基-集结彼此并联。一路集电极输出给 B 点,主要作为中间放大级的有源负载;另一路集电极输出给 A 点,供给输出级的偏置电流,使 V_{14}、V_{20} 工作在甲乙类放大状态。

(二)输入级

图 4-5(b)是 741 的简化电路,只是将图 4-5(a)中的产生恒定电流的电路都用恒流

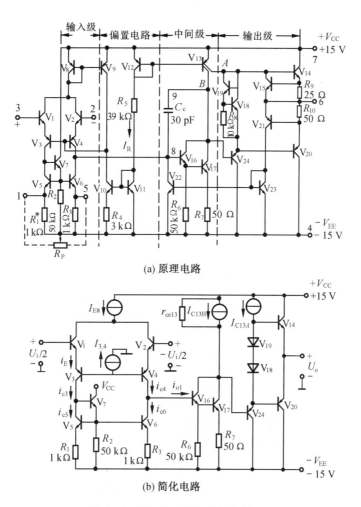

(a) 原理电路

(b) 简化电路

图 4－5　741 型集成运算放大器

源代替。输入级是由 $V_1 \sim V_6$ 组成的差动放大电路,由 V_6 的集电极输出,V_1、V_3 和 V_2、V_4 组成共集－共基复合差动电路。纵向 NPN 管 V_1、V_2 组成共集电路可以提高输入阻抗,而横向 PNP 管 V_3、V_4 组成的共基电路和 V_5、V_6、V_7 组成的有源负载,有利于提高输入级的电压增益、最大差模输入电压并扩大共模输入电压范围,同时可以改善频率响应。另外,有源负载比较对称,有利于提高输入级的共模抑制比。V_7 用来构成 V_5、V_6 的偏置电路。在这一级中,V_7 的 β_7 比较大,I_{B7} 很小,因此 $I_{C3} = I_{C5}$。这就是说,无论有无差模信号输入,总有 $I_{C3} = I_{C5} = I_{C6}$ 的关系。

当输入信号 $u_i = 0$ 时,差动输入级处于平衡状态,由于 V_{16}、V_{17} 组成的复合管的等效 β 值很大,因而 I_{B16} 可以忽略不计,这时 $I_{C3} = I_{C4} = I_{C5} = I_{C6}$,输出电流 $i_{o1} = 0$。

当接入信号 u_i 并使同相输入端为正极性,反相输入端为负极性时,则有

$$i_{C6} = i_{C5} = i_{C3} = I_{C3} + i_{c3}$$

$$i_{C4} = I_{C4} - i_{c4}$$

而

$$i_{C3} = -i_{C4} = i_C$$

所以,输出电流 $i_{o1} = i_{C4} - i_{C6} = (I_{C4} - i_{c4}) - (I_{C6} + i_{c6}) = -2i_C$,这就是说,差动输入级的输出电流为两边输出电流变化量的总和,使单端输出的电压增益提高到近似等于双端输出的电压增益。

当输入为共模信号时,i_{C3} 和 i_{C4} 相等,$i_{o1} = 0$,从而使共模抑制比大为提高。

(三) 中间级

这一级由 V_{16}、V_{17} 组成复合管共射放大电路,集电极负载为 V_{13B} 所组成的有源负载,其交流电阻很大,故本级可以获得很高的电压增益,同时也具有较高的输入电阻。

(四) 输出级

本级是由 V_{14} 和 V_{20} 组成的互补对称电路。为了使电路工作在甲乙类放大状态,利用 V_{18} 管的集极和射极两端电压 U_{CE18} 接于 V_{14} 和 V_{20} 两管基极之间,如图 4-5(a) 所示,给 V_{14}、V_{20} 提供一起始偏压,同时利用 V_{19} 管(接成二极管)的 U_{BE19} 连于 V_{18} 管的基极和集电极之间,形成负反馈偏置电路,从而使 U_{CE18} 的值比较恒定。这个偏置电路 V_{13A} 组成的电流源供给恒定的工作电流,V_{24} 管接成共集电路以减小对中间级的负载影响。

为了防止输入级信号过大或输出短路而造成的损坏,电路内备有过流保护元件。当正向输出电流过大,流过 V_{14} 和 R_9 的电流增大,将使 R_9 两端的压降增大到足以使 V_{15} 管由截止状态进入导通状态,U_{CE15} 下降,从而限制了 V_{14} 的电流。在负向输出电流过大时,流过 V_{20} 和 R_{10} 的电流增加,将使 R_{10} 两端电压增大到使 V_{21} 由截止状态进入导通状态,同时 V_{23} 和 V_{22} 均导通,降低了 V_{16} 及 V_{17} 的基极电压,使 V_{17} 的 U_{C17} 和 V_{24} 的 U_{E24} 上升,使 V_{20} 趋于截止,因而限制了 V_{20} 的电流,达到保护的目的。

整个电路要求当输入信号为零时输出也应为零,这在电路设计方面已做了考虑。同时,在电路的输入级中,V_5、V_6 管发射极两端可接一电位器 R_P,中间滑动触头接 $-V_{EE}$,从而改变 V_5、V_6 的发射极电阻,以保证静态时输出为零。

第三节　集成运放的主要参数

为了正确地选用集成运放,必须注意它的参数及其含义。表征集成运放性能与质量的参数很多,现只把一些主要的参数介绍如下。

一、输入失调电压 U_{IO}

一个理想的集成运放,当输入电压为零时,输出电压也应为零(不加调零装置)。但实际上它的差动输入级很难做到完全对称,通常在输入电压为零时,存在一定的输出电压。在室温(25 ℃)及标准电源电压下,输入电压为零时,为了使集成运放输出电压为零,在输入端加的补偿电压称作失调电压 U_{IO}。实际上指输入电压 $U_I = 0$ 时,输出电压 U_O 折合到输入端的电压的负值,即 $U_{IO} = -(U_O |_{U_I=0})/A_{uO}$。$U_{IO}$ 的大小反映了运放制造中电路的对称程度和电位配合情况。U_{IO} 值越大,说明电路的对称程度越差,一般约为 $\pm(1 \sim 10)$ mV。

二、输入偏置电流 I_{IB}

BJT 集成运放的两个输入端是差动对管的基极,因此两个输入端总需要一定的输入电流 I_{BN} 和 I_{BP}。输入偏置电流是指集成运放输出电压为零时,两个输入端静态电流的平均值,如图 4 – 6 所示。$U_0 = 0$ 时,偏置电流为

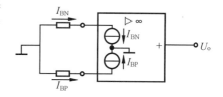

图 4 – 6　输入偏置电流

$$I_{IB} = (I_{BN} + I_{BP}) \cdot \frac{1}{2} \qquad (4-1)$$

输入偏置电流的大小,在电路外接电阻确定之后,主要取决于运放差动输入级 BJT 的性能,当它的 β 值太小时,将引起偏置电流的增加。从使用角度来看,偏置电流越小,由于信号源内阻变化引起的输出电压变化也越小,故它是重要的技术指标。一般为 10 nA ~ 1 μA。

三、输入失调电流 I_{IO}

在 BJT 集成运放中,输入失调电流 I_{IO} 是指当输出电压为零时流入放大器两输入端的静态基极电流之差,即

$$I_{IO} = \left| I_{BP} - I_{BN} \right| \qquad (4-2)$$

由于信号源内阻的存在,I_{IO} 会引起一个输入电压,破坏放大器的平衡,使放大器输出电压不为零。所以,希望 I_{IO} 越小越好,它反映了输入级差动对管的不对称程度。一般约为 1 nA ~ 0.1 μA。

四、温度漂移

放大器的温度漂移是漂移的主要来源,而它又是由输入失调电压和输入失调电流随温度的漂移所引起的,故常用下面方式表示。

1. 输入失调电压温漂 $\Delta U_{IO}/\Delta T$

这是指在规定温度范围内 U_{IO} 的温度系数,也是衡量电路温漂的重要指标。$\Delta U_{IO}/\Delta T$ 不能用外接调零装置的办法来补偿。高质量的放大器常选用低漂移的器件来组成。一般为 $\pm(10 \sim 20)$ μV/℃。

2. 输入失调电流温漂 $\Delta I_{IO}/\Delta T$

这是指在规定温度范围内 I_{IO} 的温度系数,也是对放大电路电流漂移的量度。同样不能用外接调零装置来补偿。高质量的运放每度几个 pA。

五、最大差模输入电压 U_{idmax}

所指的是集成运放的反相和同相输入端所能承受的最大电压值。超过这个电压值,运放输入级某一侧的 BJT 将出现发射结的反向击穿,而使运放的性能显著恶化,甚至可能造成永久性损坏。利用平面工艺制成的 NPN 管为 ±5 V 左右,而横向 BJT 可达 ±30 V 以上。

六、最大共模输入电压 U_{icmax}

这是指运放所能承受的最大共模输入电压。超过 U_{icmax} 值，它的共模抑制比将显著下降。一般指运放在作电压跟随器时，使输出电压产生 1% 跟随误差的共模输入电压幅值。高质量的运放可达 ±13 V。

七、最大输出电流 I_{omax}

是指运放所能输出的正向或负向的峰值电流。通常给出输出端短路的电流。

八、开环差模电压增益 A_{od}

是指集成运放工作在线性区，接入规定的负载，无负反馈情况下的直流差模电压增益。A_{od} 与输出电压 U_o 的大小有关。通常是在规定的输出电压幅度（如 $U_O = ±10$ V）测得的值。A_{od} 又是频率的函数，频率高于某一数值后，A_{od} 的数值开始下降。图 4-7 表示 741 型运放 A_{od} 的频率响应。

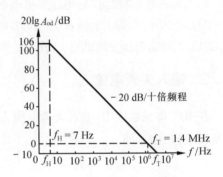

图 4-7　741 型运放 A_{od} 的频率响应

九、开环带宽 f_{bw}

开环带宽 f_{bw} 又称为 -3 dB 带宽，是指开环差模电压增益下降 3 dB 时对应的频率 f_H。741 型集成运放的频率响应 $A_{od}(f)$ 如图 4-7 所示。由于电路中补偿电容 C 的作用，它的 f_H 约为 7 Hz。

十、单位增益带宽 f_{bwG}

对应于开环电压增益 A_{od} 频率响应曲线上其增益下降到 $A_{od} = 1$ 时的频率，即 A_{od} 为 0 dB 时的信号频率 f_T。它是集成运放的重要参数。741 型运放的 $A_{od} = 2 \times 10^5$ 时，它的 $f_T = A_{od} \cdot f_H = (2 \times 10^5 \times 7)$ Hz = 1.4 MHz。

十一、差模输入电阻 r_{id}

r_{id} 是指在差模输入时的输入电阻。其值越大对信号源的影响越小，所以越大越好。

十二、共模抑制比 K_{CMR}

运放共模抑制比的定义与差放的共模抑制比相同，是指差模电压放大倍数 A_d 绝对值与共模电压放大倍数 A_c 绝对值之比。K_{CMR} 反映运放对共模信号的抑制能力，越大越好。不同功能运放的 K_{CMR} 不同，有的在 60~70 dB，有的高达 180 dB。

集成运放在近几年得到非常迅速的发展。除了具有高电压增益的通用型外，还有性能更优良和具有特殊功能的集成运放，可分为高输入阻抗、低漂移、高精度、高速、宽带、低功耗、高压、大功率和程控型等专用型集成运放，表 4-1 列举了典型集成运放的主要参数。

表 4 – 1　典型集成运放参数表[1]

型号	总电源电压 $V_{CC}(V_{EE})$ min /V	max /V	电源电流 I_{oc}[2] /mA	最大输出电压 U_{omax} /V	最大差模输入电压 U_{idmax} /V	最大共模输入电压 U_{icmax} /V	最大输出电流 I_{omax} /mA	输入电阻 r_{id} /kΩ	输出电阻 r_o /Ω	开环差模电压增益 A_{od} min /dB	A_{od} TYP /dB	共模抑制比 K_{CMR} min /dB	K_{CMR} TYP /dB	电源电压抑制比[3] K_{SVR} min /dB	K_{SVR} TYP /dB
741C	10	36	2.8		±30	±12		1 000	200	86	106	≥70	90	76	90
OP–27	8	44		±3 ~ ±40						110	120		<126	100	110
OP–07A	6	44	4		30					110	114	110	126		
LF356	±15			±13	±30	+15, −12		10^9			106		100		
LFT356	10	44	7		30					50	200	95		1 ~ 8	
μA253	±3	±18		±13.5	±30	±15		6×10^3		90	110		100		
μA715	±15			±13		±12		10^3	75		90		≤92	50	60
LH0032	10	36	22							1	2.5	50	60		
HA2645	20	80	4.5		37					100	200	74	10	74	90
LH0021	+12 −10			±12 V I_o <1.2 A				10^3			106		90		
ICL7650	±3	±18						10^8		120	143		120		
LM146	±15							10^3			120		100		
CA3080	±15							26	15×10^6	$g_m = 9\,600\ \mu S$				110	
AD522	±10	±36						10^9	70 ~ 100	0 ~ 60					

表 4-1(续)

型号	输入失调电压 U_{IO} mV		失调电压温漂 $\Delta U_{IO}/\Delta T$ mV/℃		输入失调电流 I_{IO} nA		偏置电流 I_{IB} nA	转换速率 S_R V/μs	开环带宽 f_{bw} Hz	单位增益带宽 f_{bwG} MHz	噪声电压 U_n nV/$\sqrt{\text{Hz}}$	功耗 P_{CO} mW	备注
	TYP	max	TYP	max	TYP	max							
741C	2	6	20		20	200		0.3～0.5	7	1.2	76～90	<120	通用
OP-27	≤0.03		0.2		≤12			2.8		9	3	≤140	高精度
OP-07A	0.01	0.025	0.2	0.6	0.3	2	<2	0.17		0.6			高精度
LF356	3		5		3			12		5	15	<500	高输入电阻
LFT356		0.5	3	5	0.003	0.02	0.07	12		4.5			低偏置
μA253	1～8		3		3×10^{-3}				7			≤0.6	低功耗
μA715	≤5				≤250			<100		65		165	高速
LH0032	5	15	25		0.01	0.05	0.025	500		70			FET高速
HA2645	2	6	15		12	30	15　30	5		4			高压
LH0021			3									75	大功率
ICL7650	0.7×10^{-3}		0.01		6.5×10^{-3}			2.5		8	2×10^3	2×10^3	斩波稳零
LM146	0.5				2			0.4		1.2	28		程控
CA3080	0.4		2		0.14×10^{-3}			50～70				40	互导
AD522			6		20			10		0.04～2			仅用放大器

① 实用电子电路手册《模拟电路分册》编写组,实用电子电路手册《模拟电路分册》,北京,高等教育出版社,1991.10。

② I_{CC}：表示在规定电源电压,不接输入信号和负载的情况下,流过正、负电源的电流。

③ K_{SVR}(电源电压抑制比)＝$\Delta U_{IO}/\Delta(V_{CC}+V_{EE})$,式中 ΔU_{IO} 表示由于电源电压变化引起的输出电压变化 ΔU_o 折算到输入端的输入失调电压。

第四节　集成运放使用中的一些实际问题

一、集成运放的选择

前面介绍了许多种集成运放,在工作中究竟应该选哪一种好呢?

总的来说,应该根据系统对电路的要求来确定集成运放的类型。除了特殊情况下要选用低漂移、低功耗、高压、高速、大功率等集成电路外,一般应该选择通用型,因为它们既容易得到,售价也比较低。

必须指出,并不是愈选高档的型号质量就愈好。因为有一些指标是互相矛盾而又互相制约的。例如需要高速,就要求有一定的电流,这一点将和低功耗有矛盾;又如当信号源内阻很大时,失调电流和基极输入电流的指标就比失调电压的指标更为重要。此外,还要注意手册中给出的指标所附加的条件,例如,U_{IO}、I_{IO} 和 I_{IB} 等指标是在共模电压为零时测出的,当共模电压较大时,有些指标将显著下降。从另一个方面来看,如果耐心挑选,也可能从低档型号中,挑出具有某一两项高档参数的集成运放组件。所以必须从实际需要出发进行选择。

可靠性是另一个需要注意的问题。如果工作时经常有冲击电压或电流,则应该选择具有过载保护型的。在容量方面留有余地,并经过现场工作条件的考验。

二、集成运放使用时的保护措施

集成运放在使用时首先合理地选择运放型号。不仅如此,为了安全可靠地工作,还需加保护电路。下面介绍几种保护电路。

(一)输入保护电路

运放的输入级会因为输入幅度过大的差模或共模信号而损坏。为了保护输入级,可采用二极管限幅电路,如图 4-8 所示。在图(a)中,V_1、V_2 构成双向保护电路。正常工作时,V_1、V_2 不导通。当 U_i 正半周超过 V_1 的开启电压时,V_1 正向导通,将信号 U_i 短路,加不到运放上,从而使运放输入级受到保护;反之,当 U_i 负

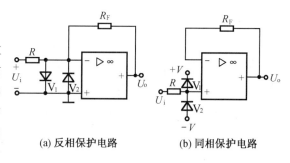

(a) 反相保护电路　　(b) 同相保护电路

图 4-8　输入保护电路

半周幅值超过 V_2 管的开启电压时,V_2 同样将 U_i 的负半周短路,加不到运放上使其受到保护,从而实现了双向保护。在图(b)中,当 U_i 正半周幅值超过允许值时,将 V_1 打通,信号 U_i 经 R、V_1 向 $+V$ 处流去,加不到运放上,从而使运放受到保护;当 U_i 负半周过大时,V_2 导通,使运放受到双向保护。

(二)输出保护电路

为了防止输出端过流或对地短路而损坏输出级,采用通过限制电源电流来限制输出电

流的方法,如图 4 – 9(a)所示。图中,当 V_1、V_2、V_3、V_4 工作在放大区时,V_1 与 V_2、V_3 与 V_4 组成镜像电流源。V_2、V_4 提供了较大的基准电流 I_R 和较大的基极电流 I_B。而电路正常工作时,V_1、V_2 中的电流 $I_C < \beta I_B$,因此,V_1、V_3 此时工作在饱和区,对应图 4 – 9(b)中的 A 点,U_{CES} 很小。于是,电源 $+V$、$-V$ 相当于直接接入运放。当输出电流增大时,促使电源电流 I_C 也增大,当 $I_C = I_R$ 时,V_1、V_2、V_3、V_4 进入放大区,处于电流源工作状态,I_C 将恒定不变,从而限制了输出电流的进一步增大。

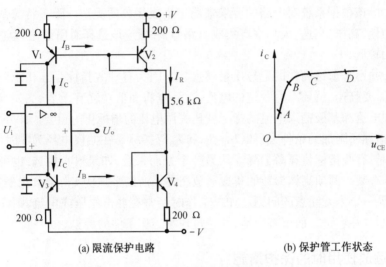

(a) 限流保护电路　　　　　　　　　(b) 保护管工作状态

图 4 – 9　限流保护电路

　　为了防止输出端误接到过高的外部电压而损坏输出级,采用在输出端接入由稳压管组成的限幅器,如图 4 – 10 所示。

(三) 电源保护

　　为防止因电源极性接反而造成运放损坏,可采用在电源连线中接入二极管的方法,如图 4 – 11 所示。当 $+V_{CC}$ 处误接到 $-V_{CC}$ 上时,V_1 管处于反偏置而截止,将运放与负电源隔离开,使运放受到保护;同理,当 $-V_{CC}$ 误接到 $+V_{CC}$ 上时,V_2 管将运放与 $+V_{CC}$ 隔开使运放受到保护。

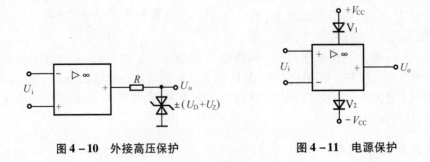

图 4 – 10　外接高压保护　　　　　　　図 4 – 11　电源保护

三、半导体集成电路型号命名方法(GB 3430—89)

本标准适用于按半导体集成电路系列和品种的国家标准所生产的半导体集成电路(简称器件)。

(一)型号的组成

半导体集成电路的型号由五个部分组成,五个组成部分的符号及意义如表4-2所示。

表4-2　型号的组成

第0部分		第一部分		第二部分	第三部分		第四部分	
用字母表示器件符合国家标准		用字母表示器件的类型		用阿拉伯数字和字符表示器件的系列和品种代号	用字母表示器件的工作温度范围		用字母表示器件的封装	
符号	意义	符号	意义		符号	意义	符号	意义
C	符合国家标准	T	TTL 电路		C	$0 \sim 70\ ℃$	F	多层陶瓷扁平
		H	HTL 电路		G	$-25 \sim 70\ ℃$	B	塑料扁平
		E	ECL 电路		L	$-25 \sim 85\ ℃$	H	黑瓷扁平
		C	CMOS 电路		E	$-40 \sim 85\ ℃$	D	多层陶瓷双列直插
		M	存储器		R	$-55 \sim 85\ ℃$	J	黑瓷双列直插
		μ	微型机电路		M	$-55 \sim 125\ ℃$	P	塑料双列直插
		F	线性放大器				S	塑料单列直插
		W	稳压器				K	金属菱形
		B	非线性电路				T	金属圆形
		J	接口电路				C	陶瓷片状载体
		AD	A/D 转换器				E	塑料片状载体
		DA	D/A 转换器				G	网格阵列
		D	音响、电视电路					
		SC	通讯专用电路					
		SS	敏感电路					
		SW	钟表电路					

(二)示例

例1 肖特基 TTL 双 4 输入与非门。

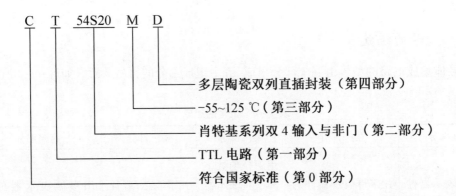

例2 4 000 系列 CMOS 四双向开关。

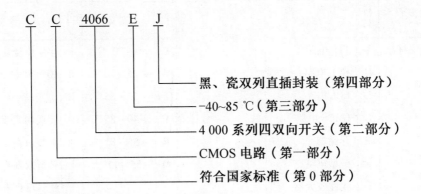

例3 通用型运算放大器。

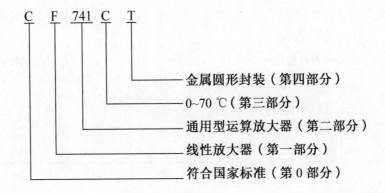

第五节 理想运放及三种基本输入方式

一、理想运放模型

满足以下理想化条件的运放称为理想运放:

1. 开环差模电压放大倍数 $A_{od} = \infty$;

2. 差模输入电阻 $r_{id} = \infty$;

3. 输出电阻 $r_o = 0$;

4. 输入失调电压 $U_{IO} = 0$;

5. 输入失调电压的温漂 $\dfrac{\mathrm{d}U_{IO}}{\mathrm{d}T} = 0$;

6. 输入失调电流 $I_{IO} = 0$;

7. 输入失调电流的温漂 $\dfrac{\mathrm{d}I_{IO}}{\mathrm{d}T} = 0$;

8. 输入偏置电流 $I_{IB} = 0$,即 $I_{B1} = I_{B2} = 0$;

9. 共模抑制比 $K_{CMR} = \infty$;

10. $-3\ \mathrm{dB}$ 带宽 $f_{bw} = \infty$;

11. 转换速率 $S_R = \infty$ 。

由于集成电路制造工艺不断完善和提高,实际集成运放的技术指标与理想情况较接近。在分析应用电路原理和定量计算时,将实际集成运放视为理想运放,不会引起明显误差,这是允许的。

二、理想运放工作在线性区时的结论

所谓工作在线性区是指集成运放内部电路中全部三极管均工作在放大状态。

结论1:两个输入端等电位。

当理想运放工作在线性区时,它的输出电压 U_o 与差模输入电压 U_{Id} ($U_{Id} = U_+ - U_-$)之间满足以下关系:

$$U_o = A_{od} \cdot U_{Id} = A_{od}(U_+ - U_-) \tag{4-3}$$

因此

$$U_{Id} = U_+ - U_- = \frac{U_o}{A_{od}} \tag{4-4}$$

因理想运放的开环电压放大倍数 $A_{od} = \infty$,而 U_o 为有限值,由式(4-4)可知

$$U_{Id} = U_+ - U_- = 0$$

所以
$$U_+ = U_-$$

考虑实际情况, A_{od} 只是趋于无穷大,两个输入端电位也只能是近似相等。这就是"虚短"的重要概念,即

$$U_+ \simeq U_- \tag{4-5}$$

结论2:流进两个输入端的电流可视为零。

因为理想运放的 $r_{id} = \infty$,它的两个输入端不会从外部电路索取任何电流,故在反相端和同相端没有电流流入运放内部,即

$$I_+ = I_- = 0$$

考虑实际情况, r_{id} 只是趋于无穷大,两输入电流也只能是近似相等,并近似为零,这就是"虚断"的重要概念,即

$$I_+ \approx I_- \approx 0 \qquad\qquad (4-6)$$

为了使集成运放工作在线性区,通常在集成运放输出端至反相端之间接上反馈网络,构成深度负反馈闭环系统,以减小运放的净输入信号,保护输出电压 U_o 不超过线性范围。利用结论1可以很方便地推导各种运放电路的传输规律以及计算。

三、理想运放工作在非线性区时的结论

当集成运放处于开环状态(未加深度负反馈)、甚至接入正反馈时,即使输入微小的电压变化量,由于开环电压放大倍数 A_{od} 值很大,组件内输出对管必有一个三极管饱和导通,另一个截止,处于非线性工作状态,其输出电压不是偏向正饱和值 U_{oH} 就是偏向负饱和值 U_{oL} 。 U_{oH} 和 U_{oL} 在数值上接近于集成运放直流供电的正、负电源电压,即 $U_{oH} \simeq +V_{CC}$, $U_{oL} \simeq -V_{CC}$ 。这时,输出电压 U_o 和 U_{Id} 之间不再满足式 $U_o = A_{od}(U_+ - U_-)$ 关系。

结论1:输出电压 U_o 只有高、低两种电平(U_{oH} 或 U_{oL}),而 U_+ 与 U_- 也不一定相等。

当 $U_+ > U_-$ 时,则 $U_o = U_{oH}$;

当 $U_+ < U_-$ 时,则 $U_o = U_{oL}$;

当 $U_+ = U_-$ 时,则高、低电平发生转换。

结论2:流进两个输入端的电流可视为零。

由于理想运放的 $r_{id} = \infty$,虽然 U_+ 可能不等于 U_- ,但是仍有 $I_+ = I_- = 0$ 。

理想运放的传输特性如图4-12中实线所示。实践表明,理想运放的两种状态转换时是一种跳变,无须过渡过程。实际的集成运放 A_{od} 不是无穷大。当 U_+ 与 U_- 的差值很微小时,经放大 A_{od} 倍后仍小于 U_{oH} 或 U_{oL} ,运放的工作范围尚在线性区内。所以,从 U_{oL} 转换到 U_{oH} 时有一个线性放大的过渡范围,如图4-12中虚线所示。接入正反馈可以加速状态转换过程,使其传输特性更接近理想特性。

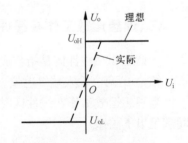

图4-12 传输特性

在分析计算集成运放的应用电路时,首先将集成运放视为理想情况,然后判断集成运放是处在深度负反馈闭环状态还是开环状态,在此基础上分析具体电路的工作性能。

属于线性应用方面的电路有运算电路、有源滤波电路等;属于非线性应用方面的电路有电压比较器、非正弦信号发生电路等。

四、理想运放的三种输入方式及其特点

(一)反相输入

如图 4 - 13 所示为反相输入方式。信号 U_i 从反相端加入，同相端通过平衡电阻 R' 接地。R' 的作用是使运放处于平衡状态，减小失调及温度漂移。R' 的大小由下式决定

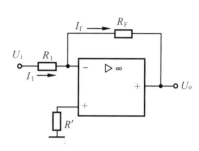

图 4 - 13　反相输入方式

$$R' = R_1 /\!/ R_F \qquad (4 - 7)$$

使满足平衡条件

$$R_n = R_p \qquad (4 - 8)$$

R_n 是由反相端对地向外看时的等效电阻；R_p 是由同相端对地向外看时的等效电阻。

R_F 为深度的电压并联负反馈(参阅第六章)，保证运放工作在线性区，R_F 必须接于输出端与反相端之间。反相输入时，除了具有"虚短"及"虚断"概念外，还有一个重要概念就是"虚地"，即

$$U_- \approx 0 \qquad (4 - 9)$$

由虚短与虚断可知

$$U_- \approx U_+ \approx 0 \qquad (4 - 10)$$

"虚地"是反相输入的特征。与"虚短""虚断"一样，经常用来分析传输特性。

(二)同相输入

如图 4 - 14 所示为同相输入方式。信号 U_i 从同相端加入，反相端接地。反馈支路 R_F 的连接端不变，构成深度的电压串联负反馈(见第六章)。此时的"虚短"概念与反相输入时有所不同，即

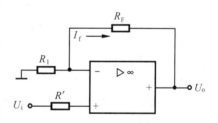

图 4 - 14　同相输入方式

$$U_- \simeq U_+ = U_i \qquad (4 - 11)$$

该式表明，两个输入端同时加入同一个信号 U_i，可视为共模输入。

必须指出，同相输入时，反相端不存在"虚地"概念，即

$$U_- \simeq U_i \neq 0 \qquad (4 - 12)$$

(三)差动输入

如图 4 - 15 所示为差动输入方式。信号 U_{i1} 与 U_{i2} 从反相端及同相端同时加入；为了保证式(4 - 8)的平衡条件，使 $R'_F = R_F$，$R'_1 = R_1$。差动输入时反相端也不存在"虚地"，但"虚短"和"虚断"仍存在。

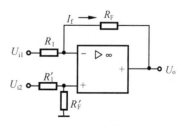

图 4 - 15　差动输入方式

本 章 小 结

（一）集成电路是 20 世纪 60 年代初期发展起来的。它把元件、器件和电路集成在一起,成为一个单元部件或系统,为电子技术的应用开辟了一个崭新的领域。

（二）集成运放是用集成化工艺制成的、具有高增益的直接耦合多级放大电路。它一般由输入级、中间级、输出级和偏置电路四个部分组成。为了抑制温漂和提高共模抑制比,常采用差动式放大电路作输入级,中间级为电压增益级,互补对称电压跟随电路常用作输出级,电流源电路构成偏置电路。

（三）集成运放是模拟集成电路的典型组件。对于它内部电路的分析和工作原理只要求作定性的了解,目的在于掌握它的主要参数(技术指标),做到根据电路系统的要求,正确地选择元器件。

（四）集成运放在应用时有三种基本输入方式:反相输入、同相输入和差动输入。反馈方式有电压并联负反馈(反相输入时)和电压串联负反馈(同相输入时)两种基本组态。由于同相输入时,会带来共模误差,所以在实用中,为提高运算精度,而多是采用具有虚地特性的反相输入方式。然而,不论是哪种输入方式,都具有虚短、虚断的重要概念。虚地、虚短和虚断合起来称为“三虚”概念,经常利用它们推导分析各种实用的运算放大电路性能。

思 考 题 与 习 题

4 - 1　什么是集成电路? 它与分立元件电路相比,具有哪些特点?

4 - 2　集成运放通常由哪几部分组成? 各部分的主要作用是什么?

4 - 3　具有什么特点的多级直接耦合放大电路称为集成运放?

4 - 4　填空题

集成电路中均采用_____耦合方式。_____现象构成集成电路的特殊问题,为了克服这种现象,集成电路的输入级通常都采用_____放大电路。

4 - 5　C·C - C·B 差动放大电路如图 4 - 16。分析电路由哪几部分组成? 各有何作用?

4 - 6　有 A、B 两个集成运放,当输入信号电压为零($U_i = 0$)时,测得 A 的输出电压 $U_{oA} = 0.01$ mV, B 的输出电压 $U_{oB} = 1$ mV,问哪个的运算精度高? 一个理想的集成运放,当输入信号电压为零时,输出端电压为多少?

4 - 7　你如何识别运放是工作在线性状态还是非线性状态?

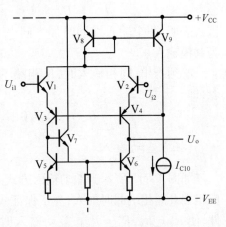

图 4 - 16　题 4 - 5 图

4-8 什么叫"虚短""虚断"和"虚地"？在三种基本输入方式中,哪种方式有"虚地"？哪种方式只有"虚短"和"虚断"而没有"虚地"？

4-9 利用虚短、虚断和虚地的概念推导三种输入方式下,运放的电压放大倍数 $A_f = \dfrac{U_o}{U_i} = ?$ $A_f = \dfrac{U_o}{U_{i2} - U_{i1}} = ?$

第 五 章

功率放大电路

在多级放大电路中,输出信号往往都是送到负载,去驱动一定的装置。例如,收音机中的扬声器、电动机控制绕组、计算机监视器或电视机的扫描偏置线圈,等等。多级放大电路除了应有电压放大级外,还要有一个能输出一定信号功率的输出级。这类主要用于向负载提供功率的放大电路被称为功率放大电路。

前面所讨论的放大电路主要用于增大电压幅度或电流幅度,因而被称为电压放大电路或电流放大电路。但无论哪种放大电路,在负载上都同时存在输出电压、电流和功率,上述的称呼只不过是强调的输出量不同而已。

本章以分析功率放大电路的输出功率、效率和非线性失真的矛盾为主线,逐步提出解决矛盾的措施。在电路方面,以互补对称功率放大电路(简称OCL电路)为重点进行较详细的分析与计算,并介绍了集成功率放大器实例。

第一节 功率放大电路的特点及分类

一、功率放大电路的特点

如前所述,放大电路实质上都是能量转换电路。从能量控制的观点来看,功率放大电路和电压放大电路没有本质的差别。但是,功率放大电路和电压放大电路所要完成的任务是不同的。对电压放大电路的主要要求是使负载得到不失真的电压信号,讨论的主要指标是电压增益(或电压放大倍数)、输入和输出阻抗等,输出的功率并不一定大。而功率放大电路则不同,它主要要求获得一定的不失真(或失真较小)的输出功率,通常是在大信号状态下工作。因此,功率放大电路包含着一系列在电压放大电路中没有出现过的特殊问题。

(一)输出功率要足够大,输出电阻要很小

足够大的输出功率就是指能带动负载做功的功率。将交流输出电压的有效值与交流输出电流的有效值的乘积定义为输出功率,即

$$P_o = U_o \times I_o \tag{5-1}$$

可见,欲使输出功率大,必须要求功放管的电压和电流都有足够大的输出幅度,因此管子往往在接近极限运用状态下工作。

功率放大电路在电子设备中位于终端,直接与负载相连。一个好的功率放大电路应带载能力强,所以要求其输出电阻越小越好。

(二)效率要高

输出功率(交流能量)是由直流电源通过晶体管转换而来的。在转换的过程中,管子必然消耗一部分能量(称为管耗 P_T),这就存在效率问题。当 V_{CC} 一定,即直流能量一定,输出功率越大,管耗越小,即效率越高。将直流电源提供的总能量称为额定功率,用 P_V 表示;效率用 η 表示,通常用百分数表示。定义

$$\eta = \frac{P_o}{P_V} \times 100\% \qquad (5-2)$$

(三)非线性失真要小

功率放大电路工作在大信号运用下,其输入信号已经被电压放大电路放大了若干倍。由于晶体管的非线性特性,可能有一小部分信号进入饱和、截止区,引起非线性失真。所以必须对非线性失真加以限制,不能超过允许的失真范围。

(四)要有过载保护

功放管通过的电流大,温升高,易烧管,需要考虑散热问题,如加散热片等措施。过载时要设置保护电路对功放管进行安全保护。

二、功率放大电路的分类

功率放大电路按工作状态的不同可分为三类(又称三种工作状态)即甲类、乙类和甲乙类。甲类是指在输入信号作用的一个周期内,功放管内始终有电流流过,即 $I_{CQ} > I_{cm}$,波形如图 5-1(a)所示。它的优点是在信号周期内均不失真;其缺点是管耗大,效率低,因为电源始终不断地输送功率,在没有信号输入时,这些功率全部消耗在管子(和电阻)上,并转化为热量的形式耗散出去,此时管耗最大,管子最热。当有信号输入时,其中一部分转化为有用的输出功率,信号愈大,输送给负载的功率愈多。可以证明,即使在理想情况下,甲类放大电路的效率最高也只能达到50%。

从图 5-1(a)中得知,静态电流是造成管耗大、效率低的主要原因。如果把静态工作点 Q 向下移动,使信

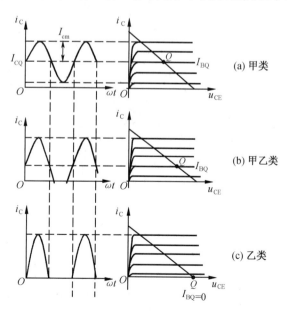

图 5-1　功率放大电路的三种工作状态

号等于零时电源输出的功率也等于零(或很小),信号增大时电源供给的功率也随之增大,这样电源供给功率及管耗都随着输出功率的大小而变化,也就改变了甲类放大时效率低的状态。利用图5-1(b)、(c)所示工作情况就可实现上述设想。在图5-1(b)中,有半个周期以上 $I_C > 0$;图5-1(c)中,一周期内只有半个周期 $I_C > 0$,它们分别称为甲乙类和乙类放大[1]。甲乙类和乙类放大主要用于功率放大电路中。

甲乙类和乙类放大,虽然减小了静态功耗,提高了效率,但都出现了严重的波形失真,因此,既要保持静态时管耗小,又要使失真不太严重,这就需要在电路结构上采取措施。

第二节　基本 OCL 电路与交越失真

一、电路的组成与工作原理

工作在乙类的放大电路,虽然管耗小,有利于提高效率,但存在严重的失真,使得输入信号的半个波形被削掉了。如果用两个管子,使之都工作在乙类放大状态,但一个在正半周工作,而另一个在负半周工作,同时使这两个输出波形都能加到负载上,从而在负载上得到一个完整的波形,这样这就能解决效率与失真的矛盾。

怎样实现上述设想呢?考虑到射极跟随器具有电流放大作用和输出电阻小带载能力强的特点。我们将两个射极跟随器对称地组合起来,使之满足以下三个条件,从而构成了基本互补对称乙类功率放大电路,如图5-2(a)所示。

①选对称管 V_1、V_2,让它们均工作在乙类状态下,即静态下 $I_{CQ1} = I_{CQ2} = 0$,$U_{CQ1} = U_{CQ2} = V_{CC}$;

②在信号周期内,让两管交替工作,为此必须使 V_1、V_2 的导电类型相反,即一只管用NPN 型,而另一只管必须采用 PNP 型;

③两管的输出信号波形在负载上直接合成起来。

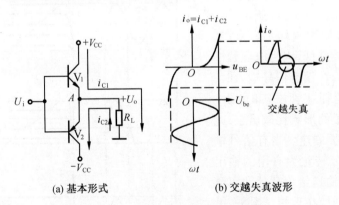

(a) 基本形式　　(b) 交越失真波形

图5-2　功放的基本形式与交越失真

静态下,$I_{CQ1} = I_{CQ2} = 0$,$|U_{CEQ1}| = |U_{CEQ2}| = V_{CC}$,属于纯乙类工作状态。$R_L$ 上无电流流

---

[1] 若在一周期内,管子的导通时间小于半个周期,则称为丙类放大,丙类放大多用于高频大功率电路中。

过。A 点(称中点)为直流地电位。

动态下,当正弦信号 U_i 为正半周时,V_1 管导通,V_2 管截止,R_L 上产生由上而下的电流 i_{C1};当信号为负半周时,V_1 管截止,V_2 管导通,实现交替工作,R_L 上产生由下而上的电流 i_{C2}。i_{C1} 与 i_{C2} 在 R_L 上直接合成,即 $i_o = i_{C1} + i_{C2}$,就得到一个完整的正弦波信号。

可见,两只管子的输出波形是互相补充对方的不足,工作性能对称,因此将这种电路称作互补对称电路,又称 OCL 电路[①]。

二、交越失真与消除方法

由于晶体管存在死区电压,在电路输出电压 U_o 波形的正、负半周交界处出现了台阶现象,称为交越失真。这是由晶体管的非线性特性引起的失真,是非线性失真,如图 5 – 2(b) 所示。

加一个小偏置补偿死区电压,使管子在无信号输入时稍有一点开启电压,一旦加入信号管子立刻进入放大状态,这样就能克服交越失真了。加有小偏置的 OCL 电路,如图 5 – 3(a) 所示,图 5 – 3(b) 是它不失真的输出波形。严格地说,此时两管工作在甲乙类状态。必须指出,小偏置的加入仅仅是为了克服交越失真的,而不是为了将工作点 Q 设置在放大区,这与第二章中设置静态工作点的目的是不同的。图中,R_{W1}、R_{W2}、R、V_3 和 V_4 构成小偏置电路。如果小偏置 U_{b1b2} 达不到管子的开启电压会引起输出波形出现交越失真,可以调节电位器 R_{W2},使之增加,直到满足 $U_{b1b2} = U_{BE1} + U_{EB2}$,方可消除

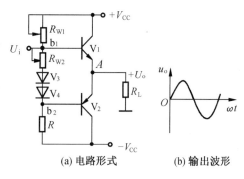

(a) 电路形式　　(b) 输出波形

图 5 – 3　无失真的 OCL 电路

之。电位器 R_{W1} 是用来调节中点电位的。静态下,调节 R_{W1} 使 $U_A = 0$。否则会引起输出波形正、负半周不对称,产生非对称失真。

第三节　无失真的 OCL 电路

无失真的 OCL 电路如图 5 – 3(a) 所示,它的工作原理与基本电路形式相同,不再重述。下面主要讨论该电路的计算问题。

一、静态分析

因为偏置电流很小,仅仅是为了克服交越失真而设置的,电路基本保持了纯乙类的特点,为了便于分析计算,可忽略小偏置,仍按乙类状态分析,所以

$$I_{CQ1} = I_{CQ2} \approx 0 \qquad\qquad (5 - 3)$$

---

① OCL 是 Output Capacitorless(无输出电容器)的缩写。

$$|U_{CEQ1}| = |U_{CEQ2}| = V_{CC} \qquad (5-4)$$

二、动态分析

功放级工作在大信号运用下,不满足微变条件,所以只能采用图解法分析。将两管的特性组合起来构成组合特性,如图 5-4 所示。将 V_2 管的特性放置在 V_1 管特性的右下方,使两个 U_{CE} 轴重合在一个位置上,但方向相反。两个坐标原点不重合,分别为 O 与 O';两个静态工作点位于同一个位置,即 $Q_1 = Q_2 = Q$;使两个交流负载线在 Q 点处对接起来。先令 $U_{CES} = 0$,将管子理想化,推导出求理想值的公式,再将实际情况($U_{CES} \neq 0$)考虑进去。

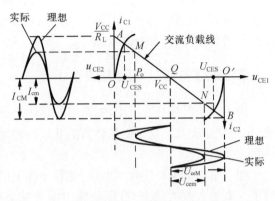

图 5-4 组合特性

(一)最大不失真输出功率 P_{om}

由于输出端直接与负载相连,管子的输出功率就是负载上获得的功率,所以一般情况下的电路输出功率 P_o 为

$$P_o = U_o \times I_o = \frac{U_{cem}}{\sqrt{2}} \times \frac{I_{cm}}{\sqrt{2}} = \frac{1}{2}U_{cem}I_{cm} \qquad (5-5)$$

式中,U_{cem} 及 I_{cm} 分别表示正弦波的峰值电压和电流。可见,P_o 的大小由直角三角形的面积决定(如图 5-4 中所示),故称该三角形为功率三角形。求 P_o 时不必每次画出组合特性,只需画出功率三角形,标出各点的坐标值,代入式(5-5)就可计算出来。

(1)当 $U_{CES} = 0$ 时,将 $U_{cem} = U_{ceM} = V_{CC}$,$I_{cm} = I_{CM} = \dfrac{U_{cem}}{R_L} = \dfrac{V_{CC}}{R_L}$ 代入式(5-5)得到电路最大输出功率 P_{oM}(理想值)为

$$P_{oM} = P_{om(理)} = \frac{V_{CC}^2}{2R_L} \qquad (5-6)$$

其中,U_{ceM}、I_{CM} 分别为管子输出电压、电流峰值的理想值,P_{oM} 的大小由直角三角形 AOQ 的面积决定。

必须指出,功率三角形代表的功率是两只管子贡献出来的,缺一只管子就构不成正弦波了。

(2)将 $U_{CES} \neq 0$ 的实际情况考虑进去,交流负载线的动态范围将缩小。此时,管子的输出电压、电流峰值小于理想值,即 $U_{cem} = V_{CC} - U_{CES}$,$I_{cm} = \dfrac{V_{CC} - U_{CES}}{R_L}$ 代入式(5-5)得到电路最大不失真输出功率 P_{om} 为

$$P_{om} = P_{om(实)} = \frac{(V_{CC} - U_{CES})^2}{2R_L} \qquad (5-7)$$

（二）额定功率 P_V

输出功率越大,电源供给的功率就越大。在一般情况下,电源供给的功率用积分法求得

$$P_V = \frac{1}{2\pi}\int_0^{2\pi} V_{CC}(i_{c1} + i_{c2})\,\mathrm{d}(\omega t) = \frac{1}{\pi}\int_0^{\pi} V_{CC}i_{c1}\,\mathrm{d}(\omega t)$$

$$= \frac{V_{CC}}{\pi}\int_0^{\pi} I_{cm}\sin\omega t\,\mathrm{d}(\omega t) = \frac{2}{\pi}V_{CC}\cdot I_{cm} = \frac{2}{\pi}V_{CC}\cdot\frac{U_{cem}}{R_L}$$

（1）当 $U_{cem} = V_{CC} - U_{CES}$ 时,电源提供的最大不失真功率为

$$P_{Vm} = \frac{2}{\pi}V_{CC}\cdot\frac{V_{CC} - U_{CES}}{R_L} \tag{5-8}$$

（2）当 $U_{CES} = 0$, $U_{cem} = U_{ceM} = V_{CC}$ 时,电源提供的最大功率为

$$P_{VM} = \frac{2}{\pi}\cdot\frac{V_{CC}^2}{R_L} \tag{5-9}$$

（三）效率 η

在一般情况下定义

$$\eta = \frac{P_o}{P_V}\times100\% = \frac{\dfrac{U_{cem}^2}{2R_L}}{\dfrac{2}{\pi}V_{CC}\cdot\dfrac{U_{cem}}{R_L}}\times100\% = \frac{\pi}{4}\frac{U_{cem}}{V_{CC}}\times100\%$$

（1）当 $U_{cem} = V_{CC} - U_{CES}$ 时,乙类功率的转换效率为

$$\eta_m = \eta_{实} = \frac{\pi}{4}\cdot\frac{V_{CC} - U_{CES}}{V_{CC}}\times100\% \tag{5-10}$$

（2）当 $U_{CES} = 0$, $U_{cem} = U_{ceM} = V_{CC}$ 时,功放的最高转换效率 η_M（理想值）为

$$\eta_M = \frac{\pi}{4} = 78.5\%$$

（四）管耗 P_T

定义

$$P_T = I_C\times U_{CE} \tag{5-11}$$

设 P_o 与 P_V 为输出信号任意幅度时的输出功率和电源供给的功率,则两管的总管耗为

$$P_T = P_V - P_o \tag{5-12}$$

经计算证明,每只功率管的最大管耗为

$$P_{Tm1} = P_{Tm2} = 0.2P_{oM} \tag{5-13}$$

可见,最大管耗为最大输出功率的五分之一,此时管子最热,应注意散热。

（五）管子承受的最大反向电压（耐压）U_{RM}

视管子导通时为理想导通,即 $U_{CES} = 0$。由电路（或组合特性）可以看出,当 V_1 管导通时,V_2 管截止,此时 V_2 管承受正、负电源电压,所以

$$U_{RM} = 2V_{CC} \tag{5-14}$$

三、功率管的选择

由以上分析可知,若想得到最大输出功率,功率管的参数必须满足下列条件。

(一)每只管子的最大允许管耗 P_{CM} 必须大于 $P_{Tm1} = P_{Tm2} \approx 0.2 P_{oM}$。

(二)考虑到当 V_2 管理想导通时,$-U_{CE2} = 0$,此时 U_{CE1} 具有最大值,且等于 $2V_{CC}$。因此,应选用 $|U_{(BR)CEO}| > 2V_{CC}$ 的管子。

(三)通过功率管的最大集电极电流为 V_{CC}/R_L,所选功率管的 I_{CM} 一般不宜低于此值。

[**例5-1**] 电路如图5-5所示。已知晶体管的 P_{CM}、I_{CM}、$U_{(BR)CEO}$ 足够大,试求:

(1)在 V_1、V_2 管的 $U_{CES} = 0$ 时,电路最大输出功率 P_{oM};

(2)当 $U_{CES} = 3$ V 时的电路最大不失真输出功率 P_{om} 及效率 $\eta_{实}$;

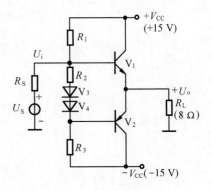

图5-5　例5-1的图

(3)V_1、V_2 管的最大管耗 P_{Tm1}、P_{Tm2};

(4)管子的耐压 U_{RM};

(5)应如何选功率管。

解 (1)求 P_{oM}

当 $U_{CES} = 0$ 时,电路最大输出功率为

$$P_{oM} = \frac{V_{CC}^2}{2R_L} = \frac{15^2}{2 \times 8} = 14 \text{ W}$$

(2)当 $U_{CES} = 3$ V 时,电路最大不失真输出功率为

$$P_{om} = \frac{(V_{CC} - U_{CES})^2}{2R_L} = \frac{(15-3)^2}{2 \times 8} = 9 \text{ W}$$

电路实际效率 $\eta_{实}$ 为

$$\eta_{实} = 78.5\% \times \frac{15-3}{15} = 62.8\%$$

(3)单管最大管耗

$$P_{Tm1} = P_{Tm2} = 0.2 P_{oM} = 0.2 \times \frac{15^2}{2 \times 8} \approx 2.8 \text{ W}$$

(4)耐压

$$U_{RM} = 2V_{CC} = 2 \times 15 = 30 \text{ V}$$

(5)应选功率管使满足:

$$P_{CM} > 2.8 \text{ W}; \quad I_{CM} > \frac{15}{8} = 1.875 \text{ A};$$

$$U_{(BR)CEO} > 30 \text{ V}$$

四、采用 U_{BE} 扩大电路作偏置的 OCL 电路

为了便于集成化,减少管子的种类,常把典型功放中提供小偏置电压 U_{b1b2} 的电路 R_{W2}、V_3、V_4 用一个分压供偏的共射电路代替,由 R_1、R_2 及 V_3 三极管构成,称为扩大电路,如图5-6所示。

由图 5-6 知

$$U_{b1b2} = (1 + \frac{R_1}{R_2}) U_{BE3} \qquad (5-15)$$

这种偏置电路的优点是调节偏置电压方便,只要改变比值 R_1/R_2 就能改变小偏置 U_{b1b2},从而达到消除交越失真的目的。

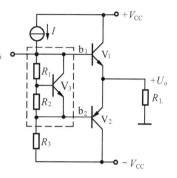

图 5-6 采用 U_{BE} 扩大电路
作偏置的 OCL 电路

五、准互补 OCL 电路

前已述知,组成功放电路的晶体管 V_1、V_2 必须对称。然而,在 NPN 与 PNP 两种不同导电类型管子中选择对称管较困难,而发现在同一类型管子中选择对称管容易得多。只要使输出管(大功率管)满足对称性就能得到满意的效果。于是想到采用 PNP 与 NPN 的复合管代替 V_2 管;V_1 管也可以用 NPN 型复合管代替,但要确保输出管为同一类型管。采用高 β 的复合管还能减小推动电流,使前置级的小功率管容易匹配。当然,复合管不仅限于两个,也可以用多管复合,视实际需要而定。输出管为同一类型的互补对称功放称为准互补对称功放或准互补 OCL 电路,如图 5-7 所示。

图中,R_{e1}、R_{e2}、R_{e4}、R_{e3} 为限流电阻,对管子有一定的保护作用。发射极电阻中有电流负反馈,具有提高电路的稳定性、改善波形的作用。V_5、V_6 也可以用三极管接成二极管的形式代替,便于集成化,减少管子的种类。

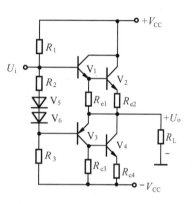

图 5-7 准互补 OCL 电路

六、保护电路

功率放大电路作为输出级直接带动负载做功。当负载过重或输出端短路时,很容易将功放管烧坏,所以必须加保护电路进行安全保护。

下面介绍两种保护电路。

(一)二极管保护电路

如图 5-8 所示为二极管保护电路。它是由二极管 V_4、V_5 及电阻 R_{e2}、R_{e3} 构成的。电路正常工作时,V_4、V_5 截止,不起保护作用。只当正半周过载时,V_2 管输出电流 I_{e2} 过大,使压降 $I_{e2} \cdot R_{e2}$ 增加。设 $U_6 = U_4 = U_{BE2} = 0.7$ V,当 $U_4 = -U_6 + U_{BE2} + I_{e2} \cdot R_{e2} = I_{e2} \cdot R_{e2} \geqslant 0.7$ V 时,V_4 管导通分走一部分基极电流 I_{b2},使 I_{e2} 减小,从而使 V_2 受到保护。反之,负半周过载时,V_5 导通,使 V_3 管受到保护。总之,V_4、V_5 的接法可以达到双向保护的目的。

(二)三极管保护电路

如图 5-9 所示为三极管保护电路。它是由三极管 V_4、V_5 及电阻 R_{e2}、R_{e3} 构成的。电路的工作原理与二极管保护电路基本相同。在输出电流小于最大允许输出电流时,保护电路不工作。当输出电流大于最大允许输出电流时,V_4(或 V_5)工作,限制了 V_2(或 V_3)基极电流的增大,从而保护了 V_2、V_3 管。

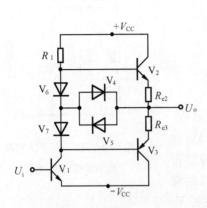

图 5-8   二极管保护电路

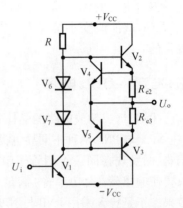

图 5-9   三极管保护电路

第四节   OTL 电路简介

前面讨论的 OCL 电路需要双电源供电,为了省去一个直流电源,采用单电源供电,可在输出端接一个大容量的电容器,用它来代替一个直流电源,即构成有输出电容的互补对称功率放大电路,简称 OTL 功放电路[①]。

图 5-10(a)是 OTL 功放电路的原理电路。图中 V_1、V_2 组成互补对称电路,在两管的发射极和负载 R_L 之间接入一个大电容 C。由 V_3 管构成共发射极放大电路作为推动极,其输出电压 u_{C3} 直接耦合到互补对称电路的输入端,即 $u_{B1} = u_{B2} = u_{C3}$。由于 V_3 管工作在甲类状态,u_{C3} 中既有直流分量又有交流分量。静态时通过调节 V_3 管的偏流,可使 V_3 管的集电极直流电位 $U_{C3} = \frac{1}{2}V_{CC}$,这样在刚接通直流电源时,如果电容 C 上没有初始电压,V_1 管将导通,使电容 C 充电,当电容上的电压 U_C 上升到也等于 $\frac{1}{2}V_{CC}$ 时,V_1、V_2 管因零偏而截止,充电结束,这时电路中各点的静态值为

$$U_{B1} = U_{B2} = U_{C3} = \frac{1}{2}V_{CC}$$

$$U_{E1} = U_{E2} = U_C = \frac{1}{2}V_{CC}$$

$$U_{BE1} = U_{BE2} = U_{B1} - U_{E1} = 0$$

负载上的电压、电流均为零。

---

①   OTL 是 Output Transformerless 的缩写

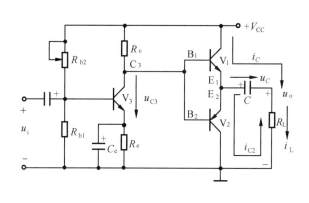

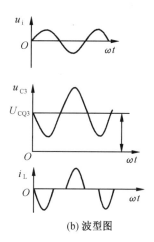

(a) 原理电路   (b) 波型图

图 5 − 10　OTL 功率放大电路

加入输入信号 u_i 后,u_{C3}、u_{B1}、u_{B2} 均在静态值的基础上叠加了一个交流分量,即

$$u_{B1} = u_{B2} = u_{C3} = \frac{1}{2}V_{CC} + u_{C3}$$

在 u_i 正半周,交流分量 u_{c3} 为负半周,交直流总量 u_{C3} 从静态值减小,即 $u_{C3} < \frac{1}{2}V_{CC}$,使 V_1、V_2 管的基极电位低于发射极,因而 V_1(NPN 型)截止,V_2(PNP 型)导通。这时电容 C 起着直流电源的作用,C 上的电压 $U_C = \frac{1}{2}V_{CC}$ 就是作用于 V_2 管输出回路中的直流电压,在这个电压作用下,V_2 的集电极电流 i_{C2} 是靠电容放电形成的,但 i_{C2} 的波形取决于输入信号 u_i 的波形。在 u_i 负半周,u_{C3} 在静态值基础上增加,V_1、V_2 管的基极电位高于发射极,V_1 导通,V_2 截止,V_1 的集电极电流 i_{C1} 流过负载 R_L,形成负载正半周电流,波形如图 5 − 10(b)所示。在 i_{C1} 流过 R_L 的这段时间,还同时给电容 C 充电。在输入信号的一个周期内,电容 C 半周充电,半周放电,由于 C 的容量很大,储存的电荷多,所以电容上的电压在输入信号的整个周期内基本保持不变,始终等于 $\frac{1}{2}V_{CC}$,因而作用于 V_1 输出回路的总电压等于

$$V_{CC} - U_C = V_{CC} - \frac{1}{2}V_{CC} = \frac{1}{2}V_{CC}$$

可见两个三极管输出回路中的直流电压相等(均为 $\frac{1}{2}V_{CC}$),这样就能保证负载电流正负半周对称。因此,在静态时,必须通过调节 V_3 管的静态工作点,使电容 C 上的电压达到 $\frac{1}{2}V_{CC}$。

在 OTL 功放电路中,输出功率、效率和管耗等性能指标的计算方法与 OCL 电路相同,但在计算式(5 − 6)、式(5 − 7)、式(5 − 8)及式(5 − 14)中需将式中的 V_{CC} 处用 $\frac{1}{2}V_{CC}$ 代替,就得到 OTL 电路的计算公式:

$$P_{oM} = P_{om(理)} = \frac{(\frac{1}{2}V_{CC})^2}{2R_L} = \frac{V_{CC}^2}{8R_L} \tag{5 − 16}$$

$$P_{om} = P_{om(实)} = \frac{(\frac{V_{CC}}{2} - U_{CES})^2}{2R_L} \qquad (5-17)$$

$$P_{Vm} = \frac{2}{\pi}I_{cm}(\frac{1}{2}V_{CC}) = (\frac{1}{\pi}I_{cm})V_{CC} = \bar{I}V_{CC} \qquad (5-18)$$

式中,$\bar{I} = \frac{1}{\pi}I_{cm}$,$I_{cm} = \frac{V_{CC} - U_{CES}}{2R_L}$

$$U_{RM} = 2 \cdot (\frac{1}{2}V_{CC}) = V_{CC} \qquad (5-19)$$

第五节　互补对称功放分析计算举例

[**例5-2**]　OCL互补对称功放电路如图5-11(a)所示。试回答下述问题。

(1)电路的主要优点是什么?

(2)OCL电路在调整电路静态工作点时应注意什么问题?通常应调整电路中的哪个元件?

(3)动态情况下,若输出U_o端出现图5-11(b)所示的失真,为何种失真?应调哪个元件?怎样调整才能消除之?

(4)静态情况下,若R_1、V_3、V_4三个元件中有一个出现开路,你认为会出现什么问题?

(5)当$V_{CC} = 15$ V,V_1、V_2管的饱和压降$U_{CES} \approx 2$ V,$R_L = 8$ Ω时,负载R_L上最大不失真的功率P_{om}应为多大?

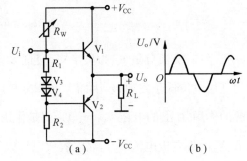

图5-11　例5-2的图

解　(1)OCL电路特点

主要优点是低频响应好,电路易集成化。

(2)电路静态工作点的调整

OCL电路在调试静态工作点时重要的一条是使输出$U_o = 0$ V,即让负载R_L上的静态电流$I_L = 0$。要实现这一点,通常可调节电位器R_W或电阻R_2。

(3)失真及其消除

在动态情况下,若在U_o端出现了图5-11(b)所示的失真,由于失真出现在信号正、负半周交替过程中,即出现在V_1管和V_2管轮流导通的过程中,称此失真为交越失真。

交越失真的消除可通过调整电阻R_1来实现,只要适当增加电阻R_1即可消除图5-11(b)所示的交越失真。

(4)元件R_1、V_3、V_4开路产生的后果

静态情况下,R_1、V_3、V_4中只要有一个开路,会导致过大的基极偏置电流I_{B1}、I_{B2}的出现,此时$I_{B1} = I_{B2}$,且

$$I_{B1} = I_{B2} = \frac{2V_{CC}}{R_W + R_2}$$

由于 V_1、V_2 管的工作电流 I_C 等于 β 倍的 I_B，因此当大的工作电流流过 V_1、V_2 管时，其功耗将可能远大于三极管的额定功耗而使 V_1、V_2 管烧毁。

（5）负载 R_L 上 P_{om} 的计算

负载 R_L 上的最大不失真输出功率 P_{om} 的表达式为

$$P_{om} = \frac{(V_{CC} - U_{CES})^2}{2R_L} = \frac{(15-2)^2}{2 \times 8} = 10.6 \text{ W}$$

［例 5 - 3］ 准互补 OCL 电路如图 5 - 12 所示。试回答下述问题。

（1）电路何以称为准互补 OCL 对称式？

（2）简述图中三极管 $V_1 \sim V_5$ 构成的形式及其作用。

（3）说明电阻 R_{e1}、R_{c2} 和电阻 R_{e3}、R_{e4} 的作用。

（4）调节输出端静态电位时，应调整哪个元件？

（5）调整电阻 R_1，可解决什么问题？

（6）当 $V_{CC} = 18$ V，V_3、V_4 管的 $U_{CES} = 2$ V，$R_{e3} = R_{e4} = 0.5$ Ω，$R_L = 8$ Ω 时，求 R_L 上最大的不失真输出功率 P_{om}。

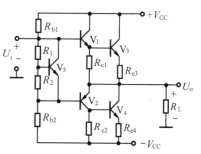

图 5 - 12　例 5 - 3 的图

解 （1）准互补 OCL 对称式

输出级功率管 V_3 和 V_4 既要互补又要确保性能对称通常不易实现，因此考虑用同一类型的管子（本例为 NPN 型）V_3、V_4 作为输出功率管，而互补的实现可采用复合管的办法来解决，即图中的 V_1、V_3 复合为 NPN 型，而 V_2、V_4 复合为 PNP 型，常称此种电路结构为准互补对称式。又由于电路输出端无电容 C，故将图 5 - 12 所示的电路称为准互补 OCL 对称式输出结构。

（2）$V_1 \sim V_5$ 管的作用

$V_1 \sim V_4$ 构成准互补对称式输出，其中 V_1、V_3 复合为 NPN 管，V_2、V_4 复合为 PNP 型管。采用复合结构可大大提高电流放大系数，从而提高输出电流幅度；而采用互补对称结构，可确保输入正、负半周的信号不失真地出现在负载 R_L 上。

三极管 V_5 和电阻 R_1、R_2 构成的电路称为 U_{BE} 扩大电路（或称 U_{BE} 倍增电路）。作用类同图 5 - 11（a）所示电路中 R_1、V_3、V_4 支路，即用以消除交越失真。该电路调整时应满足如下关系：

$$I_{R_1} \gg I_{B5}$$

式中，I_{R_1} 为流过电阻 R_1 的电流；I_{B5} 为 V_5 基极偏置电流。这样 V_1、V_2 管基极间的电压降 U_{B1B2} 近似为

$$U_{B1B2} \approx \left(1 + \frac{R_1}{R_2}\right) U_{BE}$$

调整电阻 R_1、R_2 即可得到 U_{BE} 的任意倍数的直流电压值。同时该电路也具有一个 PN 结的任意倍数的温度系数，可用于温度补偿。

（3）电阻 R_{e1}、R_{c2} 和 R_{e3}、R_{e4} 的作用

电阻 R_{e1}、R_{c2} 的调节可以保证输出 V_3、V_4 管有一合适的静态工作点，使 I_{C3}、I_{C4} 不致过大；

温度升高时,V_3、V_4 管 I_{CBO} 的增加通过 R_{e1}、R_{c2} 可泄漏掉一部分;另外 R_{e1}、R_{c2} 对 V_2 管有限流保护作用。

电阻 R_{e3}、R_{e4} 构成负反馈组态,具有稳定 Q 点、改善输出波形等作用,同时当负载 R_L 突然短路时有一定的限流保护作用。

(4)静态输出电位调整

静态时,OCL 电路应将输出电压 U_o 调整到 0 V,通常可通过电阻 R_{b1}、R_{b2} 的调整来实现。

(5)调电阻 R_1 的作用

电阻 R_1 作为 U_{BE} 扩大电路的调整元件,主要用于调节加在 V_1、V_2 管基极间的直流电压,以消除交越失真。

(6)负载上最大的不失真输出功率 P_{om}

在考虑 V_3、V_4 管的饱和压降 U_{CES} 以及限流电阻 R_{e3}、R_{e4} 的压降时,负载 R_L 上最大不失真输出功率 P_{om} 的表达式应为

$$P_{om} = \frac{(V_{CC} - U_{CES3} - U_{R_{e3}})^2}{2R_L}$$

上式中,$U_{CES3} = 2$ V,电阻 R_{e3} 压降当

$$U_{R_{e3}} = \frac{V_{CC} - U_{CES}}{R_{e3} + R_L} R_{e3} = \frac{18-2}{0.5+8} \times 0.5$$
$$= 0.94 \text{ V}$$

所以

$$P_{omax} = \frac{\left[(18-2-0.94)/\sqrt{2} \right]^2}{8} = 14.2 \text{ W}$$

[**例 5-4**] 由运放 A 驱动的 OCL 功放电路如图 5-13 所示。

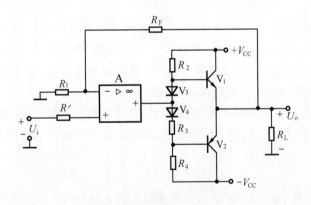

图 5-13 例 5-4 的图

已知 $V_{CC} = 18$ V,$R_L = 16$ Ω,$R_1 = 10$ kΩ,$R_F = 150$ kΩ,运放最大输出电流为 ±25 mA,V_1、V_2 管的饱和压降 $U_{CES} = 2$ V。

(1)V_1、V_2 管的 β 满足什么条件时,负载 R_L 上有最大的输出电流?

(2)为使负载 R_L 上有最大的不失真的输出电压,输入信号的幅度 U_{im} 应为多大?

(3)试计算运放输出幅度足够大时,负载 R_L 上最大的不失真的输出功率 P_{om}。

（4）试计算电路的效率 η_{m}。

（5）若该电路输出 U_{o} 波形出现交越失真,电路应怎样调整才能消除之?

解　（1）V_1、V_2 管 β 值确定

V_1、V_2 管 β 的大小取决于运放 A 输出电流值和负载 R_{L} 上最大电流应在 V_1 或 V_2 管出现饱和的时刻,即 I_{Lmax} 为

$$I_{\mathrm{Lmax}} = \frac{V_{\mathrm{CC}} - U_{\mathrm{CES}}}{R_{\mathrm{L}}} = \frac{18 - 2}{16} = 1 \ \mathrm{A}$$

运放 A 输出的最大电流 I_{om} 为 $\pm 25 \ \mathrm{mA}$,故三极管的 β 为

$$\beta > \frac{I_{\mathrm{Lmax}}}{I_{\mathrm{om}}} = \frac{1\ 000}{25} = 40$$

（2）输入信号幅值 U_{im}

输入信号幅值 U_{im} 应满足表达式

$$U_{\mathrm{im}} \leqslant \frac{U_{\mathrm{om}}}{|A_u|}$$

式中,U_{om} 为输出电压的幅值;A_u 为电路的电压放大倍数。由图 5 – 13 可直接得

$$U_{\mathrm{om}} = V_{\mathrm{CC}} - U_{\mathrm{CES}} = 16 \ \mathrm{V}$$

而电压放大倍数 A_u 则可通过对电路反馈组态的分析求得。对图 5 – 13 电路分析后可知,反馈为电压串联负反馈,故其增益 A_u 为

$$A_u = \frac{R_1 + R_{\mathrm{F}}}{R_1}$$

代入本例数值 $R_1 = 10 \ \mathrm{k\Omega}$,$R_{\mathrm{F}} = 150 \ \mathrm{k\Omega}$,得

$$A_u = \frac{10 + 150}{10} = 16$$

因此输入信号 U_{im} 为

$$U_{\mathrm{im}} \leqslant \frac{16}{16} = 1 \ \mathrm{V}$$

即当输入信号的幅度小于等于 1 V 时,负载 R_{L} 上将出现最大的不失真的幅度接近 16 V 的输出电压。

（3）R_{L} 上最大不失真输出功率 P_{om}

负载 R_{L} 上最大的不失真输出功率 P_{om} 的表达式为

$$P_{\mathrm{om}} = \frac{(V_{\mathrm{CC}} - U_{\mathrm{CES}})^2}{2R_{\mathrm{L}}}$$

在 $V_{\mathrm{CC}} = 18 \ \mathrm{V}$,$U_{\mathrm{CES}} = 2 \ \mathrm{V}$,$R_{\mathrm{L}} = 16 \ \Omega$ 时,

$$P_{\mathrm{om}} = \frac{(18 - 2)^2}{2 \times 16} = 8 \ \mathrm{W}$$

（4）电路的效率 η_{m}

由电路效率的定义可知,η 的表达式为

$$\eta_{\mathrm{m}} = \frac{P_{\mathrm{om}}}{P_{\mathrm{Vm}}}$$

式中的 P_{V} 为电源的总功率,其表达式为

$$P_{Vm} = \frac{2V_{CC} \cdot U_{om}}{\pi \cdot R_L}$$

在 $V_{CC} = 18$ V，$U_{om} = 16$ V，$R_L = 16$ Ω 情况下

$$P_{Vm} = \frac{2 \times 18 \times 16}{3.14 \times 16} = 11.5 \text{ W}$$

所以 $\eta_m = 69.60\%$

（5）交越失真的消除

输出端出现交越失真的波形是由于 V_1、V_2 管静态工作点设置不合理引起的，通常可调整图中 R_3 电阻使其阻值适当加大，交越失真便会随之消失。需要注意的是，电阻 R_3 过大，将会造成 V_1、V_2 的过流直至烧毁。

第六节　集成功率放大电路

集成功率放大电路属于模拟集成电路的范畴，它广泛应用于各类高档、中档和普及型收录机及音响设备中。集成功率放大电路的种类和型号很多，本节仅以 LM386 为例进行简单介绍。

LM386 是音频集成功率放大电路。该电路的特点是功耗低、允许的电源电压范围宽、通频带宽、外接元件少，因而在收音机、录音机中得到广泛应用。

一、LM386 的内部电路和管脚功能

（一）LM386 的内部电路

图 5 - 14(a) 是 LM386 的内部电路。输入级是由 V_1、V_2、V_3 和 V_4 组成的差动放大电路，用 V_5、V_6 组成镜像电流源（恒流源）作为差动放大电路的有源负载，可以使单端输出的差动放大电路的电压放大倍数提高近一倍，接近双端输出时的放大倍数。差动放大电路从 V_3 管的集电极输出直接耦合到 V_7 管的基极。V_7 管组成共发射极放大电路作为推动级，为了提高电压放大倍数，也采用恒流源 I 作为它的有源负载。输出级 V_8、V_9 构成 PNP 型复合管再与 NPN 型的 V_{10} 管组成准互补功率放大电路。二极管 V_{11}、V_{12} 是功放级的偏置电路。

（二）各管脚功能

在集成电路中不能制造电感、大于 200 pF 的电容和电位器等元件，必须使用这些元件时只能外接。

图 5 - 14(b) 是 LM386 的管脚排列图，它采用双列直插塑料封装结构。各管脚的用途：

6 是正电源端；

4 是接地端；

2 是反相输入端，由此端加入信号时，输出电压与输入电压反相；

3 是同相输入端，由此端加入信号，输出与输入同相；

5 是输出端；

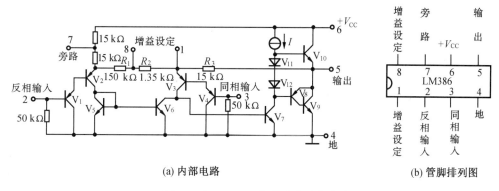

(a) 内部电路　　　　　　(b) 管脚排列图

图 5-14　LM386 集成功率放大电路

7 是旁路端,用于外接纹波旁路电容,以提高纹波抑制能力;

1 和 8 是电压增益设定端。从 LM386 的内部电路可以看出,从输出端经电阻 R_3(15 kΩ)到 V_3 管发射极引入了深度电压串联负反馈。

当 1、8 脚之间开路时,负反馈最深,电压放大倍数最小,此时

$$A_{uf\min} = 20$$

电压增益为 26 dB[①]。

若在 1、8 之间接入一个 10 μF 的电容,它对内部 1.35 kΩ 的电阻起到旁路作用,则电压放大倍数达到最大,即

$$A_{uf\max} = 200$$

电压增益为 46 dB。

若将电阻 R 和 10 μF 的电容串联后接在 1 和 8 之间,电阻 R 取不同的值可使电压放大倍数在 20 和 200 之间调节。R 值越小,电压放大倍数越高。

显然在 1 和 4 之间或者 1 和 5 之间接入 R、C 串联支路,也可以改变反馈深度,达到调节电压增益的目的。

二、LM386 的几种应用电路

图 5-15 是 LM386 的一种典型应用电路。输入信号经电位器 R_p 接到同相输入端,反相输入端接地,输出端经输出电容 C_2 接负载。因扬声器是感性负载,所以与负载并联由 C_1、R_1 组成的串联校正网络,使负载性质校正补偿至接近纯电阻,这样可以防止高频自激和过电压现象的出现。接在 7 和地之间的电容 C_4 起到电源滤波作用,它将输入级与输出级在电源上隔离,减小输出级对输入级的影响。该电路的电压放大倍数与 R 值有关。当 $R = 1.2$ kΩ时,可使电压放大倍数达到 50。

图 5-16 是 LM386 的另一种应用电路。和图 5-15 相比不同之处是在 1 和 5 之间接入了由 R 和 C 组成的串联支路,当频率变低时,并联等效阻抗变大,负反馈变弱,电压放大倍数则增大,达到低音增值的目的,所以该电路是带有低音提升的功率放大电路。

---

① 放大倍数用对数表示时叫作增益,电压增益 G_u 与电压放大倍数 A_u 的关系是 $G_u = 20\lg A_u$(dB)。

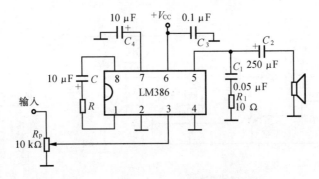

图 5 – 15　LM386 的一种典型应用电路

图 5 – 17 是用 LM386 组成的方波发生器,其中 R_1、C_1 构成充放电回路,R_2、R_3 构成反馈回路。关于方波发生的工作原理将在信号发生电路一章中详细介绍。根据

$$T = 2R_1 C_1 \ln\left(1 + \frac{2R_2}{R_3}\right)$$

可计算出在图示给定参数下,输出电压信号的频率约为 1.1 kHz。

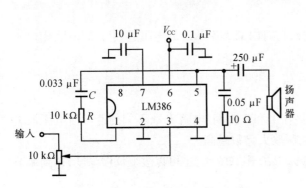

图 5 – 16　带低音提升的功率放大器

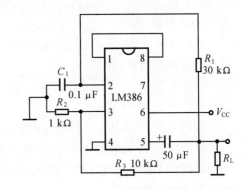

图 5 – 17　用 LM386 构成的方波发生器

本 章 小 结

(一)功率放大电路是在大信号下工作,通常采用图解法进行分析。研究的重点是如何在允许的失真情况下,尽可能提高输出功率和效率。

(二)与甲类功率放大电路相比,乙类互补对称功率放大电路的主要优点是效率高,在理想情况下,其最大效率约为 78.5%。为保证 BJT 安全工作,双电源互补对称电路工作在乙类时,器件的极限参数必须满足:$P_{CM} > P_{Tm1} = 0.2 P_{om}$,$|U_{(BR)CEO}| > 2V_{CC}$,$I_{CM} > V_{CC}/R_L$。

(三)由于 BJT 输入特性存在死区电压,工作在乙类的互补对称电路将出现交越失真,克服交越失真的方法是采用甲乙类(接近乙类)互补对称电路。通常可利用二极管或 U_{BE} 扩大电路进行偏置。

（四）在单电源互补对称电路（OTL）中,计算输出功率、效率、管耗和电源供给的功率,可借用双电源互补对称电路（OCL）的计算公式,但要用 $V_{CC}/2$ 代替原公式中的 V_{CC}。

思考题与习题

5－1 什么是功率放大电路?对功率放大电路有哪些特殊要求?

5－2 什么是交越失真?它是怎么产生的?用什么方法消除它?

5－3 功率放大电路按工作状态不同可分为哪三种?它们各有什么优缺点?

5－4 甲乙二人在讨论功率放大电路的供电问题时,甲认为从能量守恒的概念出发,当输出功率大时,电源给出的电流理应增加;乙则认为只要输出幅度不失真,电流应在静态值上下波动,不管输出幅度大小,其平均值应不变。你同意哪一种观点?

5－5 甲乙二人在讨论功率放大管的发热问题时,甲认为当输出功率最大时管子最热,因为电流消耗大;乙则认为此时最冷,因损耗在管子中的功率已经都转换成输出功率。你同意哪一观点?

5－6 如图 5－18 所示为一单管放大情况,经分析得输出功率 $P_o = 50$ mW,而额定管耗 $P_{CM} = 100$ mW,于是得出 $P_o = \dfrac{1}{2}P_{CM}$ 的结论。这个关系是只在这个特殊情况下才对,还是具有一定的普遍意义?例如选用一个 $P_{CM} = 500$ mW,$U_{(BR)CEO} = 30$ V 管子按图 5－18 的情况调整参数,是否可以得到 250 mW 的输出功率?

5－7 如图 5－19（a）所示为直接耦合功率放大电路,若 V_2、V_3 的饱和压降 $U_{CES} = 3$ V,试求:

（1）负载 R_L 所得到的最大不失真功率 P_{om};

（2）电路的实际效率;

（3）晶体管 V_2、V_3 的最大管耗及所承受的最大反向电压（耐压）;

（4）若输入信号波形如图 5－19（b）所示,试在该图上画出对应的 i_{c2}、i_{c3} 和 U_o 的波形。

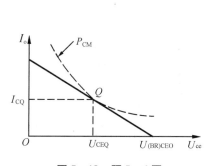

图 5－18 题 5－6 图

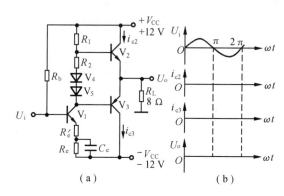

图 5－19 题 5－7 图

5-8　功放电路如图 5-20 所示。试回答以下问题:

(1)为使输出最大幅值正、负对称,静态时 A 点电位应为多大? 若不满足时,应调节哪个元件?

(2)若晶体管 V_3、V_5 的 U_{CES} 均为 3 V,求电路的最大不失真输出功率 P_{om} 及效率 η。

(3)晶体管 V_3、V_5 的最大管耗 P_{Tm}。

5-9　电路如图 5-21 所示。设功率管 V_1、V_2 的饱和压降 $U_{CES}=3$ V,用电压表测得负载 R_L 上的电压 $U_o=4$ V(有效值),试求负载上得到的功率 P_o、实际效率 $\eta_{实}$ 各为多少?

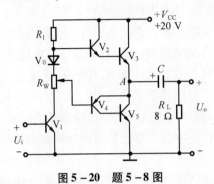

图 5-20　题 5-8 图

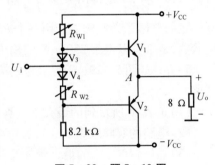

图 5-21　题 5-9 图

5-10　如图 5-22 所示电路,V_1、V_2 为对称管,其饱和压降 U_{CES} 均为 1 V。试回答下列问题:

(1)设最大不失真输出功率 $P_{om}=4$ W,求电源电压 $|V|=$?

(2)R_{W1}、R_{W2} 为两个可调节的电位器,当输出波形出现交越失真时,应调节_____元件,是增加还是减少_____;定性地画出具有交越失真的输出波形_____;产生交越失真的原因是_____;静态下,欲使 A 点的电位 $U_A=0$ V,应调节_____元件。

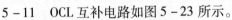

5-11　OCL 互补电路如图 5-23 所示。

(1)在图中标明 $V_1 \sim V_4$ 管的导电类型;

(2)将该电路改接成 OTL 电路,试画出电路图。

5-12　OCL 准互补对称输出电路如图 5-24 所示。

图 5-22　题 5-10 图

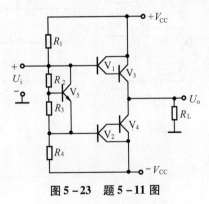

图 5-23　题 5-11 图

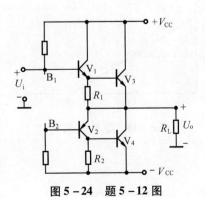

图 5-24　题 5-12 图

（1）在图中 B_1、B_2间补画消除电路交越失真的 U_{BE}扩大电路。

（2）说明电阻 R_1、R_2有什么作用？

5-13 手册中所给出的功率管最大集电极损耗 P_{CM}是否绝对不能超过？如果可以的话，那么在什么条件下可以超过？

5-14 功率管和散热片的接触面是光滑一些好还是粗糙一些好？是紧一些好还是松一些好？散热片是垂直放好还是水平放好？是涂成黑色好还是涂成白色好？回答时要说明理由。

第六章

放大电路中的反馈

反馈是改善放大电路性能的一个重要措施,在电子设备中均有应用,因此成为我们学习的重点。

本章首先建立关于反馈问题的基本概念,介绍反馈放大电路的方块图和放大倍数的一般表达式,讨论负反馈对放大性能的影响。对于实用的深度负反馈放大电路进行近似计算,最后讨论了产生自激振荡的条件和常用的补偿措施。

第一节 反馈的基本概念

一、什么是反馈

所谓反馈,就是通过一定的方式,把输出回路的电量(电压或电流)的一部分(或全部)返送到输入回路中,这种返送的过程称为反馈。例如,在工作点稳定电路(图$6-1$)中,稳定工作电流的过程为

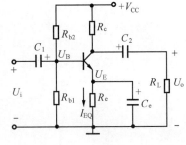

当 $T\uparrow \longrightarrow I_{EQ}\uparrow \xrightarrow{R_e} U_E\uparrow \xrightarrow{U_B-定} U_{BE}\downarrow \longrightarrow I_{BQ}\downarrow$

$I_{EQ}\downarrow$ $\underline{\qquad 反馈过程 \qquad}$

本例中的反馈方式是工作电流 I_{EQ}(或 I_{CQ})通过 R_e 产生压降 $U = I_{EQ}\cdot R_e$,其反馈的电量是输出回路中的电

图 $6-1$ 反馈概念的建立

流 I_{EQ}(或 I_{CQ})全部送回到输入回路中,所以将这个过程称为反馈,R_e 称为反馈电阻。带有反馈的放大电路称为反馈放大电路。看一个电路是否有反馈,就看它是否存在反馈通路,有反馈通路者就有反馈,否则无反馈。例如在图$6-2$(a) 中不存在反馈通路,所以无反馈,这种情况称为开环。图中箭头表示信号满足单向化的传输条件。输入信号经放大电路从输入到输出称为放大通路;输出信号通过反馈网络

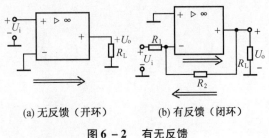

(a) 无反馈（开环）　　　　(b) 有反馈（闭环）

图 $6-2$ 有无反馈

返送到输入端称为反馈通路。在图 6 - 2(b) 中，R_2 接于输入和输出之间，除了放大通路外，输入信号能通过 R_2 传到输出端，而输出信号也能通过它传到输入端，但由于输出信号比输入信号大得多，通过 R_2 的主要是从输出端到输入端的信号，即形成反馈通路，所以有反馈或称闭环。

二、直流反馈与交流反馈

在第二章中我们已经知道输出回路交、直流量共存，按反馈信号的交直流性质可分为直流反馈和交流反馈。在图 6 - 1 电路中，R_e 是反馈通路，流过 R_e 中的电流只有直流电流 I_{EQ}，而无交流电流，因此 R_e 中所形成的反馈属于直流反馈。若将旁路电容 C_e 开路，则 R_e 中既有直流反馈又有交流反馈，因为此时 R_e 中也流过交流电流。

直流反馈影响电路的直流性能，如图 6 - 1 电路中稳定静态工作点；而交流反馈则影响电路的交流性能，是本章要讨论的主要内容。

三、反馈极性 —— 正反馈与负反馈

反馈按极性不同分为正反馈与负反馈两种。为了判别反馈极性是正反馈还是负反馈，通常采用瞬时极性法，即先设输入信号 U_i 有一个瞬时极性为"+"的增量变化(用正、负号或箭头表示电路各点电量的极性变化，反馈信号的瞬时极性的变化要加圈以示区别)，该增量变化经放大通路到达输出端，再经反馈通路返回到输入端，从而影响净输入信号(指纯粹加到管子或运放上的信号)。若净输入信号是被加强的，该反馈极性为正反馈；若净输入信号是被削弱的，该反馈极性为负反馈。

例如在图 6 - 3(a) 中，用箭头表示法叙述反馈过程

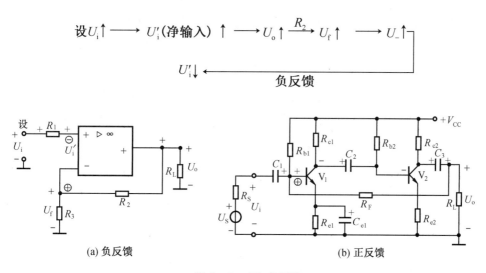

(a) 负反馈　　　　　　　　　(b) 正反馈

图 6 - 3　正、负反馈

或见图中的"+、-"号。可见，反馈信号使净输入信号 U_i' 的变化与原来的变化相反，说明净输入信号是被削弱的，所以 R_2 与 R_3 引入的是负反馈。

又例如在图 6 – 3(b) 中

$$设U_i\uparrow \longrightarrow U_{c1}\downarrow \longrightarrow U_{b2}\downarrow \longrightarrow U_{c2}\uparrow \longrightarrow U_o\uparrow$$

$$U_i\uparrow \longleftarrow \underset{\text{正反馈}}{R_F}$$

或见图中"+、-"号表示。可见,在这个反馈过程中,反馈信号使净输入信号 $U_{be1}(U_{be1} = U_i)$ 的变化与原来的变化相同,说明净输入信号是被加强的,所以 R_F 引入的是正反馈。

四、反馈方式 —— 电压反馈与电流反馈

在反馈放大电路的输出回路中,有两种输出电量,即输出电压和输出电流。反馈量按取法的不同分为电压反馈和电流反馈,在反馈量取输出电压所形成的反馈称为电压反馈;若取输出电流所形成的反馈称为电流反馈。

判别是电压反馈还是电流反馈,只要将输出端对地交流短路(即令 $U_o = 0$),看反馈信号是否存在。若反馈信号不存在,则为电压反馈;若反馈信号仍存在,则为电流反馈。

例如在图 6 – 1 电路中,将 C_e 断开,R_e 中有交流电流负反馈,反馈信号 $U_f = I_e \cdot R_e$。根据判别法,令 $U_o = 0$,$U_f \neq 0$,仍存在,所以是电流反馈。

又如在图 6 – 3(a) 电路中,反馈信号 $U_f = \dfrac{R_3}{R_2 + R_3} U_o$。当 $U_o = 0$ 时,$U_f = 0$,不存在,所以是电压反馈。

五、局部反馈与级间反馈

局部反馈是指仅限于本级内带有的反馈,只能改善本级的性能。如稳定本级的静态工作点及电压放大倍数等。在图 6 – 4 电路中,R_{e1} 能稳定 V_1 级的静态工作点及电压放大倍数;R'_{e1} 中只有直流电流通过,只能与 R_{e1} 共同稳定本级的静态工作点;R_{e2} 中也只有直流,只能稳定 V_2 级的静态工作点。因此,R_{e1}、R'_{e1} 及 R_{e2} 均属于局部反馈。

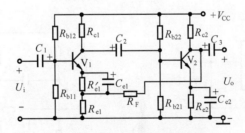

图 6 – 4　局部反馈与级间反馈

反馈网络跨接于级与级之间形成的反馈称为级间反馈,能改善整个放大电路的性能。在图 6 – 4 电路中,R_F 与 R_{e1} 构成的反馈网络属于级间反馈,交、直流负反馈兼有,能稳定两级的静态工作点及整个放大电路的电压放大倍数。

第二节　反馈放大电路的方块图及闭环 放大倍数的一般表达式

为了便于认识引入反馈后的一般规律,常把反馈放大电路用方块图表示。具体做法是把反馈放大电路分成两个方块:一个方块代表基本放大电路,用 $\dot{A}$ 表示;另一方块代表反馈网络,用 $\dot{F}$ 表示。再用连线将信号由输入 → 基放 → 输出 → 反馈网络 → 输入的传输过程及各电量之间的关系表达出来,构成一般方块图,如图6 – 5 所示。图中, $\dot{X}$ 表示一般信号量,可能是电压,也可能是电流。在分析放大电路时,常用正弦信号的响

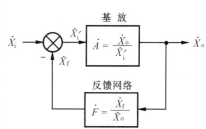

**图 6 – 5　负反馈放大电路的
方块图表示法**

应来分析,所以信号将用复数表示。$\dot{X}_i$ 表示输入量, $\dot{X}_o$ 表示输出量, $\dot{X}'_i$ 表示净输入量, $\dot{X}_f$ 表示反馈量。$\dot{A}$ 表示基本放大电路的传输系数,称为开环增益,即不考虑反馈作用时的增益, $\dot{A}$ 定义为输出量 $\dot{X}_o$ 与净输入量 $\dot{X}'_i$ 的比值。$\dot{F}$ 表示反馈网络的传输系数,称为反馈系数,它定义为反馈量 $\dot{X}_f$ 与反馈网络的输入量 $\dot{X}_o$ 的比值。连线中的箭头指向代表信号的传输方向,满足单向化传输的条件,而且 $\dot{F}$ 与信号源内阻 R_S 及负载电阻 R_L 均无关。符号"$\otimes$"为比较符号,将三个量 $\dot{X}_i$、$\dot{X}_f$ 与 $\dot{X}'_i$ 进行比较,若 $\dot{X}'_i = \dot{X}_i - \dot{X}_f$,则为负反馈,在"$\otimes$"符号旁边用" – "号示之;若 $\dot{X}'_i = \dot{X}_i + \dot{X}_f$,则为正反馈,旁边用" + "号示之。

利用方块图可以推导闭环增益 $\dot{A}_f$(即考虑了反馈作用后的放大倍数) 与开环增益 $\dot{A}$ 的关系式。$\dot{A}_f$ 定义为输出量 $\dot{X}_o$ 与总输入量 $\dot{X}_i$ 的比值。

推导:由定义 $\dot{A}_f = \dfrac{\dot{X}_o}{\dot{X}_i}$

式中

$$\dot{X}_o = \dot{A}\dot{X}'_i$$

$$\dot{X}_i = \dot{X}'_i + \dot{X}_f = \dot{X}'_i + \dot{F}\dot{X}_o$$

所以

$$\dot{A}_f = \frac{\dot{A}\dot{X}'_i}{\dot{X}'_i + \dot{F}\dot{X}_o} = \frac{\dot{A}}{1 + \dot{F}\left(\dfrac{\dot{X}_o}{\dot{X}'_i}\right)} = \frac{\dot{A}}{1 + \dot{A}\dot{F}} \qquad (6 – 1)$$

由式(6 – 1) 知,引入反馈后的放大倍数 $\dot{A}_f$ 与 $(1 + \dot{A}\dot{F})$ 因素有关,$1 + \dot{A}\dot{F}$ 称为反馈深度。下面分四种情况讨论。

1. 当 $|1+\dot{A}\dot{F}| > 1$ 时,则 $|\dot{A}_{\mathrm{f}}| < |\dot{A}|$,即引入反馈后放大倍数减小了,这种反馈称为负反馈。

2. 当 $|1+\dot{A}\dot{F}| < 1$ 时,则 $|\dot{A}_{\mathrm{f}}| > |\dot{A}|$,即引入反馈后放大倍数增加了,这种反馈称为正反馈。虽然放大倍数增加了,但将使放大电路的性能不稳定,所以在放大电路中较少使用。

3. 当 $|1+\dot{A}\dot{F}| \geqslant 10$ 时,则 $\dot{A}_{\mathrm{f}} \approx \dfrac{1}{\dot{F}}$,这种情况称为深度负反馈,是本章讨论的重点内容。

4. 当 $|1+\dot{A}\dot{F}| = 0$ 时,则 $\dot{A}\dot{F} = -1$, $\dot{A}_{\mathrm{f}} \to \infty$,此时放大电路虽无外加输入信号,但仍有输出信号,这种情况称为自激振荡,将在本章最后讨论。

第三节　负反馈放大电路的四种组态

所谓反馈组态是针对交流反馈而言的,而直流负反馈就是稳定静态工作点的,没有组态之分。由于输出交流电量有电压和电流两种,故反馈量有两种取法:取电压时则并联,取电流时则串联。而在输入回路中,反馈信号、净输入信号及输入信号三者也有串联与并联两种连接方式。因此共组成四种连接方式,称为四种组态,用四种组态方块图表示如下。

一、电压串联负反馈

图 6-6 为电压串联负反馈组态的方块图。其中 $\dot{A}_{uu}$ 所代表的物理含义为输出电压 $\dot{U}_{\mathrm{o}}$ 与净输入电压 $\dot{U}_{\mathrm{i}}'$ 的比值。第一个下标代表分子的性质是电压(或电流),第二个下标代表分母的性质是电压(或电流)。

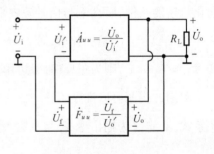

图 6-6　电压串联式

$\dot{A}_{uu}$ 表示电压与电压之比。必须指出, $\dot{A}$ 、 $\dot{F}$ 的脚标随组态而异,含义不同,应充分注意。下面举两个例子说明对反馈组态的分析与判别。

[例 6-1] 放大电路如图 6-7 所示,试分析以下内容:

(1) 指出反馈支路;

(2) 叙述反馈方式;

(3) 判别反馈组态;

(4) 反馈的特点及反馈过程;

(5) 对信号源内阻 R_{S} 的要求。

分析:

(1) 如图 6-7 所示电路,其中基本放大电路是一个集成运放,用 $\dot{A}$ 表示。反馈网络是 R_1 、 R_2 组成的分压器,用 $\dot{F}$ 表示。

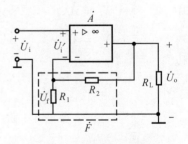

图 6-7　电压串联负反馈的例子

（2）本例中的反馈方式是通过 R_2 与 R_1 分压，将输出电压 $\dot{U}_o$ 的一部分送回到输入回路。

（3）判别反馈组态。

① 先用瞬时极性法判别反馈极性，见图中的正、负号。由输入 → 基放 → 输出 → 反馈网络 → 输入端，看输入端处圈内圈外异号，说明净输入量是被削弱的，为负反馈。

② 判电压反馈时，必须先正确写出反馈信号的表达式再用判别法。如本例中，反馈信号电压 $\dot{U}_f = \dfrac{R_1}{R_1 + R_2}\dot{U}_o$，令 $U_o = 0$，则 $U_f = 0$，不存在，所以为电压反馈。或者直接由反馈信号表达式可看出 $\dot{U}_f$ 与 $\dot{U}_o$ 成正比，则可断定为电压反馈。

③ 判别输入回路的连接方式，若为串联，则 $\dot{X}_i$、$\dot{X}_f$、$\dot{X}_i'$ 三个量必以电压形式出现。若能写出电压相减的形式，即

$$\dot{U}_i' = \dot{U}_i - \dot{U}_f \tag{6-2}$$

就可断定是串联反馈。本例中满足这个关系，所以是串联反馈。

综上所述，本例中的反馈组态为电压串联负反馈。

（4）本例的反馈特点是稳定输出电压 $\dot{U}_o$，其稳压过程为

如当 $R_L\downarrow \longrightarrow \dot{U}_o\downarrow \longrightarrow \dot{U}_f\downarrow \longrightarrow \dot{U}_i'\uparrow$

$\dot{U}_o\uparrow \longleftarrow$

（5）对 R_S 的要求。

由 $\dot{U}_i' = \dot{U}_i - \dot{U}_f$ 知，希望 $\dot{U}_i$ 恒定，即 $R_S = 0$，则 $\dot{U}_f$ 的变化全部体现在 $\dot{U}_i'$ 上，其反馈效果显著，否则反馈作用无从体现。因此，对于串联负反馈，信号源近似为恒压源处理。

［**例6-2**］ C·C 电路（如图6-8所示）也是一个电压串联负反馈的例子，分析内容同［例6-1］。

（1）本例中的基本放大电路为分立元件组成的 C·C 组态单元电路，反馈网络是 R_e 电阻。

（2）反馈方式是输出电流 $\dot{I}_e$ 通过 R_e 产生压降。

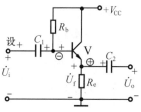

（3）判别反馈组态。

① 用瞬时极性法判反馈极性为负反馈，见图中的正、负号。

② 反馈信号 $\dot{U}_f = \dot{U}_o$，可见 $\dot{U}_f \propto \dot{U}_o$，所以是电压反馈。

图6-8 电压串联负反馈的例子

③ 判串联看电压：因为净输入信号电压 $\dot{U}_{be} = \dot{U}_i - \dot{U}_f$，是电压相减的关系，所以是串联反馈。

（4）反馈特点是稳定输出电压 $\dot{U}_o$，其稳压过程为

当 $\dot{U}_o\downarrow \longrightarrow \dot{U}_f\downarrow \longrightarrow \dot{U}_{be}\uparrow$

$\dot{U}_o\uparrow \longleftarrow$

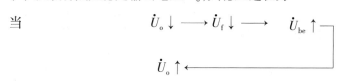

(5) 凡是串联负反馈组态,均希望 $R_S \to 0$,也就是说,将信号源近似为恒压源处理。

二、电流串联负反馈

图 6-9 为电流串联负反馈组态的方块图。其中 $\dot{A}_{iu}$ 的含义为输出的电流 $\dot{I}_o$(假设方向由上而下流经 R_L)与净输入电压 $\dot{U}'_i$ 的比值。因此 $\dot{A}_{iu}$ 的第一个脚标代表分子是电流,第二个脚标代表分母是电压,这是一个电导的量纲。$\dot{F}_{ui}$ 的含义为反馈网络的输出电压 $\dot{U}_f$ 与输入电流 $\dot{I}_o$ 的比值,这是电阻的量纲。图中 $\dot{I}_e$ 表示最后一个晶体管的射极电流,它与假设的输出电流 $\dot{I}_o$ 方向相反。

[例 6-3] 电路如图 6-10 所示。试分析如[例 6-1]相同的问题。

(1) 本例中的反馈支路只由一个电阻 R 组成。

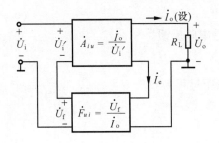

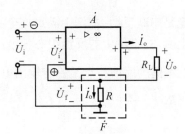

图 6-9 电流串联式   图 6-10 电流串联负反馈的例子

(2) 反馈方式是由输出电流 $\dot{I}_o$,通过 R 产生压降。

(3) 判别反馈组态:

① 反馈极性:瞬时极性见图中的"+、-"号,可断定 R 引入的是负反馈;

② 在输入回路中,可列出 $\dot{U}'_i = \dot{U}_i - \dot{U}_f$ 的电压相减的形式,故可判定这是串联反馈;

③ 由反馈信号表达式 $\dot{U}_f = R\dot{I}_o$ 知,$\dot{U}_f$ 与输出电流 $\dot{I}_o$ 成正比,所以判别为电流反馈。总之,该反馈组态为电流串联负反馈。

(4) 该组态的特点是稳定输出电流 $\dot{I}_o$,其稳流过程如下

设
$$\dot{I}_o \uparrow \longrightarrow \dot{U}_f \uparrow \longrightarrow \dot{U}'_i \downarrow$$
$$\dot{I}_o \downarrow \longleftarrow$$

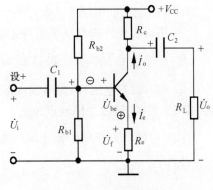

(5) 因本例仍属于串联负反馈组态,其信号源均近似为电压源处理,即视 $R_S \to 0$。

[例 6-4] 分立元件放大电路如图 6-11 所示,分析内容同[例 6-1]。

(1) 反馈支路:R_e。

图 6-11 电流串联负反馈的例子

（2）反馈方式:输出电流 $\dot{I}_e = -\dot{I}_o$ 通过 R_e 产生压降。

（3）判别反馈组态。

① 反馈极性:由瞬时极性法,见图中的"+、-"号可判定是负反馈。

② 在输入回路中,可列出净输入信号电压 $\dot{U}_{be} = \dot{U}_i - \dot{U}_f$ 的电压相减的形式,故可判定这是串联反馈。

③ 由反馈信号 $\dot{U}_f = \dot{I}_e R_e = -\dot{I}_o R_e$ 知,$\dot{U}_f$ 与输出电流成正比,所以是电流反馈。

总之,R_e 引入的是电流串联负反馈。

（4）反馈特点:稳定输出电流,其稳流过程为

设

$$\dot{I}_o\downarrow \longrightarrow \dot{U}_f\downarrow \longrightarrow \dot{U}_{be}\uparrow$$

$$\dot{I}_o\uparrow \longleftarrow$$

（5）对 R_S 的要求:因为这是串联负反馈组态,所以将信号源近似为恒压源处理,即视 $R_S \to 0$。

三、电压并联负反馈

用另一种方法也能稳定输出电压,这就是电压并联负反馈组态。图 6 – 12 为该组态的方块图。其中 $\dot{A}_{ui}$ 的含义为输出电压 $\dot{U}_o$ 与净输入电流 $\dot{I}_i'$ 的比值,第一个脚标代表分子是电压,第二个脚标代表分母是电流,这是电阻量纲。$\dot{F}_{iu}$ 的含义与反馈网络的输出量是电流 $\dot{I}_f$,输入量是电压 $\dot{U}_o$,$\dot{I}_f$ 与 $\dot{U}_o$ 的比值为电导量纲。

[例 6 – 5]　电路如图 6 – 13 所示。分析内容同[例 6 – 1]。

（1）反馈支路:R_F。

（2）反馈方式:通过 R_F 把 $\dot{U}_o$ 的全部引回到输入端使产生一个电流 $\dot{I}_f$,分走一部分输入电流 $\dot{I}_i$。

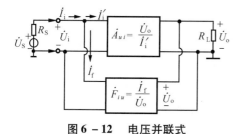

图 6 – 12　电压并联式　　　　图 6 – 13　电压并联负反馈的例子

（3）判别反馈组态。

① 用瞬时极性法,见图中的"+、-"号,可断定这是负反馈。

② 在输入回路中,可列出电流关系

$$\dot{I}_i' = \dot{I}_i - \dot{I}_f \qquad\qquad (6-3)$$

只有在并联回路中才能出现电流相减的关系,从而可以断定这是并联反馈。

③ 由反馈信号电流 $\dot{I}_f = (\dot{U}_i - \dot{U}_o)/R_F \approx -\dot{U}_o/R_F(\dot{U}_i \ll \dot{U}_o)$,可知 $\dot{I}_f$ 与输出电压 $\dot{U}_o$ 成正比。所以,这是电压反馈。

总之,R_F 引入的反馈属于电压并联负反馈组态。

(4)特点:稳定输出电压 $\dot{U}_o$,其稳定过程如下

设
$$R_L\downarrow \longrightarrow \dot{U}_o\downarrow \longrightarrow \dot{I}_f\downarrow \longrightarrow \dot{I}_i'\uparrow$$
$$\dot{U}_o\uparrow \longleftarrow$$

(5)对 R_S 的要求:由式 $\dot{I}_i' = \dot{I}_i - \dot{I}_f$ 知,若 $\dot{I}_i$ 稳定,反馈量 $\dot{I}_f$ 的变化全部体现在净输入电流 $\dot{I}_i'$ 上,其反馈效果最佳,否则反馈作用无从体现。所以希望信号源是恒流源,即使 $R_S\to\infty$,至少不能为零。

[**例6-6**]　分立元件电路如图6-14所示。分析内容同[例6-1]。

(1)反馈支路:R_F。

(2)反馈方式:通过 R_F 把输出电压 U_o 引回到输入端使产生一个电流 $\dot{I}_f$,分走一部分输入电流 $\dot{I}_i$。

(3)判别反馈组态:

① 由瞬时极性法,见图中"+、-"号,可判别该反馈是负反馈;

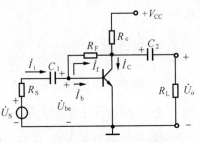

图6-14　电压并联负反馈的例子

② 在输入端满足电流关系 $\dot{I}_b = \dot{I}_i - \dot{I}_f$,由此可判别这是并联反馈;

③ 反馈信号 $\dot{I}_f = (\dot{U}_{be} - \dot{U}_o)/R_F \simeq -\dot{U}_o/R_F$,可见,$\dot{I}_f$ 与输出电压 $\dot{U}_o$ 成正比,所以是电压反馈。

总之,R_F 引入的是电压并联负反馈。

(4)特点:稳定输出电压 $\dot{U}_o$,其稳压过程如下:

当
$$R_L\downarrow \longrightarrow \dot{U}_o\downarrow \longrightarrow \dot{I}_F\downarrow \longrightarrow \dot{I}_b\uparrow$$
$$\dot{U}_o\uparrow \longleftarrow$$

(5)对 R_S 的要求:并联负反馈要求 $R_S\to\infty$。

四、电流并联负反馈

用另一种方法也能稳定输出电流,这就是电流并联负反馈组态。图6-15为该组态的方块图。图中 $\dot{A}_{ii}$ 的含义为输出电流 $\dot{I}_o$ 与净输入电流 $\dot{I}_i'$ 的比值。因为分子、分母均为电流,所以 $\dot{A}_{ii}$ 无量纲。$\dot{F}_{ii}$ 的含义是反馈信号电流 $\dot{I}_f$ 与反馈网络的输入电流 $\dot{I}_o$ 的比值,也无量纲。

[**例6-7**]　电路如图6-16所示。分析内容同[例6-1]。

(1) 反馈支路:由 R_F 和 R 组成的网络。

(2) 反馈方式:通过 R_F 把输出电流 $\dot{I}_o$ 引回到输入端使产生一个电流 $\dot{I}_f$,分走一部分输入电流 $\dot{I}_i$。

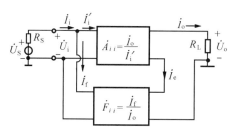

图6-15　电流并联式

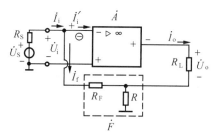

图6-16　电流并联负反馈的例子

(3) 判别反馈组态:

① 用瞬时极性法(见图中"+、-"号),可知是负反馈。

② 在输入回路,可写出 $\dot{I}_i' = \dot{I}_i - \dot{I}_f$ 的电流相减形式,由此可断定这是并联反馈。

③ 由于运放 $\dot{A}$ 为反相输入,有虚地概念,即 $U_- \approx 0$,使得 R_F 与 R 成并联关系,则 $\dot{I}_f$ 是 $\dot{I}_o$ 中的一部分,用分流公式可得到 $\dot{I}_f \approx R\dot{I}_o/(R_F + R)$。此式与 $\dot{U}_o$ 无关,当 $\dot{U}_o = 0$ 时,$\dot{I}_f \neq 0$。说明反馈信号仍存在。由判别法知是电流反馈。或者直接由分流公式得知 $\dot{I}_f$ 与输出电流 $\dot{I}_o$ 成正比,因此是电流反馈。

综上所述,本例的反馈组态为电流并联负反馈。

(4) 特点:稳定输出电流 $\dot{I}_o$,其稳流过程如下

如当　　　　　　$R_L \downarrow \longrightarrow \dot{I}_o \uparrow \longrightarrow \dot{I}_f \uparrow \longrightarrow \dot{I}_i' \downarrow$

$$\dot{I}_o \downarrow \longleftarrow$$

(5) 对 R_S 的要求:这又是一个并联负反馈,对 R_S 的要求与电压并联负反馈相同,同样将信号源近似为恒流源处理,即 $R_S \to \infty$。

[**例6-8**]　分立元件构成的电流并联负反馈放大电路如图6-17所示。分析内容同[例6-1]。

(1) 反馈支路:R_F。

(2) 反馈方式:通过 R_F 把输出电流引回到输入端使产生一个电流 $\dot{I}_f$,分走一部分输入电流 $\dot{I}_i$。

(3) 判别反馈组态:

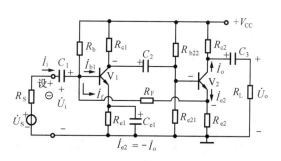

图6-17　电流并联负反馈的例子

① 用瞬时级性法(见图中"+、-"号)可判定该反馈极性为负反馈。

② 在输入端可写出 $\dot{I}_{b1} = \dot{I}_i - \dot{I}_f$ 的电流形式,所以是并联反馈。

③ 在输入回路,$\dot{U}_{be}$ 很小,可忽略不计,则 R_F 与 R_{e2} 可视为并联连接,用分流公式计算反馈信号 $\dot{I}_f = -R_{e2}\dot{I}_{e2}/(R_F + R_{e2}) = R_{e2}\dot{I}_o/(R_F + R_{e2})$。可见 $\dot{I}_f$ 与输出电流 $\dot{I}_o$ 成正比,所以是电流反馈。

总之,R_F 引入的是电流并联负反馈。

(4) 特点、稳定输出电流 $\dot{I}_o$。

设 $R_L\downarrow \longrightarrow \dot{I}_o\uparrow \longrightarrow \dot{I}_f\uparrow \longrightarrow \dot{I}_{b1}\downarrow$

$\dot{I}_o\downarrow$

(5) 对 R_S 的要求:并联反馈要求 $R_S\to\infty$。

五、综述

对于四种反馈组态,可归纳出以下几点规律。

1. 判电压反馈还是电流反馈。看反馈信号与什么输出电量成正比,若反馈信号与输出电压成正比,则为电压反馈;若与输出电流成正比,则为电流反馈。

2. 判串联反馈还是并联反馈,可记住以下口诀:判串联看电压,即 $\dot{U}'_i = \dot{U}_i - \dot{U}_f$;判并联看电流,即 $\dot{I}'_i = \dot{I}_i - \dot{I}_f$。

3. 负反馈稳定的是输出电压还是输出电流,看是电压负反馈还是电流负反馈。若是电压负反馈,则稳定输出电压;若是电流负反馈,则稳定输出电流。

4. 对信号源的要求是恒压源还是恒流源,看输入回路的连接方式。若是串联连接,则要求恒压源,即 $R_S\to0$;若是并联连接,则要求恒流源,即 $R_S\to\infty$。

第四节 负反馈对放大电路性能的改善

放大电路引入负反馈后可以改善放大性能,改善的程度均与反馈深度 $(1 + \dot{A}\dot{F})$ 有关,所以反馈深度是一个很重要的参数。

一、提高放大倍数的稳定性

为了描写闭环增益 $\dot{A}_f$ 的稳定程度,用相对变化量进行比较,并结合一个实际例子来分析。

[例6-9] 某一负反馈放大电路,开环增益 $\dot{A} = 10^4$,反馈系数 $\dot{F} = 0.01$。由电路参数变化引起开环增益的相对变化量 $d\dot{A}/\dot{A} = \pm10\%$,求闭环增益的相对变化量 $d\dot{A}_f/\dot{A}_f = ?$

解
$$\dot{A}_f = \frac{\dot{A}}{1 + \dot{A}\dot{F}} = \frac{10^4}{1 + 10^4 \times 10^{-2}} \approx 100$$

$$\mathrm{d}\dot{A}_f = \mathrm{d}\left(\frac{\dot{A}}{1 + \dot{A}\dot{F}}\right) = \frac{(1 + \dot{A}\dot{F})\mathrm{d}\dot{A} - \dot{A}\mathrm{d}(1 + \dot{A}\dot{F})}{(1 + \dot{A}\dot{F})^2} = \frac{\mathrm{d}\dot{A}}{(1 + \dot{A}\dot{F})^2}$$

相对变化量
$$\frac{\mathrm{d}\dot{A}_f}{\dot{A}_f} = \frac{\dfrac{\mathrm{d}\dot{A}}{(1 + \dot{A}\dot{F})^2}}{\dfrac{\dot{A}}{1 + \dot{A}\dot{F}}} = \frac{\mathrm{d}\dot{A}}{\dot{A}} \cdot \frac{1}{1 + \dot{A}\dot{F}} \qquad (6-4)$$

可见,$\dfrac{\mathrm{d}\dot{A}_f}{\dot{A}_f}$ 比 $\dfrac{\mathrm{d}\dot{A}}{\dot{A}}$ 减小了 $(1 + \dot{A}\dot{F})$ 倍,也就是说稳定性提高了 $(1 + \dot{A}\dot{F})$ 倍。

代入数据
$$\frac{\mathrm{d}\dot{A}}{\dot{A}} = \pm 10\%,\ |1 + \dot{A}\dot{F}| \approx 100$$

则
$$\frac{\mathrm{d}\dot{A}_f}{\dot{A}_f} = \pm 10\% \times \frac{1}{100} = \pm 0.1\%$$

说明引入负反馈后变化量由 $\pm 10\%$ 减小到 $\pm 0.1\%$,稳定性提高了 100 倍。

二、减小非线性失真和抑制内部干扰

放大器件(晶体管、场效应管等)的特性都是非线性的。当信号较大时可能工作到放大器件的非线性部分,因而使输出波形产生失真。这种由器件的非线性特性引起的失真称为非线性失真。图 6-18(a) 所示为一个无反馈的放大电路,当输入端加一正弦信号时,由于放大管的非线性特性使输出波形出现非对称失真,例如,出现图中所示的波形(正半周大,负半周小),这种波形已包含新的谐波分量。

当引入负反馈后,情况就不同了,如图 6-18(b) 所示。在 $\dot{F}$ 为常数的条件下,失真的输出波形通过反馈网络后仍然是失真波形,而且失真情况不变。净输入信号 $\dot{X}'_i = \dot{X}_i - \dot{X}_f$,也就是用一个正弦波形减去一个正半周大、负半周小的失真波形,所得到的仍是失真波形,只是失真情况与反馈信号相反,即正半周小、负半周大。这样的信号再经放大电路放大后,就能使正、负半周趋于一致,从而减小了非线性失真。

失真减小的程度与反馈深度有关。可以证明,加入负反馈后,在保持输出幅度不变的条件下,非线性失真减小了 $(1 + \dot{A}\dot{F})$ 倍。

引入负反馈减小非线性失真,是以降低放大倍数为代价的。想要获得与引入负反馈前同样大小的输出,只有增大输入信号才行。必须指出,负反馈减小非线性失真是有条件的:静态

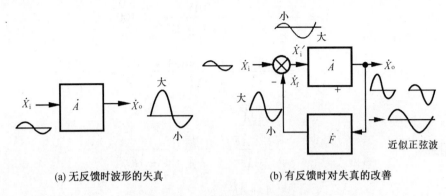

(a) 无反馈时波形的失真　　　　(b) 有反馈时对失真的改善

图 6 - 18　负反馈减小非线性失真

工作点在线性工作区,而且失真不严重;比较改善的程度是在输入相同的条件下,即反馈前后的净输入信号大小相同,工作范围一样,否则得不到真实的结论。

抑制内部干扰的情况与减小非线性失真情况相同,只将干扰视为失真波形中的谐波分量即可,其结论也与上述相同。但负反馈对外来的干扰信号无济于事。

三、展宽通频带

由于引入负反馈(反馈系数 F 为实数) 后,电压增益要减小 $(1 + \dot{A}\dot{F})$ 倍,即 $\dot{A}_f = \dot{A}/(1 + \dot{A}\dot{F})$。如图 6 - 19 中 ① 示出了开环增益的幅频特性。② 示出了闭环增益的幅频特性,开环下限频率 f_L、上限频率 f_H、通频带 f_{bw}、中频增益 A_m;闭环下限频率 f_{Lf}、上限频率 f_{Hf}、通频带 f_{bwf}、中频增益 A_{mf}。再由带宽的定义显见 $f_{bwf} > f_{bw}$。通频带主要取决于上限频率,即 $f_{bw} \simeq f_H$,$f_{bwf} \simeq f_{Hf}$。只需证明 $f_{Hf} = (1 + \dot{A}\dot{F})f_H$ 即可。

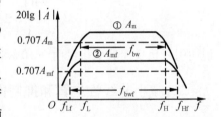

图 6 - 19　负反馈展宽通频带

证明:

无反馈时,高频段增益

$$\dot{A}_H(j\omega) = \frac{A_m}{1 + j\dfrac{f}{f_H}} \tag{6-5}$$

有反馈时,高频段增益

$$\dot{A}_{Hf}(j\omega) = \frac{\dot{A}_H(j\omega)}{1 + \dot{A}_H(j\omega)\dot{F}} \tag{6-6}$$

将式(6 - 5) 代入式(6 - 6),并展开得

$$\dot{A}_{Hf}(j\omega) = \frac{\dfrac{\dot{A}_m}{1 + \dot{A}_m\dot{F}}}{1 + j\dfrac{f}{f_H(1 + \dot{A}_m\dot{F})}} \qquad (6-7)$$

其中,闭环上限频率

$$f_{Hf} = (1 + \dot{A}\dot{F})f_H \qquad (6-8)$$

所以

$$f_{bwf} = (1 + \dot{A}\dot{F})f_{bw} \qquad (6-9)$$

由图6-19得知,通频带的展宽是以放大倍数的减小为代价的。增益与带宽的乘积称为增益带宽积,它是一个常数,即

$$A_{mf} \cdot f_{bwf} = A_m f_{bw} = 常数 \qquad (6-10)$$

必须注意,负反馈对通频带的展宽是以开环带为基础的。若开环带很窄,只靠负反馈展宽是很有限的。欲得到宽频带还应选 f_T 高的高频管作放大管,在 f_T 允许的条件下,为了尽量发挥管子的潜力而引入负反馈使通带展宽。

四、负反馈对输入、输出电阻的影响

放大电路引入负反馈后,由于在输出回路中所取电量的不同以及在输入回路中的连接方式的不同,会改变输出电阻及输入电阻的大小。为了满足实际需要,我们经常利用各种组态的负反馈来改变输入电阻及输出电阻。

(一)负反馈对输入电阻的影响

负反馈对输入电阻的影响仅与输入端的连接方式有关,而与输出端的连接方式无关。

1. 串联负反馈使输入电阻提高 $(1 + \dot{A}\dot{F})$ 倍,即 $r_{if} = (1 + \dot{A}\dot{F})r_i$。

如图6-20所示输入端为串联连接的负反馈组态。无论是电压串联负反馈还是电流串联负反馈(图中用一般规律表示),其反馈信号总是以电压形式 $\dot{U}_f$ 出现。设开环输入电阻为 r_i,即

$$r_i = \frac{\dot{U}_i'}{\dot{I}_i} \qquad (6-11)$$

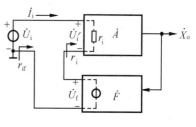

图6-20　串联负反馈的输入电阻

闭环输入电阻为 r_{if},即

$$r_{if} = \frac{\dot{U}_i}{\dot{I}_i} \qquad (6-12)$$

净输入电压　　　　　　　$\dot{U}_i' = \dot{U}_i - \dot{U}_f = \dot{U}_i - \dot{A}\dot{F}\dot{U}_i'$

所以

$$\dot{U}_i = (1 + \dot{A}\dot{F})\dot{U}_i' \qquad (6-13)$$

将式(6-13)代入式(6-12)得

$$r_{if} = \frac{\dot{U}_i}{\dot{I}_i} = \frac{(1 + \dot{A}\dot{F})\dot{U}_i'}{\dot{I}_i} = (1 + \dot{A}\dot{F})r_i \qquad (6-14)$$

由此可见,只要是串联负反馈组态,其闭环输入电阻比开环输入电阻要增大,增大的倍数等于反馈深度$(1 + \dot{A}\dot{F})$。

　　2. 并联负反馈使输入电阻减小$(1 + \dot{A}\dot{F})$ 倍,即

$$r_{if} = \frac{r_i}{1 + \dot{A}\dot{F}}$$

　　如图 6-21 所示,输入端为并联连接的负反馈组态,无论输出端取电压还是取电流,反馈信号总是以电流形式 $\dot{I}_f$ 出现。此时开环输入电阻 r_i 定义为

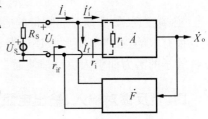

$$r_i = \frac{\dot{U}_i}{\dot{I}_i'} \qquad (6-15)$$

图 6-21　并联负反馈的输入电阻

净输入电流 $\quad \dot{I}_i' = \dot{I}_i - \dot{I}_f = \dot{I}_i - \dot{A}\dot{F}\dot{I}_i'$

所以 $\qquad\qquad\qquad \dot{I}_i = (1 + \dot{A}\dot{F})\dot{I}_i'$

闭环输入电阻 $\qquad r_{if} = \frac{\dot{U}_i}{\dot{I}_i} = \frac{\dot{U}_i}{(1 + \dot{A}\dot{F})\dot{I}_i'} = \frac{r_i}{1 + \dot{A}\dot{F}} \qquad (6-16)$

　　由此可见,只要是并联负反馈组态,其闭环输入电阻比开环输入电阻要小,减小的倍数等于反馈深度$(1 + \dot{A}\dot{F})$。

　　我们知道,输入电阻的提高能使放大电路对信号源的影响减小,或者说电路向信号源索取的电流减小,这正是我们所希望的。而并联负反馈减小电路的输入电阻有什么好处呢?对于高频放大电路来说,减小输入电阻可以削弱晶体管的极间分布电容给放大电路频率特性所带来的不利影响,并且提高放大电路的稳定性。此外,通过并联负反馈减小输入电阻是运算放大器的一个重要特点,这一点留到后面去详细分析。

(二) 负反馈对输出电阻的影响

负反馈对输出电阻的影响仅与输出端的连接方式有关,而与输入端的连接方式无关。

　　1. 电压负反馈使输出电阻减小$(1 + \dot{A}_o\dot{F})$ 倍,即

$$r_{of} = \frac{r_o}{1 + \dot{A}_o\dot{F}}$$

　　我们知道,电压负反馈的特点是稳定输出电压,也就是说,引入电压负反馈组态后,电路的输出电压更近似为恒压源。

根据输出电阻的一般求法,将输入信号短路($\dot{X}_i = 0$),输出端负载开路($R_L = \infty$),并在输出端加一电压$\dot{U}_o$,产生输出电流$\dot{I}_o$,如图6 - 22所示。图中$\dot{A}_o$表示负载开路时基本放大电路的放大倍数。r_o为开环输出电阻。忽略反馈网络对$\dot{I}_o$的分流作用,由图6 - 22可得

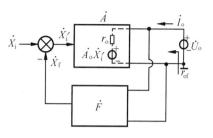

图 6 – 22 　电压负反馈的输出电阻

$$\dot{U}_o = \dot{I}_o r_o + \dot{A}_o \dot{X}'_i$$

而

$$\dot{X}'_i = \dot{X}_i - \dot{X}_f = -\dot{X}'_f = -\dot{F}\dot{U}_o$$

则

$$\dot{U}_o = \dot{I}_o r_o - \dot{A}_o \dot{F} \dot{U}_o$$

所以

$$r_{of} = \frac{\dot{U}_o}{\dot{I}_o} = \frac{r_o}{1 + \dot{A}_o \dot{F}} \qquad (6 - 17)$$

可见,无论输入端的连接方式怎样,只要是电压负反馈组态,其闭环输出电阻r_{of}比开环输出电阻要小,减小的倍数等于反馈深度$(1 + \dot{A}_o \dot{F})$。

2. 电流负反馈使输出电阻增大$(1 + \dot{A}_o \dot{F})$倍,即

$$r_{of} = (1 + \dot{A}_o \dot{F}) r_o$$

电流负反馈稳定输出电流,从输出端看放大电路相当于一个恒流源,其内阻很大,这就是闭环输出电阻。

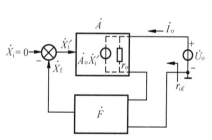

图 6 – 23 　电流负反馈的输出电阻

如图6 - 23所示,图中$\dot{A}_o$表示基本放大电路输出交流短路时的开环放大倍数;r_o为基本放大电路的输出电阻,即开环输出电阻。

忽略$\dot{I}_o$在反馈网络上的压降时有

$$\dot{I}_o \approx \frac{\dot{U}_o}{r_o} + \dot{A}_o \dot{X}'_i$$

其中

$$\dot{X}'_i = \dot{X}_i - \dot{X}_f = -\dot{X}_f = -\dot{F}\dot{I}_o$$

则

$$\dot{I}_o \approx \frac{\dot{U}_o}{\dot{I}_o} - \dot{A}_o \dot{F} \dot{I}_o$$

整理得

$$r_{of} = \frac{\dot{U}_o}{\dot{I}_o} = (1 + \dot{A}_o \dot{F}) r_o \qquad (6 - 18)$$

式(6 - 18)表明,无论输入端是串联还是并联连接,只要是引入电流负反馈组态,其闭环输出电阻都要增大,增大的倍数等于反馈深度$(1 + \dot{A}_o \dot{F})$。

由以上分析可以看出,负反馈能改善和影响放大电路多方面的性能,改善与影响的程度均与反馈深度$(1 + \dot{A}\dot{F})$有关。$|1 + \dot{A}\dot{F}|$越大,反馈越深,对电路性能的改善和影响就越大。

然而,$|1 + \dot{A}\dot{F}|$越大,放大倍数下降越多。所以说,负反馈放大电路性能的改善是以牺牲放大倍数为代价的。另一方面,反馈深度的大小不能无限制地增加,否则非但不能改善性能,反而会引起放大电路产生自激振荡。这一问题在本章最后讨论。因此,这一节所得到的结论只在一定条件下成立。

归纳这四种负反馈电路的特点,并列于表 6 – 1。

表 6 – 1　四种负反馈连接形式的特点

负反馈的连接形式		稳定了哪个输出量	输入电阻	输出电阻
反馈信号取自哪个输出量	输 入 端怎么连接			
电压	串联	$\dot{U}_\text{o}$	提高	减小
电流	串联	$\dot{I}_\text{o}$(或 $\dot{I}_\text{e}$)	提高	提高(或近似不变)
电压	并联	$\dot{U}_\text{o}$	减小	减小
电流	并联	$\dot{I}_\text{o}$(或 $\dot{I}_\text{e}$)	减小	提高(或近似不变)

第五节　正确引入负反馈的原则

负反馈能改善放大电路的多方面性能。为了提高放大电路某方面的性能,可按以下原则进行。

1. 欲稳定直流量(如静态工作点),应引入直流负反馈。

2. 欲稳定交流性能(如提高放大倍数稳定性、展宽通频带、减小非线性失真和抑制干扰),应引入交流负反馈。

3. 欲稳定输出电压或降低输出电阻,应引入电压负反馈;欲稳定输出电流或提高输出电阻,应引入电流负反馈。

4. 欲提高输入电阻或减小放大电路对信号源的影响,应引入串联负反馈;欲减小输入电阻,应引入并联负反馈。

[例 6 – 10]　在图 6 – 24 所示的多级放大电路中,试说明为了实现以下几方面的要求,应该分别引入什么样的负反馈,并将反馈途径标出。

(1) 静态工作点十分稳定。

(2) 加信号后,I_c3 的数值基本不变。

(3) 输出端接上负载 R_L 后,U_o 基本不随 R_L 的改变而改变。

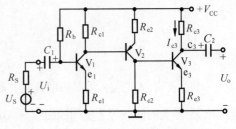

图 6 – 24　引入反馈的例子

（4）输入端向信号源索取的电流比较小。

解 这是一个在基本放大电路中正确引入负反馈的例题。对于每一项要求，先判断是什么性质的问题，再根据引入负反馈的原则，引入满足要求的负反馈。

（1）稳定静态工作点，就是稳定直流量的问题，应引入直流负反馈。有如下两个途径。

① 将 R_b 接到 $+V_{CC}$ 的一端断开，直接接于 c_3 端，形成直流负反馈途径。此时 R_b 有双重作用：既是偏置电阻又是反馈电阻。

② 通过反馈电阻 R_F 将 e_1 与 e_3 两端连接起来，同样也能形成直流负反馈。是不是负反馈，需用瞬时极性法判别。

（2）这是一个动态下稳定输出电流的问题，应引入电流负反馈。在上述两个反馈途径中，途径 ② 就是一个电流负反馈，能满足要求。

（3）这是一个稳定输出电压的问题，应引入电压负反馈。途径 ① 是电压负反馈，能满足这一要求。

（4）这是一个提高输入电阻的问题，应引入串联负反馈。途径 ② 是串联负反馈，满足这一要求。

第六节 深度负反馈放大电路的计算

一、深度负反馈放大电路的特点

由本章第二节的讨论知，当 $|1 + \dot{A}\dot{F}| \geqslant 10$ 时，为深度负反馈。此时

$$|\dot{A}_f| = \frac{|\dot{A}|}{|1 + \dot{A}\dot{F}|} \approx \frac{1}{\dot{F}} \qquad (6-19)$$

式（6-19）表明，在深度负反馈条件下，闭环放大倍数 $|\dot{A}_f|$ 仅取决于反馈网络的反馈系数 $|\dot{F}|$ 的大小，而与影响开环放大倍数 $|\dot{A}|$ 的各因素无关。因为反馈网络一般由电阻组成，所以反馈系数的数值是很稳定的，从而 $|\dot{A}_f|$ 的大小也是比较稳定的。这有利于负反馈放大电路的设计与计算。

定义

$$\dot{A}_f = \frac{\dot{X}_o}{\dot{X}_i}$$

$$\frac{1}{\dot{F}} = \frac{\dot{X}_o}{\dot{X}_f} \qquad (6-20)$$

由式（6-19）得知 $\dot{X}_i$ 近似等于反馈量 $\dot{X}_f$，而净输入量 $\dot{X}_i' = \dot{X}_i - \dot{X}_f \approx 0$。这是因为在深度负反馈条件下，基本放大电路的开环放大倍数 $|\dot{A}|$ 必然很大，但由于电路参数的限制，输出量

$\dot{X}_o$ 只能是一个有限值。因此,净输入量 $\dot{X}'_i$ 一定是很小的值。为了简化分析,在误差允许的范围内可近似认为 $\dot{X}'_i \approx 0$。

对于串联负反馈组态 $\dot{X}_i$ 与 $\dot{X}_f$ 均为电压信号,即

$$\dot{U}_i \approx \dot{U}_f \tag{6-21}$$

对于并联负反馈组态,$\dot{X}_i$ 与 $\dot{X}_f$ 均为电流信号,即

$$\dot{I}_i \approx \dot{I}_f \tag{6-22}$$

在深度负反馈条件下,输入、输出电阻可做如下近似处理:

串联负反馈　　$r_{if} \to \infty$

并联负反馈　　$r_{if} \to 0$

电压负反馈　　$r_{of} \to 0$

电流负反馈　　$r_{of} \to \infty$

下面只需计算闭环电压增益 $\dot{A}_{uuf}$。

二、深度负反馈放大电路闭环电压增益的计算

假设在中频下,电容的影响可以忽略不计,所以下面不必用复数符号。在深度负反馈条件下,有两种方法计算闭环电压增益。

(一) 利用近似公式 $A_f \approx \dfrac{1}{F}$ 计算法

用 $A_f \approx \dfrac{1}{F}$ 进行计算时,关键是先求出反馈系数 F,再求其倒数即为 A_f。根据反馈组态的不同,为求得电压增益,除了电压串联负反馈组态可以直接得到结果外,其他三种组态还需要经过以下的转换步骤。

电压并联负反馈

$$A_{uSf} = \frac{U_o}{U_S} = \frac{U_o}{I_i(R_S + r_{if})} \approx \frac{U_o}{I_i R_S}(r_{if} \to 0) = \frac{A_{uif}}{R_S} \approx \frac{1}{R_S F_{iu}} \tag{6-23}$$

电流串联负反馈

$$A_{uf} = \frac{U_o}{U_i} = \frac{I_o \cdot R'_L}{U_i} = A_{iu} \cdot R'_L \approx \frac{R'_L}{F_{ui}} \tag{6-24}$$

电流并联负反馈

$$A_{uSf} = \frac{U_o}{U_S} = \frac{I_o \cdot R'_L}{I_i(R_S + r_{if})} \approx A_{iif} \cdot \frac{R'_L}{R_S} \approx \frac{R'_L}{R_S F_{ii}} \tag{6-25}$$

(二) 利用 $X_i \approx X_f$ 计算法

利用深度负反馈的特点 $X_i \approx X_f$ 进行计算时,首先求出反馈信号 X_f 的表达式,并求出输入电压 U_i(或 U_S) 与输出电压 U_o 的表达式,再根据 $X_i \approx X_f$ 即可求出闭环电压增益。下面举例说明这两种算法的应用。

三、计算举例

设下面各例均满足深度负反馈条件，求它们的闭环电压增益（即放大倍数）A_{uuf}（或 A_{uSf}）。

[例 6 – 11] 电压串联负反馈放大电路如图 6 – 25 所示，图中 U_f 为反馈信号。估算 $A_{uuf} = \dfrac{U_o}{U_i} = ?$

解 方法 1. 利用 $A_f \approx \dfrac{1}{F}$ 公式计算

因为运放反相端不取电流，即 $I_- = 0$

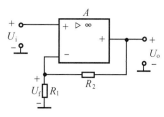

图 6 – 25　例 6 – 11 的电路

所以 $\qquad U_f = \dfrac{R_1}{R_1 + R_2} U_o$

$$F_{uu} = \dfrac{U_f}{U_o} = \dfrac{R_1}{R_1 + R_2}$$

则
$$A_{uuf} \approx \dfrac{1}{F} = 1 + \dfrac{R_2}{R_1} \tag{6 – 26}$$

方法 2. 利用 $X_i \approx X_f$ 特点计算

对于串联负反馈有

$$U_i \approx U_f$$

因为 $U_f = \dfrac{R_1}{R_1 + R_2} U_o$

所以 $U_i \approx \dfrac{R_1}{R_1 + R_2} U_o$

因此 $A_{uuf} = \dfrac{U_o}{U_i} \approx 1 + \dfrac{R_2}{R_1}$ 与式（6 – 26）相同。

式（6 – 26）表明，闭环电压增益 A_{uuf} 仅与反馈网络的元件参数（R_1, R_2）有关，而与运放的参数、负载 R_L 无关。只要取定 R_1 与 R_2 的值，则 A_{uuf} 就是稳定值。

[例 6 – 12] 分立元件放大电路如图 6 – 8 所示。估算 $A_{uuf} = \dfrac{U_o}{U_i} = ?$

解 这是电压跟随器，R_e 引入电压串联负反馈，U_f 为反馈信号。

用 $A_{uuf} \approx \dfrac{1}{F_{uu}}$ 计算

因为 $\qquad U_f = U_o$

由定义 $\quad F_{uu} = \dfrac{U_f}{U_o} = 1$

所以 $\qquad A_{uuf} \approx \dfrac{1}{F_{uu}} = 1$

此结果与第二章用微变等效电路法的计算结果相同。

本例中，反馈信号电压 U_f 与输出电压 U_o 相等，即反馈网络将输出电量（电压）的全部引回到输入回路中。无论选用何种器件（晶体三极管、场效应管、集成运放）组成的各种形式的电压跟随器均属于深度的电压串联负反馈。

[例 **6 – 13**] 电流串联负反馈放大电路如图 6 – 26

所示。估算闭环电压增益 $A_{uuf} = \dfrac{U_o}{U_i} = ?$

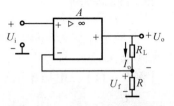

图 6 – 26 例 6 – 13 的电路

解 方法 1. 利用 $A_{iuf} = \dfrac{I_o}{U_i} \approx \dfrac{1}{F_{ui}}$ 计算

A_{iuf} 称为闭环转移电导。因为 $I_- = 0$，所以反馈信号 $U_f =$

RI_o。由定义式 $F_{ui} = \dfrac{U_f}{I_o} = R$，

所以 $\qquad A_{iuf} = \dfrac{I_o}{U_i} \approx \dfrac{1}{F_{ui}} = \dfrac{1}{R}$

转换 $\qquad\qquad A_{uuf} = \dfrac{U_o}{U_i} = \dfrac{I'_o R_L}{U_i} = A_{iuf} \cdot R_L = \dfrac{R_L}{R}$ $\qquad\qquad(6 – 27)$

方法 2. 用 $U_i \approx U_f$ 计算。

因为 $\qquad U_i \approx U_f = RI_o = \dfrac{U_o}{R_L} \cdot R$

整理得 $\qquad A_{uuf} = \dfrac{U_o}{U_i} = \dfrac{R_L}{R}$

式(6 – 27)说明,对于电流串联负反馈电路,只要取定 R_L 与 R 值,则 A_{uuf} 就是稳定值,而与集成运放参数无关。

[例 **6 – 14**] 分立元件放大电路如图 6 – 11 所示。估算 $A_{uuf} = \dfrac{U_o}{U_i} = ?$

解 方法 1. 用 $A_{iuf} = \dfrac{I_o}{U_i} \approx \dfrac{1}{F_{ui}}$ 计算。

反馈信号 $\qquad U_f = I_e \cdot R_e = -I_o R_e$

反馈系数 $\qquad F_{ui} = \dfrac{U_f}{I_o} = -R_e$

闭环转移电导 $\qquad A_{iuf} = \dfrac{I_o}{U_i} \approx \dfrac{1}{F_{ui}} = -\dfrac{1}{R_e}$

转换 $\qquad A_{uuf} = \dfrac{U_o}{U_i} = \dfrac{I_o \cdot (R_c /\!/ R_L)}{U_i}$

$\qquad\qquad\qquad = A_{iuf} \cdot (R_c /\!/ R_L) = -\dfrac{(R_c /\!/ R_L)}{R_e}$

方法 2. 用 $U_i \approx U_f$ 计算。

因为 $\qquad U_i \approx U_f = -I_o \cdot R_e$

所以 $\qquad A_{uuf} = \dfrac{U_o}{U_i} \approx \dfrac{U_o}{U_f} = \dfrac{I_o \cdot (R_c /\!/ R_L)}{-I_o \cdot R_e} = \dfrac{-(R_c /\!/ R_L)}{R_e}$

在第二章中,用微变等效电路法求得 $A_u = -\beta \dfrac{R_c /\!/ R_L}{r_{be} + (1 + \beta)R_e}$,当 $(1 + \beta)R_e \gg r_{be}$ 时,

$A_u \approx -\dfrac{R_c /\!/ R_L}{R_e}$,与本答案相同。这说明负反馈与等效电路法一样,也是一种基本分析方法。

[**例 6 − 15**]　　电压并联负反馈放大电路如图

6 − 27 所示。估算 $A_{uSf} = \dfrac{U_o}{U_S} = ?$

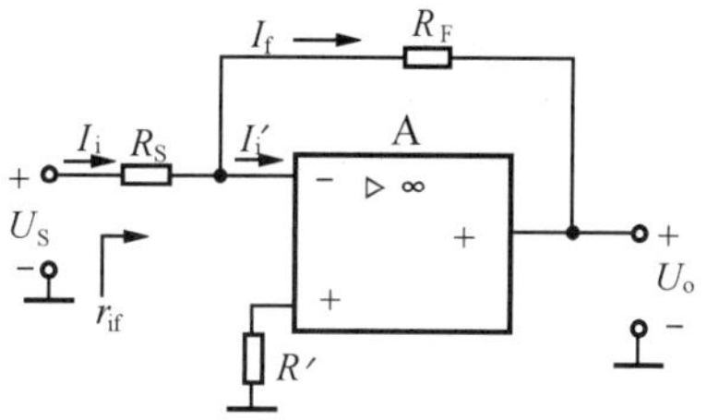

解　方法 1. 用 $A_{uif} = \dfrac{U_o}{I_i} \approx \dfrac{1}{F_{iu}}$ 计算。A_{uif} 称为闭

环转移电阻。

反馈信号　　　$I_f = \dfrac{U_- - U_o}{R_F} \approx -\dfrac{U_o}{R_F}(U_- \approx 0)$

反馈系数　　　$F_{iu} = \dfrac{I_f}{U_o} = -\dfrac{1}{R_F}$

图 6 − 27　例 6 − 15 的电路

闭环转移电阻　$A_{uif} = \dfrac{U_o}{I_i} \approx \dfrac{1}{F_{iu}} = -R_F$

转换　　　　　$A_{uSf} = \dfrac{U_o}{U_S} = \dfrac{U_o}{I_i(R_S + r_{if})}$

$$\approx \dfrac{U_o}{I_i \cdot R_S} \qquad (r_{if} \to 0)$$

$$= A_{uif} \cdot \dfrac{1}{R_S} \approx -\dfrac{R_F}{R_S} \qquad\qquad (6 - 28)$$

式（6 − 28）表明，只要 R_F 与 R_S 取定，A_{uSf} 是一个稳定值，负号表示 U_o 与 U_S 反相位。

方法 2. 用 $I_i \approx I_f$ 计算。

输入电流　　　$I_i = \dfrac{U_S}{R_S + r_{if}} \approx \dfrac{U_S}{R_S} \qquad (r_{if} \to 0)$

反馈信号　　　$I_f = \dfrac{U_- - U_o}{R_F} \approx -\dfrac{U_o}{R_F}$

因此　　　　　$\dfrac{U_S}{R_S} \approx -\dfrac{U_o}{R_F}$

整理得　　　　$A_{uSf} = \dfrac{U_o}{U_S} = -\dfrac{R_F}{R_S}$

[**例 6 − 16**]　　分立元件放大电路如图 6 − 14 所示。R_F 为电压并联负反馈。估算闭环电压

增益 $A_{uSf} = \dfrac{U_o}{U_S} = ?$

解　方法 1. 用 $A_{uif} = \dfrac{U_o}{I_i} \approx \dfrac{1}{F_{iu}}$ 计算。

反馈信号　　　$I_f \approx -\dfrac{U_o}{R_F}$

反馈系数　　　$F_{iu} = \dfrac{I_f}{U_o} = -\dfrac{1}{R_F}$

闭环转移电阻　$A_{uif} = -R_F$

转换　　　　　$A_{uSf} = \dfrac{U_o}{U_S} = \dfrac{U_o}{I_i(R_S + r_{if})} \qquad (r_{if} \to 0)$

$$\approx A_{uif} \cdot \dfrac{1}{R_F} = -\dfrac{R_F}{R_S}$$

方法 2. 用 $I_i \approx I_f$ 计算

输入电流 $\qquad I_i = \dfrac{U_S}{R_S + r_{if}} \approx \dfrac{U_S}{R_S} \qquad (r_{if} \to 0)$

反馈信号 $\qquad I_f \approx -\dfrac{U_o}{R_F}$

所以 $\qquad \dfrac{U_S}{R_S} \approx -\dfrac{U_o}{R_F}$

整理得 $\qquad A_{uSf} = \dfrac{U_o}{U_S} = -\dfrac{R_F}{R_S}$

[例 6 - 17] 电流并联负反馈电路如图 6 - 28

所示。估算 $A_{uSf} = \dfrac{U_o}{U_S} = ?$

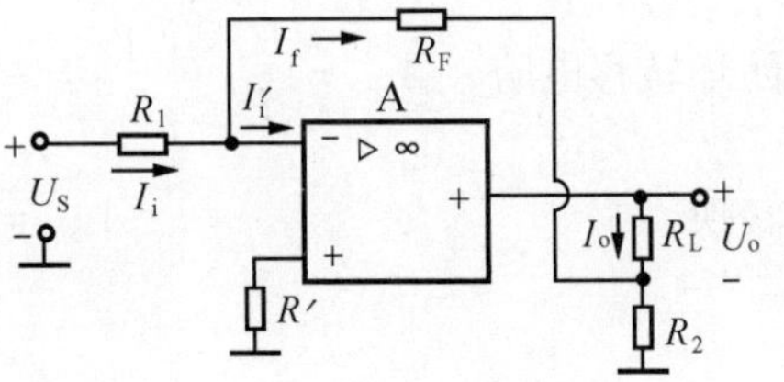

图 6 - 28 例 6 - 17 的电路

解 方法 1. 用近似公式 $A_{iif} = \dfrac{I_o}{I_i} \approx \dfrac{1}{F_{ui}}$ 计算。

A_{iif} 称为闭环电流增益。

因运放反相输入时有虚地 $U_- \approx 0$

所以 $\qquad R_F \mathbin{/\mkern-5mu/} R_2$

由分流公式 $\qquad I_f = \dfrac{R_2}{R_F + R_2}(-I_o)$

$\qquad\qquad F_{ii} = \dfrac{I_f}{I_o} = -\dfrac{R_2}{R_F + R_2}$

$\qquad\qquad A_{iif} = \dfrac{I_o}{I_i} \approx \dfrac{1}{F_{ii}} = -\left(1 + \dfrac{R_F}{R_2}\right)$

转换 $\qquad A_{uSf} = \dfrac{U_o}{U_S} = \dfrac{I_o \cdot R_L}{I_i \cdot (R_1 + r_{if})} \qquad (r_{if} \to 0)$

$$\approx A_{iif} \cdot \dfrac{R_L}{R_1} = -\dfrac{R_2 + R_F}{R_2} \cdot \dfrac{R_L}{R_1} \qquad\qquad (6 - 29)$$

式(6 - 29) 表明，只要外电路参数 (R_1, R_2, R_F, R_L) 取定，闭环电压增益 A_{uSf} 就是一个稳定值，而与运放参数无关。

方法 2. 用 $I_i \approx I_f$ 计算。

$$I_i = \dfrac{U_S}{R_1 + r_{if}} \approx \dfrac{U_S}{R_1} \qquad (r_{if} \to 0)$$

$$I_f = -\dfrac{R_2}{R_F + R_2} I_o = -\dfrac{R_2}{R_F + R_2} \cdot \dfrac{U_o}{R_L}$$

因此 $\qquad \dfrac{U_S}{R_1} \approx -\dfrac{R_2}{R_F + R_2} \cdot \dfrac{U_o}{R_L}$

整理得 $\qquad A_{uSf} = \dfrac{U_o}{U_S} = -\dfrac{R_F + R_2}{R_2} \cdot \dfrac{R_L}{R_1}$

[例 6 - 18] 由分立元件组成的电流并联负反馈电路如图 6 - 17 所示。估算闭环电压

增益 $A_{uSf} = \dfrac{U_o}{U_S} = ?$

解　方法 1. 用近似公式 $A_{iif} = \dfrac{I_o}{I_i} \approx \dfrac{1}{F_{ii}}$ 计算

视 $U_{be1} \approx 0$，则 R_F 与 R_{e2} 为并联关系，并且 $I_{e2} = -I_o$。用分流公式计算反馈信号电流

$$I_f = \frac{R_{e2}}{R_F + R_{e2}}(-I_{e2}) = \frac{R_{e2}}{R_F + R_{e2}}I_o$$

反馈系数

$$F_{ii} = \frac{I_f}{I_o} = \frac{R_{e2}}{R_F + R_{e2}}$$

所以

$$A_{iif} \approx \frac{1}{F_{ii}} = \frac{R_{e2} + R_F}{R_{e2}}$$

转换

$$A_{uSf} = \frac{U_o}{U_S} = \frac{I_o(R_{c2} /\!/ R_L)}{I_i(R_S + r_{if})} \qquad (r_{if} \to 0)$$

$$\approx A_{iif} \cdot \frac{R_L'}{R_S} = \frac{R_{e2} + R_F}{R_{e2}} \cdot \frac{R_L'}{R_S}, R_L' = R_{c2} /\!/ R_L$$

方法 2. 用 $I_i \approx I_f$ 计算。

$$I_i \approx \frac{U_S}{R_S} \qquad (r_{if} \to 0)$$

$$I_f = \frac{R_{e2}}{R_{e2} + R_F} \cdot \frac{U_o}{R_L'}$$

所以

$$\frac{U_S}{R_S} \approx \frac{R_{e2}}{R_{e2} + R_F} \cdot \frac{U_o}{R_L'}$$

整理得

$$A_{uSf} = \frac{U_o}{U_S} = \frac{R_{e2} + R_F}{R_{e2}} \cdot \frac{R_L'}{R_S}$$

　　以上列举了八个例子说明四种反馈组态的计算方法。通过这些计算可以看出，对于电压串联负反馈组态，无论用哪种方法计算都很方便，而对其他三种组态则采用深度负反馈特点求解比较适合，无须转换步骤。另外，当电路参数取定时，闭环电压增益都是很稳定的。

第七节　　负反馈放大电路的自激振荡及消除方法

　　负反馈放大电路性能的改善和影响与反馈深度有关，反馈深度越大，改善放大性能的程度越大。但是，如果负反馈引得过深，不但改善不了放大性能，反而引起电路的不稳定。当输入信号为零（$U_i = 0$）时，输出不为零，这种现象称自激现象。它破坏了放大电路的正常工作，必须加以克服。为了寻找消除自激现象的方法，需要了解产生自激振荡的原因及条件。

一、产生自激振荡的原因及条件

（一）原因

　　由第三章频率响应的讨论可知，当信号频率偏低或偏高时，由于电路的耦合电容、晶体管的极间电容及连线电容的影响，不仅使放大倍数 A_u 下降，还产生超前或滞后的相移，称为

附加相移,记以 $\Delta\Phi$。当附加相移满足一定条件时会使负反馈变成正反馈,此时净输入信号被加强,即 $\dot{X}'_{i} = \dot{X}_{i} + \dot{X}_{f}$,于是自激振荡产生了。换言之,当反馈信号幅值等于净输入信号时,即使输入信号为零,净输入借助于反馈信号而维持,从而使输出不为零,这就是自激振荡。

(二) 条件

前已述,当 $|1 + \dot{A}\dot{F}| = 0$ 时,$\dot{A}_{f} = \dot{A}/(1 + \dot{A}\dot{F}) \to \infty$,电路处于自激状态。由此可知产生自激的条件

$$\dot{A}\dot{F} = -1 \tag{6-30}$$

它包括幅度条件及相位条件

幅度条件 $$|\dot{A}\dot{F}| = 1 \tag{6-31}$$

相位条件 $$\Delta\Phi = \arg \dot{A}\dot{F} = \pm 180° \tag{6-32}$$

或者 $$\Delta\Phi = \pm(2n+1)\pi, n \text{ 为整数} \tag{6-33}$$

单级负反馈放大电路的附加相移不超过90°,不满足自激的条件,所以单级放大电路是很稳定的;两级放大电路的相移不超过180°,只有在频率趋于无穷大或为零时附加相移才能达到180°,但这时幅值为零,不能满足幅度条件,所以两级负反馈放大电路一般也不会产生自激振荡。但三级以上的负反馈放大电路,只要达到一定的反馈深度,就有可能满足自激振荡的条件而产生自激。级数越多,附加相移也越大,产生自激振荡的可能性也越大。

幅度条件及相位条件必须同时满足才能产生自激振荡,只要有一个条件不满足就不能自激。

在自激振荡的条件中,一般来说相位条件是主要因素。当相位条件满足时,在大多数情况下,只要 $|\dot{A}\dot{F}| > 1$ 时,输入信号经放大、反馈、再放大……输出信号幅度将逐渐增长,直至受到电路元件的非线性限制,最终使输出幅度稳定,此时 $|\dot{A}\dot{F}| = 1$。

二、自激振荡的判别方法

(一) 频率判据法

根据反馈放大电路的频率特性判断系统是否自激的方法,称为频率判据法。

下面通过实例说明频率判据法及其应用。

[例6-19] 已知两个反馈放大电路的幅频特性与相频特性分别如图 6-29(a)、(b) 所示。它们是反馈放大电路在开环状态下的特性,试判别它们是否自激?

图中,f_{c} 称为增益交界频率,它定义为当 $L_{AF} = 20\lg|\dot{A}\dot{F}| = 0 \text{ dB}$ 时所对应的频率。f_{0}

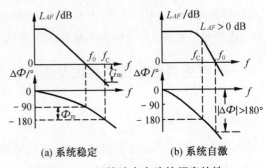

(a) 系统稳定 　　(b) 系统自激

图 6-29 反馈放大电路的频率特性

意味着 $|\dot{A}\dot{F}| = 1$,即在该频率处刚好满足自激的幅度条件。f_C 称为相位交界频率,它定义为当 $\arg \dot{A}\dot{F} = -180°$ 时的频率。在 f_C 处,刚好满足自激的相位条件。

[判据 1] 在 $\Delta\Phi / = \arg \dot{A}\dot{F} = -180°$ 时,若 $L_{AF} = 20\lg|\dot{A}\dot{F}| \geqslant 0$ dB,即 $|\dot{A}\dot{F}| \geqslant 1$,则系统自激;若 $L_{AF} < 0$ dB,即 $|\dot{A}\dot{F}| < 1$,则系统稳定。

本例中,对于图(a)系统,对应 $\Delta\Phi = -180°$ 的 $L_{AF} < 0$ dB,所以该系统是稳定的;对于图(b)系统,对应 $\Delta\Phi = -180°$ 的 $L_{AF} > 0$ dB,所以该系统是自激的。

[判据2] 在 $L_{AF} = 20\lg|\dot{A}\dot{F}| = 0$ dB(即 $|\dot{A}\dot{F}| = 1$)时,若 $|\Delta\Phi| = |\arg \dot{A}\dot{F}| < |-180°|$(即在 $-180°$ 以上的位置),则系统稳定;若 $|\Delta\Phi| \geqslant |-180°|$(即在 $-180°$ 以下的位置),则系统自激。

利用判据 2 同样可判出图(a)所示系统稳定,图(b)所示系统自激的结果。

(二) 稳定裕度

能使电路稳定工作(基本不受环境温度、电路参数、电源电压的影响)所必须留有的余量,称为稳定裕度。它包含幅度裕度和相位裕度。

1. 幅度裕度 G_m

当 $\Delta\Phi = -180°(f = f_C)$,$L_{AF} = 20\lg|\dot{A}\dot{F}| < 0$ dB 时,负反馈放大电路才能稳定。通常用幅度裕度来表示稳定的程度,它定义为

$$G_m = 20\lg|\dot{A}\dot{F}|\bigg|_{f_C} \qquad (6-34)$$

如图 6 - 29(a)所示,对于稳定的负反馈放大电路,G_m 为负值,数值越负越稳定。通常要求 $G_m \leqslant -10$ dB。

2. 相位裕度 Φ_m

当 $L_{AF} = 20\lg|\dot{A}\dot{F}| = 0$ dB(即 $f = f_0$),而且 $|\Delta\Phi(f_0)| < |-180°|$ 时,电路才能稳定。用相位裕度来表示稳定的程度,其定义为

$$\Phi_m = 180° - |\Delta\Phi(f_0)| \qquad (6-35)$$

图 6 - 29(a)所示的稳定系统,Φ_m 为正值,数值越正越稳定。一般要求 $\Phi_m \geqslant 45°$。

(三) 利用 0 dB 线判别法

什么是 0 dB 线呢?将对数幅频特性的纵坐标作一分解

$$L_{AF} = 20\lg|\dot{A}\dot{F}| = 20\lg|\dot{A}| + 20\lg|\dot{F}| = 20\lg|\dot{A}| - 20\lg\left|\frac{1}{\dot{F}}\right| = L_A - L_F \qquad (6-36)$$

在反馈网络为纯电阻网络的情况下,反馈网络不产生相移,反馈系数为一常数,对于确定的反馈系数 F,$L_F = 20\lg\left|\frac{1}{\dot{F}}\right|$ 是一条水平线,因此 $\dot{F}$ 对回路增益($\dot{A}\dot{F}$)频率特性的转折与下降速率无影响,L_{AF} 与 L_A 的特性是相似形。因此可将水平线 L_F 提出去,只需讨论 L_A 的频率特性就行了。

将水平线 L_F 称作 0 dB 线。利用它可以判断负反馈放大电路的稳定性,下面举例说明。

[**例 6 – 20**]　一个三级放大电路,其频率特性表达式为

$$\dot{A} = \frac{-10^4}{(1 + j\frac{f}{0.1})(1 + j\frac{f}{1})(1 + j\frac{f}{10})}$$

式中 f 代表频率,单位为 MHz。反馈网络由电阻组成,反馈系数 $F = 0.1$。

（1）利用 0 dB 线判别该电路能否稳定工作?

（2）设 $F = 0.001$ 时,问电路能否稳定工作?如能稳定,其稳定裕度是多少?

解　由 $\dot{A}$ 的表达式可画出其频率特性如图 6 – 30 所示。它有三个极点频率(转折频率),分别为 $f_{p1} = 0.1$ MHz;$f_{p2} = 1$ MHz;$f_{p3} = 10$ MHz。

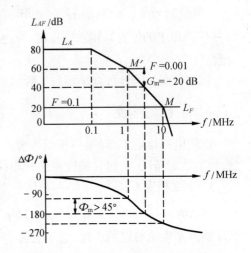

（1）当 $F = 0.1$ 时,$L_F = 20\lg\left|\frac{1}{\dot{F}}\right| = 20$ dB,过 20 dB 作水平线即为 0 dB 线。相当于把横坐标提到到 20 dB 处,只需研究以上部分即可。

判稳的方法如下:先找到 L_A 与 L_F 的交点 M,M 点意味着刚好满足幅度条件$|\dot{A}\dot{F}| = 1$;看对应的附加相位 $\Delta\Phi$。落在 $-180°$ 以下位置,说明也满足相位条件,则电路产生自激。

该系统产生自激的原因是反馈系数 F 太大,反馈过强。欲使系统稳定,将 F 减小,再看系统是否自激。

图 6 – 30　例 6 – 20 的开环频率特性

（2）当 $F = 0.001$ 时,$L_F = 20\lg\left|\frac{1}{\dot{F}}\right| = 60$ dB,过 60 dB 作水平线即新的 0 dB 线,它与 L_A 的交点为 M' 点;看对应的 $\Delta\Phi$ 落在 $-180°$ 以上位置,说明不满足相位条件,所以系统稳定。

由图示不难看出,相位裕度 $\Phi_m > 45°$;对应 $-180°$ 的幅度裕度 $G_m = (40 - 60)$ dB $= -20$ dB。

综上所述,可得到以下结论。

① F 越大越不稳定,越小越稳定。

② 横坐标以上极点的个数(代表级数)越少越稳定,越多越不稳定。对于单级放大电路,无论 F 取多大,转折点只有一个,所以总是稳定的。而对本例的三级放大电路,其转折点有三个,所以就不稳定了。

③ 极点越密集越不稳定,越拉开距离越稳定。也就是说,在开环频率特性中,以 -20 dB/十倍频程斜率下降的这一线段越长,电路引入负反馈后就越不会自激。

三、常用的消振方法

(一) 减小 F 的方法

这种方法虽然能使系统得以稳定,但是 F 的减小会引起反馈深度 $(1 + \dot{A}\dot{F})$ 的减小,与改

善放大性能相矛盾,所以这种方法不常采用。

(二) 电容补偿法(主极点补偿)

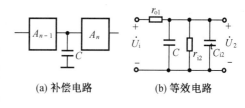

(a) 补偿电路　　(b) 等效电路

图 6 - 31　电容补偿

电容补偿法就是在基本放大电路中接入一个补偿电容 C,通常在基本放大电路最低极点频率(即时间常数最大) 的回路中,两级之间对地接入的电容 C 就是补偿电容,如图 6 - 31(a) 所示。在未接入补偿电容 C 时,其极点频率为 f_{p1}

$$f_{p1} = \frac{1}{2\pi(r_{o1} /\!/ r_{i2}) \cdot C_{i2}} \qquad (6 - 37)$$

式(6 - 37) 中,r_{o1} 为前级的输出电阻,r_{i2} 为后级的输入电阻,C_{i2} 为等效电容。接入补偿电容后变为

$$f'_{p1} = \frac{1}{2\pi(r_{o1} /\!/ r_{i2})(C + C_{i2})} \qquad (6 - 38)$$

比较式(6 - 38) 与式(6 - 37),若 $C \gg C_{i2}$,则 $f'_{p1} \ll f_{p1}$。下面仍以[例 6 - 21]三级放大电路为例。如果选择 C 使 $f'_{p1} = 0.1$ kHz,则电路的开环频率特性变为

$$\dot{A} = \frac{-10^4}{(1 + j\dfrac{f}{0.0001})(1 + j\dfrac{f}{1})(1 + j\dfrac{f}{10})}$$

它的频率特性绘于图 6 - 32 中。

由图可见,接入补偿电容后使幅频特性中 -20 dB/10f 线段加长了。与 $f_{p2} = 1$ MHz 相交的幅值为 0 dB。这样使横坐标以上只存在一个极点频率,而对应 f_{p2} 的附加相移约为 $-135°$,还有 45° 的相位裕度。由频率判据法可知,该电路是稳定的。

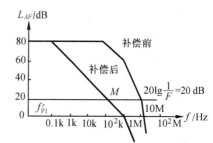

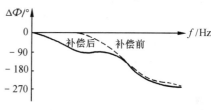

图 6 - 32　补偿前后的频率特性

计算补偿电容 C 时,将在幅频特性中查找出新的主极点频率(如本例中 $f'_{p1} = 0.1$ kHz)代入式(6 - 38) 即可确定 C 值。

必须指出,由于电路中存在分布参数,而且元器件本身的参数分散性也较大,所以,不能单靠理论计算来决定接入点和补偿电容的数值,最好采用定性分析、定量估算、实验调整相结合的方法。例如,选择接入点时,可以通过定性分析或大致估算出前级输出电阻和后级的输入电阻都较高的放大级,此时,必然时间常数大,极点频率低,接入电容时补偿作用显著。再如选择电容量,可先大致估算出元件数量级,通过实验调整确定。

采用电容补偿法简单易行,其缺点是放大电路通频带变窄了,所需的电容值也比较大。

(三)RC 滞后补偿法

RC 滞后补偿是在最低极点频率所在回路接入一个 RC 串联网络,如图 6 - 33 所示。采用

这种方法的优点是放大电路的频带增宽了。在 $|1 + \dot{A}\dot{F}| = 1$ 的条件下,带宽可达1 MHz,而用电容补偿只有0.1 MHz。

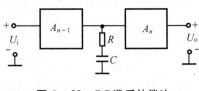

除了上述补偿方法外,还有其他的补偿方法,此处不一一作介绍了。

图 6 – 33　*RC* 滞后补偿法

本 章 小 结

放大电路中的反馈是电子技术课程中的重点内容之一。本章介绍了反馈的基本概念,引入负反馈后对放大电路性能的改善,反馈放大电路的分析方法以及负反馈放大电路的自激振荡现象和校正措施。

(一) 在各种放大电路中,人们经常利用反馈的方法来改善各项性能,使电路输出量(电压或电流) 的变化反过来影响输入回路。从而控制输出端的变化,起到自动调节的作用。

(二) 不同类型的反馈对放大电路产生的影响不同。

正反馈使放大倍数增大;负反馈使放大倍数减小,但其他各项性能可以获得改善。

电压负反馈使输出电压 U_o 保持稳定,因而降低了电路的输出电阻 r_o;电流负反馈使输出电流 I_o 保持稳定,因而提高了输出电阻 r_o。

串联负反馈提高电路的输入电阻 r_i,并联负反馈则降低输入电阻。

直流负反馈的主要作用是稳定静态工作点,一般不再区分它们的组态。本章主要讨论了各种形式的交流负反馈。

在实际的反馈放大电路中,有以下四种常见的组态:电压串联式、电流串联式、电压并联式和电流并联式。

(三) 引入负反馈后,放大电路的许多性能得到了改善,如提高放大倍数的稳定性,降低非线性失真,展宽频带和改变电路的输入、输出电阻等。改善的程度取决于反馈深度 $|1 + \dot{A}\dot{F}|$。负反馈越强,即 $|1 + \dot{A}\dot{F}|$ 越大,放大倍数下降得越多,但上述各项性能的改善也越显著。

(四) 对于满足深度负反馈条件的反馈放大电路的估算,本章介绍了两种方法:一是可以利用深度负反馈的特点,即 $X_f \approx X_i$ 的关系,求出电压放大倍数;二是利用公式 $A \approx \dfrac{1}{F}$ 计算放大倍数。但要注意,A 是广义的放大倍数。深度负反馈放大电路是大量存在的,所以,这两种估算法是我们学习的重点内容。

(五) 负反馈放大电路在一定条件下可能转化为正反馈,甚至产生自激振荡,自激的条件是

$$\dot{A}\dot{F} = -1$$

或分别用幅度条件和相位条件表示为

$$|\dot{A}\dot{F}| = 1$$

$$\arg\dot{A}\dot{F} = \varphi_A + \varphi_F = \pm (2n + 1)\pi$$
$$(n = 0,1,2,3,\cdots)$$

常用的校正措施有电容校正(主极点校正)和 RC 校正(极一零点校正)等,目的都是为了改变放大电路的开环频率特性,使 $\Phi = 180°$ 时 $|\dot{A}\dot{F}| < 1$,从而破坏产生自激的条件。

学完本章应该达到的基本教学要求,概括起来就是要做到"四会"。

① 会判。掌握反馈的基本概念和类型,会判断放大电路中是否存在反馈、反馈的类型,以及它们在电路中的作用。

② 会算。掌握反馈的一般表达式,会估算深度负反馈条件下的电压放大倍数。

③ 会引。熟悉各种负反馈对放大电路性能的影响,会根据实际要求在电路中引入适当的反馈。

④ 会消振。熟悉负反馈放大电路产生自激振荡的条件,会在放大电路中接入校正环节以消除振荡(不要求定量)。

思考题与习题

6-1　要满足下列要求,应引入何种反馈?

(1) 稳定静态工作点;

(2) 稳定输出电压;

(3) 稳定输出电流;

(4) 提高输入电阻;

(5) 降低输入电阻;

(6) 降低输出电阻、减小放大电路对信号源的影响;

(7) 提高输出电阻、提高输入电阻。

6-2　负反馈放大电路为什么会产生自激振荡?产生自激振荡的条件是什么?

6-3　判断下列说法是否正确,用 √ 或 × 号表示在括号内。

(1) 一个放大电路只要接成负反馈,就一定能改善性能。(　　)

(2) 放大电路接入反馈后,若净输入量减小,则该反馈为负反馈。(　　)

(3) 直流负反馈是指只在放大直流信号时才有的反馈;(　　)

　　交流负反馈是指交流通路中存在的负反馈。(　　)

(4) 既然深度负反馈能稳定放大倍数,则电路所用各个元件都不必选用性能稳定的。(　　)

(5) 反馈量越大,则表示反馈越强。(　　)

(6) 由于放大倍数 A 越大,引入负反馈后反馈越强,所以,反馈通路跨过的级数越多越好。(　　)

(7) 负反馈放大电路只要在某一频率变成正反馈,就一定会产生自激振荡。(　　)

(8) 对于一个负反馈放大电路,反馈系数 $|\dot{F}|$ 越大,越容易产生自激振荡。(　　)

6-4　从反馈效果看,为什么说串联负反馈电路信号源内阻 R_S 愈小愈好,而并联负反馈电路中 R_S 愈大愈好?

6-5　如图6-34所示,分析下列各电路中的反馈,是正反馈还是负反馈?是直流反馈还是交流反馈?

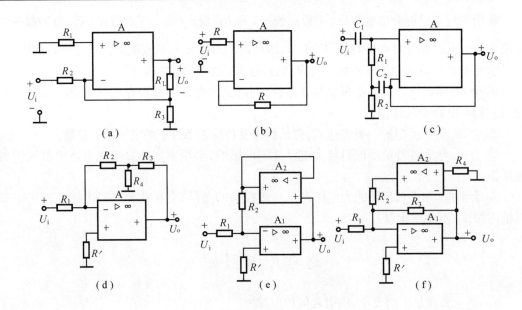

图 6 – 34　题 6 – 5 图

6 – 6　分析说明图 6 – 34 中,哪些电路能够稳定输出电压或电流?哪些电路能提高或降低输入电阻?判断各电路的交流负反馈组态。

6 – 7　电路如图 6 – 34 中(a)、(b)、(d)、(e)所示,计算深度负反馈条件下各电路的电压放大倍数。

6 – 8　电路如图 6 – 35 所示,要求同题 6 – 5。

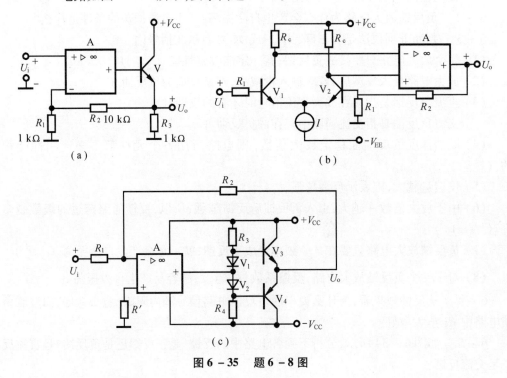

图 6 – 35　题 6 – 8 图

6 – 9　试判断图6 – 35中各电路的交流负反馈组态,并写出深度负反馈条件下的电压放大倍数表达式。

6 – 10　试判断图6 – 36中各电路的交流负反馈组态,写出反馈系数$\dot{F}$和深度负反馈条件下的电压放大倍数表达式。

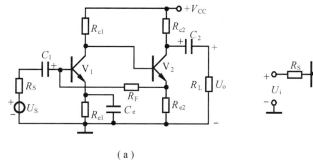

（a）

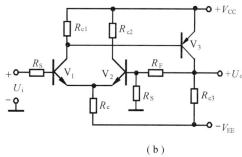

（b）

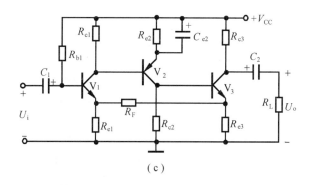

（c）

图 6 – 36　题 6 – 10 图

6 – 11　在图6 – 37所示反馈系统中,若$U_i = 0.2$ V,$A = 50$,$U_o = 2$ V,试求F、U_f、U'_i及$A_f = \dfrac{U_o}{U_i}$。

6 – 12　在图6 – 38中,若$A_f = 100$,$F = 0.008$,$U_o = 5$ V,试求U_i、U'_i及A。

6 – 13　一个放大电路的开环放大倍数A的相对变化量为10%,要求闭环放大倍数A_f的相对变化量不超过0.5%,如闭环放大倍数$A_f = 150$时,试问A和F分别应选多大?

6 – 14　由理想运放组成如图6 – 38(a)至(d)所示的反馈电路。判断各电路的反馈组态,在深度负反馈条件下,求出各电路的闭环增益A_{uuf}的表达式。

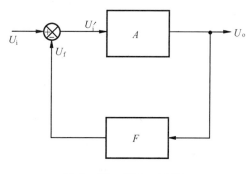

图 6 – 37　题 6 – 11 图

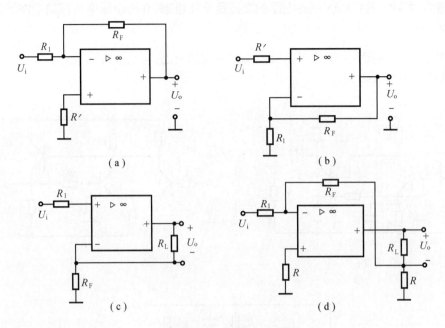

图 6 – 38　题 6 – 14 图

6 – 15　理想运放组成如图 6 – 39(a)、(b) 所示电路。判断图(a)、(b) 电路的反馈极性,若为负反馈,试确定其反馈组态,在深度负反馈条件下求出闭环电压增益 A_{uuf}。

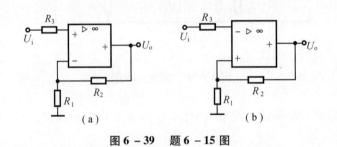

图 6 – 39　题 6 – 15 图

6 – 16　试判断图 6 – 40 的反馈组态。近似计算电压放大倍数 $A_{uSf} = \dfrac{U_o}{U_S}$。

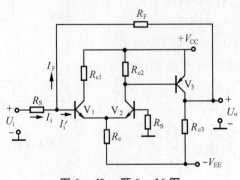

图 6 – 40　题 6 – 16 图

6 – 17 理想运放组成如图 6 – 41 所示电路。判断图(a)、(b) 电路的反馈极性,若为负反馈讨论其反馈组态,并写出求闭环增益 A_{uuf} 的表达式。

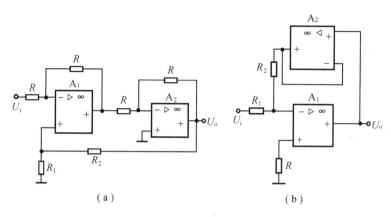

图 6 – 41 题 6 – 17 图

6 – 18 理想运放组成如图 6 – 42 所示电路。运放 A_1 的反馈电阻 R_2 为何组态? $\dfrac{U_o}{U_i}$ = ?级间反馈 R 为何反馈极性?

6 – 19 理想运放组成如图 6 – 43 所示电路。电路中共有哪些反馈?各有什么作用?深度负反馈条件下,A_{uuf} 应为多少?

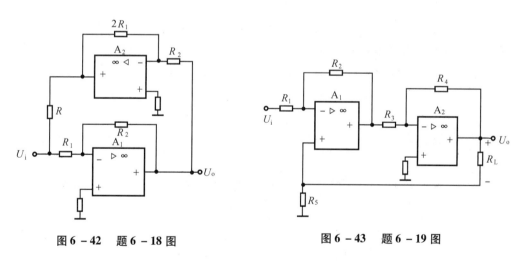

图 6 – 42 题 6 – 18 图   图 6 – 43 题 6 – 19 图

6 – 20 两级放大电路如图 6 – 44 所示。

(1) 为使输出电阻减小,应引入何种反馈?在图中标明反馈支路。

(2) 引入反馈后的电路在深度负反馈条件下,闭环增益 A_{uuf} 应为多大?设电阻 R_f = 3 kΩ,R_S = 300 Ω,R_{b1} = 470 kΩ,R_{e1} = 0.5 kΩ,R_{c2} = 2 kΩ,R_L = 10 kΩ。

6 – 21 差动放大电路如图 6 – 45 所示。

(1) 为稳定输出电压 U_o,应引入何种反馈?在图中标明反馈支路。

(2) 为了使深度负反馈条件下的闭环增益 $A_{uuf} = 15$,反馈电阻 R_f 应为多大?

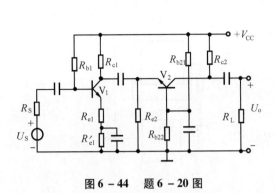

图 6 – 44　题 6 – 20 图

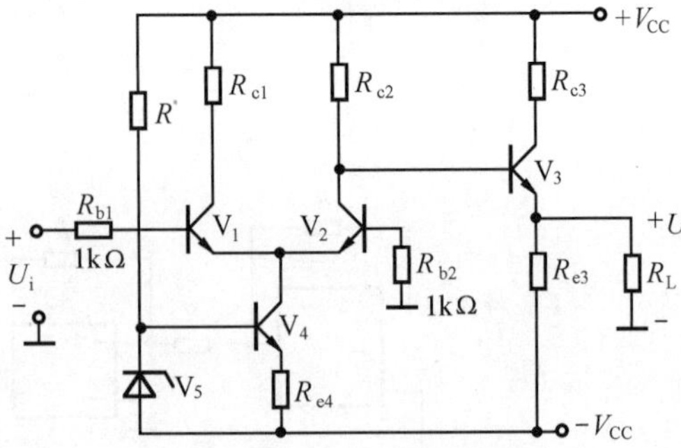

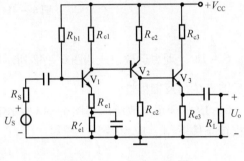

图 6 – 45　题 6 – 21 图

6 – 22　放大电路如图 6 – 46 所示。为达到下述四种效果,应该引入什么反馈?标明反馈支路的路径。

(1) 稳定电路的各级静态工作点。

(2) 稳定电路的输出电压 U_o。

(3) 稳定电路的输出电流。

(4) 提高电路的输入电阻。

6 – 23　线性集成放大电路 5G722 原理电路如图 6 – 47 所示,图中 7 对地为外接去耦电容 C,10 对地为外接高频补偿电容 C_c,2 为输入端,9 为输出端,4 为电源电压 6 ~ 9 V,放大工作时,8、9 两端相连,1、2 两端相连。该电路带宽可达几十兆赫兹,当 $R_1 = 450\ \Omega$ 时,试问:

(1) 电路中为展宽带宽采取了哪些措施?

(2) 估算深度负反馈条件下 $A_{uf} = ?$

图 6 – 46　题 6 – 22 图

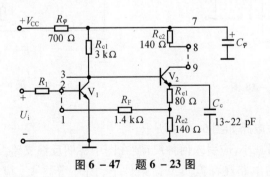

图 6 – 47　题 6 – 23 图

6 – 24　某放大电路 $\dot{A}\dot{F}$ 波特图如图 6 – 48(a) 所示。问此电路是否会产生自激振荡?若电路形式如图 6 – 48(b) 所示,并设图中 $R_2 = R_4$,V_4、V_5 的内阻为 r_4、r_5,晶体管的 r_{be} 均相同。如果电路产生自激振荡,可采取什么措施?在图上定性地画出来。

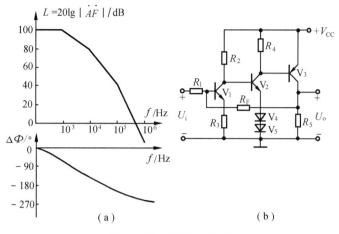

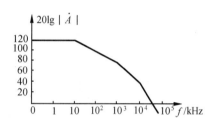

图 6 - 48　题 6 - 24 图

6 - 25　某放大电路的对数幅频特性如图 6 - 49 所示。试回答：

（1）此放大电路的中频放大倍数 A_{uM} 和 3 dB 带宽是多少？当输入 $U_i = 10$ μV，$f = 100$ kHz 的信号时，其输出电压 U_o 是多少？

（2）为了使放大电路的放大倍数相对变化量由 10% 减少到 0.01%，求应引入的反馈深度是多少？

图 6 - 49　题 6 - 25 图

6 - 26　反馈放大电路的幅频、相频特性曲线如图 6 - 50 所示。

（1）说明放大电路是否会产生自激振荡，理由是什么？

（2）若要求电路的相位裕度 $\Phi_m = 45°$，$|\dot{A}\dot{F}|$ 应下降多少分贝？折合多少倍数？

6 - 27　反馈放大电路的幅频、相频特性曲线如图 6 - 51 所示。

（1）判断电路是否会自激，并说明理由。

（2）确定电路的幅度裕度 G_m 为多大？

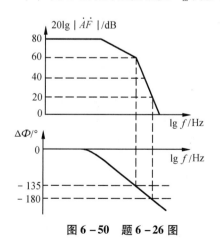

图 6 - 50　题 6 - 26 图

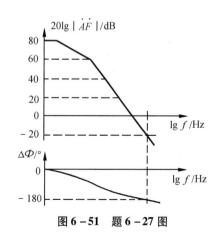

图 6 - 51　题 6 - 27 图

第七章

集成运算放大器的应用

随着科学技术的发展,集成运算放大器在信号运算、信号处理、信号发生、信号交换、信号测量等方面得到了愈来愈广泛的应用。它与外部各种形式的反馈网络相配合,可以实现多种功能电路。前面介绍过的反相输入、同相输入、差动输入和这一章介绍的电压比较电路可视为四种基本电路形式。具有不同功能的集成运放应用电路均可归结为上述四种形式之一或组合。分析计算时主要运用理想运放的虚短、虚地、虚断及电压比较等概念。

本章重点在于如何应用理想集成运放的重要结论来解决实际问题,通过诸多应用方面典型电路的分析与计算,为更好地学习和运用集成运算放大器打下坚实的基础。

第一节　　基本运算电路

一、比例放大电路

将输入信号按比例放大的电路,简称为比例计算电路或比例电路。它由集成运放和电阻组成深度负反馈电路来构成。根据输入信号所加到运放端口的不同,可划分为反相输入、同相输入和差动输入等三种比例电路。

(一) 反相比例放大电路

反相比例电路如图7-1所示。由于输入信号 U_i 加在反相端,故输出电压 U_o 与 U_i 反相位。

1. 电压放大倍数 A_u

因 $U_+ = U_- = 0, I_+ = I_- = 0$,则

$$I_1 = I_f$$

$$\frac{U_i - U_-}{R_1} = \frac{U_- - U_o}{R_f}$$

则有　　$U_o = -\dfrac{R_f}{R_1}U_i,$

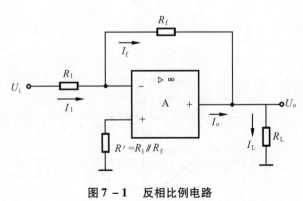

图7-1　反相比例电路

$$A_u = \frac{U_o}{U_i} = -\frac{R_f}{R_1} \qquad (7-1)$$

通过改变 R_f 和 R_1 的比例,可以改变 $|A_u|$ 的大小。$|A_u|$ 可以大于1、小于1或等于1。在 $R_f = R_1, A_u = -1, U_o = -U_i$ 的情况下,反相比例电路称为反相器或反号器。

2. 输入电阻 R_i 和输出电阻 R_o

尽管集成运放本身的开环差模输入电阻 r_{id} 很高,但由于并联深度负反馈的作用,电路的输入电阻较小,考虑到反相端为虚地,则输入电阻 R_i 约等于输入回路电阻 R_1,即

$$R_i = \frac{U_i}{I_1} \approx R_1 \qquad (7-2)$$

输入电阻低是反相输入方式的一个缺点。

由于电压深度负反馈的作用,输出电阻 R_o 很低。

$$R_o = \frac{r_o}{1+AF} \approx \frac{r_o}{AF} \qquad (7-3)$$

理想情况时,$R_o = 0$,因此带负载能力强。

3. 共模抑制比

集成运放的反相输入端为虚地点,它的共模输入电压可视为零。因此,对运放的共模抑制比要求低。

4. 反相输入基本电路的一般形式

反相输入电路的一般形式如图7-2所示。$Z_1(s)$ 和 $Z_f(s)$ 可以是由 R、L、C 单独或组合构成的网络,也可以由非线性器件(二、三极管,集成运放或集成模拟乘法器等)构成。$U_i(s)$ 可以是缓慢变化信号、直流信号、正弦信号或阶跃信号。在理想

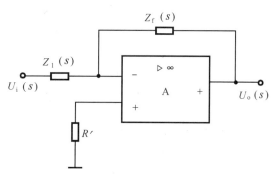

图7-2　反相输入电路的一般形式

集成运放和深度负反馈条件下,反相输入运放电路的理想传输特性为

$$A_u(s) = \frac{U_o(s)}{U_i(s)} = -\frac{Z_f(s)}{Z_1(s)} \qquad (7-4)$$

$$A_u(j\omega) = \frac{U_o(j\omega)}{U_i(j\omega)} = -\frac{Z_f(j\omega)}{Z_1(j\omega)} \qquad (7-5)$$

输入阻抗 $\qquad\qquad Z_i \approx Z_1 \qquad\qquad (7-6)$

R' 选择 Z_1 和 Z_f 中直流电阻的并联值。

(二)同相比例放大电路

同相比例电路如图7-3所示。输入信号 U_i 加到同相输入端,输出电压 U_o 与输入电压 U_i 同相位。它是一个深度电压串联负反馈电路。

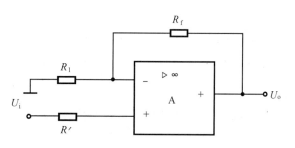

图7-3　基本同相比例电路

1. 电压放大倍数 A_u

因 $U_- = U_+ = U_i, I_+ = I_- = 0$,

$$U_- = \frac{R_1}{R_1 + R_f} U_o = U_+$$

则有

$$A_u = \frac{U_o}{U_+} = 1 + \frac{R_f}{R_1} \qquad\qquad (7-7)$$

$$U_o = \left(1 + \frac{R_f}{R_1}\right) U_+ = \left(1 + \frac{R_f}{R_1}\right) U_i$$

需要说明的是,式(7-7)是输出电压 U_o 对同相输入端电压 U_+ 的比值。一般情况下,U_+ 不一定等于 U_i。例如,在图7-4电路中,U_+ 是电阻 R_2、R_3 对 U_i 的分压值,故得

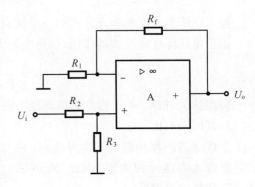

图 7-4   一般同相比例电路

$$U_o = A_u \frac{R_3}{R_2 + R_3} U_i$$

$$= \left(1 + \frac{R_f}{R_1}\right) \frac{R_3}{R_2 + R_3} U_i$$

从上述分析可知,U_o 与 U_i 为比例关系,U_o 与 U_i 同相位,A_u 大小仅决定于 R_f/R_1 的值。A_u 值可大于1,最小等于1。若断开 R_1,而 R_f 为一数值或为零,则比例系数 $\left(1 + \frac{R_f}{R_1}\right) = 1$,$U_o = U_+$,此时的电路如图7-5所示,称为电压跟随器电路。该电路通常用作阻抗转换或隔离缓冲级。

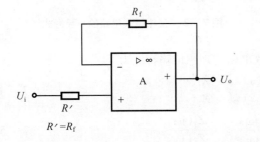

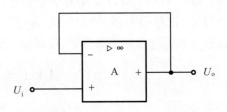

图 7-5   电压跟随器电路

2. 由于电路引入了深度电压串联负反馈,能使输入电阻增加 $(1 + AF)$ 倍,可高达 1 000 MΩ 以上。输出电阻减少 $\frac{1}{1 + AF}$ 倍,一般可视为零。输入电阻很高是同相输入电路的突出优点。

3. 同相输入基本电路的一般理想传输特性为

$$A_u(s) = \frac{U_o(s)}{U_i(s)} = 1 + \frac{Z_f(s)}{Z_1(s)} \qquad\qquad (7-8)$$

$$A_u(j\omega) = \frac{U_o(j\omega)}{U_i(j\omega)} = 1 + \frac{Z_f(j\omega)}{Z_1(j\omega)} \tag{7-9}$$

[**例 7 - 1**]　工程应用中,为抗干扰、提高测量精度或满足特定要求等,常常需要进行电压信号和电流信号之间的转换。图 7 - 6 所示电路称为电压 - 电流转换器,试分析输出电流 I_o 与输入电压 U_s 之间的函数关系。

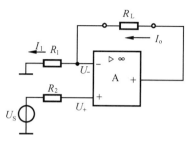

解　根据虚断和虚短可知 $U_- = U_+ = U_s$,$I_o = I_1$,因此由图 7 - 6 可得

$$I_o = \frac{U_- - 0}{R_1} = \frac{U_s}{R_1}$$

图 7 - 6　电压 - 电流转换器

上式表明,该电路中输出电流 I_o 与输入电压 U_s 成正比,而与负载电阻 R_L 的大小无关,从而将恒压源输入转换成恒流源输出。

(三)差动比例放大电路

当集成运放的两个输入端同时加输入信号时,输出电压将与这两个输入信号之差成比例。故称为差动比例放大电路或差动比例电路。

1. 基本型差动比例电路

基本型差动比例电路如图 7 - 7 所示,集成运放线性应用电路作定量计算时,对于有多个输入信号同时作用在两个输入端的情况,可采用叠加原理的方法进行分析解决,使求得输出量和输入量之间的关系式变得十分方便。

在图 7 - 7 电路中,反相输入端加入信号 U_{i1},同相输入端加入信号 U_{i2},推导 U_o 与 U_{i1}、U_{i2} 的关系表达式时,可采用叠加原理的方法进行分析解决。

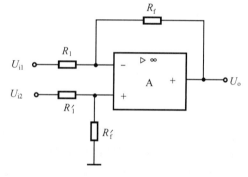

(1) 当 U_{i1} 单独作用时($U_{i2} = 0$),相当于反相比例电路,其输出电压为

图 7 - 7　基本差动比例电路

$$U_o' = -\frac{R_f}{R_1}U_{i1}$$

(2) 当 U_{i2} 单独作用时($U_{i1} = 0$),则相当于同相比例电路,其输出电压为

$$U_o'' = (1 + \frac{R_f}{R_1})U_+ = (1 + \frac{R_f}{R_1})\frac{R_f'}{R_1' + R_f'}U_{i2}$$

(3) 当 U_{i1} 和 U_{i2} 同时作用时,输出电压为

$$U_o = U_o' + U_o'' = (1 + \frac{R_f}{R_1})\frac{R_f'}{R_1' + R_f'}U_{i2} - \frac{R_f}{R_1}U_{i1}$$

当满足匹配条件(电路对称)即 $R_1' = R_1$,$R_f' = R_f$ 时,则

$$U_o = \frac{R_f}{R_1}(U_{i2} - U_{i1}),A_u = \frac{U_o}{U_{i2} - U_{i1}} = \frac{R_f}{R_1} \tag{7-10}$$

或 $$U_o = -\frac{R_f}{R_1}(U_{i1} - U_{i2}), A_u = \frac{U_o}{U_{i1} - U_{i2}} = -\frac{R_f}{R_1}$$

若四个外接电阻全相等,即 $R'_1 = R_1 = R'_f = R_f$,则有

$$U_o = U_{i2} - U_{i1}$$

可以看出,四只电阻全相同的差动比例电路可作减法运算。当 $U_{i2} > U_{i1}$ 时,U_o 为正值;当 $U_{i2} < U_{i1}$ 时,U_o 为负值。这种性能在自动控制和测量系统中得到了广泛应用,例如控制电动机的正反转。

若采用虚短和叠加原理进行计算也很方便。

由图7－7可知

$$U_+ = \frac{R'_f}{R'_1 + R'_f}U_{i2}$$

$$U_- = \frac{R_f}{R_1 + R_f}U_{i1} + \frac{R_1}{R_1 + R_f}U_o$$

因为 $U_+ = U_-$,可得

$$U_o = \frac{1 + \dfrac{R_f}{R_1}}{1 + \dfrac{R'_1}{R'_f}}U_{i2} - \frac{R_f}{R_1}U_{i1}$$

当 $R'_1 = R_1$,$R'_f = R_f$ 时,同样可得式(7－10)。

当电路对称时,不难看出,基本型差动比例电路的输入电阻 R_i 为

$$R_i = 2R_1 \tag{7－11}$$

该电路结构简单,缺点是输入电阻低,对元件的对称性要求比较高。如果元件失配,不仅在计算中会带来附加误差,而且将产生共模电压输出,同时输出电压调节也不方便。

2. 增益线性可调的差动比例放大电路

为输出电压的调节方便,可采用图7－8的增益可线性调节的差动比例电路。A_2 为反相比例电路,增益调节电位器 R_W 作为其输入回路电阻。

应用叠加原理,可求出 U_+ 对地的电位

$$U_+ = \frac{R_f}{R_1 + R_f}U_{i2} - \frac{R_1}{R_1 + R_f} \cdot \frac{R_{fo}}{kR_W}U_o$$

$$U_- = \frac{R_f}{R_1 + R_f}U_{i1}$$

因 $U_+ = U_-$,代入化简后得

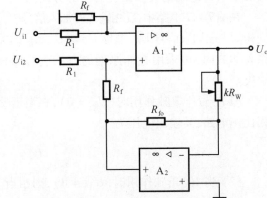

图7－8　增益可线性调节的差动比例电路

$$A_u = \frac{U_o}{U_{i2} - U_{i1}} = \frac{R_f}{R_1 R_{fo}}kR_W \tag{7－12}$$

可见,A_u 大小与 R_W 值的改变成正比例。调节 R_W 值大小时,并不影响电路的共模抑制能力。

[例7－2]　利用图7－8电路,设计 $A_u = 1 \sim 100$ 的差动比例电路。

解　为了减少电阻品种,可选 $R_1 = R_f = R_{fo} = 10\ \text{k}\Omega$,由式(7－12)得

$$A_u = \frac{R_f}{R_1 R_{fo}} k R_W = 0.1 k R_W$$

由此得知,电位器的调节范围为 $10 \sim 1\,000$ kΩ,故可用 10 kΩ 的固定电阻和 1 MΩ 的电位器串联组成 R_W。

3. 数据放大器

为了对基本差动放大电路的性能全面改进,可采用图 7-9 所示的同相并联型差动放大电路,通常称为仪器仪表放大器或数据放大器。图中,A_1 和 A_2 构成差动输入差动输出级,A_3 为基本型差动比例电路。总的电压增益 A_u 等于两级增益之积。调节第一级的电位器 R_W 的阻值,能改变其电压增益。由于第一级采用同相输入,有较高的输入电阻,电路的平衡对称结构使共模抑制比、失调及温度等产生的输出误差电压具有抵消作用。第二级差放电路将双端输入变成单端输出,适应接地负载的需要。把两级电路级联后,它们相互取长补短,使组合后的这个电路具有输入电阻高、电压增益调节方便、共模抑制比高和漂移相互抵消等一系列优点。因而,它在多点数据采集、工业自动控制和无线电测量等技术领域中,对来自传感器的缓慢变化的信号起缓冲和放大作用,而在其中数据放大器质量的优劣常常是决定整个系统精度的关键。在满足电阻匹配条件下,即 $R_1 = R_2$,$R_3 = R_4 = R$,$R_5 = R_6 = R_f$,可列出下列方程组

$$\begin{cases} U_o = \dfrac{R_f}{R} U_{o1} \\[2mm] U_{o1} = I_o(R_1 + R_2 + R_W) = I_o(2R_1 + R_W) \\[2mm] I_o = \dfrac{U_{i2} - U_{i1}}{R_W} \end{cases}$$

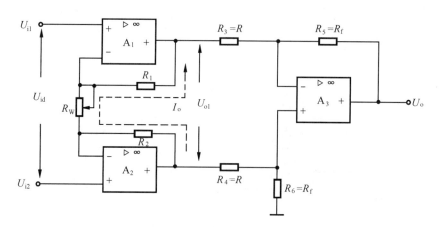

图 7-9　数据放大器电路

解出
$$A_u = \frac{U_o}{U_{i2} - U_{i1}} = \left(1 + \frac{2R_1}{R_W}\right)\frac{R_f}{R} \tag{7-13}$$

或
$$A_u = \frac{U_o}{U_{i1} - U_{i2}} = -\left(1 + \frac{2R_1}{R_W}\right)\frac{R_f}{R} \tag{7-14}$$

计算 A_u 的另外一种方法是,分别求出各级增益,然后相乘就是电路总增益。

第一级为同相比例电路。当加上差模信号 U_{i1} 及 U_{i2} 时,由于 $R_1 = R_2$,则 R_W 中点将为交

流地电位,A_1 及 A_2 反相输入端对地的电阻分别视为 $\frac{1}{2}R_W$。于是,第一级电压增益为

$$A_{u1} = \frac{U_{o1}}{U_{i2} - U_{i1}} = 1 + \frac{2R_1}{R_W}$$

第二级为基本型差动比例电路,因电路对称,$R_3 = R_4 = R$,$R_5 = R_6 = R_f$,其电压增益为

$$A_{u2} = \frac{U_o}{U_{o1}} = \frac{R_f}{R}$$

总增益

$$A_u = A_{u1}A_{u2} = \left(1 + \frac{2R_1}{R_W}\right)\frac{R_f}{R}$$

必须指出,从差分输入的特点出发,R_3、R_4、R_5、R_6 四个电阻必须采用高精密度电阻,并要精确匹配,否则不仅给放大倍数带来误差,而且将降低电路的共模抑制比,目前这种仪器仪表放大器已有多种型号的单片集成电路,如 LH0036,它只需外接电阻即可。

当 R_W 开路时,A_1 和 A_2 分别为电压跟随器,此时

$$A_u = \frac{U_o}{U_{i2} - U_{i1}} = \frac{R_f}{R}$$

若 R_W 开路,而且 $R_3 = R_4 = R_5 = R_6 = R$,则 $A_u = 1$。

值得注意,在图 7-9 电路中,当 U_{i1} 和 U_{i2} 不是差模信号,或 R_1 不等于 R_2 时,就不能把 R_W 的中点视为交流地电位。若基本型差动比例电路电阻不匹配,即 $R_3 \neq R_4$ 或 $R_5 \neq R_6$,那么,$A_{u2} \neq R_f/R$。遇到这种情况,要根据集成运放工作在线性区的有关概念及叠加原理等知识进行具体分析计算。

[例7-3] 图 7-10 所示电路,已知 $U_1 = 4$ V,$U_2 = 5$ V,试求输出电压 U_o 值。

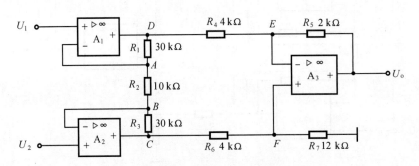

图 7-10 [例 7-3] 电路

解 $$U_A = U_1 = 4 \text{ V},U_B = U_2 = 5 \text{ V}$$

$$I_{BA} = \frac{U_B - U_A}{R_2} = \frac{5 - 4}{10} = 0.1 \text{ mA}$$

因 $$U_{AD} = I_{BA}R_1 = 0.1 \times 30 = 3 \text{ V}$$

故 $$U_D = U_A - U_{AD} = 4 - 3 = 1 \text{ V}$$

同理 $$U_C = 8 \text{ V}$$

因

$$U_F = \frac{R_7}{R_6 + R_7}U_C = \frac{12}{4 + 12} \times 8 = 6 \text{ V}$$

则

$$U_E = U_F = 6 \text{ V}$$

因

$$I_{R_4} = \frac{U_E - U_D}{R_4} = \frac{6 - 1}{4} = 1.25 \text{ mA}$$

$$I_{R_5} = I_{R_4} = 1.25 \text{ mA}, U_{R_5} = 1.25 \times 2 = 2.5 \text{ V}$$

因此

$$U_o = U_{R_5} + U_E = 2.5 + 6 = 8.5 \text{ V}$$

二、加法运算电路

输出电压与若干个输入电压之和成比例关系的电路称为加法运算电路,也称求和电路。它有反相输入和同相两种接法。

(一) 反相加法电路

反相加法电路是指多个输入电压同时加到集成运放的反相输入端。图 7 – 11 为三个输入信号(代表三个变量) 的反相加法电路。这是一个三端输入的电压并联深度负反馈电路。$R' = R_1 /\!/ R_2 /\!/ R_3 /\!/ R_f$运用虚短、虚断和虚地的概念,由电路可得

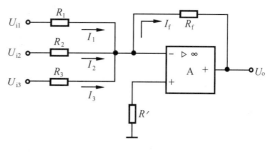

图 7 – 11　反相加法电路

$$I_1 + I_2 + I_3 = I_f$$

$$\frac{U_{i1}}{R_1} + \frac{U_{i2}}{R_2} + \frac{U_{i3}}{R_3} = \frac{0 - U_o}{R_f}$$

故得

$$U_o = -\left(\frac{R_f}{R_1}U_{i1} + \frac{R_f}{R_2}U_{i2} + \frac{R_f}{R_3}U_{i3}\right) \tag{7 – 15}$$

若 $R_1 = R_2 = R_3 = R$,式(7 – 15) 成为

$$U_o = -\frac{R_f}{R}(U_{i1} + U_{i2} + U_{i3}) \tag{7 – 16}$$

式中负号是因反相输入引起的。若输出端再接一级反相电路,则可消去负号,实现完全符合常规的算术加法。

当 $R_1 = R_2 = R_3 = R_f$ 时,得 $U_o = -(U_{i1} + U_{i2} + U_{i3})$。按照同样的原则,输入变量可以扩展到多个输入电压相加。

反相加法电路的实质是将各输入电压彼此独立地通过自身的电阻转换成电流,在反相输入端相加后流向电阻 R_f,由 R_f 转换成输出电压。因而,反相端又称为"相加点"或"Σ"点。

反相加法电路的特点是,调节反相求和电路某一路信号的输入电阻(R_1 或 R_2、R_3) 的阻值,不影响其他输入电压和输出电压的比例关系。因而,在计算和实验时调节很方便。

（二）同相加法电路

如果将各输入电压同时加到集成运放的同相输入端，称为同相加法电路。图 7 – 12 表示有三个输入量的同相加法电路。

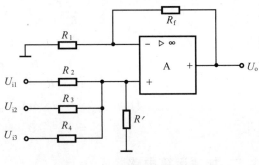

图 7 – 12　同相加法电路

根据同相比例电路的基本式

$$U_o = \left(1 + \frac{R_f}{R_1}\right)U_+ \quad (7 - 17)$$

U_+ 可由下式求出

$$\frac{U_{i1} - U_+}{R_2} + \frac{U_{i2} - U_+}{R_3} + \frac{U_{i3} - U_+}{R_4} = \frac{U_+}{R'}$$

即

$$U_+ = R_p \left(\frac{U_{i1}}{R_2} + \frac{U_{i2}}{R_3} + \frac{U_{i3}}{R_4}\right) \qquad (7 - 18)$$

其中

$$R_p = R_2 /\!/ R_3 /\!/ R_4 /\!/ R'$$

将式(7 – 18)代入式(7 – 17)，得

$$U_o = \left(1 + \frac{R_f}{R_1}\right) R_p \left(\frac{U_{i1}}{R_2} + \frac{U_{i2}}{R_3} + \frac{U_{i3}}{R_4}\right)$$

由于 $R_n = R_1 /\!/ R_f$，即 $1 + \dfrac{R_f}{R_1} = \dfrac{R_f}{R_n}$，上式可写成

$$U_o = \frac{R_p}{R_n} R_f \left(\frac{U_{i1}}{R_2} + \frac{U_{i2}}{R_3} + \frac{U_{i3}}{R_4}\right) \qquad (7 - 19)$$

在 R_p 严格等于 R_n 的条件下，图 7 – 12 电路的输出电压与输入电压的关系为

$$U_o = R_f \left(\frac{U_{i1}}{R_2} + \frac{U_{i2}}{R_3} + \frac{U_{i3}}{R_4}\right) \qquad (7 - 20)$$

当 $R_2 = R_3 = R_4 = R_f$ 时，

$$U_o = (U_{i1} + U_{i2} + U_{i3})$$

上式表明，输出与各输入量之间是同相关系。如果调整某一路信号的电阻(R_2、R_3、R_4)的阻值，则必须改变电阻 R' 的阻值，以使 R_p 严格等于 R_n。由于常常需反复调节才能将参数值最后确定，估算和调试的过程比较麻烦。所以，在实际工作中，不如反相电路应用广泛。

三、加减运算电路

能够实现输出电压与多个输入电压间代数加减关系的电路称为加减运算电路。主要有单运放加减和双运放加减两种结构形式。由于单运放所构成的加减电路在各电阻元件参数选择、计算及实验调整方面存在着不便，故在设计上常采用双运放加减电路结构形式。

根据求和项经两个运放传输，而差项只需经过一次运放传输，形成图 7 – 13 所示的加减运算电路。下面结合设计实例，分析其构成。

[**例7 - 4**] 设计一个由集成运放构成的运算电路,以实现如下的运算关系式

$$U_o = 5U_{i1} + 2U_{i2} - 0.3U_{i3}$$

且电路级数最多不超过两级。

解 设计加减运算电路时,原则上可采用同相或反相输入方式,但最好只采用反相输入方式。因为该方式输入回路各电阻元件参数选择、计算以及实验调整方便,而同相输入方式却不方便。为此,选择双运放加减运算电路,如图 7 - 13 所示。

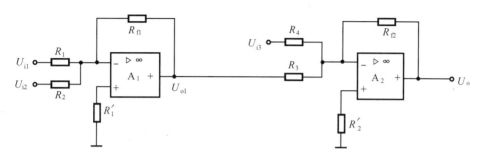

图 7 - 13 [例7 - 4]选用的电路

由图可知

$$U_{o1} = -\frac{R_{f1}}{R_1}U_{i1} - \frac{R_{f1}}{R_2}U_{i2}$$

$$U_o = -\frac{R_{f2}}{R_3}U_{o1} - \frac{R_{f2}}{R_4}U_{i3}$$

对照 $U_o = 5U_{i1} + 2U_{i2} - 0.3U_{i3}$ 关系式,可见

$$\frac{R_{f1}}{R_1} = 5 \quad \frac{R_{f1}}{R_2} = 2 \quad \frac{R_{f2}}{R_4} = 0.3$$

因为第一级为反相求和电路,因此,U_o 对 U_{o1} 需要反号一次,应选 $R_{f2} = R_3$。

若选 $R_{f1} = 100 \text{ k}\Omega, R_{f2} = 75 \text{ k}\Omega$,则 $R_1 = 20 \text{ k}\Omega, R_2 = 50 \text{ k}\Omega, R_3 = 75 \text{ k}\Omega, R_4 = 250 \text{ k}\Omega$。

根据输入端电阻平衡对称条件,在图 7 - 13 电路中,R_1' 和 R_2' 应分别为

$$R_1' = R_1 /\!/ R_2 /\!/ R_{f1} = 20 /\!/ 50 /\!/ 100 = 12.5 \text{ k}\Omega$$

$$R_2' = R_3 /\!/ R_4 /\!/ R_{f2} = 75 /\!/ 250 /\!/ 75 = 32.6 \text{ k}\Omega$$

四、积分电路

积分电路的输出电压与输入电压成积分关系。积分电路可以实现积分运算。它在模拟计算机、积分型模数转换,以及产生矩形波、三角波等电路中均有广泛应用。

根据输入电压加到集成运放的反相输入端或同相输入端,有反相积分电路和同相积分电路两种基本形式。

下面首先了解图 7 - 14(a) 示出的无源 RC 积分电路的问题。当输入电压 u_i 为一阶跃电压 E 时,输出电压 u_o 只在开始部分随时间线性增长,u_o 近似与 u_i 成积分关系。因为在初始期间,电容 C 上的电压 u_o 很小,可忽略时,才有

$$i = \frac{u_i - u_C}{R} \approx \frac{u_i}{R}$$

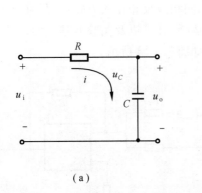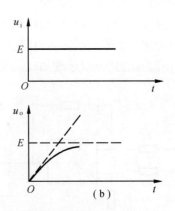

图 7 – 14   无源 RC 积分电路及输入输出波形

因而

$$u_o = u_C = \frac{1}{C}\int i\mathrm{d}t \approx \frac{1}{RC}\int u_i\mathrm{d}t$$

但是,随着电容上充电过程的进行,u_C 不断增大,充电电流不断减小,充电速度变慢,u_C 按指数规律上升,如图7 – 14(b) 所示。为了实现较准确的积分关系,就需在电容器两端电压增长时,流过它的电流仍基本不变,理想情况为恒流充电,采用集成运放构成 RC 有源积分电路,就能做到近似恒流充电,并能扩大积分的线性范围。

(一) 反相积分电路

反相比例电路中的反馈元件R_f用电容C代替,输入回路电阻R_1仍是电阻R,便可构成如图 7 – 15 所示的反相积分电路。因 $U_- = 0, i_1 = \dfrac{u_i}{R}$,因 $I_- = 0, i_C = i_1$,于是

$$u_o = - u_C = - \frac{1}{C}\int_{t_1}^{t} i_C \mathrm{d}t$$

如果在开始积分之前,电容两端已经存在一个初始电压,则积分电路将有一个初始的输出电压 $u_o \big|_{t_1}$,此时

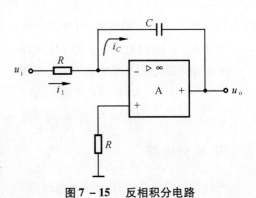

图 7 – 15   反相积分电路

$$u_o = - \frac{1}{RC}\int_{t_1}^{t} u_i \mathrm{d}t + u_o \big|_{t_1} \tag{7 – 21}$$

由式(7 – 21) 可知,输出电压u_o与u_i成积分关系。负号表示u_o与u_i在相位上是反相的。积分时间数为 $\tau = RC$。

利用反相输入接法的 $A_u(s)$ 一般表示式(7 – 4),也很容易导出式(7 – 21)。

$$U_o(s) = -\frac{Z_f(s)}{Z_1(s)}U_i(s) = -\frac{\frac{1}{sC}}{R}U_i(s) = -\frac{1}{sRC}U_i(s)$$

式中,$\frac{1}{s}$ 为积分算子,当考虑到电容 C 上的初始值时,便得到式(7 – 21)的结果。

当输入电压 u_i 为图 7 – 14 所示的阶跃电压 E 时,电容器 C 将以近似恒流方式充电,使输出电压 u_o 与时间成近似线性关系,这时

$$u_o = -\frac{E}{RC}t + u_o\big|_{t_1} \tag{7 – 22}$$

假设电容器 C 初始电压为零,则

$$u_o = -\frac{E}{RC}t$$

当 $t = \tau$ 时,$-u_o = E$。当 $t > \tau$,u_o 随之增大,但不能无限增大。因运放输出的最大值 U_{om} 受直流电源电压的限制。当 $-u_o = U_{om}$ 时,运放进入饱和状态,u_o 保持不变,而停止积分。波形如图 7 – 16 所示。

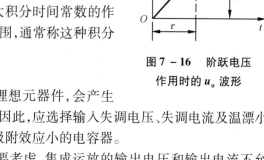

根据密勒定理,跨接在输出端至反相端之间的电容 C 折合到反相端到地,其等效电容为 $(1 + A_{od})C$,所以,等效积分常数是 $(1 + A_{od})RC$。可见,集成运放又起到增大积分时间常数的作用,更易满足积分条件,因而展宽了线性范围,通常称这种积分为密勒积分。

图 7 – 16　阶跃电压作用时的 u_o 波形

积分电路在实际应用时要注意两点。

① 因为集成运放和积分电容器并非理想元器件,会产生积分误差,情况严重时甚至不能正常工作。因此,应选择输入失调电压、失调电流及温漂小的集成运放;选用泄漏电阻大的电容器以及吸附效应小的电容器。

② 应用积分电路时,动态运用范围也要考虑。集成运放的输出电压和输出电流不允许超过它的额定值 U_{OM} 和 I_{OM}。因而对输入信号的大小或积分时间应有一定的限制。

[例 7 – 5]　设图 7 – 15 电路中的 $R = 1\ \text{M}\Omega$,$C = 1\ \mu\text{F}$,电容 C 初始电压 $u_C(0) = 0$,输入电压 u_i 波形如图 7 – 17(a)所示,试画出输出电压 u_o 的波形,并标明其幅度。

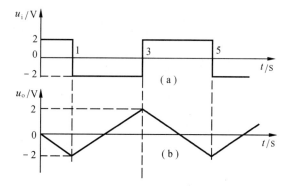

解　因输入电压 u_i 是矩形波,在不同时间间隔内,u_i 为正恒定值或负恒定值。在定性分析和定量计算 u_o 波形和幅度大小时,应该按 u_i 为正或负恒定值,分成不同时间间隔进行计算,并注意到每个时间间隔的初始电压 $u_o\big|_{t_1}$ 的大小。

图 7 – 17　u_i 及 u_o 波形

(1)在 $t = 0 \sim 1\ \text{s}$ 期间,$u_i = 2\ \text{V}$,u_o 往负方向直线增长

$$u_o = -\frac{u_i}{RC}t + u_o(0) = -\frac{2}{10^6 \times 10^{-6}}t + 0 = -2t$$

即 u_o 按照每秒 -2 V 的速度线性增长。当 $t = 0$ 时,$u_o = 0$;当 $t = 1$ s 时,$u_o = -2$ V。

(2) 在 $t = 1 \sim 3$ s 期间,$u_i = -2$ V,u_o 在 $u_o(1) = -2$ V 的基础上往正方向线性增长,即

$$u_o = -\left[\frac{u_i}{RC}(t - t_1)\right] + u_o(1)$$

$$= -\frac{-2}{10^6 \times 10^{-6}}(t - 1) - 2$$

$$= 2(t - 1) - 2 = 2t - 4$$

$t = 2$ s 时,$u_o = 0$ V;$t = 3$ s 时,$u_o = 2$ V。

(3) 在 $t = 3 \sim 5$ s 时,$u_i = 2$ V,u_o 又往负方向直线增长,以后重复上述过程。u_o 的波形如图 7-17(b) 所示的三角波。

从上例可以看出,积分电路具有波形变换的作用,可将方波变为三角波。若 $u_i = U_m\sin\omega t$,则 $u_o = -\frac{1}{RC}\int U_m\sin\omega t\mathrm{d}t = \frac{U_m}{\omega RC}\cos\omega t$,为余弦波。可见 u_o 的相位比 u_i 领先 $90°$。此时,积分电路具有移相 $90°$ 的作用。另外,积分电路在时间延迟、电压量转换为时间量等方面也得到了广泛的应用。

(二) 反相求和积分电路

如果在基本反相积分电路的反相端加入多个输入信号,便构成如图 7-18 所示的反相求和积分电路(图中有两个输入信号)。

因 $I_- = 0, U_- = 0$

$$i_C = i_1 + i_2 = \frac{u_{i1}}{R_1} + \frac{u_{i2}}{R_2}$$

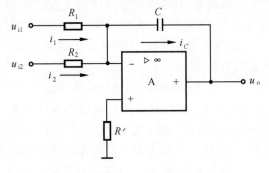

图 7-18　反相求和积分电路

因此

$$u_o = -u_C = -\frac{1}{C}\int i_C\mathrm{d}t = -\frac{1}{C}\int (i_1 + i_2)\mathrm{d}t = -\left(\frac{1}{R_1C}\int u_{i1}\mathrm{d}t + \frac{1}{R_2C}\int u_{i2}\mathrm{d}t\right) \qquad (7-23)$$

使用叠加原理更易得到这个公式。

(三) 同相积分电路

图 7-19 是同相积分电路的原理图。

该电路的特点是又引入一正反馈,以改善积分效果。随着积分时间的增长,流过输入端电阻 R 的电流 i_1 逐渐减小,但增加了来自输出端的反馈电流 i_f。若正反馈适当,就可保持电容器 C 的充电电流 i_C 不变,以维持输出电压线性变化。

图 7-19 可知

$$U_- = u_o/2, \quad U_+ = U_-, \quad U_+ = \frac{1}{C}\int i_C\mathrm{d}t$$

$$i_C = i_1 + i_f = \frac{u_i - U_+}{R} + \frac{u_o - U_+}{R} = \frac{u_i}{R}$$

于是
$$\frac{u_o}{2} = \frac{1}{C}\int i_C dt = \frac{1}{C}\int \frac{u_i}{R} dt$$

故得
$$u_o = \frac{2}{RC}\int u_i dt \qquad (7-24)$$

所以,同相积分电路的输出电压是反相积分电路的 2 倍。

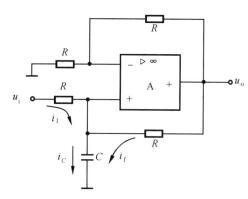

图 7 - 19 同相积分电路

五、微分电路

(一)基本微分电路

微分是积分的逆运算,即输出电压与输入电压成微分关系,用来确定改变着的信号变化速率。只要将反相积分电路中的 R 和 C 位置互换,就可构成基本的微分电路,如图 7 - 20 所示。

我们知道,电容上的电压 u_C 是流过电容的电流 i_C 的积分,即

$$u_C = \frac{1}{C}\int i_C dt$$

反之,i_C 与 u_C 为微分关系,即

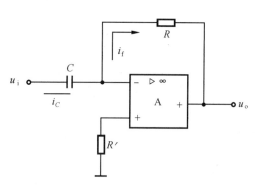

图 7 - 20 基本微分电路

$$i_C = C\frac{du_C}{dt}$$

利用虚地和虚断概念,则

$$u_o = -i_f R = -i_C R = -RC\frac{du_C}{dt} = -RC\frac{du_i}{dt}$$

即
$$u_o = -RC\frac{du_i}{dt} \qquad (7-25)$$

$\tau = RC$ 为微分时间常数。若输入信号 u_i 为矩形波,当微分时间常数比方波的半个周期小得多时,即 $\tau \ll \frac{T}{2}$,输出电压 u_o 将为双向尖顶脉冲,如图 7 - 21 所示,实现了波形变换。若输入信号 $u_i = U_m \sin \omega t$ 为正弦波,则微分电路的输出电压为 $u_o = -RC\frac{du_i}{dt} = -U_m \omega RC\cos \omega t$,$u_o$ 成为负的余弦波,它的波形将比 u_i 滞后 $90°$,此时微分电路也实现了移相作用。

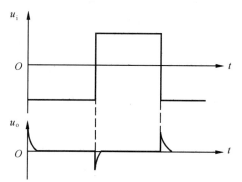

图 7 - 21 输入输出电压波形

根据密勒定理,把反馈电阻 R 等效到反相输入端与地之间后的等效电阻为 $R/(1+A_{od})$,其等效微分时间常数 τ' 为 $\tau'=RC/(1+A_{od})\ll\tau=RC$,更易满足微分条件。在这里,集成运放起到了缩小微分时间常数的作用。

(二) 实用微分电路

由于输出 u_o 正比于 $\dfrac{du_i}{dt}$,因此输出对输入的变化(如噪声和干扰等)非常敏感,以致输出噪声可能完全淹没微分信号,因此基本微分电路的抗干扰能力差。同时,由于基本微分电路的 RC 环节对于反馈信号具有滞后作用,它和集成运放内部电路的滞后作用合在一起,在高频段工作时极易引起自激振荡,使放大器工作不稳定。因此,在 R' 和 R 两端各并联一只小电容器 C_1 和 C_2,起相位补偿作用,以消除自激。

当输入电压发生跳变时,有可能超过集成运放的最大输出电压,严重时将使微分电路不能正常工作。在 R 两端并联稳压管,限制输出幅度,加一个小电阻 R_1 和 C 串联,以限制噪声和突变的输入电压。改进后的微分电路如图 7-22 所示。

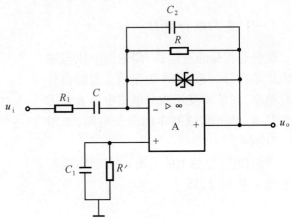

图 7-22 实用微分电路

[例7-6] 图7-23是自动调节系统中常用的 PID 调节器。它将比例运算、积分运算和微分运算三部分组合在一起。试求它的输出 $u_o(t)$ 与输入电压 $u_i(t)$ 之间的关系式。

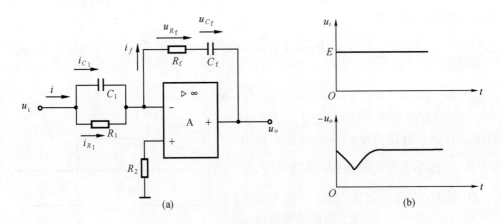

图 7-23 PID 调节器及输入输出电压波形

解　（1）根据虚地的概念，可得

$$i_1 = i_{R_1} + i_{C_1} = \frac{u_i}{R_1} + C_1 \frac{\mathrm{d}u_i}{\mathrm{d}t} = -u_o = u_{R_f} + u_{C_f} = i_f R_f + \frac{1}{C_f}\int i_f \mathrm{d}t$$

将 $i_f = i_1$ 代入上式

$$-u_o = (\frac{u_i}{R_1} + C_1 \frac{\mathrm{d}u_i}{\mathrm{d}t})R_f + \frac{1}{C_f}\int(\frac{u_i}{R_1} + C_1 \frac{\mathrm{d}u_i}{\mathrm{d}t})\mathrm{d}t$$

所以有

$$u_o = -\left[(\frac{R_f}{R_1} + \frac{C_1}{C_f})u_i + R_f C_1 \frac{\mathrm{d}u_i}{\mathrm{d}t} + \frac{1}{R_1 C_f}\int u_i \mathrm{d}t \right] \tag{7-26}$$

可看出式（7-26）中包括比例、微分和积分三个部分，故称为 PID 调节器。

（2）若令 $R_f = 0$，则式（7-26）为

$$u_o = -\left(\frac{C_1}{C_f}u_i + \frac{1}{R_1 C_f}\int u_i \mathrm{d}t \right)$$

上式中只有比例和积分两个部分，故称 PI 调节器，在系统中用来克服积累误差，抑制输入端的噪声和干扰。

（3）若将 C_f 短路，则 $u_{C_f} = 0$，式（7-26）为

$$u_o = -\left(\frac{R_f}{R_1}u_i + R_f C_1 \frac{\mathrm{d}u_i}{\mathrm{d}t} \right)$$

上式中只有比例和微分两部分，故称 PD 调节器，在系统中起加速作用。

六、对数运算电路

（一）基本对数运算电路

对数运算电路的输出电压是输入电压的对数函数。我们知道，二极管的正向电流 i_D 与它两端的电压 u_D 在一定条件下成指数关系，将反相比例电路中反馈电阻换成半导体二极管或双极型三极管，即可实现对数运算。图 7-24 就是基本对数运算电路，下面求它的输出电压与输入电压的函数关系。当图 7-24 中的 u_i 为正值，二极管正向导通电流为

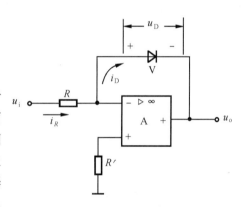

图 7-24　基本对数运算电路

$$i_D \approx I_S \mathrm{e}^{\frac{u_D}{U_T}} \text{ 或 } u_D \approx U_T \ln \frac{i_D}{I_S}$$

$$i_D = i_R = \frac{u_i}{R}$$

$$u_o = -u_D = -U_T \ln \frac{u_i}{R I_S} \tag{7-27}$$

可见，在一定条件下，能实现对数运算。

为了获得较大的工作范围和便于温度补偿，将双极型三极管接成二极管的形式，作为反馈元件（图 7-25）。因反相输入端为虚地，三极管集电结压降为零，则有

$$i_c \approx i_e \approx I_S e^{\frac{u_{BE}}{U_T}}$$

因为　$i_R = \dfrac{u_i}{R}, i_c = i_R, u_o = -u_{BE}$

可求出

$$u_o \approx -U_T \ln \frac{u_i}{RI_S} \approx -2.3 U_T \lg \frac{u_T}{RI_S}$$

$$(7-28)$$

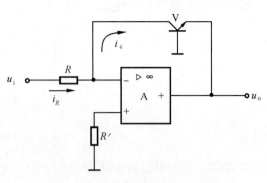

图 7 – 25　用三极管的对数运算电路

基本对数运算电路有如下缺点:

① 只有当 $u_i > 0$ 时,电路才能工作,因而,它是一个单极性电路;

② 由于 U_T 和 I_S 是温度的函数,因此,运算精度受温度影响;

③ 小信号时运算误差大。

为了克服上述缺点,必须采取改进措施。

(二) 实用电路

具有温度补偿的对数运算电路如图 7 – 26 所示。图中,三极管 V_1 和 V_2 是匹配对管,利用 V_1 和 V_2 的 u_{BE} 相减,能够较好地实现对 I_S 的温度补偿。R_3 可选用正温度系数的热敏电阻 R_T,以补偿 U_T 的温度影响。调节 R_4 能改变电路增益。C_1 和 C_2 是相位补偿电容;V_3 是二极管;固定直流电压 E 产生一个稳定的参考电流源。

考虑到

$$u_{B2} = \frac{R_3}{R_3 + R_4} u_o, \quad u_{B2} = u_{BE2} - u_{BE1}, \quad u_{BE} = U_T \ln \frac{i_c}{I_S}, \quad i_{c1} = \frac{u_i}{R_1}, \quad i_{c2} = \frac{E}{R_2}$$

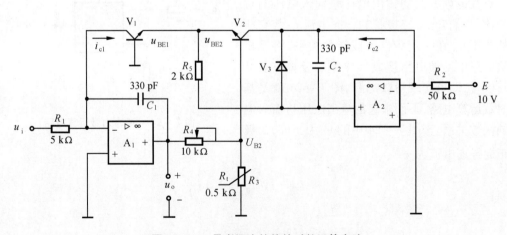

图 7 – 26　具有温度补偿的对数运算电路

做如下推算

$$u_o = \frac{R_3 + R_4}{R_3} u_{B2} = \left(1 + \frac{R_4}{R_3}\right) \cdot (u_{BE2} - u_{BE1})$$

$$
\begin{aligned}
&= \left(1 + \frac{R_4}{R_3}\right)U_{\mathrm{T}}\left(\ln\frac{i_{\mathrm{c}2}}{I_{\mathrm{S}2}} - \ln\frac{i_{\mathrm{c}1}}{I_{\mathrm{S}1}}\right) \\
&= \left(1 + \frac{R_4}{R_3}\right)U_{\mathrm{T}}\ln\frac{i_{\mathrm{c}2}}{i_{\mathrm{c}1}} = -\left(1 + \frac{R_4}{R_3}\right)U_{\mathrm{T}}\ln\frac{R_2}{R_1 E}u_{\mathrm{i}} \\
&\approx -2.3\left(1 + \frac{R_4}{R_3}\right)U_{\mathrm{T}}\lg\frac{R_2}{R_1 E}u_{\mathrm{i}}
\end{aligned}
\tag{7-29}
$$

按图 7 - 26 所注元件数值,且调整 R_4,使

$$
\left(1 + \frac{R_4}{R_3}\right) = 16.73
$$

$$
\left(1 + \frac{R_4}{R_3}\right)U_{\mathrm{T}} = 0.435\ \mathrm{V}
$$

$$
\frac{R_1}{R_2 E} = 1\ \mathrm{V}
$$

$$
2.3\left(1 + \frac{R_4}{R_3}\right)U_{\mathrm{T}} = 1\ \mathrm{V}
$$

将这些数值代入式(7 - 29)得

$$
u_{\mathrm{o}} = -\lg u_{\mathrm{i}} \tag{7-30}
$$

由式(7 - 30)可画出传输特性如图 7 - 27
所示。

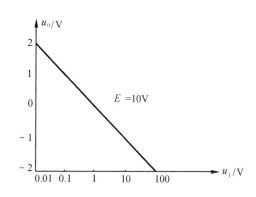

图 7 - 27　对数电路传输特性

七、反对数运算电路

反对数运算是对数运算的逆运算。

只要把图7 - 24中的电阻和二、三极
管位置互换,就构成图7 - 28所示的基本
反对数运算电路。由图可见,有如下关
系,即

$$
i_{\mathrm{c}} \approx I_{\mathrm{S}}\mathrm{e}^{\frac{u_{\mathrm{BE}}}{U_{\mathrm{T}}}},\ u_{\mathrm{BE}} = u_{\mathrm{i}},\ i_R = i_{\mathrm{c}}
$$

则

$$
\begin{aligned}
u_{\mathrm{o}} &= -i_R R = -I_{\mathrm{S}}R\mathrm{e}^{\frac{u_{\mathrm{i}}}{U_{\mathrm{T}}}} \\
&= -I_{\mathrm{S}}R\ln^{-1}\left(\frac{u_{\mathrm{i}}}{U_{\mathrm{T}}}\right)
\end{aligned}
\tag{7-31}
$$

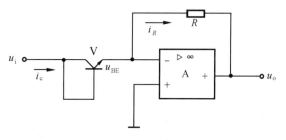

图 7 - 28　基本反对数运算电路

可见,u_{o} 与 u_{i} 呈反对数关系。

基本反对数运算电路存在的缺点及其温度补偿方法与前述电路类似。下面对图 7 - 29
所示的有温度补偿的反对数运算电路做如下分析。

图中,V_1 和 V_2 实现反对数运算,且为匹配对管。

$$
\begin{aligned}
u_{\mathrm{B}2} &= \frac{R_3}{R_4 + R_3}u_{\mathrm{i}} = u_{\mathrm{BE}2} - u_{\mathrm{BE}1} = U_{\mathrm{T}}\left(\ln\frac{i_{\mathrm{c}2}}{I_{\mathrm{S}2}} - \ln\frac{i_{\mathrm{c}1}}{I_{\mathrm{S}1}}\right) \\
&= U_{\mathrm{T}}\left(\ln\frac{E}{I_{\mathrm{S}2}R_1} - \ln\frac{u_{\mathrm{o}}}{I_{\mathrm{S}1}R_2}\right) = U_{\mathrm{T}}\ln\frac{ER_2 I_{\mathrm{S}1}}{R_1 I_{\mathrm{S}2}u_{\mathrm{o}}}
\end{aligned}
$$

因 V_1 与 V_2 为匹配对管,$I_{\mathrm{S}2} = I_{\mathrm{S}1}$,上式简化为

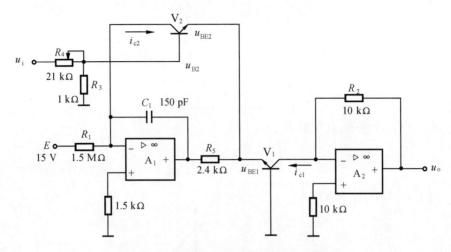

图 7 - 29   有温度补偿的反对数运算电路

$$\frac{R_3}{R_4 + R_3}u_i = U_T \ln \frac{ER_2}{R_1 u_o}$$

则得

$$u_o = \frac{R_2}{R_1}E e^{-\frac{R_3}{R_3 + R_4}\frac{u_i}{U_T}} \qquad (7-32)$$

按图 7 - 29 所注元件数值,且调电阻 R_4,使

$$\frac{R_2}{R_1}E = 0.1 \qquad \frac{R_3}{R_3 + R_4} = 2.3$$

式(7 - 32) 改写成

$$u_o = 0.1e^{-2.3u_i} = 0.1 \times 10^{-u_i}$$

$$= 0.1\frac{1}{\lg^{-1}u_i} \qquad (7-33)$$

该式表明的反对数运算电路的传输特性如图 7 - 30 所示, u_i 每变化 1 V,将导致 u_o 变化 10 倍。

上述讨论的对数和反对数运算电路仅适用于输入信号为正极性的情况。若 $u_i < 0$ 时,只需将 NPN 型三极管换成 PNP 型管,并将二极管反向即可。

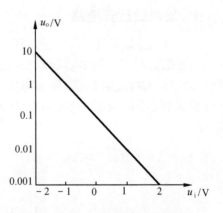

图 7 - 30   反对数电路传输特性

第二节   集成模拟乘法器

集成模拟乘法器是继集成运放之后另一大类通用型有源器件。近年来,由于技术性能不断提高,且价格较低廉,单独使用或与集成运放相配合,被广泛应用于信号运算、信号处理、电子测量、自动控制系统及通信工程等领域。

一、概述

模拟乘法器是两个互不相关的模拟信号实现相乘作用的有源网络。集成模拟乘法器一般有两个输入端和一个输出端,是一个三端口的非线性有源器件。有同相模拟乘法器和反相模拟乘法器两种。它们的输出电压与输入电压的函数关系为

| 同相乘法器 | | $u_o = Ku_X u_Y$ | $(7-34)$ |
| 反相乘法器 | | $u_o = -Ku_X u_Y$ | |

其中,K 为正数,称为增益系数,常数 $K = 0.1\ \mathrm{V^{-1}}$。集成模拟乘法器功能符号如图 7 - 31 所示。

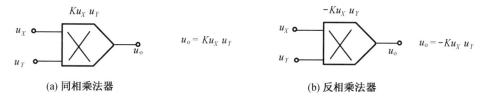

$$u_o = Ku_X u_Y \qquad u_o = -Ku_X u_Y$$

(a) 同相乘法器　　　　　　　　　(b) 反相乘法器

图 7 - 31　模拟乘法器功能符号

根据乘法运算的代数性质,乘法器有四个工作区域,由它的两个输入电压的极性来确定。并可用 $X - Y$ 平面中的四个象限表示。乘法器工作区域如图 7 - 32 所示。

若两个输入电压可以为正,也可以为负,或者正负交替,即是四象限乘法器。若只允许两个电压之一可以为正,也可以为负,另一个输入电压只能是一种极性,称为两象限乘法器。单象限乘法器的两个输入电压均限定为某一种极性。理想集成模拟乘法器是指输入阻抗无穷大,输出阻抗为零,小信号(-3 dB)带宽无穷大,K 不随频率变化,且与 u_X,u_Y 无关,它的失调、漂移和噪声

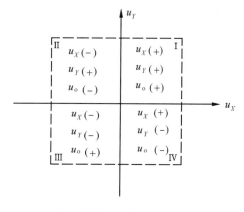

图 7 - 32　模拟乘法器的四个工作象限

电压均为零,输出电压仅与两个输入电压之积成正比。在规定的满刻度输入输出电压范围内,信号的幅度和波形不受任何限制。如果任一路输入信号为零,则输出信号就是零。但在实际乘法器中,由于工作环境、制造工艺及元件特性的非理想性,当 $u_X = 0,u_Y = 0$ 时,$u_o \neq 0$,通常把这时的输出电压称为输出失调电压;当 $u_X = 0,u_Y \neq 0$(或 $u_Y = 0,u_X \neq 0$)时,$u_o \neq 0$,这是由于 u_Y(或 u_X)信号直接流通到输出端而形成的,称这时的输出电压为 u_Y(或 u_X)的输出馈通电压。输出失调电压和输出馈通电压越小越好。此外,实际乘法器中增益系数 K 并不能完全保持不变,这将引起输出信号的非线性失真,在应用时需加注意。在以后分析计算乘法器应用电路时,均按理想集成乘法器处理。

集成模拟乘法器是非线性有源器件。如设两个输入信号为交流正弦信号

$$u_X = U_{Xm}\cos \omega_X t,\ u_Y = U_{Ym}\cos \omega_Y t$$

则输出信号为

$$u_o = \frac{1}{2}KU_{Xm}U_{Ym}\big[\cos(\omega_X - \omega_Y)t + \cos(\omega_X + \omega_Y)t\big]$$

可见,输出电压中出现了频率分量($\omega_X \pm \omega_Y$),没有 ω_X 和 ω_Y 分量。当 $\omega_X = \omega_Y = \omega$ 时,则有

$$u_o = \frac{1}{2}KU_{Xm}U_{Ym}(1 + \cos 2\omega t)$$

在 u_o 中出现了直流和 2ω 分量。由此看出,当模拟乘法器输入交变信号时,它是一个典型的非线性器件。

在特殊情况下,乘法器也有比例放大功能。例如,u_X 或 u_Y 之一是恒定电压 E 时,理想乘法器就是电压增益为 KE 的比例放大电路,它又表现出线性传输特性。在这种情况下,把它视为线性有源器件。

实现模拟信号相乘的方法很多,现有五种有成效的模拟相乘技术,即四分之一平方、时间分割、三角波平均、对数反对数以及变跨导式相乘等。

由于变跨导式模拟乘法器易集成,工作频带宽,线性好,交流馈通效应小,稳定性好,价格较低,本节仅介绍变跨导模拟乘法器的基本原理。

二、变跨导模拟乘法器介绍

(一) 简单的变跨导二象限模拟乘法器

对称共射差动放大电路(图 7 - 33(a))可以看成一个压控分流器(图 7 - 33(b))。

设晶体管 V_1 和 V_2 参数匹配,且 $\beta_1 = \beta_2 \gg 1$。根据晶体管原理可知,发射极电流 I_e 和发射结电压 u_{be} 的关系是

$$I_e = I_S\left(\exp\frac{u_{be}}{U_T} - 1\right) \approx I_S\exp\frac{u_{be}}{U_T}$$

由图 7 - 33(a) 可知

$$u_X = u_{be1} - u_{be2}$$

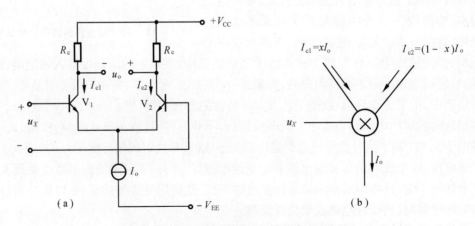

图 7 - 33　恒流源差放电路及压控分流器

恒流源电流

$$I_o = I_{e1} + I_{e2} = I_S \exp\frac{u_{be1}}{U_T} + I_S \exp\frac{u_{be2}}{U_T}$$

$$= I_S \exp\frac{u_{be2}}{U_T}\left(1 + \exp\frac{u_{be1} - u_{be2}}{U_T}\right)$$

$$= I_{e2}\left(1 + \exp\frac{u_X}{U_T}\right) \approx I_{c2}\left(1 + \exp\frac{u_X}{U_T}\right)$$

同理

$$I_o = I_{e1}\left(1 + \exp\frac{-u_X}{U_T}\right) \approx I_{c1}\left(1 + \exp\frac{-u_X}{U_T}\right)$$

则有

$$I_{c1} = \frac{I_o}{\left(1 + \exp\dfrac{-u_X}{U_T}\right)} = \frac{I_o \exp\dfrac{u_X}{U_T}}{1 + \exp\dfrac{u_X}{U_T}} = \frac{1}{2}I_o\left(1 + \tanh\frac{u_X}{2U_T}\right)$$

$$I_{c2} = \frac{1}{2}I_o\left(1 - \tanh\frac{u_X}{2U_T}\right)$$

差分输出电流为

$$I_c = I_{c1} - I_{c2} = I_o \tanh\frac{u_X}{2U_T} \tag{7-35}$$

可见,差动放大电路的传输方程是双曲函数。

若 $u_X \ll 2U_T \approx 50\ \mathrm{mV}$,因有

$$\tanh\frac{u_X}{2U_T} = \frac{u_X}{2U_T} - \frac{1}{3}\left(\frac{u_X}{2U_T}\right)^3 + \frac{2}{15}\left(\frac{u_X}{2U_T}\right)^5 - \cdots$$

故式(7-35)可近似为

$$I_c = I_{c1} - I_{c2} \approx I_o \frac{u_X}{2U_T} \tag{7-36}$$

说明在输入电压 u_X 为小信号情况下,差分电流 I_c 与 u_X 成正比。为了实现两个输入信号 u_X 和 u_Y 的相乘作用,用另一个信号 u_Y 控制恒流源电流 I_o 的变化(图7-34)。当满足 $u_Y \gg u_{BE}$ 时,

$$I_o \approx \frac{u_Y}{R_e} \tag{7-37}$$

将式(7-37)代入式(7-36),得到

$$I_c = \frac{1}{2U_T R_e}u_X u_Y \tag{7-38}$$

这说明差分电流 I_c 是 u_X 和 u_Y 乘积的函数。

根据跨导的定义,对式(7-38)微分,可得差分电路的跨导

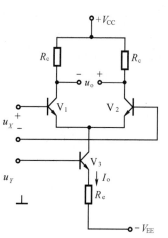

图7-34　简单变跨导模拟乘法器电路

$$g_{\mathrm{m}} = \frac{\mathrm{d}I_{\mathrm{c}}}{\mathrm{d}u_X} = \frac{1}{2U_{\mathrm{T}}R_{\mathrm{e}}} u_Y \qquad (7-39)$$

$$I_{\mathrm{c}} = I_{\mathrm{c1}} - I_{\mathrm{c2}} = g_{\mathrm{m}} u_X \qquad (7-40)$$

由此得知,差分放大电路的跨导 g_{m} 受输入信号 u_Y 的线性控制,即改变 u_Y 的大小,必将引起跨导的变化,进而使差分电流 I_{c} 也变化。因此,差分放大类型的乘法器称为可变跨导式模拟乘法器。

差动放大电路的双端输出电压为

$$u_{\mathrm{o}} = I_{\mathrm{c1}}R_{\mathrm{c}} - I_{\mathrm{c2}}R_{\mathrm{c}} = (I_{\mathrm{c1}} - I_{\mathrm{c2}})R_{\mathrm{c}}$$

$$= g_{\mathrm{m}}R_{\mathrm{c}}u_X = \frac{R_{\mathrm{c}}}{2U_{\mathrm{T}}R_{\mathrm{e}}} u_X u_Y$$

故

$$u_{\mathrm{o}} = K u_X u_Y \qquad (7-41)$$

式中,$K = \dfrac{R_{\mathrm{c}}}{2U_{\mathrm{T}}R_{\mathrm{e}}}$,即为增益系数。

对于变跨导式乘法器,其性能好坏完全取决于各差分对管之间的对称性,故要求三极管和电阻严密配对,只有利用单片集成工艺才可能达到所要求的对称性。

分析结果表明,图 7-34 电路,可以实现两个输入信号相乘,其条件是 $u_X \ll 2U_{\mathrm{T}} \approx 50$ mV,$u_Y \gg u_{\mathrm{BE}}$,即线性相乘作用受到输入电压幅度的限制。应解决扩大线性范围问题。u_Y 必须为正极性,但 u_X 极性可正可负,它是二象限乘法器。应该设法实现四象限相乘。

(二) 双平衡式模拟乘法器

为了解决四象限相乘问题,u_Y 输入通道也应采用差动形式,其电路如图 7-35 所示。这是用 u_X 和 u_Y 控制的双平衡差分电路。六只三极管两两结成三个差动对,V_3、V_4、V_5 和 V_6 的集电极交叉耦合,V_1 和 V_2 分别为上面两对差分电路的恒流源。设计电路的指导思想是 u_X 控制两组差分对管中的电流 I_{c3}、I_{c4} 和 I_{c5}、I_{c6},用 u_Y 控制恒流源电流 I_{c1} 和 I_{c2} 的分配,进而实现总的差分电流和双端输出电压受 u_X 和 u_Y 控制。

根据前面讨论的差分电路基本公式,并按图 7-35 中标明的电压极性和电流方向,可以推出

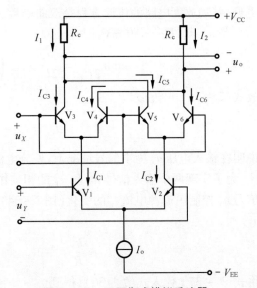

图 7-35　双平衡式模拟乘法器

$$I_{\mathrm{c1}} = \frac{1}{2}I_{\mathrm{o}}\left(1 + \tanh\frac{u_Y}{2U_{\mathrm{T}}}\right),$$

$$I_{\mathrm{c2}} = \frac{1}{2}I_{\mathrm{o}}\left(1 - \tanh\frac{u_Y}{2U_{\mathrm{T}}}\right)$$

$$I_{c3} = \frac{1}{2}I_{c1}\left(1 + \tanh\frac{u_X}{2U_T}\right),$$

$$I_{c4} = \frac{1}{2}I_{c1}\left(1 - \tanh\frac{u_X}{2U_T}\right)$$

$$I_{c5} = \frac{1}{2}I_{c2}\left(1 - \tanh\frac{u_X}{2U_T}\right),$$

$$I_{c6} = \frac{1}{2}I_{c2}\left(1 + \tanh\frac{u_X}{2U_T}\right)$$

总的差分电流为

$$I_c = I_1 - I_2 = (I_{c3} + I_{c5}) - (I_{c4} + I_{c6}) = I_o\left(\tanh\frac{u_X}{2U_T}\right)\cdot\left(\tanh\frac{u_Y}{2U_T}\right) \quad (7-42)$$

输出电压为

$$u_o = I_c R_c = I_o R_c\left(\tanh\frac{u_X}{2U_T}\right)\cdot\left(\tanh\frac{u_Y}{2U_T}\right) \quad (7-43)$$

式(7-42)和式(7-43)说明,双平衡式模拟乘法器的差分电流和输出电压与两个输入电压的双曲正切函数的乘积成正比,表明双平衡式模拟乘法器的差分电流和输出电压与两个输入电压呈非线性关系。只有输入信号幅度足够小($u_X \ll 2U_T$, $u_Y \ll 2U_T$),即小信号情况,才有

$$I_c \approx \frac{I_o}{4U_T^2}u_X u_Y \quad (7-44)$$

$$u_o \approx \frac{I_o R_c}{4U_T^2}u_X u_Y = K u_X u_Y \quad (7-45)$$

式中,增益系数 $K = \dfrac{I_o R_c}{4U_T^2}$。

　　为了扩大线性输入动态范围,还需对输入信号加一级具有反双曲正切函数的附加网络,作为输入信号的非线性补偿,以实现输入信号幅度较大时具有线性相乘作用。

　　为了减小非线性失真,还需引入反馈电阻。双平衡式模拟乘法器又称压控吉尔伯特乘法器,它是四象限模拟乘法器。模拟乘法器的代表性产品有 MC1595,国内同类型产品有 BG314 等。

三、乘除运算电路

　　利用集成模拟乘法器和集成运放相结合,通过外接的不同电路,可组成乘除、开方及平方等运算电路,还可组成各种函数发生器,调制解调和锁相环电路等。

(一)乘法运算电路

1. 乘方电路

　　乘方运算是一个模拟量的自乘运算。如图 7-36 所示。输入电压的极性任意,自乘后的输出电压 u_o 恒为正值,呈平方律特性,即 $u_o = K u_i^2$。

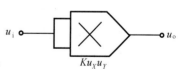

图 7-36　乘方电路

　　图 7-37 是三次方及四次方运算电路。串联式的高次方运算会积累较大的运算误差。一

般,串联相乘数量不超过3个。

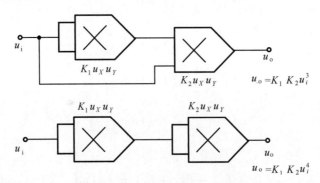

图 7 - 37　三次方和四次方运算电路

2. 正弦波倍频电路

电路如图 7 - 38 所示。设 $u_i = U_{Im}\sin \omega t$,则

$$u_o = Ku_i^2 = K(U_{Im}\sin \omega t)^2 = \frac{1}{2}KU_{Im}^2(1 - \cos 2\omega t)$$

经电容隔直后
$$u_o = -\frac{1}{2}KU_{Im}^2\cos 2\omega t$$

3. 压控增益

电路如图 7 - 39 所示。设 u_X 为一直流控制电压 E,u_Y 为输入电压,则 $u_o = KEu_Y$。

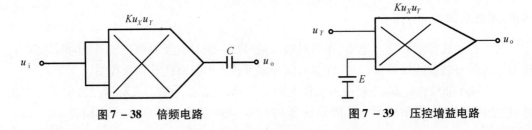

图 7 - 38　倍频电路　　　　　　　　图 7 - 39　压控增益电路

改变直流电压 E 的大小,就可调节电路的增益。

除上述乘法运算外,乘法器可以做鉴相、调制、解调及电功率测量等应用。

(二) 除法运算电路

除法运算电路的功能是输出电压与两个输入电压之商成正比。下面介绍应用乘法器和运放组合的除法运算电路。

1. 反相输入除法运算电路

除法运算是乘法运算的逆运算,其输出与输入的关系应该是

$$u_o = \frac{1}{K}\frac{u_{i1}}{u_{i2}}$$

又可写成
$$Ku_ou_{i2} = u_{i1}$$

Ku_ou_{i2} 表明,以 u_{i2} 和运放的输出电压 u_o 作为模拟乘法器的两个输入电压,u_{i1} 作为集成运放的一个输入电压,乘法器作为集成运放的有源负反馈电路,构成如图 7–40 所示的反函数式除法运算电路。应用叠加原理和集成运放虚短、虚地概念,有

$$U_- = \frac{R_2}{R_1 + R_2}u_{i1} - \frac{R_1}{R_1 + R_2}Ku_ou_{i2} = 0$$

则
$$u_o = +\frac{R_2}{KR_1}\frac{u_{i1}}{u_{i2}} \quad (理想情况) \tag{7–46}$$

若取 $R_2 = 0.1R_1$,$K = 0.1\ \text{V}^{-1}$,则得 $u_o = +\dfrac{u_{i1}}{u_{i2}}$。可见其输出电压与两个输入电压之商成正比。但必须指出,图 7–40 电路正常工作的条件是运算放大器处于负反馈工作状态。由于图中电路采用反相乘法器,因此,u_{i2} 必须为负值。否则将由于反馈极性为正而不能正常工作。当然,u_{i1} 的极性可以任意。若将图 7–40 电路中的反相乘法器换成同相乘法器,则 u_{i2} 必须为正值。

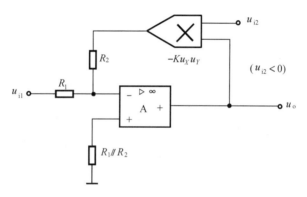

图 7–40　反相除法运算电路

2. 同相输入除法运算电路

电路如图 7–41 所示。

$$u_{o1} = Ku_{i2}u_o$$

$$U_- = \frac{R_1}{R_1 + R_2}u_{o1}$$

因 $U_+ = u_{i1}$,则

$$u_o = \frac{1}{K}\left(1 + \frac{R_2}{R_1}\right)\frac{u_{i1}}{u_{i2}} \tag{7–47}$$

3. 开平方运算电路

用平方器作为有源负反馈网络,接在集成运放的输出端和反相端之间,可构成图 7–42 的平方电路。

设乘法器和集成运放均为理想组件。根据叠加原理和集成运放虚短、虚地的概念,则有

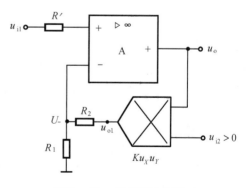

图 7–41　同相除法电路

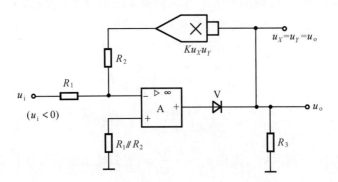

图 7 - 42   负电压输入的开平方电路

$$U_- = \frac{R_2}{R_1 + R_2}u_i + \frac{R_1}{R_1 + R_2}Ku_o^2 = 0$$

得

$$u_o = \sqrt{-\frac{R_2}{KR_1}u_i} \qquad (7-48)$$

取 $R_1 = 10\text{ k}\Omega, R_2 = 1\text{ k}\Omega, K = 0.1$,则

$$u_o = \sqrt{\frac{R_2}{KR_1}(-u_i)} = \sqrt{(-u_i)}$$

为保证平方器有源反馈网络使电路为负反馈,u_i 必须为负值。当 $u_i > 0$ 时,可采用反相乘法器,也能满足反馈极性为负。二极管的作用是防止输入电压 u_i 为正时电路闭锁。R_3 为二极管提供直流通路。

同理,对于开 m 次方运算,只要将 m 次乘方运算电路接到运放的反馈回路中即可实现。

第三节   有源滤波电路

滤波电路是一种能使有用频率信号通过,同时抑制无用频率成分的电路。在实际的电子系统中,外来的干扰信号多种多样,应当设法将其滤除或衰减到足够小的程度。而在另一些场合,有用信号和其他信号混在一起,必须设法把有用信号挑选出来。为了解决上述问题,可采用滤波电路。一般情况滤波电路均处于主系统的前级,用它来作信号处理、抑制干扰等。按所处理的信号是连续变化还是离散的,可分为模拟滤波电路和数字滤波电路。本节只介绍模拟滤波电路。以往这种滤波电路主要采用无源元件 R、L 和 C 组成的无源滤波电路,20 世纪 60 年代以后,集成运放获得了迅速发展,形成了由有源器件和 RC 滤波网络组成的有源滤波电路。与无源滤波器相比较,有源滤波器有许多优点。

① 它不使用电感元件,故体积小,质量小,也不必采取磁屏蔽措施。

② 有源滤波电路中的集成运放可加电压串联深度负反馈,电路的输入阻抗高,输出阻抗低,输入与输出之间具有良好的隔离。只要将几个低阶 RC 滤波网络串联起来,就可得到高阶滤波电路。本节重点介绍同相输入接法的 RC 有源滤波电路。因同相接法输入阻抗很

高,对 RC 滤波网络影响很小。

③ 除了滤波作用外,还可以放大信号,而且,调节电压放大倍数不影响滤波特性。

有源滤波电路的缺点主要是,因为通用型集成运放的带宽较窄,故有源滤波电路不宜用于高频范围,一般使用频率在几十千赫兹以下,也不适合在高压或大电流条件下应用。

一、滤波电路的基本概念

滤波器是一种选频电路。它能使指定频率范围内的信号顺利通过;而对其他频率的信号加以抑制,使其衰减很大。

滤波电路通常根据信号通过的频带来命名。

低通滤波电路(LPF)—— 允许低频信号通过,将高频信号衰减;

高通滤波电路(HPF)—— 允许高频信号通过,将低频信号衰减;

带通滤波电路(BPF)—— 允许某一频段内的信号通过,将此频段之外的信号衰减;

带阻滤波电路(BEF)—— 阻止某一频段内的信号通过,而允许此频段之外的信号通过;

全通滤波电路(APF)—— 没有阻带,信号全通,但相位变化。它们的理想幅频特性如图 7 - 43 所示。

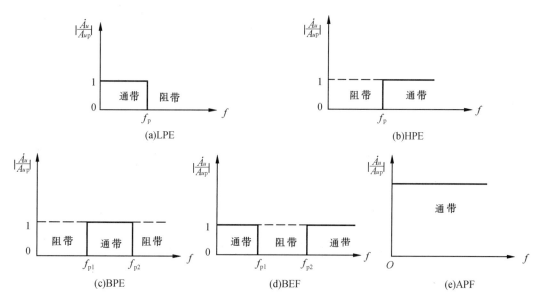

图 7 - 43 五种滤波电路的理想幅频特性

对于幅频响应,通常把能够通过的信号频率范围定义为通带,而把受阻或衰减的信号频率范围称为阻带,通带和阻带的界限频率称作截止频率。

以低通滤波电路为例,其理想滤波电路的幅频特性应是以 f_p 为边界频率的矩形特性,而实际滤波特性通带与阻带之间有过渡带,如图 7 - 44 所示,过渡带越窄说明滤波电路的选择性越好。

滤波电路的输出电压 $\dot{U}_o$ 与输入电压 $\dot{U}_i$ 之比称为电压传递系数,即

$$\dot{A}_u = \frac{\dot{U}_o}{\dot{U}_i}$$

图中,A_{up} 是通带电压放大倍数。对于低通滤波电路而言,A_{up} 的定义为 $f = 0$ 时输出电压与输入电压之比。当 $|\dot{A}_u|$ 下降到 $\frac{1}{\sqrt{2}}|A_{up}| \approx 0.707|A_{up}|$ 时所对应的频率 f_p 被称为通带截止频率。

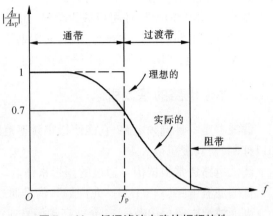

图 7 – 44　低通滤波电路的幅频特性

二、高通滤波电路 HPF 与低通滤波电路 LPF 的对偶关系

电阻、电容等无源元件可以构成简单的无源滤波电路。RC 低通和高通滤波电路示于图 7 – 45。

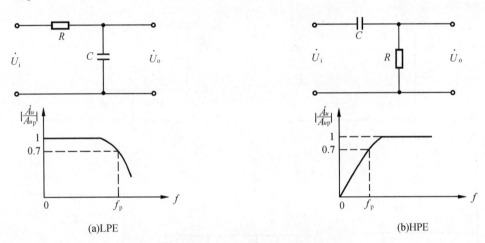

图 7 – 45　RC 无源滤波电路及其幅频特性

图 7 – 45(a) 中 LPF 的传递函数为

$$A_u(s) = \frac{U_o(s)}{U_i(s)} = \frac{\dfrac{1}{sC}}{R + \dfrac{1}{sC}} = \frac{1}{1 + sCR} \tag{7-49}$$

$$\dot{A}_u = \frac{\dot{U}_o}{\dot{U}_i} = \frac{1}{1 + j\omega RC} = \frac{1}{1 + j\dfrac{\omega}{\omega_0}} = \frac{1}{1 + j\dfrac{f}{f_0}} \tag{7-50}$$

图 7 – 45(b) 中 HPF 的传递函数为

$$A_u(s) = \frac{U_o(s)}{U_i(s)} = \frac{R}{R + \frac{1}{sC}} = \frac{1}{1 + \frac{1}{sCR}} = \frac{sCR}{1 + sCR} \qquad (7-51)$$

$$\dot{A}_u = \frac{\dot{U}_o}{\dot{U}_i} = \frac{1}{1 + \frac{1}{j\omega RC}} = \frac{1}{1 - j\frac{\omega_0}{\omega}} = \frac{1}{1 - j\frac{f_0}{f}} \qquad (7-52)$$

以上两式中 $\omega_0 = \dfrac{1}{RC}$，$f_0 = \dfrac{1}{2\pi RC}$，称为 RC 电路的特征频率。

通带截止频率

$$f_p = f_0 = \frac{1}{2\pi RC}$$

基于上述分析，可总结出 HPF 与 LPF 的对偶关系。

1. 幅频特性对偶性

如果图 7 – 45 中 HPF 与 LPF 的 R、C 参数相同，则通带截止频率 f_p 相同，那么，HPF 与 LPF 的幅频特性以垂直线 $f = f_p$ 为对称，两者随频率的变化是相反的，即在 f_p 附近，HPF 的 $|\dot{A}_u|$ 随频率升高而增大，LPF 的 $|\dot{A}_u|$ 随频率升高而减小。

2. 传递函数的对偶性

如果将 LPF 传递函数中的 s 换成 $\dfrac{1}{s}$ 并对其系数做一些调整，则变成了相应的 HPF 的传递函数。例如，图 7 – 45(a) 所示电路的 LPF 传递函数 $A_u(s) = \dfrac{1}{1 + sCR}$，将其中的 sCR 换成 $\dfrac{1}{sCR}$，可得到图 7 – 43(b) 所示 HPF 的传递函数，即

$$A_u(s) = \frac{1}{1 + \frac{1}{sCR}} = \frac{sCR}{1 + sCR}$$

3. 电路结构上的对偶性

将 LPF 电路中起滤波作用的 C 换成 R，R 换成 C，即 R 与 C 互换位置，就转换成了相应的 HPF，其示意图如图 7 – 46 所示。

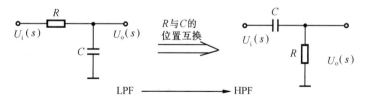

图 7 – 46　HPF 与 LPF 的结构对偶关系

掌握 HPF 与 LPF 的对偶原则，很容易将 LPF 转换成相应的 HPF，并迅速得到电压传递函数。这对分析计算 HPF 与 LPF 的性能十分有利。

分析 RC 无源 HPF 及 LPF 还知道，它们存在三个缺点。

（1）电压增益 $|\dot{A}_u|$ 最大为 1，没有电压放大作用。

（2）过渡带的衰减特性差（LPF 过渡带的幅频特性斜率为 – 20 dB/ 十倍频程，HPF 过渡带的幅频特性斜率为 20 dB/ 十倍频程）。

（3）带负载能力差。若在 RC 无源滤波电路的输出端接上负载 R_L，则其截止频率和电压增益都将随 R_L 而变化。

为了解决以上三个问题，可采用集成运放与 RC 滤波网络组成有源滤波电路。

在 RC 滤波网络与负载 R_L 之间，接一个集成运放电压跟随器，它的直流输入电阻可达 1 000 MΩ，输出阻抗可低至 0.1 Ω 以下，带负载能力很强。如果希望既有滤波作用，又有电压放大作用，可在 RC 滤波网络与 R_L 之间接上同相比例放大电路。

三、低通有源滤波电路（LPF）

（一）一阶 RC 有源低通滤波电路

一阶有源 LPF 电路如图 7 – 47 所示。

它的主要性能分析如下。

1. 通带电压放大倍数

LPF 的通带电压放大倍数 A_{up} 是指 $f = 0$ 时输出电压 U_o 与输入电压 U_i

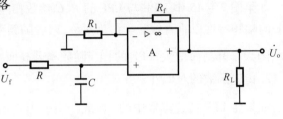

图 7 – 47 一阶 LPF 电路

之比。对于直流信号而言，图 7 – 47 电路中的电容视为开路。因此，A_{up} 就是同相比例电路的电压放大倍数 A_{uf}，即

$$A_{up} = 1 + \frac{R_f}{R_1} \qquad (7 - 53)$$

2. 电压传递函数

由图 7 – 47 电路可知

$$U_o(s) = A_{up}U_+(s)$$

$$U_+(s) = \frac{\frac{1}{SC}}{R + \frac{1}{SC}}U_i(s) = \frac{1}{1 + sCR}U_i(s)$$

由以上两式可得其电压传递函数

$$A_u(s) = \frac{U_o(s)}{U_i(s)} = \frac{1}{1 + sCR}A_{up} \qquad (7 - 54)$$

由于式 7 – 54 中分母为 s 的一次幂，故上式所示滤波电路为一阶低通有源滤波电路。

3. 幅频特性及通带截止频率

将式（7 – 54）中的 s 换成 $j\omega$，并令 $\omega_0 = 2\pi f_0 = \frac{1}{RC}$（$f_0$ 与元件参数有关，称为特征频率），可得

$$\dot{A}_u = \frac{1}{1 + \mathrm{j}\dfrac{f}{f_0}} A_{up} \tag{7-55}$$

根据式(7-55),归一化的幅频特性的模为

$$\left| \frac{\dot{A}_u}{A_{up}} \right| = \frac{1}{\sqrt{1 + \left(\dfrac{f}{f_0}\right)^2}}$$

由上式看出,当$f = f_0$时,$|\dot{A}_u| = \dfrac{1}{\sqrt{2}} A_{up}$。因此通带截止频率是

$$f_p = f_0 = \frac{1}{2\pi RC} \tag{7-56}$$

$$20\lg \left| \frac{\dot{A}_u}{A_{up}} \right| = -20\lg \sqrt{1 + \left(\frac{f}{f_0}\right)^2}$$

利用折线近似法,不难画出对数幅频特性,如图7-48所示。可见,当$f \gg f_0$时其衰减斜率为$-20\ \mathrm{dB}/$十倍频程。

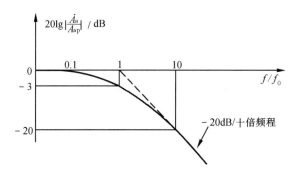

图 7-48　一阶 LPF 的幅频特性

(二) 二阶 RC 有源低通滤波电路

为使有源滤波器的滤波特性接近理想特性,即在通频带内特性曲线更平缓,在通频带外特性曲线衰减更陡峭,只有增加滤波网络的阶数。

将串联的两节 RC 低通网络直接与同相比例电路相连,可构成图7-49所示的简单二阶LPF。在过渡带可获得$-40\ \mathrm{dB}/$十倍频程的衰减特性。

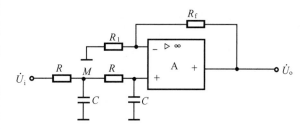

图 7-49　简单的二阶 LPF 电路

主要性能分析:

1. $A_{up} = 1 + \dfrac{R_f}{R_1}$

2. 电压传递函数

$$\begin{cases} U_o(s) = A_{up} U_+(s) \\[2mm] U_+(s) = U_M(s) \dfrac{1}{1 + sCR} \\[2mm] U_M(s) = \dfrac{\dfrac{1}{sC} /\!/ (R + \dfrac{1}{sC})}{R + [\dfrac{1}{sC} /\!/ (R + \dfrac{1}{sC})]} U_i(s) \end{cases}$$

解得
$$A_u(s) = \frac{U_o(s)}{U_i(s)} = \frac{A_{up}}{1 + 3sCR + (sCR)^2} \qquad (7 - 57)$$

3. 通带截止频率

将式(7 - 57)中的 s 换成 $j\omega$,并令 $f_0 = \dfrac{1}{2\pi RC}$,则得

$$\dot{A}_u = \frac{A_{up}}{1 - (\dfrac{f}{f_0})^2 + j3\dfrac{f}{f_0}} \qquad (7 - 58)$$

当 $f = f_p$ 时,上式右边的分母之模应约等于 $\sqrt{2}$,即

$$\left| 1 - (\frac{f}{f_0})^2 + j3\frac{f}{f_0} \right| \approx \sqrt{2}$$

解得
$$f_p = \sqrt{\frac{\sqrt{53} - 7}{2}} f_0 \approx 0.37 f_0 \qquad (7 - 59)$$

4. 幅频特性

根据式(7 - 58),可画出电路的幅频特性,如图7 - 50所示。该图说明,二阶 LPF 的衰减率为 - 40 dB/ 十倍频程,比一阶 LPF 的斜率之绝对值大一倍。

(三) 二阶压控电压源 LPF

由简单二阶 LPF 的幅频特性(图7 - 50) 看出,在 f_0 附近的幅频特性与理想情况差别较大,即在 $f < f_0$ 附近,

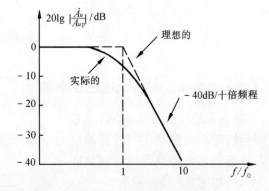

图 7 - 50　简单二阶 LPF 的幅频特性

幅频特性曲线已开始下降,而在 $f > f_0$ 附近,它的下降斜率还不快。为了使 f_0 附近的电压放大倍数提高,改善在 f_0 附近的滤波特性,将图7 - 49 电路中的第一个电容 C 接地端改接到集成运放的输出端,形成正反馈,如图7 - 51(a) 所示。只要参数选择合适,既不产生自激振荡,又在 $f \gg f_0$ 和 $f \ll f_0$ 频率范围对其电压放大倍数影响不大。有可能改善 f_0 附近的幅频特性。

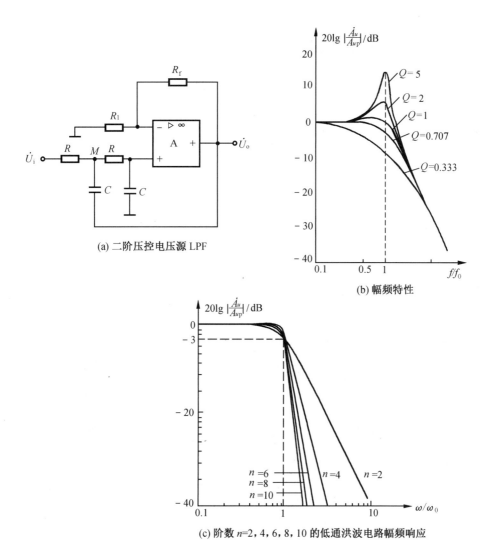

图 7 – 51　压控电压源 **LPF** 及幅频特性

性能分析：

1. 通带电压放大倍数

$$A_{up} = 1 + \frac{R_f}{R_1}$$

2. **传递函数**

由图 7 – 51(a) 可列出方程组

$$
\begin{cases}
U_+(s) = \dfrac{1}{A_{up}} U_o(s) \\[2mm]
U_+(s) = \dfrac{1}{1 + sCR} U_M(s) \\[2mm]
\dfrac{U_i(s) - U_M(s)}{R} - [U_M(s) - U_o(s)]sC - \dfrac{U_M(s) - U_+(s)}{R} = 0
\end{cases}
$$

解得

$$A_u(s) = \frac{U_o(s)}{U_i(s)} = \frac{A_{up}}{1 + (3 - A_{up})sCR + (sCR)^2} \tag{7-60}$$

3. 频率特性

$$\dot{A}_u = \frac{\dot{U}_o}{\dot{U}_i} = \frac{A_{up}}{1 - \left(\dfrac{f}{f_0}\right)^2 + j(3 - A_{up})\dfrac{f}{f_0}} \tag{7-61}$$

图 7 - 51(a) 的二阶压控电压源 LPF 与图 7 - 49 的简单二阶 LPF 的频率特性表达式区别是分母虚部系数有些不同,即由 3 变成了 $(3 - A_{up})$。

下面着重分析图 7 - 51(a) 电路在 $f = f_0$ 时,$|\dot{A}_u|$ 与 A_{up} 的关系。

当 $f = f_0$ 时,式(7 - 61) 可简化为

$$|\dot{A}_u|\Big|_{f=f_0} = \frac{A_{up}}{|j(3 - A_{up})|} \tag{7-62}$$

我们将 $f = f_0$ 时的电压放大倍数的模与通带电压放大倍数之比称为 Q 值,由式(7 - 62) 可得

$$Q = \frac{1}{3 - A_{up}} \tag{7-63}$$

将上式代入式(7 - 62),再两边取模,则

$$|\dot{A}_u|\Big|_{f=f_0} = QA_{up} \tag{7-64}$$

由式(7 - 64) 看出,Q 值不同,$|\dot{A}_u|\Big|_{f=f_0}$ 值则不同,Q 值愈大,$|\dot{A}_u|\Big|_{f=f_0}$ 愈大。而 Q 值的大小只决定于 A_{up} 的大小。

当 $2 < A_{up} < 3$ 时,$Q > 1$,$|\dot{A}_u|\Big|_{f=f_0} > A_{up}$。而图 7 - 49 简单二阶 LPF 电路在 $f = f_0$ 时,由式(7 - 58) 可知,$|\dot{A}_u|\Big|_{f=f_0}$ 只有 A_{up} 的三分之一。这说明将第一个电容 C 接地的一端改接到运放的输出端,形成正反馈后,可使 $\dot{U}_o$ 的幅值在 $f \approx f_0$ 范围内得到加强。因此,图 7 - 51(a) 电路在 Q 值合适的情况下,其幅频特性能得到较大的改善。

4. 幅频特性

将式(7 - 61) 中的 $(3 - A_{up})$ 用 $\dfrac{1}{Q}$ 代替,其频率特性写成

$$\dot{A}_u = \frac{A_{up}}{1 - \left(\dfrac{f}{f_0}\right)^2 + j\dfrac{1}{Q}\dfrac{f}{f_0}} \tag{7-65}$$

根据上式可画出 Q 取不同值的幅频特性,如图 7 - 51(b) 所示。不同的 Q 值将使频率特性在 f_0 附近范围变化较大。当进一步增加滤波电路阶数,由图 7 - 51(c) 可看出,其幅频特性更接近理想特性。

强调说明如下两点。

(1) 当 $Q = 1$ 时,在 $f = f_0$ 的情况下,$|\dot{A}_u|\Big|_{f=f_0} = A_{up}$ 维持了通带内的电压增益,故滤波

效果为佳。这时，$3 - A_{up} = 1$，$A_{up} = 2$，$R_f = R_1$。

（2）当 $A_{up} = 3$ 时，Q 将趋于无穷大，意味着该 LPF 将产生自激现象。因此，电路参数必须满足 $A_{up} < 3$，$R_f < 2R_1$，这是电路稳定工作的条件。

[例7-7]　若要求二阶压控电压源 LPF 的 $f_0 = 400$ Hz，$Q = 0.7$，试求图 7-51（a）电路中的各电阻、电容值。

解　（1）滤波网络的电阻 R 和电容 C 确定特征频率 f_0 的值。根据 f_0 的值选择 C 的容量，求出 R 的值。

C 的容量一般低于 1 μF，R 的值在千欧至兆欧范围内选择。

取 $C = 0.1$ μF，$R = \dfrac{1}{2\pi f_0 C} = \dfrac{1}{2\pi \times 400 \times 0.1 \times 10^{-6}} = 3\,979\ \Omega$

可取 $R = 4.0$ kΩ

（2）已知 Q 值求 A_{up} 值

$$Q = \frac{1}{3 - A_{up}} = 0.7, \quad A_{up} = 1.57$$

（3）根据集成运放两个输入端外接电阻的对称条件及 A_{up} 与 R_1，R_f 的关系，有

$$\begin{cases} 1 + \dfrac{R_f}{R_1} = 1.57 \\[2mm] R_1 \,/\!/\, R_f = R + R = 2R \end{cases}$$

解出 $R_1 = 5.51R$，$R_f = 3.14R$。若取 $R = 3.9$ kΩ，因此，R_1 取 21.5 kΩ，R_f 取 12.2 kΩ。

[例7-8]　用乘法器和反相求和积分电路构成的一阶压控 LPF 电路如图 7-52 所示。

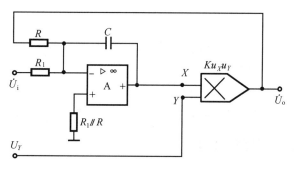

图 7-52　压控一阶 LPF

（1）试推导它的传递函数及频率特性表达式。

（2）若已知 $R_1 = 2$ kΩ，$R = 10$ kΩ，$C = 1\,000$ pF，乘法器增益系数取 $K = 0.1$ V^{-1}，$U_Y = 0.1$ V，试求通带电压放大倍数 A_{up} 及通带截止频率 f_0 的值。

解　（1）采用叠加原理方法，由图可列出

$$\begin{cases} U_X(s) = -\dfrac{\dfrac{1}{sC}}{R_1} U_i(s) - \dfrac{\dfrac{1}{sC}}{R} U_o(s) \\[4mm] U_o(s) = K U_X(s) U_Y(s) \end{cases}$$

由上面两式可以得到电压传递函数

$$A_u(s) = \frac{U_o(s)}{U_i(s)} = \frac{-\dfrac{KU_Y}{sR_1C}}{1 + \dfrac{KU_Y}{sRC}} = -\frac{R}{R_1} \cdot \frac{1}{1 + \dfrac{s}{\dfrac{KU_Y}{RC}}}$$

将 s 换成 $j\omega$,则得频率特性表达式

$$\dot{A}_u = -\frac{R}{R_1} \cdot \frac{1}{1 + \dfrac{j\omega}{\dfrac{KU_Y}{RC}}} = -\frac{R}{R_1} \cdot \frac{1}{1 + j\dfrac{\omega}{\omega_0}}$$

式中,$\omega_0 = \dfrac{K}{RC}U_Y$。

由此得知:

通带电压放大倍数 $A_{up} = -\dfrac{R}{R_1}$

通带截止频率 $f_p = f_0 = \dfrac{K}{2\pi RC}U_Y$

可见,调节直流电压 U_Y,便可调节 LPF 的频带。

(2) $|A_{up}| = \dfrac{R}{R_1} = \dfrac{10}{2} = 5$

$$f_p = \frac{K}{2\pi RC}U_Y = \frac{0.1}{2\pi \times 10 \times 10^3 \times 1\,000 \times 10^{-12}} \times 0.1 = 159\ \text{Hz}$$

(四) 高阶 LPF

为了使 LPF 的幅频特性更接近理想情况,可采用高阶 LPF。构成高阶 LPF 有两种方法。

(1) 多个二阶或一阶 LPF 串联法。例如,将两个二阶压控电压源 LPF 串联起来,就是四阶 LPF。其幅频特性的衰减斜率是 $-80\ \text{dB}/$ 十倍频程。

(2) RC 网络与集成运放直接连接法。该方法节省元件,但设计和计算较复杂。

四、高通有源滤波电路(HPF)

(一) 二阶压控电压源 HPF

根据 HPF 与 LPF 的对偶原则,可将二阶压控电压源 LPF 变换成如图 7 - 53(a) 所示的二阶压控电压源 HPF。

性能分析如下。

1. 通带电压放大倍数

当频率 f 很高时,电容 C 可视为短路,通带电压放大倍数仍为

$$A_{up} = 1 + \frac{R_f}{R_1}$$

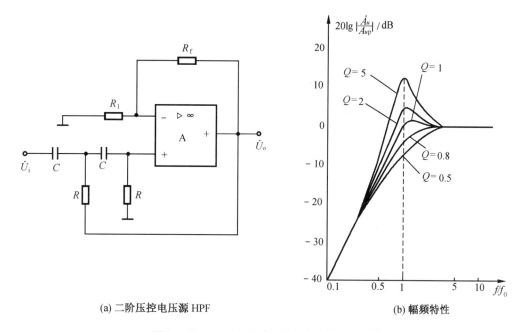

(a) 二阶压控电压源 HPF　　　　　　　　　(b) 幅频特性

图 7 – 53　二阶压控电压源 HPF 及幅频特性

2. 传递函数

根据对偶原则,将式(7 – 60)中的 sCR 换成 $\dfrac{1}{sCR}$,则得图 7 – 53(a) HPF 的传递函数

$$A_u(s) = \frac{U_o(s)}{U_i(s)} = \frac{A_{up}}{1 + (3 - A_{up})\dfrac{1}{sCR} + (\dfrac{1}{sCR})^2} \tag{7 – 66}$$

$$A_u(s) = \frac{(sCR)^2}{1 + (3 - A_{up})sCR + (sCR)^2}A_{up} \tag{7 – 67}$$

3. 频率特性

将式(7 – 66)中的 s 换成 $j\omega$,并令 $f_0 = \dfrac{1}{2\pi RC}$,得

$$\dot{A}_u = \frac{\dot{U}_o}{\dot{U}_i} = \frac{A_{up}}{1 - (\dfrac{f_0}{f})^2 - j(3 - A_{up})\dfrac{f_0}{f}} \tag{7 – 68}$$

令 $Q = \dfrac{1}{3 - A_{up}}$,上式可写成

$$\dot{A}_u = \frac{A_{up}}{1 - (\dfrac{f_0}{f})^2 - j\dfrac{1}{Q}\dfrac{f_0}{f}} \tag{7 – 69}$$

根据式(7 – 69)可画出图 7 – 53(a)电路的幅频特性,如图 7 – 53(b)所示。应注意到:当 $f \ll f_0$ 时,幅频特性的斜率为 + 40 dB/ 十倍频程;$A_{up} < 3$,$R_f < 2R_1$,这是电路稳定工作的条件;当 $Q = 1$,即 $R_f = R_1$ 时,滤波效果最佳。

（二）高阶 HPF

高阶 HPF 构成方法同高阶 LPF 一样,有两种方法。一是由几个低阶 HPF 串联,二是由 RC 滤波网络和集成运放直接联结。

五、带通有源滤波电路(BPF)

（一）BPF 的构成方法

BPF 构成的总原则是 LPF 与 HPF 相串联。条件是 LPF 的通带截止频率 f_{p1} 高于 HPF 的通带截止频率 f_{p2},$f > f_{p1}$ 的信号被 LPF 滤掉;$f < f_{p2}$ 的信号被 HPF 滤掉,只有 $f_{p2} < f < f_{p1}$ 的信号才能顺利通过。BPF 的示意图如图 7 – 54 所示。

LPF 与 HPF 串联有两种情况。

（1）将有源 LPF 与有源 HPF 两级直接串联。用这种方法构成的 BPF 通带宽,而且通带截止频率易调整,但所用元器件多。

（2）将两节电路直接相连。其优点是电路简单。

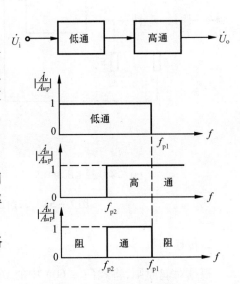

图 7 – 54　BPF 组成原理

（二）二阶压控电压源 BPF

二阶压控电压源 BPF 电路示于图 7 – 55。

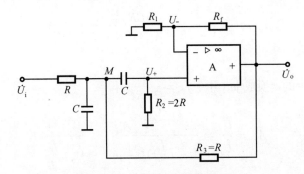

图 7 – 55　二阶压控电压源 BPF

性能分析如下。

1. 传递函数

由图 7 – 55 电路可列出下面方程组

$$\begin{cases} U_{o}(s) = \left(1 + \dfrac{R_{f}}{R_{1}}\right)U_{+}(s) \\[3mm] U_{+}(s) = \dfrac{sCR_{2}}{1 + sCR_{2}}U_{M}(s) \\[3mm] \dfrac{U_{i}(s) - U_{M}(s)}{R} - U_{M}(s)sC - \dfrac{U_{M}(s)}{\dfrac{1}{sC} + R_{2}} - \dfrac{U_{M}(s) - U_{o}(s)}{R_{3}} = 0 \end{cases}$$

为了计算简便,设 $R_{2} = 2R, R_{3} = R$,由上面的方程组可求出它的传递函数

$$A_{u}(s) = \frac{sCR}{1 + (3 - A_{uf})sCR + (sCR)^{2}}A_{uf} \tag{7-70}$$

其中, A_{uf} 是同相比例电路的电压放大倍数,即

$$A_{uf} = 1 + \frac{R_{f}}{R_{1}} \tag{7-71}$$

2. 中心频率和通带电压放大倍数

将式(7-70)中的 s 换成 $j\omega$,则得

$$\dot{A}_{u} = \frac{1}{1 + j\dfrac{1}{3 - A_{uf}}\left(\dfrac{f}{f_{0}} - \dfrac{f_{0}}{f}\right)} \cdot \frac{A_{uf}}{3 - A_{uf}} \tag{7-72}$$

式中, $f_{0} = \dfrac{1}{2\pi RC}$ 称为 BPF 的中心频率,因为当 $f = f_{0}$ 时 $|\dot{A}_{u}|$ 最大。

将 $f = f_{0}$ 时, $\dot{A}_{u}$ 的值称为 BPF 的通带电压放大倍数。由式(7-72)可知,BPF 的通带电压放大倍数是

$$A_{up} = \frac{A_{uf}}{3 - A_{uf}} \tag{7-73}$$

应注意到,有源 LPF 和有源 HPF 的 $A_{up} = A_{uf} = 1 + \dfrac{R_{f}}{R_{1}}$ 而有源 BPF 的 A_{up} 不等于 A_{uf}。

3. 通带截止频率

根据求通带截止频率 f_{p} 的方法是令 $|\dot{A}_{u}| = \dfrac{1}{\sqrt{2}}A_{up}$ 可令式(7-72)中的分母虚部系数之绝对值等于 1,求出 f_{p},即

$$\left| \frac{1}{3 - A_{uf}}\left(\frac{f_{p}}{f_{0}} - \frac{f_{0}}{f_{p}}\right) \right| = 1$$

解该方程,取正根,则得图 7-55 所示 BPF 的两个通带截止频率

$$f_{p1} = \frac{f_{0}}{2}\left[\sqrt{(3 - A_{uf})^{2} + 4} - (3 - A_{uf})\right] \tag{7-74}$$

$$f_{p2} = \frac{f_{0}}{2}\left[\sqrt{(3 - A_{uf})^{2} + 4} + (3 - A_{uf})\right] \tag{7-75}$$

4. 通带宽度

BPF 的通带宽度 B 是两个通带截止频率之差,即

$$B = f_{p2} - f_{p1} = (3 - A_{uf})f_{0} \tag{7-76}$$

$$B = \left(2 - \frac{R_f}{R_1}\right)f_0$$

上式表明,改变 R_f 或 R_1 就可以改变通带宽度,并不影响中心频率。

5. Q 值

BPF 的 Q 值是中心频率与通带宽度之比值。由式(7 - 76)得

$$Q = \frac{f_0}{B} = \frac{1}{3 - A_{uf}} \qquad (7 - 77)$$

6. 频率特性

根据式(7 - 72)、式(7 - 73)和式(7 - 77),可得

$$\frac{\dot{A}_u}{A_{up}} = \frac{1}{1 + jQ\left(\dfrac{f}{f_0} - \dfrac{f_0}{f}\right)} \qquad (7 - 78)$$

由式(7 - 78)可画出不同 Q 值的二阶 BPF 的幅频特性曲线,如图 7 - 56 所示。可以看出,Q 值越大,BPF 的通带宽度越窄,选择性越好。

六、带阻有源滤波电路(BEF)

BEF 构成的总原则是 LPF 与 HPF 相并联,条件是 LPF 的通带截止频率 f_{p1} 小于 HPF 的通带截止频率 f_{p2},只有 $f_{p1} < f < f_{p2}$ 的信号无法通过。阻带宽度 $B = f_{p2} - f_{p1}$。BEF 构成的原理框图如图 7 - 57 所示。

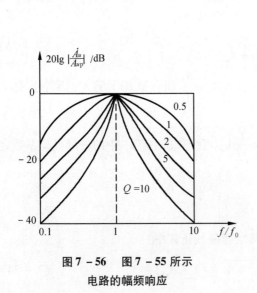

图 7 - 56　图 7 - 55 所示
电路的幅频响应

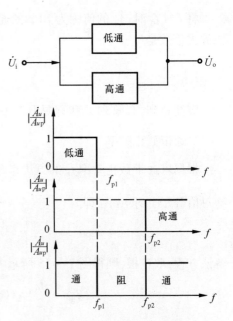

图 7 - 57　BEF 组成原理框图

LPF 与 HPF 并联有两种情况。

(1)将有源 LPF 与有源 HPF 直接并联。这种方法实现较困难,而且电路元器件用得多,不宜采用。

（2）用两节 RC 网络（即一个无源 LPF 和一个无源 HPF）相并联，构成无源 BEF，再将它与同相比例电路直接相连。这种方法应用广泛。

图 7 - 58(a) 是一个无源 LPF，图 7 - 58(b) 是一个无源 HPF。将它们并联起来，就得到无源 BEF（双 T 网络）。在双 T 网络后面接上同相比例电路，就可构成基本的有源 BEF。为了减小阻带宽度，提高选择性，应使阻带中心频率 f_0 附近两边的幅度增大。为此，将 $\frac{1}{2}R$ 电阻接地端改接到集成运放的输出端，形成正反馈。只要电路参数选择合适，会有很好的选择性。二阶压控电压源 BEF 典型电路示于图 7 - 59。

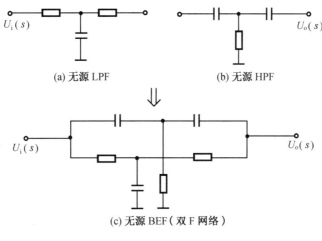

(a) 无源 LPF   (b) 无源 HPF

(c) 无源 BEF（双 F 网络）

图 7 - 58 无源 BEF

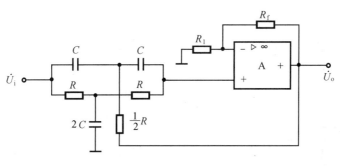

图 7 - 59 典型的 BEF

BEF 的性能分析等请参看有关文献。

七、全通滤波电路（APF）

在有的场合我们需要改变正弦信号的相位，而且希望输出电压幅值与输入电压幅值之比为常数（即不随频率变化而变化）。能够实现上述意图的电路是 APF，它又称为移相滤波器。

图 7 - 60 所示电路即为一阶 APF。

电路的输入 $\dot{U}_i$ 可视为差动输入方式，则电路输出量 $\dot{U}_o$ 与输入量 $\dot{U}_i$ 的关系为

$$\frac{\dot{U}_o}{\dot{U}_i} = -\frac{R_f}{R_1} + \left(1 + \frac{R_f}{R_1}\right) \frac{R}{R + \dfrac{1}{sC}}$$

在 $R_1 = R_f$ 情况下,

$$\frac{\dot{U}_o}{\dot{U}_i} = -\frac{1 - sCR}{1 + sCR} \qquad\qquad (7-79)$$

将 s 换成 $j\omega$,并令 $f_0 = \dfrac{1}{2\pi RC}$,则上式为

$$\frac{\dot{U}_o}{\dot{U}_i} = -\frac{1 - j\dfrac{f}{f_0}}{1 + j\dfrac{f}{f_0}} \qquad\qquad (7-80)$$

因此 $\dot{A}_u$ 的模恒等于 1,其相移是

$$\varphi_F(f) = 180° - 2\arctan\frac{f}{f_0} \qquad\qquad (7-81)$$

在 $f = f_0$ 处

$$\varphi_F(f_0) = 90°$$

由此,可画出图 7-60 电路的相频特性如图 7-61 所示。如果希望进一步提高 APF 的性能,读者可参考有关文献的介绍。

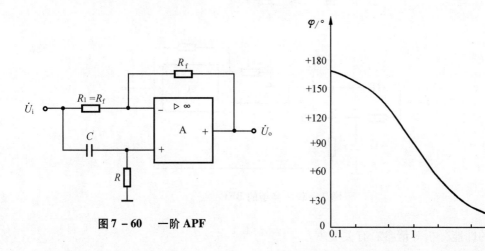

图 7-60　一阶 APF

图 7-61　图 7-60 一阶 APF 的相频特性

八、反相输入有源滤波电路

上面介绍了压控电压源滤波电路。它们的输入信号都是引到集成运放的同相输入端。其优点是所用元器件较少,输入电阻高,性能调节比较方便,输出电阻小,带负载能力强等,但电路参数选择不合适时,容易产生自激振荡。为了克服这种缺点,可将输入信号引至运放的

反相输入端,构成反相输入有源滤波电路。

(一) 反相输入一阶 LPF

反相输入一阶 LPF 电路示于图 7 - 62。在反相比例电路的负反馈电阻 R_f 两端并联一个电容 C。

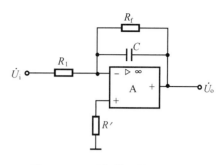

图 7 - 62 反相输入的一阶 LPF

1. 定性分析

当输入信号频率很低时,电容 C 的容抗很大,电容可视为开路,输入信号能通过并加以放大 R_f/R_1 倍。当输入信号频率很高时,电容 C 的容抗很小,可近似为短路,信号被大大衰减,输出电压很小。因此,图 7 - 62 电路是一个 LPF。

2. 定量计算

因

$$A_u(s) = \frac{U_o(s)}{U_i(s)} = -\frac{Z_f(s)}{Z_1(s)} = -\frac{R_f \mathbin{/\mkern-5mu/} \dfrac{1}{sC}}{R_1}$$

故

$$A_u(s) = -\frac{R_f}{R_1} \cdot \frac{1}{1 + sCR_f} \tag{7-82}$$

$$\dot{A}_u = \frac{\dot{U}_o}{\dot{U}_i} = -\frac{R_f}{R_1} \cdot \frac{1}{1 + \mathrm{j}\dfrac{f}{f_0}} = A_{up} \frac{1}{1 + \mathrm{j}\dfrac{f}{f_0}} \tag{7-83}$$

其中

$$f_0 = \frac{1}{2\pi R_f C} \quad f_p = f_0 = \frac{1}{2\pi R_f C} \tag{7-84}$$

$$A_{up} = -\frac{R_f}{R_1} \tag{7-85}$$

可见,图 7 - 62 的电路是反相输入的一阶 RC 低通滤波电路。

(二) 反相输入的简单二阶 LPF

为了提高滤波性能,将图 7 - 62 中的电阻 R_1 改为 T 型低通 RC 网络,构成图 7 - 63 所示的反相输入简单二阶 LPF。

图 7 - 63 电路实质是在图 7 - 62 电路的基础上,前面又增加一级由 R_1 和 C_1 组成的低通滤波环节。因此,这个电路是一个反相输入二阶 LPF。

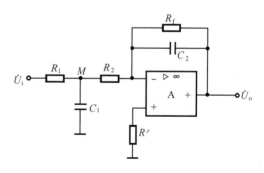

图 7 - 63 反相输入简单二阶 LPF

(三) 反相输入多路反馈 LPF

为了改善 f_0 附近的幅频特性,可将图 7 - 63 电路中的电阻 R_f 的一端改接到图中的 M 点,即如图 7 - 64 所示。电阻 R_f 和电容 C_2 构成两个反馈支路,其反馈的强弱均与信号的频率有关。这个二阶 LPF 不会因通带电压放大倍数过大而产生自激振荡,所以性能稳定。

（四）反相输入一阶 HPF

在图7－65电路中,假设输入信号频率很低,电容 C_1 容抗很大,低频信号不易通过,而对高频信号, C_1 容抗近似视为短路,能顺利通过,且只有一个时间常数的 RC 滤波网络。因此,它是一阶 HPF。

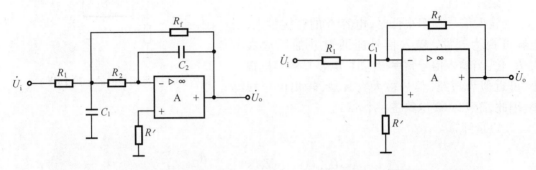

图7－64　反相输入多路反馈 LPF　　　　　图7－65　反相输入一阶 HPF

$$A_u(s) = \frac{U_o(s)}{U_i(s)} = -\frac{Z_f(s)}{Z_1(s)} = \frac{-R_f}{R_1 + \dfrac{1}{sC_1}} = -\frac{R_f}{R_1} \frac{1}{1 + \dfrac{1}{sC_1R_1}}$$

$$\dot{A}_u = -\frac{R_f}{R_1} \frac{1}{1 + \dfrac{1}{j\omega R_1 C_1}} = -\frac{R_f}{R_1} \frac{1}{1 - j\dfrac{f_0}{f}}$$

通带电压放大倍数

$$A_{up} = -\frac{R_f}{R_1}$$

通带截止频率

$$f_p = f_0 = \frac{1}{2\pi R_1 C_1}$$

可见,图7－65电路是反相输入一阶 HPF。

（五）反相输入二阶 BPF

将图7－66电路与图7－64、图7－65电路进行比较,可以看出, R_1 和 C_1 是一阶 LPF,而 C_2 和 R_f 是一阶 HPF,将两者组合在一起,如果电阻和电容参数选择合适,可构成反相输入二阶 BPF。

在分析判断反相输入滤波电路属于何种类型的有源滤波电路 LPF、HPF、BPE 或 BEF 时,可把负反馈支路起滤波作用的电阻或电容用密勒等效方法折合到相应

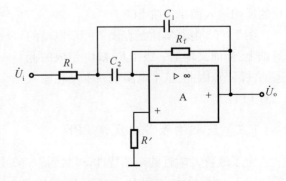

图7－66　反相输入二阶 BPF

的节点到地,看成无源 RC 滤波网络后再与反相比例电路直接相连,就容易判断是几阶何种类型滤波电路。读者可自行分析图 7 - 62 至图 7 - 66 各电路的类型。

*第四节　开关电容滤波器(SCF)

前面讨论的有源 RC 滤波电路的实际滤波特性与理想滤波特性相比差距较大,同时由于要求有较大的电容和精确的 RC 时间常数,以至不易集成在基片上,甚至根本不可能集成。随着 MOS 工艺的发展,由 MOS 开关电容和运放组成的开关电容滤波器,以其高精度和高稳定性,滤波特性接近理想特性等突出优点,自 20 世纪 70 年代末实现了单片集成化后一经问世,就在模拟信号的处理方面得到了广泛的应用。

一、开关电容电路原理

开关电容由 MOS 开关、MOS 电容、高速时钟信号发生器等组成。而由开关电容组成的电路称为开关电容电路,简称 SC。

开关电容电路实质上是利用电容器的电荷存储和转移原理等效模拟电阻,由 MOS 开关、MOS 电容及 MOS 运放构成的。下面首先分析讨论 MOS 电容。

(一)MOS 电容

MOS 电容有两种形式,一种是接地 MOS 电容,另一种是浮地 MOS 电容,二者均以 SiO_2 为介质,构成极板电容 C,如图 7 - 67 所示。浮地 MOS 电容的等效图如图 7 - 67(c) 所示,图中 C 为极板电容,D 为 PN 结,C'_m 表示下极板与衬底之间的寄生电容,其中 $C'_m = (0.05 \sim 0.2)C$;C''_m 表示上极板与衬底之间的寄生电容,其中 $C''_m = (0.001 \sim 0.01)C$。在实际 SC 中,$C'_m$ 一般不可忽略,C''_m 可忽略。

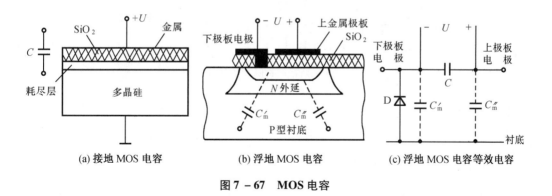

| (a) 接地 MOS 电容 | (b) 浮地 MOS 电容 | (c) 浮地 MOS 电容等效电容 |

图 7 - 67　MOS 电容

MOS 电容量约(1 ~ 40) pF,其绝对精度为5%,相对精度可高达0.01%,其温度系数可小到(20 ~ 50) ppm[①]/ ℃,电压系数可低到(10 ~ 100) ppm/V。

---

① 温度相对变化量百万分之一标定 1 ppm

MOS电容的上述特质决定了开关电容的高精度及高稳定性。

(二)MOS开关

MOS开关作为SC中的开关元件。一般要求R_{on}小、R_{off}大、寄生电容C_{DG}越小越好。通常$R_{on} < 50\ \Omega, R_{off} > 50 \sim 100\ \mathrm{M}\Omega, C_{DG} \leqslant 0.05\ \mathrm{pF}$。为简化分析,取$R_{on} \approx 0, R_{off} \approx \infty$,无寄生电容。

(三)SC的时钟信号

时钟信号控制着MOS开关的周期性工作,通常时钟信号频率为信号$u_i(t)$最高频率的$50 \sim 100$倍。主要有两相时钟信号和多相时钟信号两种,如图7-68所示。为简化分析,时钟信号均为理想化。

1. 两相时钟信号

在图7-68中,图(a)为两相窄脉冲时钟,u_φ简称φ相时钟,$\bar{u}_\varphi$简称$\bar{\varphi}$相时钟,脉宽为τ_c,T_c为周期。在一个周期内含有四个时间间隔的脉冲。当窄脉冲$\tau_c \rightarrow 0$时,变为冲激序列,如图(b)所示,它是分析SC时的工具,实际电路不能实现。图(c)为两相不重叠时钟。

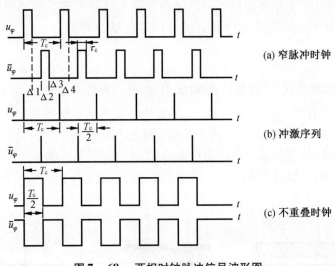

图7-68 两相时钟脉冲信号波形图

2. 多相时钟信号

在图7-69中,图(a)为三相不重叠时钟,图(b)为三相窄脉冲。

(四)开关电容模拟电阻

开关电容的基本原理是由时钟信号控制MOS开关的关断或闭合,通过电容对电荷的存储和释放达到信号传输的目的。开关电容网络有两种形式,下面分别介绍。

1. 并联开关电容单元

并联开关电容单元及等效电阻如图7-70所示。其中C为无损耗线性时不变MOS电容,开关SW为MOS开关(漏源两极可互换的增强型MOSFET)。开关SW一旦闭合,C立刻与

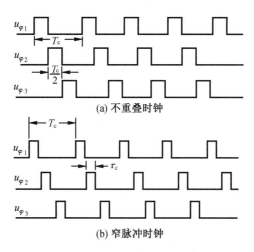

图 7 – 69 三相时钟信号波形图

$u_1(t)$ 或 $u_2(t)$ 接通，C 存储电荷，充电；当 SW 都关断时，C 两端电压保持不变。图 7 – 70 电路的工作波形如图 7 – 71 所示，图(a) 为冲激序列时钟波形，φ 与 $\overline{\varphi}$ 相互延迟 $\dfrac{1}{2}T_c$，φ 控制 SW_1，$\overline{\varphi}$ 控制 SW_2；图(b) 所示为两模拟信号电压 $u_1(t)$ 和 $u_2(t)$；图(c) 中虚线表示 C 上电荷存储和释放波形，实线表示 C 两端电压波形。开关电容单元的工作过程如下。

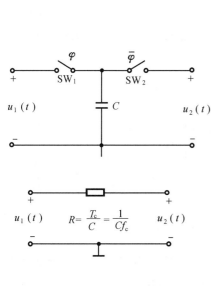

图 7 – 70 并联开关电容单元
及其等效电阻

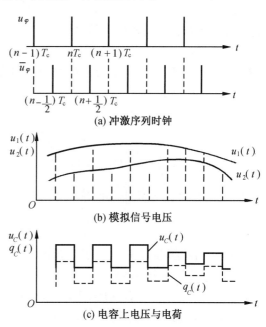

(a) 冲激序列时钟

(b) 模拟信号电压

(c) 电容上电压与电荷

图 7 – 71 并联开关电容的工作波形

在 $(n-1)T_c$ 瞬间，φ 驱动 SW_1 闭合，$\overline{\varphi}$ 驱动 SW_2 断开，C 对 $u_1[(n-1)T_c]$ 采样。存储电荷量为

$$q_C(t) = Cu_1[(n-1)T_c]$$

从 $(n-1)T_c$ 到 $\left(n-\dfrac{1}{2}\right)T_c$ 期间，SW_1 和 SW_2 均断开，$u_c(t)$ 和 $q_C(t)$ 保持不变。

在 $t = \left(n-\dfrac{1}{2}\right)T_c$ 时刻，SW_1 断开，SW_2 闭合，C 上立即建立起的电压为

$$u_C(t) = u_C\left[\left(n-\dfrac{1}{2}\right)T_c\right] = u_2\left[\left(n-\dfrac{1}{2}\right)T_c\right] \tag{7-86}$$

C 上的电荷量为

$$q_C\left[\left(n-\dfrac{1}{2}\right)T_c\right] = Cu_2\left[\left(n-\dfrac{1}{2}\right)T_c\right] \tag{7-87}$$

电容 C 释放的电荷量为

$$q_c\left[(n-1)T_c\right] - q_c\left[\left(n-\dfrac{1}{2}\right)T_c\right] \tag{7-88}$$

从图 7-71 可以看出，在每一个时钟周期 T_c 内，$u_c(t)$ 和 $q_c(t)$ 仅变化一次，电荷变化量为

$$\Delta q_c(t) = C\left\{u_1\left[n-1)T_c\right] - u_2\left[\left(n-\dfrac{1}{2}\right)T_c\right]\right\} \tag{7-89}$$

上述说明，在从 $\left(n-\dfrac{1}{2}\right)T_c$ 到 $(n-1)T_c$ 期间，开关电容从 $u_1(t)$ 端向 $u_2(t)$ 端转移的电荷量与 C 的值、$(n-1)T_c$ 时刻的 $u_1(t)$ 值和 $\left(n-\dfrac{1}{2}\right)T_c$ 时刻的 $u_2(t)$ 值有关。分析可以看出，在开关电容两端口之间流动的是电荷，而非电流；开关电容转移的电荷量决定于两端口不同时刻的电压值，而非两端口同一时刻的电压值；在时钟驱动下，经开关电容对电荷的存储和释放，能实现电荷转移和信号传输。

因 T_c 远远小于 $u_1(t)$ 和 $u_2(t)$ 的周期，在 T_c 内可认为 $u_1(t)$ 和 $u_2(t)$ 不变，从近似平均的观点，可把一个 T_c 内由 $u_1(t)$ 送往 $u_2(t)$ 中的 $\Delta q_c(t)$ 等效为一个平均电流 $i_c(t)$ 从 $u_1(t)$ 流向 $u_2(t)$，即

$$i_C(t) = \dfrac{\Delta q_C(t)}{T_c} = \dfrac{C}{T_c}\left\{u_1\left[(n-1)T_c\right] - u_2\left[\left(n-\dfrac{1}{2}\right)T_c\right]\right\}$$

$$= \dfrac{C}{T_c}\left[u_1(t) - u_2(t)\right] = \dfrac{1}{R_{SC}}\left[u_1(t) - u_2(t)\right] \tag{7-90}$$

式中，R_{SC} 为开关电容模拟电阻或开关电容等效电阻，其值为

$$R_{SC} = \dfrac{T_c}{C} = \dfrac{1}{Cf_c} \tag{7-91}$$

开关电容能模拟并取代电阻，这就使以往应用常规(集成)电阻的各种模拟电路相对应地演变成各种开关电容电路。

若 $C = 1\,pF$，$f_c = 100\,kHz$，则 $R_{SC} = 10\,M\Omega$，$1\,pF$ 的 MOS 电容占用 $0.01\,mm^2$ 衬底面积，约为制造集成 $10\,M\Omega$ 电阻所占硅片面积的 1%。可见，更易于集成。

2. 串联开关电容单元

图 7-72 所示为串联开关电容单元。假设条件同上，其工作波形如图 7-73 所示。

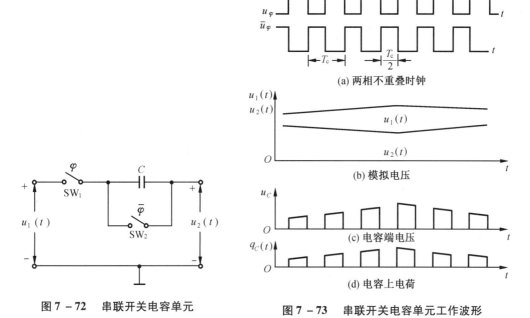

(a) 两相不重叠时钟

(b) 模拟电压

(c) 电容端电压

(d) 电容上电荷

图 7－73　串联开关电容单元工作波形

图 7－72　串联开关电容单元

当 $\overline{\varphi}$ 相时钟驱动 SW_2 闭合时，C 上 $q_C = 0$；当 φ 相时钟使 SW_1 闭合时，C 上存储电荷量为

$$q_C(t) = C[u_1(t) - u_2(t)] \tag{7-92}$$

在一个 T_c 内，从 $u_1(t)$ 向 $u_2(t)$ 传送的相应电荷量为

$$\Delta q_C(t) = q_C(t) = C[u_1(t) - u_2(t)] \tag{7-93}$$

利用近似平均电流的方法 $i_C(t) = \dfrac{\Delta q_C(t)}{T_c}$，得

$$R_{SC} = \frac{T_c}{C} = \frac{1}{f_c C} \tag{7-94}$$

开关电容单元等效电阻 R_{SC} 的概念很重要，但是要注意等效是有条件的、近似的。运用这一原理可把有源 RC 滤波器转换成开关电容滤波器。

二、一阶开关电容低通滤波器(SCF)

(一) 一阶 RC 低通开关电容滤波器电路

开关电容滤波器的基本原理是电路两节点间接有带高速开关的电容器，其效果相当于该两节点间连接一个电阻。用开关电容来置换一阶 RC 低通滤波器的电阻，就得到一阶开关电容低通滤波器，电路如图 7－74 所示。其工作状态波形如图 7－75 所示，假设 C_1 和 C_2 初始电

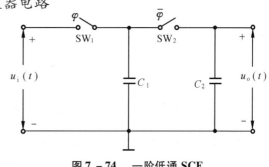

图 7－74　一阶低通 SCF

压为零,其电路工作过程分析如下。

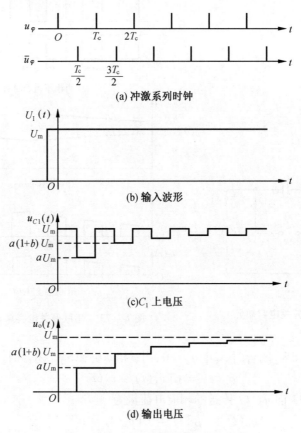

(a) 冲激系列时钟

(b) 输入波形

(c) C_1 上电压

(d) 输出电压

图 7 – 75　一阶低通 SCF 工作波形

在 $t = 0$ 时,SW_1 闭合,SW_2 关断,$u_i(t)$ 对 C_1 充电,$u_{C1}(0) = U_\mathrm{m}$,$u_{C2}(0) = 0$。

在 $0 < t < \dfrac{T_\mathrm{c}}{2}$ 期间,SW_1,SW_2 全断开,则 C_1 和 C_2 上电压保持,$u_{C1}(t) = U_\mathrm{m}$,$u_{C2}(t) = 0$。

在 $t = \dfrac{T_\mathrm{c}}{2}$ 时,SW_1 断开,SW_2 闭合,C_1 存储的电荷 $C_1 U_\mathrm{m}$ 向 C_2 转移,并由 C_1 和 C_2 对 $C_1 U_\mathrm{m}$ 分配,使

$$u_{C1}\left(\frac{T_\mathrm{c}}{2}\right) = u_\mathrm{o}\left(\frac{T_\mathrm{c}}{2}\right)$$

且令 $\alpha = \dfrac{C_1}{C_1 + C_2}$,则有

$$u_\mathrm{o}\left(\frac{T_\mathrm{c}}{2}\right) = \frac{C_1}{C_1 + C_2}U_\mathrm{m} = \alpha U_\mathrm{m} \tag{7 – 95}$$

在 $\dfrac{T_\mathrm{c}}{2} < t < T_\mathrm{c}$ 期间,SW_1 和 SW_2 均断开,C_1 和 C_2 上电压保持,均为 $\dfrac{C_1}{C_1 + C_2}U_\mathrm{m}$。

在 $t = T_\mathrm{c}$ 时,SW_1 闭合,SW_2 断开,C_1 被 U_m 充电,$u_{C1}(T_\mathrm{c}) = U_\mathrm{m}$,而 C_2 上电压保持,仍为

$$u_{C2}(T_\mathrm{c}) = u_\mathrm{o}(T_\mathrm{c}) = \alpha U_\mathrm{m}$$

在 $T_c < t < \dfrac{3}{2} T_c$ 期间，SW_1 和 SW_2 断开，C_1 和 C_2 上电压保持，$u_{C1}(t) = U_m, u_{C2}(t) = \alpha U_m$。

在 $t = \dfrac{3}{2} t_c$ 时，SW_1 断开，SW_2 闭合，C_1 上的电荷 $C_1 U_m$ 向 C_2 转移，并与 C_2 上保持的电荷

量 $C_2 \dfrac{C_1}{C_1 + C_2} U_m$ 再分配，使 $u_{C1}\left(\dfrac{3}{2} T_c\right) = u_{C2}\left(\dfrac{3}{2} T_c\right)$，令 $b = \dfrac{C_2}{C_1 + C_2}$，则得

$$u_o\left(\frac{3 T_c}{2}\right) = \frac{C_1}{C_1 + C_2}\left(1 + \frac{C_2}{C_1 + C_2}\right) U_m = \alpha(1 + b) U_m \qquad (7-96)$$

由以上分析看出，在阶跃 $u_i(t)$ 作用下，$u_o(t)$ 以阶梯波向终值 U_m 逼近，并在 $\left(n \dfrac{T_c}{2}\right)(N =$

$1,3,5,\cdots)$ 处跳变，$u_o(t)$ 跳变值 $\Delta u_o\left(n \dfrac{T_c}{2}\right)$ 为

$$\Delta u_o\left(n \frac{T_c}{2}\right) = U_m \frac{C_1}{C_1 + C_2} \sum_{i=0}^{\frac{n-1}{2}} \frac{C_2}{C_1 + C_2} = U_m \alpha \sum_{i=0}^{\frac{n-1}{2}} b \qquad (7-97)$$

分析表明，$u_o(t)$ 的每一次跳变都由 C_1 和 C_2 的比值确定，输出波形的准确和稳定性也就决定于 C_1 和 C_2 比值以及 T_c 的准确和稳定性。可见，一阶低通 SCF 的时间常数为

$$R_{sc} C_2 = T_c \frac{C_2}{C_1} = \frac{C_2}{f_c C_1} \qquad (7-98)$$

显然，影响滤波器频率响应的时间常数取决于时钟周期 T_c 和电容比 C_2/C_1，而与电容的绝对值无关。现代 MOS 集成技术，在同一硅片上 MOS 电容比值 C_1/C_2 的精度可以控制在 0.01% 以内，C_1/C_2 温度系数（跟踪性）小于 10 ppm/℃，C_1/C_2 电压系数（跟踪性）小于 10 ppm/V，这样，只要合理选用时钟频率（如 100 kHz）和不太大的电容比（如 10），对于低频应用来说，就可获得合适的大时间常数（如 10^{-4} s）。

综上分析，开关电容电路实质上是一种有源时变网络，可以看成双相或多相时变网络。决定开关电容电路的本质行为是各个电容器中的电荷转移。正是通过严格控制开关电容网络中各节点的电荷转移特性，才能使开关电容电路具有严格控制的、准确而稳定的时域特性、频率特性和传输特性，从而实现模拟采样数据信号的处理要求。

（二）一阶 RC 有源低通滤波器

图 7-76 为一阶有源低通滤波器及其对应 SCF。图（a）为一阶 RC 有源滤波器，其传输函数为

$$A(s) = \frac{U_o(s)}{U_i(s)} = -\frac{R_f}{R_1} \frac{1}{1 + s R_f C} \qquad (7-99)$$

用开关电容的等效电阻 $\dfrac{T_c}{C_1}$ 去置换 R_1，用 $\dfrac{T_c}{C_2}$ 去置换 R_f，便可得图（b）所示的 SCF。其传输函数为

$$A(s) = \frac{U_o(s)}{U_i(s)} = -\frac{C_1}{C_2} \cdot \frac{1}{1 + s \dfrac{C T_c}{C_2}} \qquad (7-100)$$

上式表明，$A(s)$ 只取决于 $\dfrac{C_1}{C_2}$，$\dfrac{C}{C_2}$ 和 T_c，故精确度和稳定性比 RC 有源滤波器好得多。

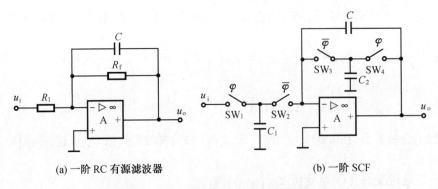

(a) 一阶 RC 有源滤波器　　　　　　　(b) 一阶 SCF

图 7-76　一阶 RC 有源滤波器及其对应 SCF

利用上述方法，可以实现各种滤波性能的一阶、二阶或多阶的 SCF。自 20 世纪 70 年代末以来，SCF 一直朝着高性能、高频方向发展，并得到了日益广泛的应用。

图 7-77 所示为 R5609 的低通滤波特性曲线。其转折频率 f_0 为时钟频率 f_{CP} 的 $\dfrac{1}{100}$ 倍，f_0 的可变范围为 0.1 Hz～25 kHz，它具有陡峭的衰减特性，过渡带中的特性曲线斜率约为 −100 dB/ 十倍频程，带内波动只有 0.2 dB，插入损耗在 ±0.4 dB 以下。

图 7-78 所示是 R5604 的典型滤波特性曲线。它有三个带通信道，中心频率分别为 f_{01}、f_{02}、f_{03}，并分别为时钟频率 f_{CP} 的 $\dfrac{1}{135}$ 倍、$\dfrac{1}{108}$ 倍、$\dfrac{1}{86.5}$ 倍。调节 f_{CP} 可以调节 $f_{01}～f_{03}$。R5604 的三个信道输入是彼此独立的，可以各自输入不同信号。

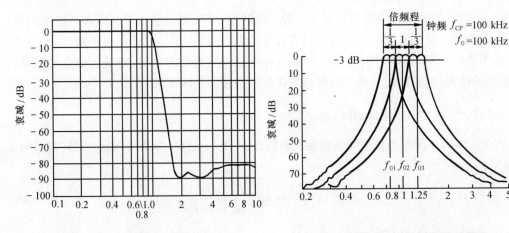

图 7-77　R5609 的特性曲线　　　　　**图 7-78　R5604 的典型特性曲性**

第五节　电压比较器

电压比较器简称比较器,其基本功能是对两个输入电压进行比较,并根据比较结果输出高电平或低电平电压,据此来判断输入信号的大小和极性。电压比较器常用于自动控制、波形产生与变换,模数转换以及越限报警等许多场合。

电压比较器通常由集成运放构成,与前面章节不同的是,比较器中的集成运放大多处于开环或正反馈的状态。只要在两个输入端加一个很小的信号,运放就会进入非线性区,属于集成运放的非线性应用范围。在分析比较器时,虚断路原则仍成立,虚短及虚地等概念仅在判断临界情况时才适应。

比较器可以利用通用集成运放组成,也可以采用专用的集成比较器组件。对它的要求是电压幅度鉴别的准确性、稳定性、输出电压反应的快速性以及抗干扰能力等。下面分别介绍几种比较器。

一、零电平比较器(过零比较器)

电压比较器是将一个模拟输入信号 u_i 与一个固定的参考电压 U_R 进行比较和鉴别的电路。在 $u_i > U_R$ 和 $u_i < U_R$ 两种情况下,电压比较器输出高电平 U_{oh} 或低电平 U_{ol}。当 U_i 一旦变化到 U_R 时,比较器的输出电压将从一个电平跳变到另一个电平。

参考电压为零的比较器称为零电平比较器。按输入方式的不同可分为反相输入和同相输入两种零电位比较器,如图 7 – 79(a)、(b) 所示。

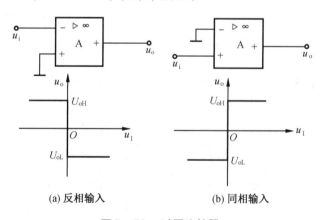

(a) 反相输入　　　　　　　　(b) 同相输入

图 7 – 79　过零比较器

因参考电压 $U_R = 0$,故输入电压 u_i 与零伏电压进行比较。以反相输入为例,当 $u_i < 0$ 时,由于同相输入端接地,且运放处于开环状态,净输入信号 $u_d = u_i = U_- - U_+ < 0$。因此,只要加入很小的输入信号 u_i,便足以使输出电压达到高电平 U_{oH}。同理,当 $u_i > 0$ 时,输出电压达到低电平 U_{oL}。高电平 U_{oH} 与低电平 U_{oL} 分别接近于集成运放直流供电电源 $\pm V_{CC}$。而当 u_i 变化经过零,输出电压 u_o 从一个电平跳变到另一个电平,因此也称此种比较器为过零比较器。

通常用阈值电压和传输特性来描述比较器的工作特性。

阈值电压(又称门槛电平)是使比较器输出电压发生跳变时的输入电压值,简称为阈值,用符号 U_{TH} 表示。估算阈值主要应抓住输入信号使输出电压发生跳变时的临界条件。这个临界条件是集成运放两个输入端的电位相等(两个输入端的电流也视为零),即 $U_+ = U_-$。对于图 7 – 79(a)电路,$U_- = U_i$,$U_+ = 0$,$U_{TH} = 0$。

传输特性是比较器的输出电压 u_o 与输入电压 u_i 在平面直角坐标上的关系。画传输特性的一般步骤是:先求阈值,再根据电压比较器的具体电路,分析在输入电压由最低变到最高(正向过程)和输入电压由最高到最低(负向过程)两种情况下,输出电压的变化规律,然后画出传输特性。图 7 – 79(a)的传输特性表明,输入电压从低逐渐升高经过零时,u_o 将从高电平跳到低电平。相反,当输入电压从高电平逐渐降低经过零时,u_o 将从低电平跳变为高电平。

有时,为了和后面的电路相连接以适应某种需要,常常希望减小比较器输出幅度,为此采用稳压管限幅。为了使比较器输出的正向幅度和负向幅度基本相等,可将双向击穿稳压二极管接在电路的输出端或接在反馈回路中,如图 7 – 80 所示。这时,$U_{oH} \approx + U_Z$,$U_{oL} \approx - U_Z$。为了使负向输出电压更接近于零,可在稳压管两端并联锗开关二极管,如图 7 – 81 所示电路。

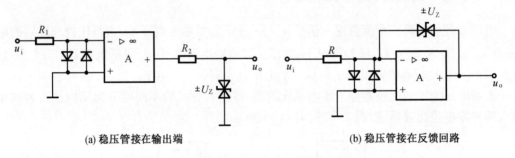

(a) 稳压管接在输出端　　　　　　　　　　　(b) 稳压管接在反馈回路

图 7 – 80　限幅电路及过压保护电路

为了防止输入信号过大,损坏集成运放,除了在比较器的输入回路中串接电阻外,还可以在集成运放的两个输入端之间并联两个相互反接的二极管,如图 7 – 80(a)和(b)中。

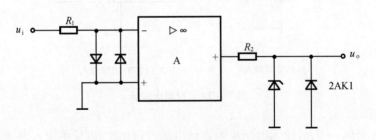

图 7 – 81　限幅电路和及过压保护电路

[**例 7 – 9**]　电路如图 7 – 82(a)所示,当输入信号 u_i 如图(c)所示的正弦波时,试定性画出图中 u_o、u'_o 及 u_L 的波形。

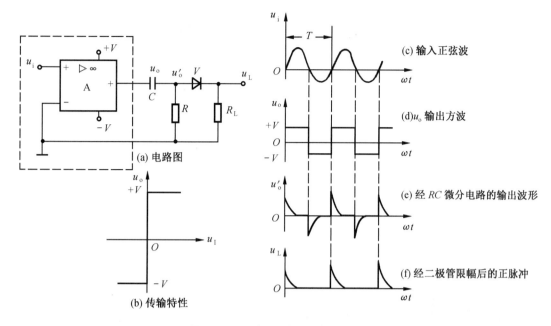

图 7 - 82　过零比较器及波形变换

解　经分析,运放构成同相输入过零比较器,正弦波输入信号每过零一次,比较器的输出电压就跳变一次,将正弦波输入信号(如图(c)所示)变换成正负极性的方波(如图(d)所示);方波经 RC 微分电路,当满足 $RC \ll \dfrac{T}{2}$,T 为方波的重复周期微分,输出电压 u'_o 将为一系列的正、负相间的尖顶脉冲(如图(e)所示);双向尖顶脉冲再经二极管接到负载 R_L 上,利用二极管单向导电作用,在负载 R_L 上只剩下正向尖顶脉冲,其时间间隔等于输入正弦波的周期。二极管把负向尖顶脉冲削去了,称为削波(或限幅),二极管和负载组成了限幅电路。

通过上例可以看出,比较器将正弦波变成了方波,具有波形变换的作用,同时由于比较器的输入信号是模拟量,而它的输出电平是离散的,说明电压比较器实现了模数转换。

二、任意电平比较器(非过零比较器)

将零电平比较器中的接地端改接为一个参考电压 U_R(设为直流电压),由于 U_R 的大小和极性均可调整,电路成为任意电平比较器或称非过零比较器。在如图 7 - 83(a)所示的同相输入电平比较器中,由虚断路原则,有 $U_- = U_R,U_+ = u_i$。即当阈值 $u_i = U_R$ 时,输出电压发生跳变,则电压传输特性如图 7 - 83(b)所示。和零电平比较器的传输特性相比右移了 U_R 的距离。若 $U_R < 0$,则相当于左移了 $\left| U_R \right|$ 的距离。

任意电平比较器也可接成反相输入方式,只要将图 7 - 83 中的 u_i 位置对调即可,可自行分析。

若将输入信号 u_i 和参考电压 U_R 均接在反相输入端,与反相加法器类似,故称为反相求和型电压比较器。电路如图 7 - 84 所示。根据求阈值的临界条件即 $U_- = U_+ = 0$,则有

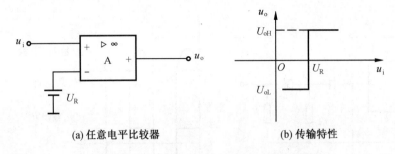

(a) 任意电平比较器　　　　　　(b) 传输特性

图 7 – 83　任意电平比较器及传输特性

$$u_i - \frac{u_i - U_R}{R_1 + R_1}R_1 = 0$$

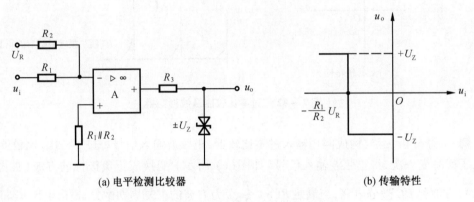

(a) 电平检测比较器　　　　　　　(b) 传输特性

图 7 – 84　电平检测比较器信传输特性

这时,对应的 u_i 值就是阈值 U_{TH}。所以

$$U_{TH} = -\frac{R_1}{R_2}U_R \qquad (7 - 101)$$

或者根据 $\dfrac{u_i}{R_1} + \dfrac{U_R}{R_2} = 0$,同样得到式(7 – 101)。它的传输特性如图 7 – 84(b) 所示。当 $R_1 = 10$ kΩ, $R_2 = 100$ kΩ, $U_R = 10$ V 时,则 $U_{TH} = -1$ V。

　　这个电平比较器将在 $u_i = -\dfrac{R_1}{R_2}U_R$ 输入幅度条件下转换状态,可用来检测输入信号的电平,又称它为电平检测比较器。改变 U_R 大小、极性或 R_1/R_2 比值,就可检测不同幅度的输入信号。

　　电平电压比较器结构简单,灵敏度高,但它的抗干扰能力差。也就是说,如果输入信号因干扰在阈值附近变化时,输出电压将在高、低两个电平之间反复地跳变,可能使输出状态产生误动作。为了提高电压比较器的抗干扰能力,下面介绍有两个不同阈值的滞回电压比较器。

三、滞回电压比较器

滞回比较器又称施密特触发器。这种比较器的特点是当输入信号 u_i 逐渐增大或逐渐减小时,它有两个阈值,且不相等,其传输特性具有"滞回"曲线的形状。

滞回比较器也有反相输入和同相输入两种方式。它们的电路及传输特性如图 7 – 85 所示。

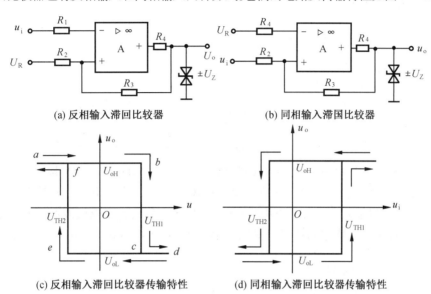

(a) 反相输入滞回比较器   (b) 同相输入滞回比较器

(c) 反相输入滞回比较器传输特性   (d) 同相输入滞回比较器传输特性

图 7 – 85　滞回比较器及其传输特性

集成运放输出端至反相输入端为开环。输出端至同相输入端引入正反馈,目的是加速输出状态的跃变,使运放经过线性区过渡的时间缩短。U_R 是某一固定电压,改变 U_R 值能改变阈值及回差大小。

以图 7 – 85(a) 所示的反相滞回比较器为例,计算阈值并画出传输特性。

1. 正向过程

因为图 7 – 85(a) 电路是反相输入接法,当 u_i 足够低时,u_o 为高电平,$U_{oH} = + U_Z$;当 u_i 从足够低逐渐上升到阈值 U_{TH1} 时。u_o 由 U_{oH} 跳变到低电平 $U_{oL} = - U_Z$。输出电压发生跳变的临界条件是

$$U_- = U_+, \qquad U_- = u_i$$

其中

$$U_+ = U_R - \frac{U_R - U_{oH}}{R_2 + R_3}R_2 = \frac{R_3 U_R + R_2 U_{oH}}{R_2 + R_3} \qquad (7 - 102)$$

因为 $U_- = U_+$ 时对应的 u_i 值就是阈值,故有正向过程的阈值为

$$U_{TH1} = \frac{R_3 U_R + R_2 U_{oH}}{R_2 + R_3} = \frac{R_3 U_R + R_2 U_Z}{R_2 + R_3} \qquad (7 - 103)$$

若 $u_i < U_{TH1}$ 时,$u_o = U_{oH} = + U_Z$ 不变。当 u_i 逐渐上升经过 U_{TH1} 时,u_o 由 U_{oH} 跳变为 $U_{oL} = - U_Z$,在 $u_i > U_{TH1}$ 以后,$u_o = U_{oL} = - U_Z$ 保持不变,形成电压传输特性的 abcd 段。

2. 负向过程

当 u_i 足够高时, u_o 为低电平 $U_{oL} = -U_Z$, u_i 从足够高逐渐下降使 u_o 由 U_{oL} 跳变为 U_{oH} 的阈值为 U_{TH2}, 再根据求阈值的临界条件 $U_- = U_+$, 而

$$U_+ = U_R - \frac{U_R - U_{oL}}{R_2 + R_3}R_2 = \frac{R_3 U_R + R_2 U_{oL}}{R_2 + R_3}$$

则得负向过程的阈值为

$$U_{TH2} = \frac{R_3 U_R + R_2 U_{oL}}{R_2 + R_3} = \frac{R_3 U_R - R_2 U_Z}{R_2 + R_3} \qquad (7-104)$$

可见 $U_{TH1} > U_{TH2}$。

在 $u_i > U_{TH2}$ 以前, $u_o = U_{oL} = -U_Z$ 不变; 当 u_i 逐渐下降到 $u_i = U_{TH2}$ 时(注意不是 U_{TH1}), u_o 跳变到 U_{oH}, 在 $u_i < U_{TH2}$ 以后, $u_o = U_{oH}$ 维持不变。形成电压传输特性上 *defa* 段。由于它与磁滞回线形状相似, 故称之为滞回电压比较器。

据以上分析, 画出了图 7-85(a) 电路的完整传输特性如图 7-85(c) 所示。

设图 7-85(a) 反相滞回比较器的参数为 $R_1 = 10$ kΩ, $R_2 = 15$ kΩ, $R_3 = 30$ kΩ, $R_4 = 3$ kΩ, $U_R = 0$, $U_Z = 6$ V, 根据式(7-103)和式(7-104)计算 $U_{TH1} = 2$ V, $U_{TH2} = -2$ V。如果输入一个三角波电压信号, 可以画出它的输出电压波形是矩形波。可知, 滞回比较器能将连续变化的周期信号变换为矩形波, 见图 7-86。

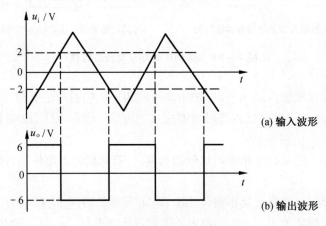

(a) 输入波形

(b) 输出波形

图 7-86 比较器的波形变换

利用求阈值的临界条件和叠加原理方法, 不难计算出图 7-85(b) 所示的同相滞回比较器的两个阈值

$$U_{TH1} = \left(1 + \frac{R_2}{R_3}\right)U_R - \frac{R_2}{R_3}U_{oL} \qquad (7-105)$$

$$U_{TH1} = \left(1 + \frac{R_2}{R_3}\right)U_R - \frac{R_2}{R_3}U_{oH} \qquad (7-106)$$

两个阈值的差值 $\Delta U_{TH} = U_{TH1} - U_{TH2}$ 称为回差。由以上分析可知, 改变 R_2 值可改变回差大小, 调整 U_R 可改变 U_{TH1} 和 U_{TH2}, 但不影响回差大小, 即滞回比较器的传输特性将平行右移或左移, 滞回曲线宽度不变。

滞回比较器由于有回差电压存在,大大提高了电路的抗干扰能力,回差 ΔU_{TH} 越大,抗干扰能力越强。因为输入信号因受干扰或其他原因发生变化时,只要变化量不超过回差 ΔU_{TH},这种比较器的输出电压就不会来回变化。例如,滞回比较器的传输特性和输入电压的波形如图 7 – 87(a)、(b) 所示。根据传输特性和两个阈值($U_{TH1} = 2\ V$, $U_{TH2} = -2\ V$),可画出输出电压 u_o 的波形,如图 7 – 87(c) 所示。从图(c) 可见,u_i 在 U_{TH1} 与 U_{TH2} 之间变化,不会引起 u_o 的跳变。但回差也导致了输出电压的滞后现象,使电平鉴别产生误差。

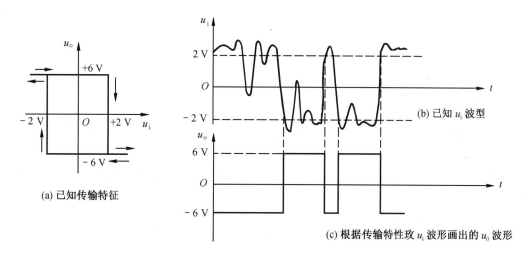

(a) 已知传输特征

(b) 已知 u_i 波型

(c) 根据传输特性玫 u_i 波形画出的 u_0 波形

图 7 – 87　说明滞回比较器抗干扰能力强的图

四、窗口电压比较器

电平比较器和滞回比较器有一个共同特点,即 u_i 单方向变化(正向过程或负向过程)时,u_o 只跳变一次。只能检测一个输入信号的电平,这种比较器称为单限比较器。

双限比较器又称窗口比较器。它的特点是输入信号单方向变化(例如 u_i 从足够低单调升高到足够高),可使输出电压 u_o 跳变两次,其传输特性如图 7 – 88(b) 所示,它形似窗口,称为窗口比较器。窗口比较器提供了两个阈值和两种输出稳定状态,可用来判断 u_i 是否在某两个电平之间。比如,从检查产品的角度看,可区分参数值在一定范围之内和之外的产品。

窗口比较器可用两个阈值不同的电平比较器组成。阈值小的电平比较器采用反相输入接法,阈值大的电平比较器采用同相输入接法。再用两只二极管将两个简单比较器的输出端引到同一点作为输出端,具体电路如图 7 – 88(a) 所示。参考电压 $U_{RH} > U_{RL}$。下面按输入电压 u_i 与参考电压 U_{RH}, U_{RL} 的大小分三种情况分析它的工作原理。

1. 当 $u_i < U_{RL}$ 时,u_{o2} 为高电平,二极管 V_2 导通。因 $u_i < U_{RH}$,u_{o1} 为低电平(负值),二极管 V_1 截止。这种情况该电路相当于反相输入电平比较器。此时,$u_o \approx u_{o2} = U_{oH}$。

2. 当 $u_i > U_{RH}$ 时,u_{o1} 为高电平,V_1 导通,当然,$u_i > U_{RL}$,u_{o2} 为低电平(负值),V_2 截止。这种情况该电路相当于同相输入简单比较器。此时,$u_o \approx u_{o1} = U_{oH}$。

3. 当 $U_{RL} < u_i < U_{RH}$ 时,u_{o1} 和 u_{o2} 均为低电平,V_1 和 V_2 均截止,因此 $u_o = 0$,此时,窗口比较器输出为零电平。

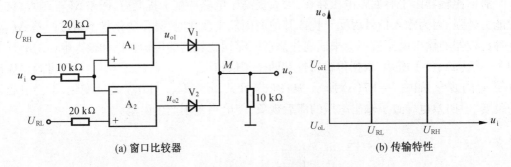

(a) 窗口比较器   (b) 传输特性

图 7 - 88   窗口比较器及传输特性

据上所述,窗口比较器有两个阈值,它们是 U_{RH} 和 U_{RL},有两个稳定状态。其传输特性如图 7 - 88(b) 所示。

电压比较器是模拟电路与数字电路之间的过渡电路。但通用型集成运放构成的电压比较器的高、低电平与数字电路 TTL 器件的高、低电平的数值相差很大,一般需要加限幅电路才能驱动 TTL 器件,给使用带来不便,而且响应速度低。采用集成电压比较器可以克服这些缺点。

五、集成电压比较器

(一) 集成电压比较器简介

与前面所介绍的由运放组成的比较器相比,集成电压比较器也可以输出高、低电平,但加入了电平移动和数字驱动电路,因此可与数字电路直接相连,作为 A/D 转换器的一个核心部件。

集成电压比较器的电路结构框图如图 7 - 89 所示。它主要由差动输入级、电平转换级、输出逻辑电平和控制级(具有集电极开路结构的输出级) 以及偏置电路等几个基本部分组成。其特点是输出的高低电平分别与数字电路的逻辑"1" 和逻辑 "0" 电平相等, 能与 TTL、DTL、HTL、CMOS 等数字电路的电平兼容, 有

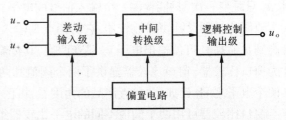

图 7 - 89   集成电压比较器内部电路结构框图

些比较器输出还可直接驱动继电器和指示灯等。而且电源的选用范围较大:单电源或双电源,电源电压在几伏至几十伏之间,使用简单方便。

目前,已有多种类型的集成电压比较器可供选用:按一个集成组件内包含的比较器数目,可分为单比较器、双比较器、四比较器等;按信号响应速度,可分为高速、中速、低速电压比较器;按集成制造工艺,可分为双极型和 CMOS 型电压比较器;按性能指标,可分为精密电压比较器、高灵敏度电压比较器和低功耗、低失调电压比较器等。常用的国产典型产品有:高速单电压比较器 CJ0710、CJ0510,精密型双电压比较器 CJ0119, 四电压比较器 CJ0139、

CJ0399 等。电压比较器的符号如图 7 - 90 所示。

(二) 集成电压比较器的应用

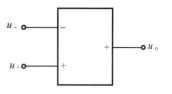

集成电压比较器的应用十分广泛,用它可构成各种比较和判别电路,如:过零比较、电平比较、窗口比较(或称双限比较)、三态比较等。还可将电压比较器用于各种定时电路、延迟电路、波形产生电路、电平转换和驱动电路等。为了说明集成比较器的应用方法,这里举几个集成电压比较器用于比较和判别的例子。

图 7 - 90　集成电压比较器符号

图 7 - 91(a) 为一由集成电压比较器 CJ0510 构成的任意电平比较器电路,其连接方式和工作原理与运放构成的比较器相似,图 7 - 91(b) 为它的电压传输特性。查集成电压比较器参数表,可知 CJ0510 输出高电平 $U_{oH} = 4$ V,低电平 $U_{oL} = -0.5$ V。

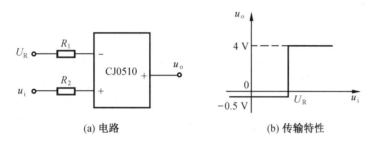

(a) 电路　　　　　　　　(b) 传输特性

图 7 - 91　电平比较器

本 章 小 结

(一) 比例、加减、积分、微分、对数、反对数和乘除等电路均为模拟运算电路,其电路共有的特点是集成运放接成深度负反馈形式,集成运放工作在线性放大状态。在分析运算电路的输入、输出关系时,总是从理想运放工作在线性区时的两个特点,即"虚短"和"虚断"出发,因此,必须熟练掌握。重点要求能够运用基本概念来分析、推导各种运算电路输出电压和输入电压的函数关系,掌握比例,求和、积分电路的工作原理和输入与输出的函数关系,了解微分电路、对数运算电路、模拟乘法器的工作原理和输入与输出的函数关系,并能根据需要合理选择上述有关电路。

1. 比例运算电路是最基本的信号运算电路,在此基础上可以扩展、演变成为其他运算电路。其三种反相、同相和差动输入方式的不同,导致电路性能和特点的不同。

2. 在加减电路中,着重介绍应用比较广泛的反相输入求和电路,这种电路实质上是利用"虚短"和"虚地"的特点,通过将各输入回路的电流求和的方法实现各路输入电压求和。

原则上此类电路也可采用同相输入和差动输入方式,由于这两种电路参数的调整比较烦琐,实际上较少应用。

3. 积分和微分互为逆运算,其电路构成是在比例电路的基础上将反馈或输入回路的电阻换为电容。其原理主要是利用电容两端的电压与流过电容的电流之间存在着积分关系。积分电路应用较为广泛。在分析含有电容的积分或微分电路时可运用拉氏变换,先求出电路的传递函数,再进行拉氏反变换,得出输出与输入的函数关系。

4. 对数和反对数电路是利用半导体二极管的电流和电压之间存在指数关系,在比例电路的基础上,将反馈回路或输入回路中的电阻换为二极管而组成的。

5. 乘除电路可由单片集成模拟乘法器构成,主要介绍了变跨导式模拟乘法器。集成模拟乘法器是一种重要的信号处理功能器件,用途广泛,除完成运算功能外,更多地应用在信息工程领域的频率变换技术中。

(二) 有源滤波电路通常由 RC 网络和集成运放构成,利用它可以抑制信号中不必要成分或突出所需要的成分。按幅频特性的不同可划分为 LPF、HPF、BPF、BEF 及 APF。它们的主要性能指标是通带电压放大倍数 A_{up}、通常截止频率 f_p 和特征频率 f_0,Q 值和通带宽度等。掌握上述几种滤波电路间的相互联系并能根据需要进行合理选择。将 LPF 中起滤波作用的电阻和电容对调即变成 HPF。如果参数合适,将 LPF 和 HPF 串接起来可成为 BPF;将二者并接,可成为 BEF。

为了改善滤波特性,可将两级或更多级的 RC 电路串联,组成二阶或更高阶的滤波器。应重点掌握二阶压控电压源 LPF 的工作原理及主要性能指标的分析、计算。

(三) 开关电容滤波器是一种较新的滤波电路,其精度和稳定性均较高。它由 MOS 开关电容和运放组成,除工作频率不够高外,大部分指标已达到实用水平。

(四) 电压比较器的输入电压是模拟量,输出电压只有高电平和低电平两种稳定状态。电压比较器中的集成运放工作在非线性区,运放一般处于开环状态,有时还引入一个正反馈。

常用的比较器有零电平比较器、任意电平比较器、滞回比较器及窗孔比较器等。重点掌握各种电压比较器的工作原理,熟练掌握阈值和传输特性等主要性能指标的分析计算方法。估算阈值应主要抓住输入信号使输出电压发生跳变的临界条件,此时,比较器两个输入端之间的电压等于零。

零电平比较器的阈值等于零,任意电平比较器只有一个阈值,抗干扰能力差。滞回比较器有两个阈值,传输特性呈滞回形状,两个阈值之差为回差,抗干扰能力强。窗口比较器有两个阈值,传输特性呈窗孔状。

比较器可由通用集成运放组成,也可选用专用集成电压比较器。

思考题与习题

7 - 1　分别从"同相、反相"中选择一词填空。

(1) _____比例电路中集成运放反相输入端为虚地点,而_____比例电路中集成运放两个输入端对地的电压基本等于输入电压。

(2) _____比例电路的输入电阻大,_____比例电路的输入电阻小,基本上等于 R_1。

(3) _____比例电路的输入电流基本上等于流过反馈电阻的电流,而_____比例电路的输入电流几乎等于零。

（4）_____比例电路的电压放大倍数是 $-\dfrac{R_f}{R_1}$，_____比例电路的电压放大倍数是 $1 + \dfrac{R_f}{R_1}$。

7-2 设图 7-3 电路中集成运放的最大输出电压为 ±12 V，电阻 $R_1 = 10$ kΩ，$R_f = 39$ kΩ，$R' = R_1 /\!/ R_f$，输入电压等于 0.2 V 不变，试求下列各种情况下的输出电压值。

（1）正常；

（2）电阻 R_1 因虚焊造成开路；

（3）电阻 R_f 因虚焊造成开路。

7-3 分别按下列要求设计一个比例放大电路（要求画出电路，并标出各电阻值）：

（1）电压放大倍数等于 -5，输入电阻约为 20 kΩ；

（2）电压放大倍数等于 +5，且当 $U_i = 0.75$ V 时，反馈电阻 R_f 中的电流等于 0.1 mA。

7-4 设图 7-92 各电路中的集成运放是理想的，试分别求出它们的输出电压与输入电压的函数关系式。

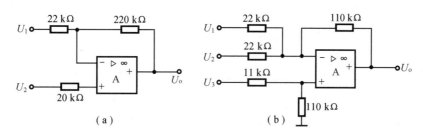

图 7-92 题 7-4 图

7-5 电路如图 7-93（a）、（b）、（c）所示，设集成运放具有理想特性，试推导它们各自的输出与输入的表达式。

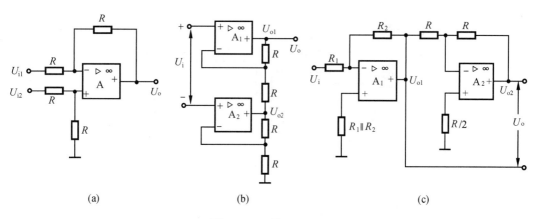

图 7-93 题 7-5 图

7-6 加减运算电路如图 7-94 所示，试求输出与输入之间的关系式。

7-7 为了用低值电阻得到高电压放大倍数，用图 7-95 中所示的 T 型网络代替反馈

电阻 R_f, 试证明电压放大倍数为

$$A_u = \frac{U_o}{U_i} = -\frac{R_2 + R_3 + R_2 R_3 / R_4}{R_1}$$

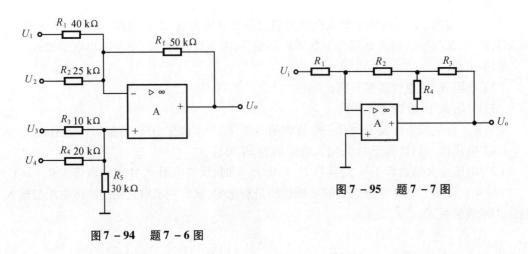

图 7 – 94   题 7 – 6 图

图 7 – 95   题 7 – 7 图

7 – 8　试分别用两种电路形式实现减法运算式: $u_o = 2u_{i1} - u_{i2}$, 画出电路图, 计算电阻阻值并对电路性能进行比较。

7 – 9　一个反相输入加法运算器, 有两个输入端, $R_1 = R_2 = R_f$, 设 u_{i1} 为一方波, u_{i2} 为一三角波。它们的频率相等, u_{i1} 的变化范围为 $-4 \sim 8$ V, u_{i2} 的变化范围为 $-2 \sim 2$ V。若 u_{i1} 由 -4 V 改变到 $+8$ V 的时间正好是 u_{i2} 达到正的最大值的时间, 试画出输出电压的波形。

7 – 10　求图 7 – 96 所示电路的电压增益 $A_u = \frac{U_o}{U_i}$、输入电阻 $R_i = \frac{U_i}{I_i}$。

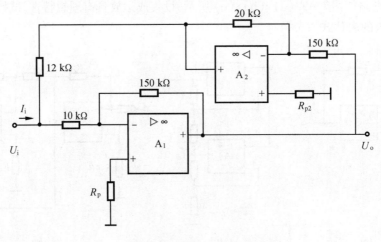

图 7 – 96   题 7 – 10 图

7 – 11　试求图 7 – 97 所示电路的输出电压 U_o 值, 设各集成运放是理想的。

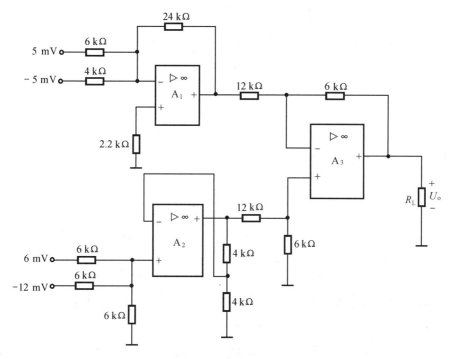

图 7 - 97　题 7 - 11 图

7 - 12　设图 7 - 98 电路中的集成运放是理想的,试推导输出电压 U_o 与输入电压 U_1、U_2 之间的关系式。

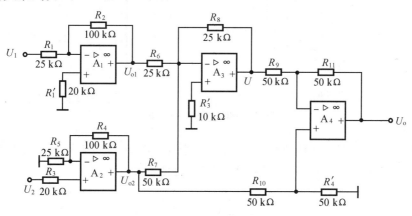

图 7 - 98　题 7 - 12 图

7 - 13　图 7 - 99 电路中的集成运放均为理想,已知 $U_1 = 0.004$ V,$U_2 = 0.2$ V,试求 U_{o1}、U_{o2}、U_{o3}、U_{o4} 及 $U_o = U_{o4} - U_{o3}$ 各为多少伏?

7 - 14　归纳、比较基本积分电路和基本微分电路的特点,然后选择“a. 积分”“b. 微分”填空:

(1)在基本_____电路中,电容接在集成运放的负反馈支路中,而在基本_____电路中负反馈元件是电阻。

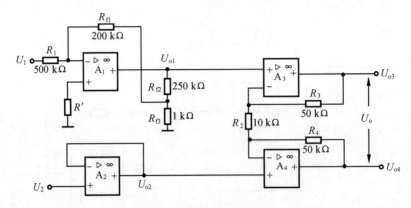

图 7 - 99 题 7 - 13 图

(2) 若输入电压保持不变,但不等于零,则_____电路的输出电压将随时间上升或下降,直至 $u_o = + U_{OM}$ 或 $u_o = - U_{OM}$ 为止,而_____电路的输出电压等于零。

(3) _____电路可将方波变换为三角波,而_____电路可将三角波变换为方波。

(4) 当输入电压为正弦波信号时,在稳态情况下,基本_____电路 $\dot{U}_o$ 比 $\dot{U}_i$ 领先90°,而基本_____电路 $\dot{U}_o$ 比 $\dot{U}_i$ 滞后90°。

7 - 15 图 7 - 100(a) 电路中输入电压的波形如题 7 - 15 图(b) 所示,且 $t = 0$ 时,$u_o = 0$,试画出理想情况下输出电压的波形,并标明其幅度。

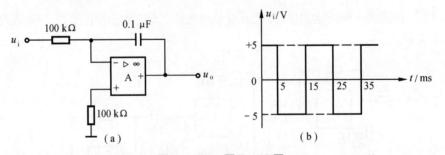

图 7 - 100 题 7 - 15 图

7 - 16 电路如图 7 - 101 所示,设 A_1、A_2 是理想组件,$u_1 = 1.1$ V,$u_2 = 1$ V,求接入 u_1 和 u_2 后输出电压 u_o 由起始 0 V 达到 10 V 所需要的时间。

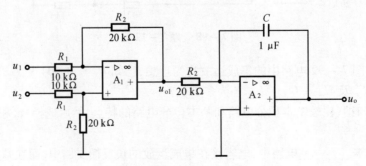

图 7 - 101 题 7 - 16 图

7 – 17　设图 7 – 102 所示电路中的运放和电容是理想的,电阻 $R_1 = R' = R = 100\ \text{k}\Omega$, $R_2 = R_f = 100\ \Omega$,电容 $C = 1\ \mu\text{F}$。若输入电压在 $t = 0$ 时刻由零跳变到 $-1\ \text{V}$,试求输出电压由 $0\ \text{V}$ 上升到 $+6\ \text{V}$ 所需的时间(设 $t = 0$ 时, $u_o = 0$),并说明运放 A_1 和 A_2 各起什么作用。

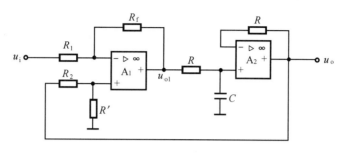

图 7 – 102　题 7 – 17 图

7 – 18　试求图 7 – 103 所示电路中输出电压与输入电压之间的关系,并指出平衡电阻 R_6、R_7 的取值。

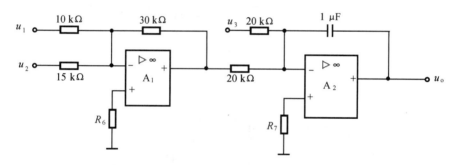

图 7 – 103　题 7 – 18 图

7 – 19　集成运算放大器和集成模拟乘法器各有什么特点?何谓理想集成模拟乘法器?

7 – 20　图 7 – 104 所示电路是一个多变量的运算电路,试分析它的正常工作条件,并求出输出电压与输入电压的函数关系。

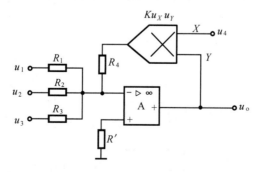

图 7 – 104　题 7 – 20 图

7－21 集成模拟乘法器组成如图 7－105 所示电路,已知 $K = 0.2/V$, $u_{i1} = 2$ V。若要求输出 u_o 的范围:$0 \leqslant u_o \leqslant 10$ V,试确定输入 u_{i2} 的范围。

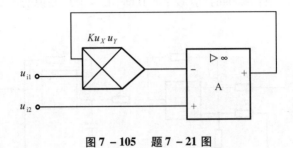

图 7－105　题 7－21 图

7－22 集成模拟乘法器组成如图 7－106 所示电路。写出 $u_o = f(u_i)$ 表达式,并说明输入 u_i 应满足什么条件。

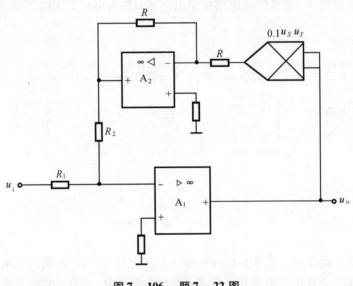

图 7－106　题 7－22 图

7－23 设集成运放和集成模拟乘法器均为理想组件,试求出图 7－107 所示电路 u_o 与 u_i 的关系式。

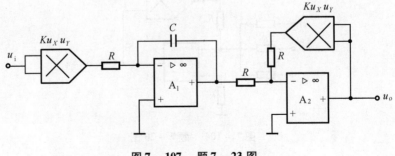

图 7－107　题 7－23 图

7 - 24　什么是无源滤波电路?什么是有源滤波电路?各有哪些优缺点?

7 - 25　HPF 与 LPF 有哪些对偶关系?

7 - 26　设一阶 LPF 和二阶 LPF 的通带电压放大倍数相同,即 $A_{up} = 2$;它们的通带截止频率也相同,即 $f_p = 100$ Hz。试在同一图上画出它们的幅频特性,并估算 $f = 1$ Hz 和 $f = 10$ kHz 时的电压放大倍数之模。

7 - 27　分别从 LPF、HPF、BPF 和 BEF 中选择一词填空。

(1) _____的直流电压放大倍数就是它的通带电压放大倍数。

(2) _____在 $f = 0$ 与 $f = \infty$(即频率足够高)时的电压放大倍数约等于零。

(3) 在理想情况下,_____在 $f = \infty$ 时的电压放大倍数就是它的通带电压放大倍数。

(4) 在理想情况下,_____在 $f = 0$ 与 $f = \infty$ 时的电压放大倍数相等,且不等于零。

7 - 28　设图 7 - 51(a) 电路中的 $R_1 = 10$ kΩ, $R_f = 15$ kΩ, $R = 10$ kΩ, $C = 0.01$ μF,试求:

(1) 通带电压放大倍数;

(2) Q 值;

(3) 特征频率 f_0;

(4) $f = f_0$ 时的电压放大倍数之模。

7 - 29　设图 7 - 53(a) 所示 HPF 中的 $R_1 = 10$ kΩ, $R_f = 12$ kΩ, $R = 3.6$ kΩ, $C = 0.022$ μF,试求它的通带电压放大倍数、Q 值和特征频率。

7 - 30　设一个 LPF 和另一个 HPF 的通带截止频率分别是 2 kHz 和 20 Hz,通带电压放大倍数都等于 2。若将它们串联起来,可以得到什么类型的滤波电路?并估算它的通带电压放大倍数和通带宽度。

7 - 31　试指出图 7 - 108(a)、(b)、(c) 电路各是几阶滤波电路,各属哪种类型(LPF、HPF、BPF、BEF),并求出它们的通带电压放大倍数。

7 - 32　何谓电压比较器,它与放大电路、运算电路的主要区别是什么?

7 - 33　何谓阈值?如何计算阈值大小?如何绘制比较器的传输特性?

7 - 34　选择恰当的词填空。

(1) 无论是用集成运放还是集成电压比较器构成的电压比较器电路,其输出电压与两个输入端的电位关系相同,即只要反相输入端的电平高于同相输入端的电位,则输出为_____电平。相反,若同相输入端的电位高于反相输入端的电位,则输出为_____电平。

(2) _____比较器灵敏度高,_____比较器抗干扰能力强。

(3) _____比较器和_____比较器各有两个阈值,而_____比较器只有一个阈值。

(4) 在输入电压从足够低逐渐上升到足够高的过程中,_____比较器和_____比较器的输出电压各只跳变一次,而_____比较器跳变两次。

(5) _____比较器在 u_i 下降到足够低和 u_i 上升到足够高两种不同情况下的输出电平是相同的。而_____比较器和_____比较器却不同,它们在上述两种不同情况下的输出电平是相反的(指高和低而言)。

(6) 在输入电压从足够低逐渐上升到足够高和从足够高逐渐下降到足够低两种不同的变化过程中,_____比较器和_____比较器的输出电压随输入电压的变化曲线是相同

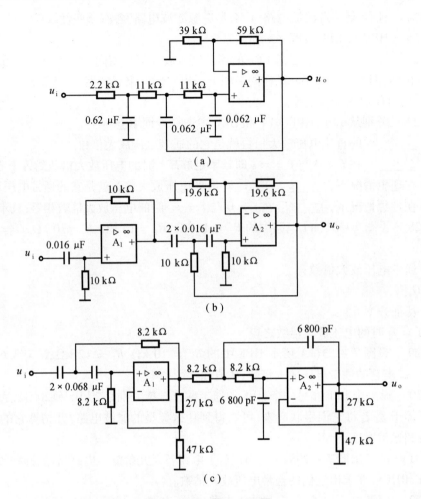

图 7 - 108　题 7 - 31 图

的,而_____则不然。

(7) 零电平比较电路中,如果同相输入端接入 -1 V 的电压,其输入输出关系,是将同相端接地时输入输出关系_____移 1 V。

(8) 希望电压比较器在 $u_i < +5$ V 时输出高电平,而在 $u_i > +5$ V 时输出电压为低电平,应采用_____相接法的_____比较器。

7 - 35　设图 7 - 109 电路中集成运放的最大输出电压是 ±13 V,输入信号 u_i 是峰值为 5 V 的低频正弦信号,试按理想情况分别画出参考电压 $U_R = +2.5$ V,0 V 和 -2.5 V 三种情况下输出电压的波形。

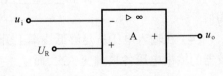

图 7 - 109　题 7 - 35 图

7 - 36　试求图 7 - 110 中各电压比较器的阈值,并分别画出它们的传输特性。

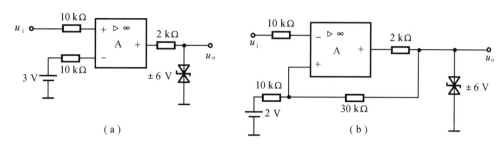

图 7 – 110　题 7 – 36 图

7 – 37　电路如图 7 – 111 所示,已知:稳压管的稳压值 $U_{Z1} = 6$ V,$U_{Z2} = 8$ V。
（1）说明运放 A_1 和 A_2 的功能。
（2）画出电路的电压传输特性。
（3）若输入信号 u_i 是幅度为 8 V 的对称三角波,对应画出输入 u_i 与输出 u_o 的波形图。

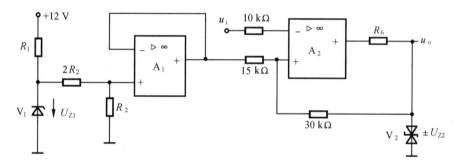

图 7 – 111　题 7 – 37 图

7 – 38　设图 7 – 112 中各集成运放均为理想,$u_1 = 0.04$ V,$u_2 = -1$ V,问经过多少时间输出电压 u_o 将产生跳变,并画出 u_{o1}、u_{o2}、u_o 的波形图(设 $u_C(0) = 0$ V)。

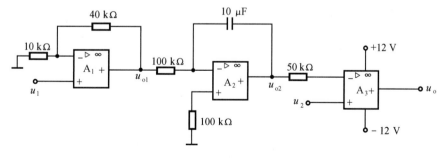

图 7 – 112　题 7 – 38 图

7 – 39　设图 7 – 113(a) 电路输入电压的波形如图 7 – 113(b) 所示,且 $t = 0$ 时集成运放 A_2 的输出电压 $u_{o2} = 0$。图中的控制电压 $U_C = +4.5$ V,试画出 u_{o1}、u_{o2} 和 u_o 的波形。

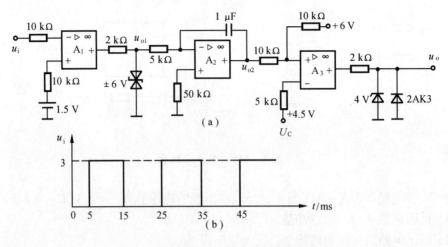

图 7 – 113　题 7 – 39 图

7 – 40　试求图 7 – 114 中电压比较器的阈值,并画出它们的传输特性。

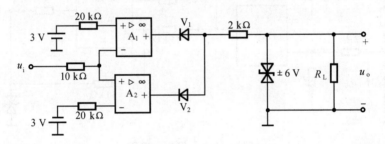

图 7 – 114　题 7 – 40 图

第八章

信号发生电路

　　信号发生电路又称信号源或振荡器,在生产实践和科技领域中有着广泛的应用。例如在通信、广播、电视系统中,都需要射频(高频)发射,这里的射频波就是载波,把音频(低频)信号、视频信号或脉冲信号运载出去,就需要能够产生高频信号的振荡器。在工业、农业、生物医学等领域内,如高频感应加热、熔炼、淬火、超声波焊接、超声诊断、核磁共振成像等,都需要功率或大或小、频率或高或低的振荡器。

　　振荡电路按波形分为正弦波和非正弦波振荡器两大类。非正弦信号(方波、矩形波、三角波、锯齿波等)发生器在测量设备、数字系统及自动控制系统中有着广泛应用。

　　本章首先讨论正弦波振荡的条件、组成及分析方法,具体分析了常用的 RC 和 LC 正弦波振荡器,简单介绍了石英晶体振荡器的工作原理和特点。之后,又介绍了常见的方波、矩形波、三角波和锯齿波非正弦振荡器。

第一节　概　述

一、产生正弦波振荡的条件

　　一般采用正反馈方法产生正弦波振荡,其方框图如图8-1所示。它由一个放大器(电压增益为 $\dot{A}$)和一个反馈网络(反馈系数为 $\dot{F}$)接在一起构成。如果开关 K 先接在1端,将正弦波电压 $\dot{U}_i$ 输入到放大电路后,则输出正弦波电压 $\dot{U}_o = \dot{A}\dot{U}_i$ 。再立即将开关 K 接到2端,使输入信号为反馈电压 $\dot{U}_f = \dot{F}\dot{U}_o$,如果要维持输出电压 $\dot{U}_o$ 不变,则必须使 $\dot{U}_f = \dot{U}_i$,此时即使没有外加的 $\dot{U}_i$,也能稳定地输出 $\dot{U}_o$ 。

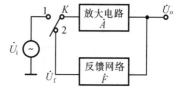

图8-1　由放大到振荡的示意框图

　　因此,维持振荡器输出等幅振荡的平衡条件为 $\dot{U}_f = \dot{U}_i$,由 $\dot{U}_f = \dot{F}\dot{U}_o = \dot{A}\dot{F}\dot{U}_i$,得到

$$\dot{A}\dot{F} = 1 \qquad\qquad (8-1)$$

　　由于放大器电压增益 $\dot{A} = |\dot{A}| \angle \varphi_A$,反馈网络的反馈系数 $\dot{F} = |\dot{F}| \angle \varphi_F$,式(8-1)可写为

$$\dot{A}\dot{F} = |\dot{A}\dot{F}|\angle(\varphi_A + \varphi_F) \tag{8-2}$$

于是,可得到产生自激振荡两个平衡条件。

(一) 相位平衡条件

$$\varphi_A + \varphi_F = \pm 2n\pi \tag{8-3}$$

式中 $n = 0,1,2,\cdots$。说明产生振荡时,反馈电压的相位与所需输入电压的相位相同,即形成正反馈。因此,由相位平衡条件可确定振荡器的振荡频率。

(二) 振幅平衡条件

$$|\dot{A}\dot{F}| = 1 \tag{8-4}$$

说明反馈电压的大小与所需的输入电压相等。满足 $|\dot{A}\dot{F}| = 1$ 时产生等幅振荡;当 $|\dot{A}\dot{F}| > 1$ 时,即 $U_f > U_i$,振荡输出愈来愈大产生增幅振荡;若 $|\dot{A}\dot{F}| < 1$ 即 $U_f < U_i$,振荡输出愈来愈小直到最后停振,称为减幅振荡。

(三) 起振幅度条件

正弦波振荡从起振到稳态需要一个过程。起振开始瞬间,如果反馈信号太小(或为零),则输出信号也太小(或为零),电路容易受到某种干扰而停振或者不能起振。只有当 $|\dot{A}\dot{F}| > 1$ 时,经过多次循环放大,输出信号才会从小到大,最后达到稳幅状态。因此,起振的幅度条件是

$$|\dot{A}\dot{F}| > 1 \tag{8-5}$$

若起振幅度条件及相位条件均已满足,电路就能振荡。那么,起振的原始信号是从哪儿来的呢?它是来源于合闸时引起PN结骚动及电路中产生的噪声,其频谱很宽,总可选出某一频率为 f_0 的信号作为起振的原始信号使电路振荡。所以信号源不需要外加信号,靠自身工作。f_0 称振荡频率。起振过程如图 8-2(b) 所示。

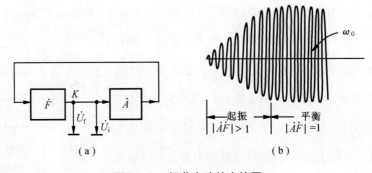

图 8-2 振荡电路的方块图

二、正弦波振荡电路的组成和分析方法

(一) 基本组成部分

正弦波振荡电路一般由四个部分组成,除了把放大电路和反馈网络接成正反馈外,还包括选频网络和稳幅环节。放大电路部分由集成运放或者分立元件电路构成。

1. 放大电路

应有合适的静态工作点,以保证放大电路有放大作用。

2. 反馈网络

它的作用是形成正反馈,以满足相位平衡条件。

3. 选频网络

其作用是使只有一个频率满足振荡条件,以产生单一频率的正弦波。

选频网络与反馈网络可以单独构成,也可以合二为一。当二者结合在一起时,同一个网络既起反馈作用,又起选频作用。

用 RC 元件组成选频网络的振荡电路称为 RC 正弦波振荡电路;用 LC 元件组成选频网络的振荡电路称为 LC 正弦波振荡电路。

4. 稳幅环节

如果电路满足了起振条件,那么,在接通直流电源后,它的输出信号将随时间逐渐增大。由于管子具有非线性特性,将使输出波形失真。稳幅环节的作用就是使 $|\dot{A}\dot{F}| > 1$ 达到 $|\dot{A}\dot{F}| = 1$ 的稳定状态,使输出信号幅度稳定,且波形良好。

(二) 分析方法

用瞬时极性法来判断一个电路能否起振,幅度条件容易满足,关键是看相位条件是否满足,其分析步骤如下。

1. 分析相位平衡条件是否满足

先检查放大电路是否正常放大,即放大电路 $\dot{A}$、反馈网络 $\dot{F}$ 及选频网络三个组成部分是否均存在,而且放大电路是否具有合适的静态工作点。在放大电路具有放大作用的条件下,断开反馈信号到基本放大电路的输入端点处,如图 8 − 2(a) 中的 K 点,在断开处对地之间加入一个输入信号 $\dot{U}_i$,用瞬时极性法判别反馈信号 $\dot{U}_f$ 是否与输入信号 $\dot{U}_i$ 同相位。若二者相位相同,说明已满足相位平衡条件,再继续检查幅度平衡条件是否满足;若二者反相位,说明不满足相位平衡条件,可以断定电路不可能振荡,无须再检查幅度平衡条件了。

2. 分析幅度平衡条件是否满足

因 $\dot{A}\dot{F}$ 是频率的函数,在满足相位平衡条件时,将 $f = f_0$ 代入 $|\dot{A}\dot{F}|$ 表达式,有如下三种情况。

(1) $|\dot{A}\dot{F}| < 1$ 不可能振荡。

(2) $|\dot{A}\dot{F}| \gg 1$ 能振荡。但需加稳幅环节,否则输出波形严重失真。

（3）$|\dot{A}\dot{F}| \geqslant 1$ 能振荡。达到稳幅后，$|\dot{A}\dot{F}| = 1$。

若电路不满足幅度平衡条件时，只需调节电路参数使之满足。

3. 求振荡频率 f_0 和起振条件

满足相位平衡条件的频率就是振荡频率 f_0，也就是选频网络的固有频率。而起振条件由 $|\dot{A}\dot{F}| > 1$ 结合具体电路求得，通过实际电路调试均可满足起振条件，一般不必计算。下面结合具体电路分析。

第二节　RC 正弦波振荡电路

常见的 RC 正弦波振荡电路是 RC 串并联网络正弦波振荡电路，又称文氏电桥正弦波振荡电路。

一、电路原理图

文氏电桥正弦波振荡电路如图 8 – 3 所示。它由两部分组成，即放大电路 $\dot{A}$ 和选频网络 $\dot{F}$。$\dot{A}$ 为由集成运放组成的电压串联负反馈放大电路，取其输入电阻高、输出电阻低的特点。$\dot{F}$ 由 Z_1、Z_2 组成，同时兼作正反馈网络，称为 RC 串并联网络。由图 8 – 3 可知，Z_1、Z_2 和 R_f、R_3 正好构成一

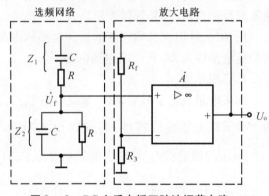

图 8 – 3　RC 文氏电桥正弦波振荡电路

个电桥的四个臂，电桥的对角线顶点接到放大电路的两个输入端。因此得名文氏电桥振荡电路。

二、RC 串并联网络的选频特性

将图 8 – 3 中的 RC 串并联网络单独画于图 8 – 4，着重讨论它的选频特性。为了便于调节振荡频率，常取 $R_1 = R_2 = R$，$C_1 = C_2 = C$。

设

$$Z_1 = R + \frac{1}{j\omega C}$$

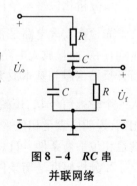

图 8 – 4　RC 串
并联网络

$$Z_2 = \frac{R \cdot \dfrac{1}{j\omega C}}{R + \dfrac{1}{j\omega C}}$$

反馈系数

$$\dot{F} = \frac{\dot{U}_f}{\dot{U}_o} = \frac{Z_2}{Z_1 + Z_2} = \frac{1}{3 + j\left(\omega RC - \dfrac{1}{\omega RC}\right)} \tag{8 – 6}$$

令
$$\omega_0 = 2\pi f_0 = \frac{1}{RC} \tag{8-7}$$

所以振荡频率
$$f_0 = \frac{1}{2\pi RC} \tag{8-8}$$

将式(8-7)代入式(8-6)得
$$\dot{F} = \frac{1}{3 + j\left(\dfrac{\omega}{\omega_0} - \dfrac{\omega_0}{\omega}\right)} \tag{8-9}$$

幅频特性讨论如下:
$$\dot{F} = \frac{1}{3 + j\left(\dfrac{f}{f_0} - \dfrac{f_0}{f}\right)} \tag{8-10}$$

幅值
$$|\dot{F}| = \frac{1}{\sqrt{3^2 + \left(\dfrac{f}{f_0} - \dfrac{f_0}{f}\right)^2}} \tag{8-11}$$

当 $f = f_0$ 时, $|\dot{F}|$ 为最大,且
$$|\dot{F}|_{\max} = \frac{1}{3} \tag{8-12}$$

当 $f \gg f_0$ 时, $|\dot{F}| \to 0$;

当 $f \ll f_0$ 时, $|\dot{F}| \to 0$;

相频特性
$$\varphi_F = -\arctan\frac{\left(\dfrac{f}{f_0} - \dfrac{f_0}{f}\right)}{3} \tag{8-13}$$

讨论如下:

当 $f = f_0$ 时, $\varphi_F = 0°$

当 $f \gg f_0$ 时, $\varphi_F = -90°$

当 $f \ll f_0$ 时, $\varphi_F = +90°$

画成曲线如图8-5所示。

综上分析,当 $f = f_0$ 时,幅值 $|\dot{F}|$ 最大, $|\dot{F}|_{\max} = \frac{1}{3}$,相移为零,即 $\varphi_F = 0°$ 。这就是说,当 $f = f_0 = \frac{1}{2\pi RC}$ 时,反馈电压 $\dot{U}_f$ 幅值最大,并且是输入电压的 $\frac{1}{3}$,同时与输入电压同相位。

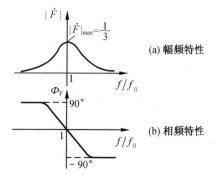

图8-5 **RC 串并联网络的频率特性**

三、RC 桥式正弦波振荡电路分析

(一) 相位条件

因为 $\dot{A}$ 为同相输入运放,$\dot{U}_o$ 与 $\dot{U}_f$ 同相位,所以 $\varphi_A = 0°$;再由图 8 – 5(b) 知,当 $f = f_0$ 时, $\varphi_F = 0°$;总之,$\varphi = \varphi_A + \varphi_F = 0°$,满足相位平衡条件。

(二) 幅度条件

由 $|\dot{A}\dot{F}| \geqslant 1$ 得出:因为 $|\dot{F}| = \dfrac{1}{3}$,所以 $|\dot{A}| \geqslant 3$;又由稳幅环节 R_F 与 R_3 构成电压串联负反馈,在深度负反馈条件下,$A_{uf} \approx 1 + \dfrac{R_F}{R_3} \geqslant 3$,所以

$$R_F \geqslant 2R_3 \tag{8 – 14}$$

由于电阻值的实际值存在误差,常需通过试验调整。

需要注意的是,$A_{uf} \geqslant 3$ 是指 A_{uf} 略大于 3。若 A_{uf} 远大于 3,则因振幅的增大,致使放大器件工作到非线性区,输出波形将产生严重的非线性失真。而 A_{uf} 小于 3 时,则因不满足幅值条件而不能振荡。

(三) 振荡的建立与稳定

由于电路中存在噪声(电阻的热噪声、三极管的噪声等),它的频谱分布很广,其中包含 $f_0 = \dfrac{1}{2\pi RC}$ 这样的频率成分。这个微弱信号经过放大由正反馈网络选频后送到输入端,再经过放大不断循环。开始时由于 $|\dot{A}\dot{F}| > 1$,输出幅度逐渐增大,表示电路已经起振,最后受到放大器件非线性特性的限制,振荡幅度自动稳定下来,达到平衡状态,$|\dot{A}\dot{F}| = 1$,并在 f_0 频率上稳定地工作。

(四) 估算振荡频率

因为图 8 – 3 电路中的放大电路是集成运放组成的,它的输出电阻可视为零,输入电阻很大,可忽略对选频网络的影响。因此,振荡频率即为 RC 串并联网络的 $f_0 = \dfrac{1}{2\pi RC}$,调节 R 和 C 就可以改变振荡频率。

(五) 稳幅措施

为了进一步改善输出电压幅度的稳定性,可以在负反馈回路中采用非线性元件,自动调整反馈的强弱,以更好地维持输出电压幅度的稳定。例如,在图 8 – 3 中用一个温度系数为负的热敏电阻代替反馈电阻 R_f。当输出电压 $|\dot{U}_o|$ 增加时,通过负反馈支路的电流 $|\dot{I}_f|$ 也随之增加,结果使热敏电阻的阻值减小,负反馈增强,放大倍数下降,从而使 $|\dot{U}_o|$ 下降。反之,当

$|\dot{U}_{\rm o}|$ 下降时,由于热敏电阻的自动调节作用,将使 $|\dot{U}_{\rm o}|$ 增大。因此,可维持输出电压 $|\dot{U}_{\rm o}|$ 基本稳定。

非线性电阻稳定输出电压幅值的另一种方案是采用具有正温度系数的电阻来代替 R_3,其稳定过程读者可以自行分析。

稳幅的方法很多,读者可以参阅其他有关文献。

除了 RC 串并联桥式正弦波振荡电路外,还有移相式和双 T 网络式等 RC 正弦波振荡电路。只要在满足相位平衡条件的前提下,放大电路有足够的放大倍数来满足幅度平衡条件,并有适当的稳幅措施,就能产生较好的正弦波振荡。

因为 RC 正弦波振荡电路的振荡频率 f_0 和 RC 乘积成反比,如果需要较高的振荡频率,势必要求 R 或 C 值较小,这将给电路带来不利影响。因此,这种电路一般用来产生几赫兹至几百千赫兹的低频信号。若需产生更高频率的信号时,则应采用 LC 正弦波振荡电路。

[例 8 − 1]　图 8 − 6 所示为 RC 桥式正弦波振荡电路,已知 A 为运放 741,其最大输出电压为 ± 14 V。

(1) 图中用二极管 V_1,V_2 作为自动稳幅元件,试分析它的稳幅原理;

(2) 试定性说明因不慎使 R_2 短路时,输出电压 $U_{\rm o}$ 的波形;

(3) 试定性画出当 R_2 开路时,输出电压 $U_{\rm o}$ 的波形(并标明振幅)。

解　(1) 稳幅原理

图中 V_1、V_2 的作用是,当 $U_{\rm o}$ 幅值很小时,二极管 V_1、V_2 接近于开路,由 V_1、V_2 和 R_3 组成的并联支路的等效电阻近似为 $R_3 = 2.7\ {\rm k}\Omega$,$A_u = (R_2 + R_3 + R_1)/R_1 \approx 3.3 > 3$,有利于起振;反之,当 $U_{\rm o}$ 的幅值较大时,V_1 或 V_2 导通,由 R_3、V_1、V_2 组成的并联支路的等效电阻减小,A_u 随之下降,$U_{\rm o}$ 幅值趋于稳定。

(2) 当 $R_2 = 0$,$A_u < 3$,电路停振,$U_{\rm o}$ 为一条与时间轴重合的直线。

(3) 当 $R_2 \to \infty$,$A_u \to \infty$,理想情况下,$U_{\rm o}$ 为方波,但由于受到实际运放 741 转换速率 $S_{\rm R}$、开环电压增益 $A_{\rm od}$ 等因素的限制,输出电压 $U_{\rm o}$ 的波形将近似如图 8 − 7 所示。

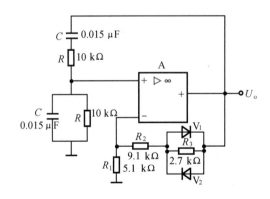

图 8 − 6　例 8 − 1 的电路图

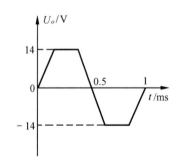

图 8 − 7　例 8 − 1 的解答图

[例 8 − 2]　如图 8 − 8 所示是一个由分立元件构成的文氏电桥正弦波振荡电路。

(1) 写出满足振荡的总相位条件 φ = ?

(2) 设 $C = 0.01\ \mu{\rm F}$,$R = 10\ {\rm k}\Omega$,求振荡频率 f_0 = ?

（3）若 $R_{e1} = 1$ kΩ,应如何选择 R_F 才能使电路起振,并获得良好的正弦波?

（4）如果满足了振荡的两个条件后电路仍不起振,试分析是什么原因?应采取什么措施?

（5）若在 R_F 支路中串入一只热敏电阻 R_t,用以稳定电路的输出幅度。试说明应选择何种温度系数的热敏电阻?若 R_t 串入 V_1 的发射极电路,它的温度系数又如何选择?简述其输出幅度稳定过程。

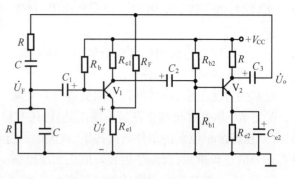

图 8 - 8　例 8 - 2 的电路

解　（1）振荡电路中的基本放大电路部分是由 V_1、V_2 两级共射电路构成,因此

$$\varphi_A = 360°$$

反馈网络为 RC 串并联网络,因此

$$\varphi_F = 0°$$

所以

$$\varphi = \varphi_A + \varphi_F = 360°$$

$$(2) f_0 = \frac{1}{2\pi RC} = \frac{1}{2 \times 3.14 \times 10 \times 10^3 \times 10^{-2} \times 10^{-6}} \approx 1.6 \text{ kHz}$$

（3）由 RC 串并联正弦波振荡器的起振条件知

$$|\dot{F}|_{max} = \frac{1}{3}$$

又由电压串联负反馈得知负反馈信号

$$\dot{U}_f' = \frac{R_{e1}}{R_{e1} + R_F} \dot{U}_o$$

将二者结合起来考虑

$$\dot{F} = \frac{\dot{U}_F'}{\dot{U}_o} = \frac{R_{e1}}{R_{e1} + R_F} = \frac{1}{3}$$

将 $R_{e1} = 1$ kΩ 代入并解出

$$R_F = 2 \text{ kΩ}$$

（4）如果在满足了幅度条件和相位条件后,电路仍不起振,说明 RC 串并联网络对基本放大电路有影响,此时应在 RC 串并联网络与放大电路之间加一级射随电路作为隔离级,该振荡电路就能起振了。

（5）热敏电阻的阻值随着温度的升高而减小,称其具有负温度系数;如果阻值随着温度的升高而增加,称其具有正温度系数。

将一只具有负温度系数的热敏电阻 R_t 串入 R_F 支路中,能够稳定电路的输出幅度。其稳定过程用箭头表示法表示如下:

当 $T \uparrow \rightarrow (R_t + R_F) \downarrow \rightarrow \dot{U}_F' \uparrow (= \frac{R_{e1}}{R_{e1} + R_F + R_t}) \rightarrow \dot{F} \uparrow \rightarrow (1 + \dot{A}\dot{F}) \uparrow \rightarrow \dot{U}_o$ 稳定性 $\uparrow$。

如果将 R_t 串入 V_1 的发射极回路中,需选正温度系数的热敏电阻,其稳定过程如下:

$$T\uparrow \rightarrow (R_{e1} + R_t)\uparrow \rightarrow \dot{U}'_F\uparrow(= \frac{R_{e1} + R_t}{R_{e1} + R_t + R_F}) \rightarrow \dot{F}\uparrow \rightarrow (1 + \dot{A}\dot{F})\uparrow \rightarrow \dot{U}_o \text{ 稳定性 }\uparrow。$$

第三节　LC 正弦波振荡电路

LC 正弦波振荡电路主要用来产生高频正弦信号,通常都在 1 MHz 以上。常见的 LC 正弦波振荡电路有变压器反馈式、电感三点式和电容三点式三种。它们的共同特点是用 LC 并联回路作选频网络。因此,先简述 LC 并联回路的一些基本特性,然后分析常用的 LC 正弦波振荡电路。

一、LC 并联回路的基本特性

LC 并联回路如图 8 − 9 所示。图中,R 表示电感和回路其他损耗总的等效电阻;$\dot{I}$ 是输入电流;$\dot{I}_L$、$\dot{I}_C$ 分别是流经电感 L 和电容 C 的电流。

由 A,B 两点等效的电路输入阻抗为

$$\dot{Z} = \frac{\dot{U}}{\dot{I}} = \frac{(R + j\omega L)\frac{1}{j\omega C}}{\frac{1}{j\omega C} + R + j\omega L}$$

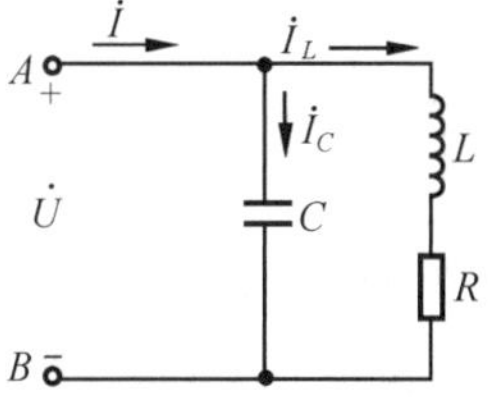

通常

$$R \ll \omega L$$

则

$$\dot{Z} \approx \frac{\frac{L}{C}}{R + j(\omega L - \frac{1}{\omega C})}$$

图 8 − 9　LC 并联回路

(一) 谐振频率

在并联谐振频率 f_0 时,回路两端电压 $\dot{U}$ 与输入电流 $\dot{I}$ 同相,即阻抗 $\dot{Z}$ 的虚部为零

$$\omega_0 L - \frac{1}{\omega_0 C} = 0$$

$$\omega_0 = \frac{1}{\sqrt{LC}}$$

或

$$f_0 = \frac{1}{2\pi \sqrt{LC}} \qquad\qquad (8-15)$$

f_0 称为并联谐振频率。

（二）等效阻抗

谐振时回路的等效阻抗值最大,且为纯电阻。

$$Z_0 = \frac{L}{CR} = Q\omega_0 L = \frac{Q}{\omega_0 C} \tag{8-16}$$

式中,Z_0 称为谐振阻抗;Q 称为谐振回路的品质因数,它是用来评价回路损耗大小的指标。一般,Q 值为几十到几百。

$$Q = \frac{\omega_0 L}{R} = \frac{1}{\omega_0 CR} = \frac{\sqrt{\dfrac{L}{C}}}{R} \tag{8-17}$$

R 值越小,Q 值越大,Z 值也越大。

（三）回路电流

谐振时回路电流 $|\dot{I}_C|$ 或 $|\dot{I}_L|$ 比 $|\dot{I}|$ 大 Q 倍,谐振时

$$|\dot{I}| = \frac{|\dot{U}_o|}{Z_0} = |\dot{U}_o|\frac{\omega_0 C}{Q}$$

则

$$|\dot{I}_C| = |\dot{U}_o|\omega_0 C = Q|\dot{I}|$$

通常,$Q \gg 1$,所以,$|\dot{I}_C| \approx |\dot{I}_L| \gg |\dot{I}|$。

可见,谐振时,LC 并联回路的回路电流比输入电流大得多,因而,谐振时外界的影响可忽略。

（四）频率特性

在 $R \ll \omega L$ 条件下

$$\dot{Z} = \frac{\dfrac{L}{CR}}{1 + j\dfrac{\omega L}{R}\left(1 - \dfrac{1}{\omega^2 LC}\right)} = \frac{\dfrac{L}{CR}}{1 + j\dfrac{\omega L}{R}\left(1 - \dfrac{\omega_0^2}{\omega^2}\right)}$$

在谐振频率附近,即当 $\omega \approx \omega_0$ 时,$\omega L/R \approx \omega_0 L/R = Q$,$\omega + \omega_0 \approx 2\omega_0$,$\Delta\omega = \omega - \omega_0$。

$$\dot{Z} = \frac{Z_0}{1 + jQ\dfrac{(\omega + \omega_0)(\omega - \omega_0)}{\omega^2}} = \frac{Z_0}{1 + jQ\dfrac{2\Delta\omega}{\omega_0}} \tag{8-18}$$

阻抗 $\dot{Z}$ 的模为

$$|\dot{Z}| = \frac{Z_0}{\sqrt{1 + \left(Q\dfrac{2\Delta\omega}{\omega_0}\right)^2}} \tag{8-19}$$

相角为

$$\varphi_Z = -\arctan\frac{2\Delta\omega}{\omega_0} \tag{8-20}$$

式中,$2\Delta\omega/\omega_0$ 为相对失谐量,表示信号角频率偏离回路谐振角频率 ω_0 的程度。

由式(8 – 19)和式(8 – 20)可画出 LC 并联回路的谐振曲线,如图8 – 10所示。

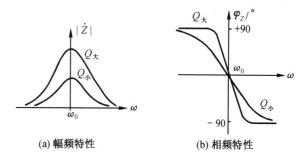

(a) 幅频特性　　　　(b) 相频特性

图 8 – 10　LC 并联回路的谐振曲线

1. 从幅频特性可见:当 $\omega = \omega_0$ 时,产生并联谐振,阻抗值最大,且为纯电阻,$Z_0 = \dfrac{L}{RC}$;当 ω 偏离 ω_0 时,$|\dot{Z}|$ 将减小,偏离越大,$|\dot{Z}|$ 值愈小。

2. 从相频特性可见:当 $\omega = \omega_0$ 时,$\varphi_Z = 0°$,即 $\dot{U}$ 与 $\dot{I}$ 同相;当 $\omega > \omega_0$ 时,φ_Z 为负值,等效阻抗 Z 呈电容性;当 $\omega < \omega_0$ 时,φ_Z 为正值,等效阻抗 Z 呈电感性。

3. 谐振曲线的形状与 Q 值密切有关。Q 值愈大,$|Z_0|$ 值愈大,幅值特性愈尖锐,相频特性变化愈快。在 ω_0 附近 $|\dot{Z}|$ 和 φ_Z 变化愈急剧,选频效果愈好。

二、变压器反馈式 LC 正弦波振荡电路

(一) 电路工作原理

变压器反馈式正弦波振荡电路如图8 – 11所示。放大管 V 的集电极负载是具有选频特性的 LC 并联回路,反馈是通过 L_1 和 L_2 之间的变压器耦合来实现的。

用瞬时极性法来分析相位条件。将图中的反馈从 K 点断开,在放大电路输入端加输入电压 $\dot{U}_i$,其瞬时极性为 $(+)$,当 $\omega = \omega_0$ 时,LC 并联回路的谐振阻抗 Z_0 为纯电阻,即放大器集电极的等效负载为纯电阻,故 $\dot{U}_o$ 与 $\dot{U}_i$ 反相位,在集电极标$(-)$。根据图中所示变压器的同名端标记,在次级同名端标$(+)$,即 $\dot{U}_f$ 与 $\dot{U}_i$ 同相位,满足相位平衡条件。

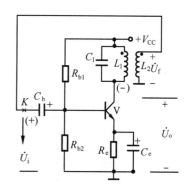

图 8 – 11　变压器反馈式 LC 正弦波振荡电路

反馈电压 $\dot{U}_f$ 的大小由 L_1 和 L_2 的匝数比 N_1/N_2 决定。只要放大管的 β 值和变压器的匝数比选择合适,就能满足幅度平衡条件和起振条件。

LC 正弦波振荡电路也是靠电路中的扰动电压起振的,只要满足起振条件 $|\dot{A}\dot{F}| > 1$,电路中的微弱扰动电压经放大和正反馈选频,再送到放大电路输入端,就能使频率为 f_0 的信号电压逐步增大。起振后,由于幅度越来越大,使放大器件工作到非线性区,放大倍数下降,使 $|\dot{A}\dot{F}| = 1$,达到幅度平衡条件,维持等幅振荡。

LC 正弦波振荡电路振幅的稳定是利用放大器件的非线性实现的。当振幅大到一定程度时,虽然三极管集电极电流波形可能明显失真,但是,由于集电极的负载是 LC 并联回路,具有良好的选频作用。因此,输出电压的波形一般失真不大。

(二) 振荡频率和起振条件

当 LC 并联回路的 Q 值较高时,振荡频率基本上等于 LC 并联回路的谐振频率,即

$$f_0 \approx \frac{1}{2\pi \sqrt{L'C}} \tag{8-21}$$

式中,L' 是考虑了其他绕组影响的等效电感。

由 $|\dot{U}_f| > |\dot{U}_i|$ 经推证可得起振条件为

$$\beta > \frac{r_{be} \cdot R'C}{M} \tag{8-22}$$

式中,r_{be} 是三极管基 - 射之间的交流等效电阻;M 为初、次级绕组之间的互感;R' 是折合到并联回路中的等效总损耗电阻。

在实际工作中,我们并不一定要严格计算 LC 振荡电路是否满足起振条件,但在调试时,起振条件表示式有一定的指导意义。例如,调试一个满足相位平衡条件但不能振荡的电路时,可以根据起振条件来改变电路参数,如选用 β 值较大的管子(例如 $\beta \geqslant 50$),或增加变压器初、次级之间的耦合程度(增加互感 M),或增加次级线圈的匝数等,都可以使电路易于起振。

三、电感三点式正弦波振荡电路

(一) 电路的工作原理

电感三点式正弦波振荡电路如图 8 - 12(a)所示。图中,LC 组成并联回路,电感线圈 L 有三个端子,端子 1 接集电极,中间抽头 2 接至电源电压 $+V_{CC}$,端子 3 通过 C_b 接基极。由于 2 端对交流而言接地,所以,L_2 上的电压就是送回到三极管基极回路的电压 $\dot{U}_f$。

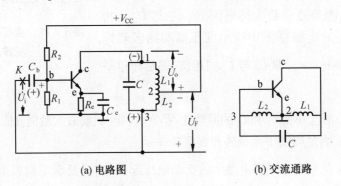

(a) 电路图　　　　　　　　　　(b) 交流通路

图 8 - 12　电感三点式振荡电路

图 8 - 12(b)是它的交流通路(不考虑偏置电阻)。由图可知,电感线圈的三个端子 1、2、3

分别与晶体的 c、e、b 相连,故称电感三点式振荡电路,又称哈脱莱振荡电路。

现在分析相位条件。将反馈从 K 点断开,如图 8 - 12(a) 所示。加入输入电压 $\dot{U}_i$,其瞬时极性为(+);由于谐振时 LC 并联回路阻抗为纯电阻,因此 $\dot{U}_o$ 与 $\dot{U}_i$ 反相,$\dot{U}_o$ 为(−);因为电感线圈中间抽头 2 端交流接地,故 1 端与 3 端相位相反,在电感线圈 3 端处标(+),即 $\dot{U}_f$ 为(+)。可见 $\dot{U}_f$ 与 $\dot{U}_i$ 同相,满足相位平衡条件。

电感三点式正弦波振荡电路的幅度条件是容易满足的,只要 LC 并联回路的 Q 值和三极管 β 值不是太低,并适当选取 L_2/L_1 的比值,就容易起振。

(二) 振荡频率和起振条件

如前所述,当谐振回路的 Q 值较高时,振荡频率基本上等于 LC 并联回路的谐振频率,即

$$f_0 = \frac{1}{2\pi \sqrt{L'C}} \tag{8 - 23}$$

式中,L' 是谐振回路的等效电感,$L' = L_1 + L_2 + 2M$,M 是 L_1 与 L_2 之间的互感。

谐振时的放大倍数

$$\dot{A}_u = -\frac{\beta R'}{r_{be}}$$

式中,R' 是折合到管子集 − 射极间的等效并联总电阻。

在 Q 值较高及 $r_{be} \gg \omega_0 L_2$ 的情况下,支路电流 $|\dot{I}_{L_1}| \approx |\dot{I}_{L_2}|$,则反馈系数

$$\dot{F} = \frac{\dot{U}_f}{\dot{U}_o} = -\frac{L_2 + M}{L_1 + M}$$

由 $|\dot{A}\dot{F}| > 1$ 可得到起振条件为

$$\beta > \frac{(L_1 + M)}{(L_2 + M)} \cdot \frac{r_{be}}{R'} \tag{8 - 24}$$

通常取匝数比 $N_2/(N_1 + N_2)$ 在 $1/8 \sim 1/4$ 范围,电路容易起振,输出波形较好。

(三) 电路特点

1. 易起振。

2. 调节频率方便。采用可变电容可获得较宽的频率调节范围。一般用于产生几十兆赫兹以下的正弦波。

3. 输出波形较差。因反馈电压取自电感 L_2,而感抗对高次谐波阻抗较大,所以,输出波形中含有高次谐波,使波形较差。

由于输出波形较差且频率稳定度不高,因此,这种振荡电路通常用于要求不高的设备中,例如,高频加热器、接收机中的本机振荡等。

四、电容三点式正弦波振荡电路

(一) 电容三点式正弦波振荡电路

电容三点式正弦波振荡电路如图 8 – 13(a) 所示。L、C_1、C_2 组成振荡电路,反馈信号取自电容 C_2 两端。若暂不考虑偏置电阻和 R_e,它的交流通路如图 8 – 13(b) 所示。图中,C_i、C_o 是极间电容,电容 C_1、C_2 的三个端子 1、2、3 分别与晶体管 c、e、b 相连,故称为电容三点式振荡电路,又称考毕兹振荡电路。

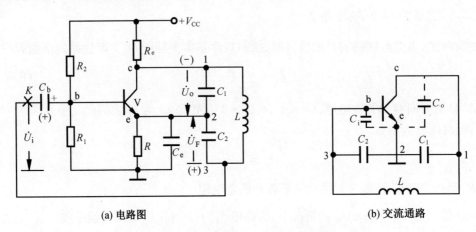

(a) 电路图　　　　　　　　　　　　　　　(b) 交流通路

图 8 – 13　电容三点式正弦波振荡电路

图中的(+)、(–) 号标出了 $\dot{U}_i$、$\dot{U}_o$、$\dot{U}_f$ 的相位关系,可见 $\dot{U}_i$、$\dot{U}_f$ 同相,满足相位平衡条件。

电容三点式正弦波振荡电路的振荡频率基本上等于 LC 并联回路的谐振频率

$$f_0 \approx \frac{1}{2\pi \sqrt{LC'}} \tag{8 – 25}$$

式中,L 和 C' 分别是 LC 并联回路总的等效电感和等效电容,$C' = \dfrac{C_1 \cdot C_2}{C_1 + C_2}$。

谐振时放大电路的放大倍数

$$\dot{A}_u = -\frac{\beta \cdot R'}{r_{be}}$$

R' 是折合到集电极与发射极之间的等效并联电阻。

Q 值很高时,反馈系数

$$\dot{F} = \frac{\dot{U}_f}{\dot{U}_o} \approx -\frac{C_1}{C_2}$$

由 $|\dot{A}\dot{F}| > 1$ 可得起振条件

$$\beta > \frac{C_2 r_{be}}{C_1 R'} \tag{8 – 26}$$

电容三点式的特点如下。

1. 输出波形较好。这是由于反馈电压取自电容 C_2，而电容对于高次谐波阻抗较小。

2. 振荡频率较高，一般可达 100 MHz 以上。

3. 调节 C_1 或 C_2，可以改变振荡频率，但同时会影响起振条件。因此，这种电路适用于固定频率的振荡。

（二）改进型电容三点式正弦波振荡电路

从图 8 – 13(b) 交流通路可见，极间电容 C_i、C_o 应计入 C_1 和 C_2 中去。但管子的极间电容随温度等因素变化，为了减小这种影响，可在电感支路中串联电容 C，如图 8 – 14 所示。这种电路称为改进型电容三点式正弦波振荡电路。

它的振荡频率也基本上等于 LC 并联回路的谐振频率

$$f_0 \approx \frac{1}{2\pi \sqrt{LC'}} \qquad (8-27)$$

式中，$\dfrac{1}{C'} = \dfrac{1}{C_1} + \dfrac{1}{C_2} + \dfrac{1}{C}$。

当 $C_1 \gg C$，$C_2 \gg C$ 时，

$$f_0 \approx \frac{1}{2\pi \sqrt{LC}} \qquad (8-28)$$

由于 f_0 基本上由 LC 确定，与 C_1、C_2 及管子的极间电容关系很小，因此，振荡频率的稳定度较高。

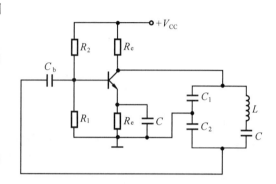

图 8 – 14　改进型电容三点式正弦波振荡电路

综上所述：

1. LC 振荡电路的振荡频率基本上等于 LC 并联回路的谐振频率，而起振条件则是通过对晶体管 β 值的要求来实现的。

2. 从图 8 – 12(b) 和图 8 – 13(b) 的交流通路可见，在三点式（三端式）LC 正弦波振荡电路中，与发射极相连的元件为同类（都为电感或电容），而与基极相连的元件为异类（若一为电容，则另一必为电感）。因此，三点式 LC 正弦波振荡电路组成的一般原则是其晶体管的集电极 – 发射极之间、基极 – 发射极之间回路元件的电抗性质都是相同的，而它们与集电极 – 基极之间回路元件的电抗性质总是相反的。利用这个原则，可推断三点式 LC 振荡电路组成是否合理，也有助于分析复杂电路时找出哪些元件是振荡回路元件。

第四节　石英晶体振荡器简介

石英晶体振荡器是利用石英晶体的压电效应产生正弦波振荡的电路。它的主要特点是振荡频率的稳定度特别高，最适合制作钟表。本节先介绍石英晶体的基本特性，再分析石英晶体振荡电路。

一、石英晶体的基本特性与等效电路

石英晶体是一种各向异性的结晶体,它是硅石的一种,其化学成分是二氧化硅(SiO_2)。从一块晶体上按一定的方位角切下的薄片称为晶片(可以是正方形、矩形或圆形等),然后在晶片的两个对应表面上涂敷银层并装上一对金属板,就构成石英晶体产品,如图 8 – 15 所示,一般用金属外壳密封,也有用玻璃壳封装的。

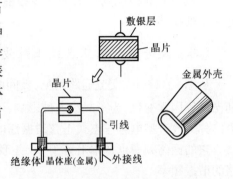

图 8 – 15　石英晶体的一种结构

(一) 压电效应与压电谐振

当在石英晶片两边加上电压时,晶片就会发生机械变形;反之,当晶片上施加机械力(压力或拉力) 时,晶片会在相应的方向上产生电压,这种现象称为压电效应。

当晶片的两极加上交变电压时,晶片就会产生机械振动,同时,晶片的机械振动又会产生相应的交变电场。一般说来,这种机械振动的振幅较小,但当外加交变电压的频率与晶片的固有频率(决定于晶片的尺寸) 相等时,机械振动的幅度将急剧增加,这种现象称压电谐振。因此,石英晶体又称石英晶体谐振器。

(二) 等效电路与高 Q 值

图 8 – 16(b) 所示的是石英晶体压电谐振现象的等效电路。当晶体不振动时,等效为一个平板电容器 C_0,称为静态电容,它与晶体尺寸大小有关,一般约为几至几十皮法(pF);L、C、R 分别是晶体振动时的等效电感、等效电容及等效电阻。它们均与晶片的形状、大小和切割方向有关。一般情况下,L 在几十毫亨(mH) 至几百亨(H);C 值很小,只有 $0.000\ 2\ pF$ 至 $0.1\ pF$;R 约为 $100\ \Omega$。回路的品质因数 Q 为

$$Q = \frac{\sqrt{\dfrac{L}{C}}}{R}$$

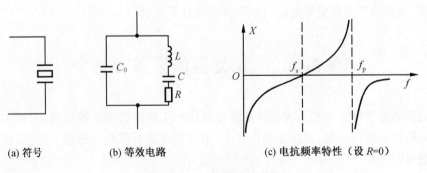

(a) 符号　　　　(b) 等效电路　　　　(c) 电抗频率特性（设 R=0）

图 8 – 16　石英晶体谐振器

将上述的数量级代入该式可得到很高的 Q 值,其数量级可达 10^4 至 10^6,Q 值越大,振荡频率越稳定。

(三)振荡频率稳定度高

从石英晶体谐振器的等效电路可知,它有两个谐振频率,一个是串联谐振频率

$$f_s = \frac{1}{2\pi\sqrt{LC}} \qquad (8-29)$$

另一个是并联谐振频率

$$f_p = \frac{1}{2\pi\sqrt{L \cdot \dfrac{C \cdot C_0}{C + C_0}}} = f_s\sqrt{1 + \frac{C}{C_0}} \approx f_s\left(1 + \frac{C}{2C_0}\right) \qquad (8-30)$$

通常,$C_0 \gg C$,因此 $f_p - f_s$ 很小。

石英晶体振荡器的振荡频率稳定度高的根本原因是晶片的固有频率仅与晶片的切割方式、几何形状、尺寸有关,只要晶体已经成形,它的固有频率基本上是固定的,所以,f_s、f_p 的稳定度可高达 10^{-6} 至 10^{-8} 甚至达 10^{-10} 至 10^{-11}。由图 8-16(c) 电抗频率特性知,当谐振器工作在 f_s 与 f_p 之间时,晶体等效为电感;工作在其他频率时,晶体等效为电容;工作在 $f = f_s$ 时,$X = 0$,等效为纯电阻。

二、石英晶体振荡电路

石英晶体振荡电路基本有两类,即并联型和串联型。前者石英晶体工作在 f_s 与 f_p 之间,利用晶体作为一个电感来组成振荡电路;后者工作在 f_s 处,利用阻抗最小的特性来组成振荡电路。下面分别介绍。

(一)并联型晶体振荡器

图 8-17(a) 为并联型晶体振荡。选频网络由 C_1、C_2 和晶体组成。忽略偏置电阻和 R_c 时,其交流通路如图 8-17(b) 所示。

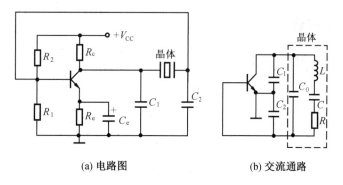

(a) 电路图　　　　　(b) 交流通路

图 8-17　并联型晶体振荡器

由交流通路知,欲使电路振荡,晶体必须呈电感性,即振荡频率必须在 f_s 与 f_p 之间。显

然,图 8 – 17(b) 属于电容三点式 LC 振荡电路。其振荡频率由 C_1、C_2 和石英晶体来决定。

振荡频率为

$$f_0 = \frac{1}{2\pi \sqrt{L \cdot \dfrac{C \cdot (C_0 + C')}{C + (C_0 + C')}}} = f_s \sqrt{1 + \frac{C}{C_0 + C'}} \approx f_s \left[1 + \frac{C}{2(C_0 + C')} \right] \qquad (8 - 31)$$

式中,$C' = \dfrac{C_1 \cdot C_2}{C_1 + C_2}$。

(二) 串联型晶体振荡器

如图 8 – 18 是利用晶体构成的串联型晶体振荡器,将晶体串接在正反馈支路中,只当振荡频率 $f_0 = f_s$ 时,晶体阻抗最小,且显纯阻性,这时反馈最强,相移为零,电路满足相位平衡条件。而在 f_s 以外其他频率上电路不起振,因为晶体的阻抗增大,相移不为零,不满足相位平衡条件。所以振荡频率 f_0 为

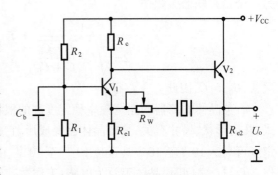

图 8 – 18   串联型晶体振荡器

$$f_0 = f_s \qquad (8 - 32)$$

调节 R_W 可改变反馈的强弱,以获得良好的正弦波输出。

由于 f_s 与温度有关,只有在较窄的温度范围内工作方能获得稳定度很高的振荡频率。当频率稳定度要求很高,或环境温度变化范围很宽时,应选用高精度或高稳定度的晶体,并把它放在恒温槽中,用温度控制电路保持恒温槽温度的稳定。恒温槽的温度应根据石英晶体谐振器的频率温度特性曲线来确定。

第五节   矩形波发生电路

一、什么是矩形波

如图 8 – 19 所示波形,图中,T_1 为高电平的持续时间;T_2 为低电平的持续时间;T 为周期,即

$$T = T_1 + T_2 \qquad (8 - 33)$$

将高电平的时间与周期的比值定义为占空比,记为 q,即

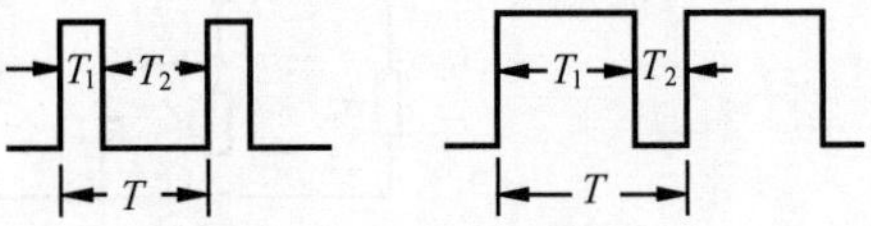

$$q = \frac{T_1}{T} \qquad (8 - 34)$$

图 8 – 19   矩形波

占空比为 0.1 至 0.9 的波形定义为矩形波。其中占空比为 0.5 的矩形波又称方波,是矩形波的特例。

二、占空比可调的矩形波发生电路

图 8 - 20(a) 所示为一个矩形波发生电路。它基本上是由滞回比较器与 RC 积分电路构成。为了实现占空比可调,只需使 $T_1 \neq T_2$,为此加了两个二极管与一个电位器,将 RC 充放电通路分开,并实现占空比可调。限幅器由两个稳压管构成,可对电路输出电压起到限幅作用,其限幅值为 $\pm U_Z$,提供矩形波的幅值。根据求阈值的方法可求得滞回比较器的阈值为 $\pm R_1 U_Z / (R_1 + R_2)$,传输特性如图 8 - 20(b) 所示。

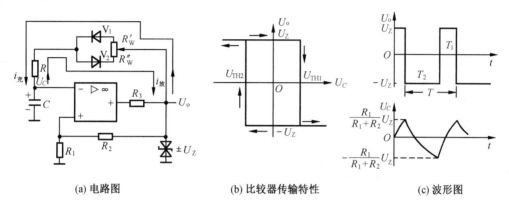

(a) 电路图   (b) 比较器传输特性   (c) 波形图

图 8 - 20   矩形波发生电路

设 V_1、V_2 的内阻分别为 r_{d_1}、r_{d_2},并且 $r_{d_1} = r_{d_2}$。当 $U_o = U_Z$ 时,V_1 导通,V_2 截止,使电容 C 充电,充电时间常数 $\tau_充 = (R + r_{d_1} + R'_W) \cdot C$;$U_C$ 由小到大不断上升,极性上正下负,当 U_C 升到阈值 $U_{TH_1} = R_1 U_Z / (R_1 + R_2)$ 时,比较器发生负跳变,U_o 由 $+ U_Z$ 变为 $- U_Z$;当 $U_o = - U_Z$ 时,V_1 截止,V_2 导通,又使电容 C 放电,其放电时间常数 $\tau_放 = (R + R''_W + r_{d_2}) \cdot C$,$U_C$ 不断下降至阈值 $U_{TH_2} = - R_1 U_2 / (R_1 + R_2)$ 时,比较器发生正跳变,U_o 由 $- U_Z$ 变为 $+ U_Z$。上述过程重复进行,于是振荡发生了。

调节 R_W,只要 $R'_W \neq R''_W$,就能产生矩形波。当 $R'_W < R''_W$ 时,则 $\tau_充 < \tau_放$,U_o 波形中的 $T_1 < T_2$,同时在电容器 C 两端产生线性不好的锯齿波形。图 8 - 20(c) 示出了 U_o 与 U_c 的波形,可见,矩形波的幅值由限幅值 $\pm U_Z$ 决定,而锯齿波的幅值由比较器的阈值 $\pm R_1 U_Z / (R_1 + R_2)$ 决定;当 $R'_W > R''_W$ 时,则 $\tau_充 > \tau_放$,$T_1 > T_2$,U_o 的波形也是矩形波,波形与图 8 - 20(c) 中相反;当 $R'_W = R''_W$ 时,则 $\tau_充 = \tau_放$,$T_1 = T_2$,占空比 $T_1 / T = 0.5$,U_o 波形为方波。

用数字集成电路或集成定时器(如5G555)也能构成矩形波发生电路。

三、振荡周期与频率

根据充放电理论,由图 8 - 20(b) 看出,设 $U_C = - R_1 U_Z / (R_1 + R_2)$(即 $U_C = U_{TH2}$),在 $U_{OH} = + U_Z$ 的作用下,电容 C 充电的关系式为

$$U_C = U_{OH} - (U_{OH} - U_{TH2}) e^{\frac{-t}{\tau}}$$

U_C 由 $U_{TH2} = - R_1 U_Z / (R_1 + R_2)$ 上升到 $U_{TH1} = R_1 U_Z / (R_1 + R_2)$ 的时间为 T_1,由此得

$$U_{TH1} = U_{OH} - (U_{OH} - U_{TH2})^{-\frac{T_1}{\tau}}$$

解得

$$T_1 = \tau_{充}\ln\left(1 + \frac{2R_1}{R_2}\right) \tag{8 - 35}$$

同理得

$$T_2 = \tau_{放}\ln\left(1 + \frac{2R_1}{R_2}\right) \tag{8 - 36}$$

矩形波的振荡周期是

$$T = T_1 + T_2 = (\tau_{充} + \tau_{放})\ln\left(1 + \frac{2R_1}{R_2}\right) \tag{8 - 37}$$

振荡频率

$$f = \frac{1}{T} \tag{8 - 38}$$

占空比为

$$q = \frac{T_1}{T} = \frac{\tau_{充}}{\tau_{充} + \tau_{放}} = \frac{R'_W + r_{d_1} + R}{R_W + r_{d_1} + r_{d_2} + 2R} \approx \frac{R'_W + R}{R_W + 2R} \tag{8 - 39}$$

可见,调节 R_W 电位器可使占空比变化。

四、方波发生电路

图 8 - 21(a) 是一个专门产生方波的电路。它是由带限幅器滞回比较器和 RC 充放电回路两部分构成。与图 8 - 20(a) 电路所不同的是充放电回路相同,$\tau_{充} = \tau_{放} = RC$,故使 $T_1 = T_2$,$q = \frac{T_1}{T} = 0.5$,从而使 U_o 产生方波,同时在电容 C 上产生线性不好的三角波,如图 8 - 21(b) 所示。方波的幅值由 $\pm U_Z$ 决定,而三角波的幅值由滞回比较器的阈值 $\pm R_1 U_Z/(R_1 + R_2)$ 决定。

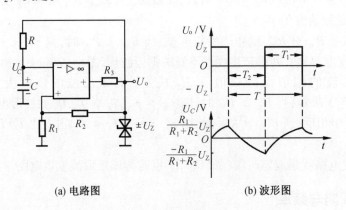

(a) 电路图   (b) 波形图

图 8 - 21   方波发生电路

根据式(8 - 35)、式(8 - 36) 和式(8 - 37) 可知方波的重复周期为

$$T = T_1 + T_2 = 2RC\ln\left(1 + \frac{2R_1}{R_2}\right) \tag{8 - 40}$$

振荡频率 f 为

$$f = \frac{1}{T} \tag{8-41}$$

第六节 三角波发生电路

如果把一个方波信号接到积分电路的输入端,那么,在积分电路的输出端可得到三角波信号;而比较器输入三角波信号,其输出端可获得方波信号。根据这一原则,采用抗干扰能力强的同相滞回比较器和反相积分器互相级联,构成三角波信号发生电路,如图 8-22(a) 所示,图 8-22(b) 是它的波形图。

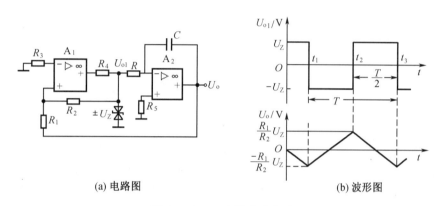

(a) 电路图   (b) 波形图

图 8-22 三角波发生电路

滞回比较器起开关作用,使 U_o 形成对称方波作为积分器的输入信号,U_o 作为 A_1 的同相输入信号。反相积分器起延迟作用,或线性上升或线性下降,使 U_o 形成线性度高的三角波;由 U_o 至 R_1 连线的作用是使 U_o 三角形的幅值不受 U_{o1} 方波频率的影响,分析过程如下。

设 $t = 0$ 时 $U_{o1} = +U_Z$,电容器初始值 $U_C(0) = 0$,$U_o = 0$;

当 $t = 0 \sim t_1$ 时,$U_{o1} = +U_Z$,电容 C 被充电,$\tau_{充} = RC$,由反相积分,U_o 线性下降;

当 $t = t_1$ 时,比较器状态翻转,U_o 达到负的最大值;

当 $t = t_1 \sim t_2$ 时,$U_{o1} = -U_Z$,电容 C 放电,$\tau_{放} = RC$,经反相积分,U_o 线性上升到 t_2 时,比较器状态又翻转,U_o 达到正幅值。

以上过程反复进行,于是电路振荡起来。由于 $\tau_{充} = \tau_{放} = RC$,所以 U_o 形成三角波。

由上述分析中得知,方波电压 U_{o1} 的幅值由限幅值 $\pm U_Z$ 决定,当 U_{o1} 发生翻转时对应的电路输出电压 U_o 就是最大值 U_{om},所以三角波的幅值 U_{om} 就是比较器的阈值。由叠加原理求出

$$\frac{R_1}{R_1 + R_2}(\pm U_Z) + \frac{R_2}{R_1 + R_2}U_o = 0$$

解出

$$U_o = \pm \frac{R_1}{R_2}U_Z$$

所以
$$U_{om} = U_{TH} = \pm \frac{R_1}{R_2} U_z \qquad (8-42)$$

可见,只要 R_1、R_2、U_z 稳定不变,则 U_{om} 就是一个稳定不变的值,而与 U_{o1} 方波的频率无关。

三角波的周期可由波形图求出,$t_2 - t_1 = T/2$,对应 $2U_{om}$,再由反相积分

$$- \frac{-U_z}{RC}(t_2 - t_1) = 2U_{om}$$

即
$$\frac{U_z}{RC} \cdot \frac{T}{2} = 2 \cdot \frac{R_1}{R_2} U_z$$

解出
$$T = \frac{4RC \cdot R_1}{R_2} \qquad (8-43)$$

振荡频率
$$f_0 = \frac{1}{T} = \frac{R_2}{4RC \cdot R_1} \qquad (8-44)$$

可见,先调整 R_1、R_2,使之满足 U_{om} 设计指标要求,再粗调电容 C,细调电阻 R,使之满足振荡频率 f_0 设计指标要求,这样,调幅与调频互不影响。

第七节　锯齿波发生电路

锯齿波和正弦波、方波、三角波是常用的基本测试信号。此外,如在示波器等仪器中,为了使电子按照一定的规律运动,以利用荧光屏显示图像,常用到锯齿波产生器作为时基电路。例如,要在示波器荧光屏上不失真地观察到被测信号波形,就要在水平偏转板加上随时间作线性变化的电压 —— 锯齿波电压,使电子束沿水平方向匀速扫过荧光屏。而电视机中显像管荧光屏上的光点,是靠磁场变化进行偏转的,所以需要用锯齿波电流来控制。这里仅以图 8 - 23(a) 所示的锯齿波电压产生电路为例,讨论其组成及工作原理。

一、电路组成

由图 8 - 23(a) 可见,它包括同相输入滞回比较器(A_1) 和充放电时间常数不等的积分器(A_2) 两部分,共同组成锯齿波电压产生电路。

二、门限电压的估算

为了便于讨论,单独画出图 8 - 23(a) 中由 A_1 组成的同相输入滞回比较器,如图 8 - 23(b) 所示。图 8 - 23(b) 中的 U_i 就是图 8 - 23(a) 中的 U_o,即 $U_i = U_o$。由图 8 - 23(b) 有

$$U_{+1} = U_i - \frac{U_i - U_{o1}}{R_1 + R_2} \cdot R_1 \qquad (8-45)$$

考虑到电路翻转时,有 $U_{+1} = U_{-1} = 0$,代入上式,解出

$$U_i = U_{TH} = -\frac{R_1}{R_2} U_{o1} \qquad (8-46)$$

由于 $U_{o1} = \pm U_z$,由式(8 - 46),可分别求出上、下门限电压和门限宽度为

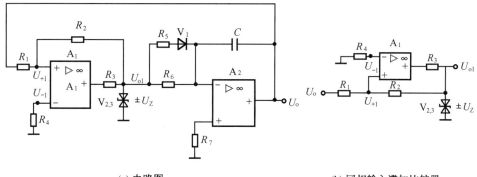

(a) 电路图　　　　　　　　　　　　　(b) 同相输入滞加比较器

图 8 – 23　锯齿波电压产生电路

$$U_{T+} = \frac{R_1}{R_2}U_Z \qquad\qquad (8-47)$$

$$U_{T-} = -\frac{R_1}{R_2}U_Z \qquad\qquad (8-48)$$

$$\Delta U_T = U_{T+} - U_{T-} = 2\frac{R_1}{R_2}U_Z \qquad\qquad (8-49)$$

三、工作原理

设 $t = 0$ 时接通电源, 有 $U_{o1} = -U_Z$, 则 $-U_Z$ 经 R_6 向 C 充电, 使输出电压按线性规律增长。当 U_o 上升到门限电压 U_{T+} 使 $U_{+1} = U_{-1}$ 时, 比较器输出 U_{o1} 由 $-U_Z$ 上跳到 $+U_Z$, 同时门限电压下跳到 U_{T-} 值。以后 $U_{o1} = +U_Z$ 经 R_6 和 V_1, R_5 两支路向 C 反向充电, 由于时间常数减小, U_o 迅速下降到负值。当 U_o 下降到下门限电压 U_{T-} 使 $U_{+1} = U_{-1}$ 时, 比较器输出 U_{o1} 又由 $+U_Z$ 下跳到 $-U_Z$。如此周而复始, 产生振荡。由于电容 C 的正向与反向充电时间常数不相等, 输出波形 U_o 为锯齿波电压, U_{o1} 为矩形波电压, 如图 8 – 24 所示。

可以证明, 若忽略二极管的正向电阻, 其振荡周期为

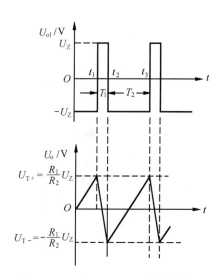

图 8 – 24　图 2 – 23(a) 电路的波形

$$T = T_1 + T_2 = \frac{2R_1R_6C}{R_2} + \frac{2R_1(R_6 /\!/ R_5)C}{R_2}$$

$$= \frac{2R_1R_6C(R_6+2R_5)}{R_2(R_5+R_6)} \qquad\qquad (8-50)$$

显然, 在图 8 – 23(a) 所示的电路中, 当 R_5, V_1 支路开路, 电容 C 的正、反向充电时间常数相等时, 锯齿波就变成三角波, 图 8 – 23(a) 所示电路就变成方波(U_{o1}) – 三角波(U_o) 产

生电路,其振荡周期 T 为

$$T = \frac{4R_1R_6C}{R_2} \qquad (8-51)$$

* 第八节　集成函数发生器 8038 简介

前面讨论了由分立元件或局部集成器件组成的正弦波和非正弦波信号产生电路,下面将目前用得较多的集成函数发生器 8038 作简单介绍。

一、8038 的工作原理

由手册和有关资料可看出,8038 由恒流源 I_1、I_2,电压比较器 C_1、C_2 和触发器(见数字电路教材)等组成。其内部原理电路框图和外部引脚排列分别如图 8-25 和图 8-26 所示。在图 8-25 中,电压比较器 C_1、C_2 的门限电压分别为 $2U_R/3$ 和 $U_R/3$($U_R = V_{CC} + V_{EE}$),电流源 I_1 和 I_2 的大小可通过外接电阻调节,且 I_2 必须大于 I_1。当触发器的 Q 端输出为低电平时,它控制开关 S 使电流源 I_2 断开。而电流源 I_1 则向外接电容 C 充电,使电容两端电压 U_C 随时间线性上升,当 U_C 上升到 $U_C = 2U_R/3$ 时,比较器 C_1 输出发生跳变,使触发器输出 Q 端由低电平变为高电平,控制开关 S 使电流源 I_2 接通。由于 $I_2 > I_1$,因此电容 C 放电,U_C 随时间线性下降。当 U_C 下降到 $U_C \leqslant U_R/3$ 时,比较器 C_2 输出发生跳变,使触发器输出端 Q 又由高电平变为低电平,I_2 再次断开,I_1 再次向 C 充电,U_C

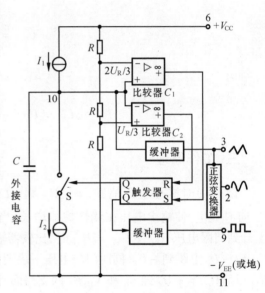

图 8-25　8038 的原理电路框图

又随时间线性上升。如此周而复始,产生振荡。若 $I_2 = 2I_1$,U_C 上升时间与下降时间相等,就产生三角波输出到脚 3。而触发器输出的方波,经缓冲器输出到脚 9。三角波经正弦波变换器变成正弦波后由脚 2 输出。当 $I_1 < I_2 < 2I_1$ 时,U_C 的上升时间与下降时间不相等,管脚 3 输出锯齿波。因此,8038 能输出方波、三角波、正弦波和锯齿波等四种不同的波形。

二、8038 的典型应用

由图 8-26 可见,管脚 8 为调频电压控制输入级,管脚 7 输出调频偏置电压,其值(指管脚 6 与 7 之间的电压)是 $(V_{CC} + V_{EE})/5$,它可作为管脚 8 的输入电压。此外,该器件的方波输出端为集电极开路形式,一般需在正电源与管脚 9 之间外接一电阻,其值常选用 10 kΩ 左右,如图 8-27 所示。当电位器 R_{W1} 滑动端在中间位置,并且图中管脚 8 与 7 短接时,管脚

9、3 和 2 的输出分别为方波、三角波和正弦波。电路的振荡频率 f 约为 $0.3/[(R_1 + R_{W1}/2)C]$。调节 R_{W1}、R_{W2} 可使正弦波的失真达到较理想的程度。

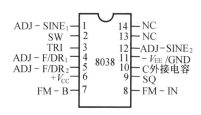

1——正弦波线性调节;2——正弦波输出;
3——三角波输出;4,5——恒流源调节;
6——正电源;7——调频偏置电压;8——调
频控制输入端;9——方波输出(集电极
开路输出);10——外接电容;11——负电
源或接地;12——正弦波线性调节;13,
14——空脚。

图 8 – 26　8038 管脚图(顶视图)

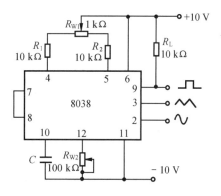

图 8 – 27　由 8038 构成的波形发生器

本 章 小 结

(一) 在第六章曾经讨论过,从振荡条件考虑,当反馈深度过深或环路增益过大时,负反馈放大电路易于趋向不稳定,即产生自激振荡。本章则是在电路中有意地构成正反馈以满足相位平衡条件和振幅平衡条件,形成自激以产生正弦信号,二者的工作过程,本质上是相同的。

(二) 按结构来分,正弦波振荡电路主要有 RC 型和 LC 型两大类,它们的基本组成包括:可进行正常工作的放大电路 $\dot{A}$,能满足相位平衡条件的反馈网络 $\dot{F}$,其中 $\dot{A}$ 或 $\dot{F}$ 兼有选频特性。一般从相位和幅度平衡条件来计算振荡频率和放大电路所需的增益。而石英晶体振荡器是 LC 振荡电路的一种特殊形式。晶体的等效谐振回路的 Q 值很高,因而,振荡频率有很高的稳定性。

(三) 在非正弦波信号产生电路中没有选频网络,同时器件在大信号状态下工作,受非线性特性的限制。它属于一种弛张振荡电路。本章讨论了方波、矩形波、三角波和锯齿波产生电路。它通常由比较器、反馈网络和积分电路等组成。判断电路能否振荡的方法是,设比较器的输出为高电平(或低电平),经反馈、积分等环节能使比较器输出从一种状态跳变到另一种状态,则电路能振荡。锯齿波产生电路与三角波产生电路的差别是,前者积分电路的正向和反向充放电时间常数不相等,而后者是一致的。

思考题与习题

8－1　正弦波振荡电路由哪几部分组成?其振荡条件是什么?它与负反馈放大电路的自激条件有何异同点?

8－2　说明判断满足正弦波振荡电路相位平衡条件的方法和步骤。

8－3　试判断下列说法是否正确。用 √ 或 × 表示在括号内。

(1) 只要满足相位平衡条件,且 $|\dot{A}\dot{F}| > 1$,则可产生自激振荡;(　　)

(2) 对于正弦波振荡电路而言,只要不满足相位平衡条件,即使放大电路的放大倍数很大,它也不可能产生正弦波振荡;(　　)

(3) 只要具有正反馈,就能产生自激振荡。(　　)

8－4　试分析下列各种情况下,应采用哪种类型的正弦波振荡电路。

(1) 振荡频率在 100 Hz ～ 1 kHz 内可调。

(2) 振荡频率在 10 ～ 20 MHz 内可调。

(3) 产生 100 kHz 的正弦波,要求振荡频率的稳定度高。

8－5　根据石英晶体的电抗频率特性,分别说明下列各情况下石英晶体呈现什么特性。

(1) 当石英晶体发生串联谐振,即 $f = f_s$ 时;

(2) 在 $f_s < f < f_p$ 极窄频率范围内;

(3) 当频率 $f < f_s$ 或 $f > f_p$ 时。

8－6　试用相位平衡条件判断如图 8－28 所示各电路,哪些可能产生正弦波振荡,哪些不能,并说明理由。

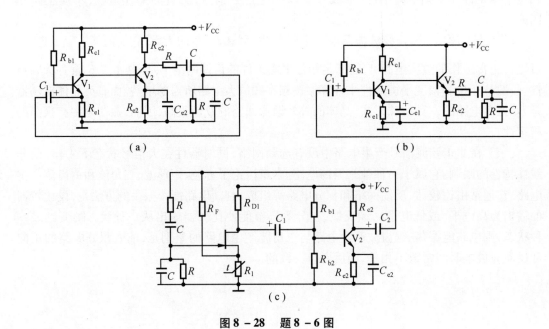

图 8－28　题 8－6 图

8-7 对于图8-29所示的正弦波振荡电路,若出现下述非正常现象,试说明产生的原因和消除方法,或对电路产生的影响。

(1) 合上电源后,静态工作点正常,但电路不产生振荡,即输出电压U_o为零。

(2) 合上电源后,输出电压U_o的波形出现上、下同时削波。

(3)R_F短路。

(4)R_F开路。

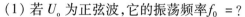

图8-29 题8-7图

8-8 图8-30为RC桥式正弦波振荡电路,试回答下列问题。

(1) 若U_o为正弦波,它的振荡频率$f_0 =$?

(2) 对V_1,V_2,V_3组成的放大电路,有何特殊要求?如果电压放大倍数过大或过小,有何后果?

(3) 电路中有哪些反馈环节,其作用为何?

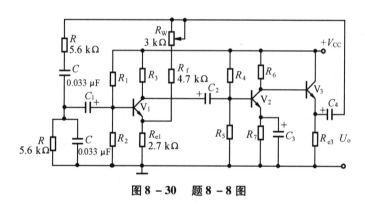

图8-30 题8-8图

8-9 若要使图8-31电路产生5 kHz的正弦波,试问:

(1) 图中j,m,n三点应如何连接?

(2)R_f、R各应取多大?

(3) 若希望U_o幅度基本稳定,应采取什么措施?简述稳幅原理。

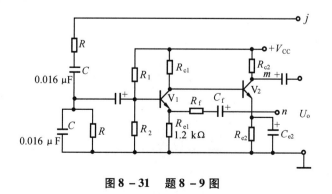

图8-31 题8-9图

8 – 10　电容三点式振荡电路与电感三点式振荡电路比较,其输出的谐波成分小,输出波形较好,为什么?

8 – 11　图 8 – 32 所示的 RC 串并联式正弦波振荡电路用二极管作为自动稳幅元件。说明稳幅原理,并粗略估算波形基本不失真时输出电压的峰值(设二极管的正向压降为0.6 V)。

8 – 12　如图 8 – 33 所示的 RC 串并联式正弦波振荡电路采用稳压管(设它的稳压值为 ±6 V)稳幅,并可通过调节双连可变电阻改变振荡频率,试估算:

(1) 波形基本不失真时输出电压的峰值;

(2) 若希望振荡频率调节范围为250 Hz ~ 1 kHz,应选择多大的电容器和多大阻值的双联电位器作为图中的双连可调电阻?

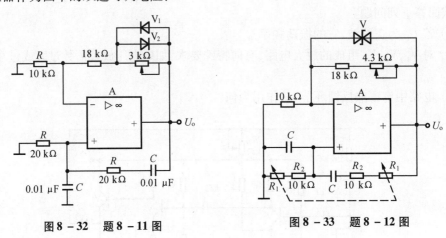

图 8 – 32　题 8 – 11 图　　　　　图 8 – 33　题 8 – 12 图

8 – 13　试用相位平衡条件判断图 8 – 34 所示各电路中哪些可能产生正弦波振荡?哪些不能?并说明理由。

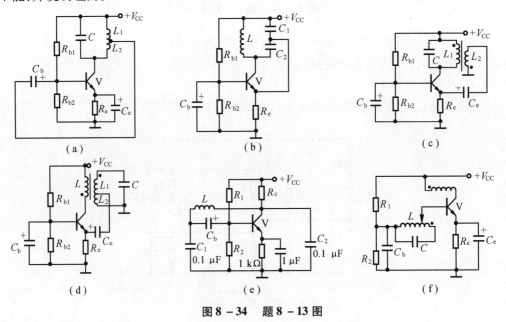

图 8 – 34　题 8 – 13 图

8-14　图 8-35 所示电路,试回答:
(1)电路是否满足相位平衡条件;
(2)求振荡频率的调节范围。

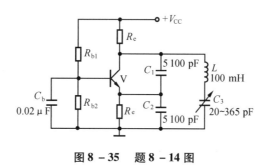

图 8-35　题 8-14 图

8-15　根据三点式电路的组成原则,判断图 8-36 所示交流通路中,哪些可能组成振荡电路,哪些不能?并说明理由。

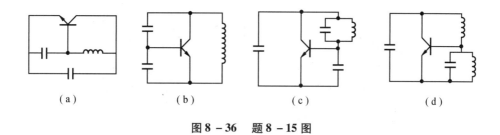

图 8-36　题 8-15 图

8-16　图 8-37 是两个晶体振荡电路。试画出它们的交流通路,并说明能产生正弦波振荡的理由。

8-17　文氏电桥正弦波振荡电路如图 8-38 所示。
(1)分析电路中的反馈支路和类型。
(2)若 $R = 10\ \text{k}\Omega, C = 0.062\ \mu\text{F}$,求电路振荡频率 f_0。
(3)电路起振条件是什么?

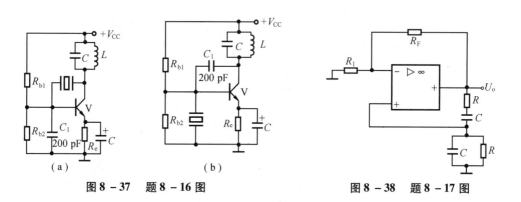

图 8-37　题 8-16 图　　　　图 8-38　题 8-17 图

8-18　占空比可调的矩形波电路如图8-39所示,二极管的导通电阻可忽略不计。

(1) 导出电路振荡周期 T 的表达式。

(2) 导出占空比 q 的表达式。

(3) 在 $R = 5\text{ k}\Omega, R_W = 2\text{ k}\Omega$ 的情况下,求电路占空比的调节范围。

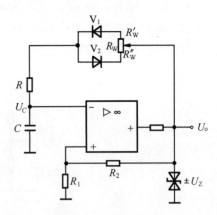

图 8-39　题 8-18 图

8-19　波形发生电路如图8-40所示。

(1) 电路为何种波形发生电路?

(2) 运放 A_1 组成何种电路?求出 A_1 切换输出状态时的 U_o。

(3) 定性画出 U_{o1}、U_{o2}、U_o 的波形。

(4) 导出电路振荡周期 T 的表达式。

(5) 怎样实现电路的调频、调幅?

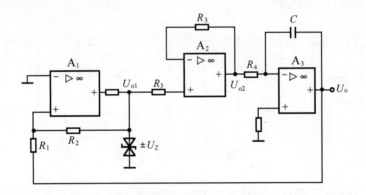

图 8-40　题 8-19 图

8-20　三角波发生电路如图8-41所示。已知运放输出的最大值 $\pm U_{om} > \pm U_Z$, $R_1 < R_2$, 分别画出 $U_R = 0$、$U_R > 0$ 和 $U_R < 0$ 时的 U_o 和 U_{o1} 的波形。

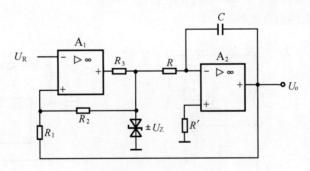

图 8-41　题 8-20 图

8-21　试标出图8-42所示方波发生电路中集成运放的同相输入端和反相输入端(用"+""-"符号表示),使之能产生方波,并求它的振荡频率。

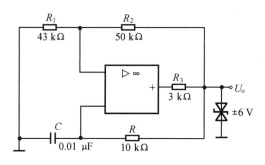

图 8 – 42 题 8 – 21 图

8 – 22 图 8 – 43 所示电路可同时产生方波和三角波,试标出图中集成运放的同相输入端和反相输入端(用"+""–"符号表示),使之能正常工作,并指出 U_{o1} 和 U_{o2} 各是什么波形。

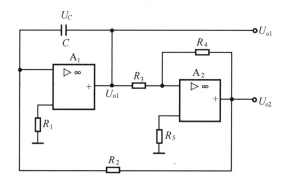

图 8 – 43 题 8 – 22 图

8 – 23 运算放大器构成的锯齿波发生器电路如图 8 – 44 所示,已知电阻 $R_1 \ll R_2$。

(1) 说明电路各部分的作用。

(2) 画出 U_{o1}、U_{o2} 的波形。

(3) 导出电路振荡频率 f_0 的计算公式。

(4) 说明电路怎样调频、调幅?

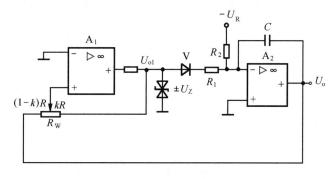

图 8 – 44 题 8 – 23 图

第九章

直流稳压电源

在各种电子设备中,直流稳压电源是必不可少的组成部分,它是电子设备唯一的能量来源,稳压电源的主要任务是将 50 Hz 的电网电压转换成稳定的直流电压和电流,从而满足负载的需要,直流稳压电源一般由整流、滤波、稳压等环节组成,其方框图如图 9-1 所示。

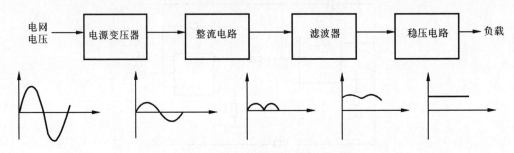

图 9-1   直流稳压电源原理方框图

变压器:将交流电源(220 V 或 380 V)变换为符合整流电路所需要的交流电压。

整流电路:利用具有单方向导电性能的整流器件,将交流电压整流成单方向脉动的直流电压。

滤波电路:滤去单向脉动直流电压中的交流成分,保留直流分量,尽可能供给负载平滑的直流电压。

稳压电路:是一种自动调节电路,在交流电源电压波动或负载变化时,通过此电路使直流输出电压稳定。

本章将讨论整流、滤波电路,分析直流稳压电路,再进一步分析稳压电路和介绍开关稳压电源。

第一节   整 流 电 路

整流电路的任务是利用二极管的单向导电性把正、负交变的电压变成单方向脉动的直流电压,整流电路的主要技术指标如下。

（1）输出直流电压平均值 $U_{o(AV)}$

$U_{o(AV)}$ 定义为整流输出电压 u_o 在一个周期内的平均值，即

$$U_{o(AV)} = \frac{1}{2\pi}\int_0^{2\pi} u_o \mathrm{d}(\omega t)$$

（2）输出电压脉动系数 S

S 定义为整流输出电压 u_o 傅氏级数展开式中的最低次谐波峰值 U_{onM} 与平均值 $U_{o(AV)}$ 之比，即

$$S = \frac{U_{onM}}{U_{o(AV)}}$$

（3）整流二极管正向平均电流 $I_{V(AV)}$

在一个周期内通过二极管的平均电流。由二极管允许温升决定，可由器件手册查到。

（4）最大反向峰值电压 U_{RM}

整流二极管不导通时，在它两端承受的最大反向电压。

一、半波整流电路

（一）工作原理

图 9 - 2 所示为纯阻性负载的半波整流电路，把整流二极管看成理想元件，正向电阻为零，反向电阻无穷大。正半周时二极管导通，$u_V = 0, u_o = u_2, i_V = i_o = \dfrac{u_o}{R_L}$。负半周时二极管截止，$u_o = 0, u_V = u_2, i_V = i_o = 0$。

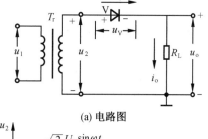

(a) 电路图

由此可知：

$$u_o = \begin{cases} \sqrt{2}\,U_2 \sin \omega t & (0 \leqslant \omega t \leqslant \pi) \\ 0 & (\pi < \omega t \leqslant 2\pi) \end{cases}$$

（二）半波整流参数

1. 整流输出电压平均值 $U_{o(AV)}$

$$\begin{aligned} U_{o(AV)} &= \frac{1}{2\pi}\int_0^{2\pi} u_o \mathrm{d}(\omega t) \\ &= \frac{1}{2\pi}\int_0^{\pi} \sqrt{2}\,U_2 \sin \omega t \mathrm{d}(\omega t) \\ &= \frac{\sqrt{2}}{\pi}U_2 \approx 0.45 U_2 \quad (9-1) \end{aligned}$$

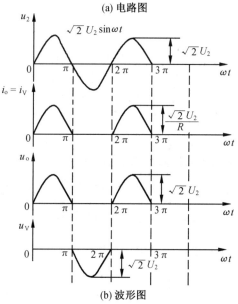

(b) 波形图

图 9 - 2　单相半波整流电路

式中，U_2 为变压器次级电压有效值。

2. 整流输出电压的脉动系数 S

整流输出 u_o 为周期信号，将其展开为傅氏级数，得

$$u_o = \sqrt{2}\,U_2\left(\frac{1}{\pi} + \frac{1}{2}\sin\omega t - \frac{2}{3\pi}\cos 2\omega t + \cdots\right)$$

可知

$$U_{onM} = U_{o1M} = \frac{\sqrt{2}}{2}U_2$$

所以

$$S = \frac{U_{o1M}}{U_o} = \frac{\frac{U_2}{\sqrt{2}}}{\frac{\sqrt{2}}{\pi}U_2} = \frac{\pi}{2} \approx 1.57 \qquad (9-2)$$

3. 整流输出的平均电流 $I_{o(AV)}$

$$I_{o(AV)} = \frac{U_{o(AV)}}{R_L} = 0.45\frac{U_2}{R_L} \qquad (9-3)$$

而二极管平均电流 $I_{V(AV)} = I_{o(AV)}$。

4. 整流管承受的最大反向电压 U_{RM}

$$U_{RM} = \sqrt{2}\,U_2 \qquad (9-4)$$

半波整流电路结构简单,但输出波形脉动系数大,直流成分低,变压器电流含直流成分,易饱和,变压器利用率低。

二、全波整流电路

(一) 工作原理

图9-3所示为纯阻性负载全波整流电路,变压器的两个副边电压相等,同名端如图所示,二极管看成理想元件。正半周时,V_1 导通,V_2 截止,u_o 上"+",下"–",负半周时,V_1 截止,V_2 导通,u_o 上"+",下"–",负载上是单向脉动电压,其波形如图9-4所示。所以全波整流电路输出电压 u_o 可用如下公式表示:

$$u_o = \sqrt{2}\,U_2\,|\sin\omega t| \qquad (0 \le \omega t \le 2\pi)$$

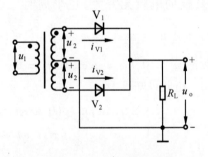

图9-3 全波整流电路

(二) 全波整流电路参数

1. 整流输出电压平均值 $U_{o(AV)}$

$$U_{o(AV)} = \frac{1}{\pi}\int_0^\pi u_o\,d(\omega t) = \frac{1}{\pi}\int_0^\pi \sqrt{2}\,U_2\sin\omega t\,d(\omega t) = \frac{2\sqrt{2}}{\pi}U_2 \approx 0.9U_2 \qquad (9-5)$$

故全波输出 $U_{o(AV)}$ 的大小是半波的两倍。

2. 脉动系数 S

将 u_o 进行傅氏级数展开得

$$u_o = \sqrt{2}\,U_2\left(\frac{2}{\pi} - \frac{4}{3\pi}\cos 2\omega t + \cdots\right)$$

故
$$U_{o2M} = \frac{4\sqrt{2}}{3\pi}U_2$$

所以
$$S = \frac{U_{o2M}}{U_{o(AV)}} = \frac{\dfrac{4\sqrt{2}}{3\pi}U_2}{\dfrac{2\sqrt{2}}{\pi}U_2}$$

$$= \frac{2}{3} \approx 0.67 \qquad (9-6)$$

3. 整流输出的平均电流 $I_{o(AV)}$
$$I_{o(AV)} = \frac{U_o}{R_L} = \frac{0.9U_2}{R_L} \qquad (9-7)$$

而二极管平均电流应为
$$I_{V(AV)} = \frac{I_{o(AV)}}{2}$$

4. 整流管承受的最大反压 U_{RM}
$$U_{RM} = 2\sqrt{2}U_2 \qquad (9-8)$$

全波整流电路输出电压直流成分提高,脉动系数减小,但变压器每个线圈只有半个周期有电流,利用率不高。桥式整流是理想的整流电路。

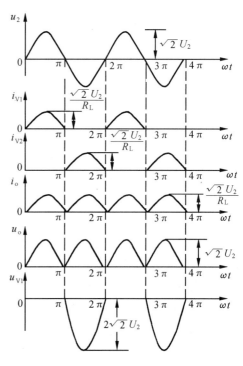

图 9 - 4 全波整流电路波形图

三、桥式整流电路

电路如图 9 - 5 所示。线圈匝数与半波电路相同,只是二极管增加为四只,工作原理与全波电路相同。正半周时,V_1 和 V_3 导通,V_2 和 V_4 截止;负半周时,V_2 和 V_4 导通,V_1 和 V_3 截止。在负载上得到全波整流输出波形。桥式整流电路的参数与全波整流电路部分相同,即

$$U_{o(AV)} = 0.9U_2, S = 0.67, I_{o(AV)} = 0.9\frac{U_2}{R_L}$$

而二极管截止时所承受的最大反向电压从图 9 - 5(a) 所示电路中直接推出为

$$U_{RM} = \sqrt{2}U_2 \qquad (9-9)$$

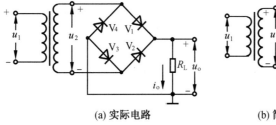

(a) 实际电路

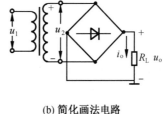

(b) 简化画法电路

图 9 - 5 桥式整流电路

桥式整流电路的整流二极管目前已做成模块,叫作整流桥,其整流输出电流和耐反压等指标有系列的标称值,可供选用,其符号如图 9 - 5(b) 所示。

第二节　滤波电路

　　整流电路的输出电压仍含有较大的脉动成分,为此还需要进行滤波,减小输出电压的脉动,使最后的输出电压平滑接近直流,才能用作电子线路的电源,通常采用电容、电感等储能元件完成滤波。下面介绍几个电容滤波电路、电感滤波电路等。

一、半波整流电容滤波电路

　　电路如图 9 - 6(a) 所示,滤波电容 C 与负载 R_L 并联。工作原理如下。

　　在没有接滤波电容 C 时,整流输出电压 u_o 波形如图 9 - 6(b) 中虚线所示。并联滤波电容 C 以后,假设在 $\omega t = 0$ 时接通电源,则当 u_2 由零逐渐增大时, V 导通。此时,一个电流 i_o 流向负载,另一个电流 i_C 向电容充电。电容器两端电压 u_C 的极性为上正下负。忽略二极管内阻及其他压降,则 $u_C = u_o = u_2$。u_2 达到最大值以后开始下降。此时,电容上的电压 u_C 也将因放电而逐渐下降。当 $u_2 < u_C$ 时,二极管被反向偏置而截止,于是,u_C 以一定的时间常数按指数规律下降,直到下一个周期的正半周的 $u_2 > u_C$ 时,二极管重新导通。输出电压 u_o 的波形如图中实线所示。当 $R_L \rightarrow \infty$, $U_{o(AV)} = \sqrt{2} U_2 \approx 1.4 U_2$,当 $C = 0$ 时,$U_{o(AV)} \approx 0.45 U_2$。一般取 $U_{o(AV)} \approx 0.9 U_2$。

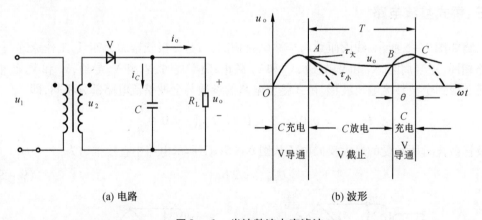

(a) 电路　　　　　　　　　　　　　(b) 波形

图 9 - 6　半波整流电容滤波

二、桥式整流电容滤波电路

　　电路如图 9 - 7(a) 所示,C 为大容量电解电容,与负载并联。

（一）工作原理

1. 空载状态

空载时,负载开路,设初始值 $u_C = 0$,当接通电源后,u_2 通过整流桥给电容充电,$u_C = \sqrt{2}\,U_2$,因无放电通路,故 $u_o = u_C = \sqrt{2}\,U_2$,且保持不变,无脉动。若电源不是在 $t = t_0$ 时刻接通,则瞬间冲击尖峰电流很大,对二极管不利。

2. 带电阻负载状态

u_C 放电按指数规律下降,时间常数 $\tau = R_L C$。接上负载后,u_2 给电容充电同时,也给负载提供电流,而电容充电最大到峰值后,u_2 按正弦规律下降,u_C 放电按指数规律下降,指数下降初始速度高于正弦下降速度,二极管仍然导通,u_C 电压仍按指数规律下降。随后,指数下降速度低于正弦下降速度,当 $\omega t = \omega t_1$ 后,$u_2 < u_C$,二极管截止,反由电容给负载供电,即电容放电。电容充电时很快(忽略二极管内阻),而放电时很慢($\tau = R_L C$),当放电电压下降到 ωt_2 时,$u_2 \geq u_C$,二极管导通,u_2 又给电容 C 充电。这样,充放电周期循环,输出电压波形如图 9 – 7(b) 所示,输出波形纹波大大减小,接近直流状态。

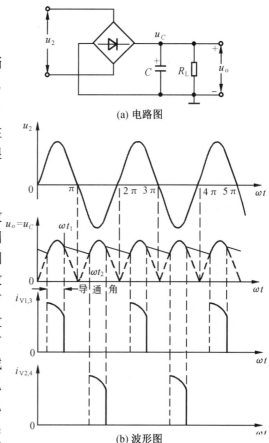

(a) 电路图

(b) 波形图

图 9 – 7　桥式整流电容滤波电路

由图 9 – 7(b) 看出,二极管导通时间(导通角) 短(小),而二极管开启瞬间电流大,滤波电容 C 越大,冲击电流越大。由图 9 – 8(b) 看出,滤波电容 C 越大,输出电压 u_o 纹波越小,u_o 的波形越平滑。

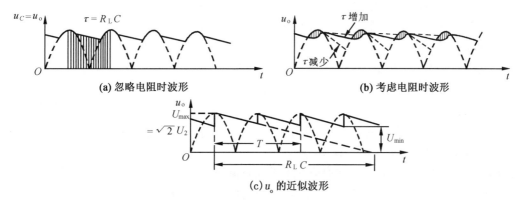

(a) 忽略电阻时波形

(b) 考虑电阻时波形

(c) u_o 的近似波形

图 9 – 8　桥式整流电容滤波电路的波形图

(二) 电容滤波电路参数

1. 输出电压平均值 $U_{o(AV)}$

用图 9-8(c) 所示锯齿波来近似计算输出电压 $U_{o(AV)}$ 的值。将放电初始斜线延长交至横坐标轴,则由 R_LC 和 U_{omax} 构成大三角形,由 $T/2$ 和 $(U_{omax}-U_{omin})$ 构成大三角形,由 $T/2$ 和 $(U_{omax}-U_{omin})$ 构成小三角形,根据三角形相似关系可得

$$\frac{U_{omax}-U_{omin}}{U_{omax}} = \frac{T/2}{R_LC}$$

导出
$$U_{omin} = \left(1-\frac{T}{2R_LC}\right)U_{omax} \tag{9-10}$$

又根据输出电压 U_o 波形图看出

$$U_{o(AV)} = \frac{U_{omax}+U_{omin}}{2} \tag{9-11}$$

将式(9-10)代入式(9-11)得

$$U_{o(AV)} = \left(1-\frac{T}{4R_LC}\right)U_{omax} = \sqrt{2}U_2\left(1-\frac{T}{4R_LC}\right) \tag{9-12}$$

式中,T 为电网交流电压周期。

当 $R_L \to \infty$ 时,$U_{o(AV)} \approx 1.4U_2$,当 $C=0$ 时,$U_{o(AV)} \approx 0.9U_2$,一般取
$$U_{o(AV)} \approx 1.2U_2 \tag{9-13}$$

2. 脉动系数 S

$$S = \frac{1}{4\frac{R_LC}{T}-1} \tag{9-14}$$

3. 整流管电流 I_V

电容滤波二极管导通角小,但峰值电流必然大,在接通电源瞬间存在冲击尖峰电流,故选择二极管时,要求二极管工作电流 I 为

$$I_V \geq (2\sim 3)\frac{U_o}{2R_L} \tag{9-15}$$

4. 电容滤波电路的外特性和滤波特性

图 9-9 为电容滤波电路的外特性,当 $R_L \to \infty$ 时,$U_o = 1.4U_2$,当 $C=0$ 时,此时电路无滤波功能,$U_o \approx 0.9U_2$,由图可以看出随着输出电流 I_o 的增大,U_o 减小,外特性变软,带负载能力差。故电容滤波电路适合于负载电流较小的场合。

图 9-10 所示为电容滤波电路的滤波特性,当 R_L 减小,I_o 增大时,S 增大;C 减小,S 增大,希望 C 越大越好。目前,C 通常取值几十至几百微法。

一般,在全波式桥式整流情况下,根据下式选择滤波电容 C 的容量

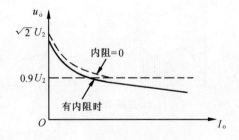

图 9-9 电容滤波电路的外特性

$$R_L C \geqslant (3 \sim 5)\frac{T}{2} \qquad (9-16)$$

式中, T 为交流电压周期, 因而 $T = \dfrac{1}{f} = \dfrac{1}{50} =$ 20 ms; 电容耐压应大于 $\sqrt{2}\,U_2$。

三、电感滤波电路

电感滤波电路如图 9-11 所示。电感特性是交流感抗大, 直流感抗小, 近似为零。当电流变化时电感线圈产生反电动势阻止其变化。因此电感线圈滤波效果比电容好, 交流电压 u_2 经整流电路整流后, 输出的电压 u_i 是单方向脉动的电压, 它所产生的电流 i_o 是脉动电流。当此脉动电流 i_o 增大时, 电感 L 将产生反电动势阻碍电流的增大, 当电流 i_o 减小时, L 又产生相反电势阻止 i_o 的减小, 因此, 就使 i_o 中的脉动分量大大减小, 达到滤波目的。

由于电感的直流电阻很小, 直流压降很小, 因而滤波输出的直流电压为

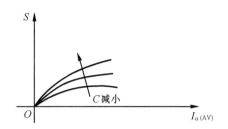

图 9-10　电容滤波特性

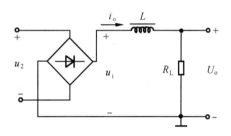

图 9-11　电感滤波电路

$$U_o \approx 0.9U_2 \qquad (9-17)$$

图 9-12(a) 为电感滤波电路外特性, 电流 i_o 增加时, u_o 减小, 其斜率小, 说明带负载能力强, 适合负载电流大的场合。

图 9-12(b) 为电感滤波的滤波特性, 随 i_o 增大 S 减小, 滤波效果好。

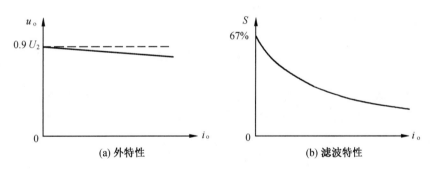

图 9-12　桥式整流电感滤波的外特性

四、电感电容滤波电路

图 9-13 所示是 LC 滤波电路, 它是将电感和电容两种滤波元件组合使用而构成的滤波电路。整流输出的脉动电压先经电感 L 滤波再经电容 C 滤波, 其滤波效果比采用单个电感或单个电容要好得多。

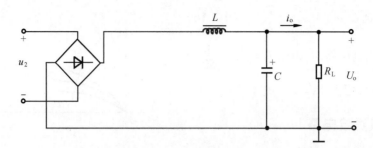

图 9 - 13 *LC* 滤波电路

应当注意,当*L*很小,R_L 又很大时,此电路的滤波特性与电容滤波相似。为使电路在负载电流较大或较小时都有良好的滤波特性,一般要求*L*的取值应满足 $R_L < 3\omega L$(ω 为电网电压角频率),而 $U_o = 0.9U_2$。

五、π 型滤波电路

图 9 - 14 所示为两种 π 型滤波电路

图 9 - 14(a) 是在 LC_2 滤波前面再并联一个滤波电容 C_1 便构成了 π 型 *LC* 滤波电路,称为 *LC* - π 型滤波电路。

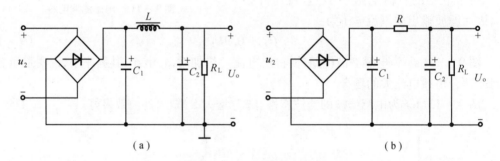

(a) (b)

图 9 - 14 π型滤波电路

整流输出后脉动电压经两次滤波后,脉动成分进一步减小,滤波效果更好。由于整流输出端接电容 C_1,因而输出直流、电压得到提高、当 C_1、C_2 足够大且忽略*L*上的直流损耗时,认为 $U_o \approx 1.2U_2$,但此电路整流二极管的冲击电流较大。

由于电感线圈体积较大,成本高,在小功率电子设备中,可用电阻*R*代替电感*L*,构成 *RC* - π 型滤波电路,如图 9 - 14(b) 所示,电阻对于交直流电流都有降压作用,与电容配合后,脉动电压的交流成分较多地降落在电阻两端,使输出脉动减小从而起到滤波作用,*R* 愈大,C_2 愈大,滤波效果愈好,但 *R* 太大,直流输出电压损失将增大,因此,这种滤波电路主要适用于负载电流较小,而要求输出电压脉动很小的场合。

第三节　稳　压　电　路

由于交流电网电压的变化或负载的变化,均会引起整流滤波电路输出直流电压的变化。因此,为了使负载得到稳定的直流电压,必须在整流滤波电路后接入稳压电路。稳压电路分为并联型硅稳压管稳压电路和串联型稳压电路。

一、稳压电路的主要性能指标

1. 稳压系数 S_r

S_r 定义为在负载不变时输出电压的相对变化量与输入电压的相对变量之比,即

$$S_r = \frac{\Delta U_o / U_o}{\Delta U_I / U_I}\bigg|_{R_L = 常数} \tag{9-18}$$

2. 电压调整率 S_u

通常将工频电压 220 V ± 10% 作为变化范围,把对应的输出电压的相对变化量的百分比作为衡量电路的指标,称之为电压调整率,用 S_u 表示,希望 S_u 趋于零,一般 $S_u \leqslant 1\%$,甚至 0.01% 。

$$S_u = \frac{\Delta U_o}{U_o}\bigg|_{\Delta I_L = 0} \times 100\% \tag{9-19}$$

3. 输出电阻 r_o

r_o 定义为输入电压不变,输出电压的变化量与电流变化量之比,即

$$r_o = \frac{\Delta U_o}{\Delta I_o}\bigg|_{U_I = 常数} \tag{9-20}$$

4. 电流调整率 S_i

在工程中常用输出电流 I_o 由零变到最大额定值时,输出电压的相对变化量来表征这个性能,称为电流调整率,即

$$S_i = \frac{\Delta U_o}{U_o}\bigg|_{\Delta U_i = 0} \times 100\% \tag{9-21}$$

5. 纹波抑制比 S_{rip}

S_{rip} 定义为输入纹波电压(峰峰值)与输出纹波电压(峰峰值)之比的常用对数,即

$$S_{rip} = 20 \lg \frac{\tilde{u}_i}{\tilde{u}_o} \tag{9-22}$$

6. 输出电压的温度系数 S_T

S_T 定义为在规定温度范围及 $\Delta U_i = 0$, $\Delta I_L = 0$ 时,单位温度变化所引起的输出电压相对变化量的百分比,即

$$S_T = \frac{1}{U_o} \frac{\Delta U_o}{\Delta T}\bigg|_{\Delta I_L = 0, \Delta U_i = 0} \times 100\% \tag{9-23}$$

除上述指标外,还有输出噪声电压 U_{NF} 和工作极限参数等。

二、并联型硅稳压管稳压电路

电路如图 9 – 15 所示,输入电压 U_I 是经过整流滤波后的电压;稳压电路的输出电压 U_o 是稳压管的稳定电压 U_Z;R 是限流电阻,由于稳压管与负载 R_L 并联,所以称为并联型稳压电路。它是利用稳压管的反向击穿特性,如图 9 – 16 所示,当稳压管反向击穿时若电流在 $I_{Zmin} \sim I_{Zmax}$ 变化,稳压管电压 U_Z 的变化值 ΔU_Z 很小,靠稳压管的电流变化补偿负载电流变化,使输出电压稳定。

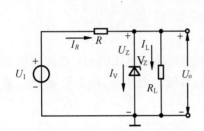

图 9 – 15　硅稳压管稳压电路

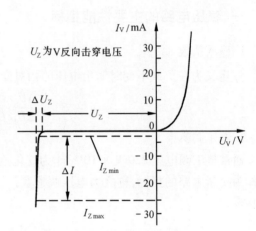

图 9 – 16　稳压管伏安特性

(一) 稳压原理

1. 先讨论负载电阻 R_L 不变,输入电压随电网电压变化的情况

若 U_I 增大,使 U_o 有增大趋势,引起 U_Z 增大,I_Z 增大很多,则 U_R 增大,以此来抵消 U_I 的增大,故 U_o 不变,用循环调节表示为

$$U_I \uparrow \rightarrow U_o \uparrow \rightarrow U_Z \uparrow \rightarrow I_Z \uparrow$$
$$U_o \downarrow \leftarrow U_R \uparrow \leftarrow I_R \uparrow$$

2. 再讨论输入电压 U_I 不变,负载电阻 R_L 变化的情况。

若 R_L 减小,U_o 将减小,而负载电流 I_o 增加,随之 I_R 增大,则 U_R 增大,由于 U_I 不变,则 U_Z 减小,由于稳压特性,I_Z 减小很多,结果使 U_R 减小,因此负载电压 U_o 基本不变,用循环调节表示为

$$R_L \downarrow \rightarrow U_o \downarrow \rightarrow U_Z \downarrow \rightarrow I_Z \downarrow$$
$$U_o \uparrow \leftarrow U_R \downarrow \leftarrow I_R \downarrow$$

(二) 估算稳压系数和输出电阻

将图 9 – 15 电路改画成只考虑交流等效电路,如图 9 – 17 所示,由图可求稳压系数和输出电阻。

1. 稳压系数 S_r

由定义有

$$S_r = \frac{\Delta U_o}{\Delta U_I} \frac{U_I}{U_o} \qquad (9-24)$$

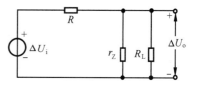

图 9 – 17　交流通路

由图 9 – 17 可求 $\Delta U_o / \Delta U_I$，即

$$\frac{\Delta U_o}{\Delta U_I} = \frac{r_Z /\!/ R_L}{R + r_Z /\!/ R_L} \qquad (9-25)$$

式中 r_Z 为稳压管内阻（很小），当 $r_Z \ll R_L$ 时，上式简化为

$$\frac{\Delta U_o}{\Delta U_I} \approx \frac{r_Z}{R + r_Z} \qquad (9-26)$$

故

$$S_r = \frac{r_Z}{R + r_Z} \frac{U_I}{U_o} \qquad (9-27)$$

2. 输出电阻 r_o

由定义可得

$$r_o = r_Z /\!/ R \approx r_Z \qquad (9-28)$$

（三）限流电阻的估算

稳压管正常工作时，其工作点处的 I_Z 应满足：$I_{Zmax} \geqslant I_Z \geqslant I_{Zmin}$ 条件，选择合适的限流电阻 R 可满足这一条件，分两种情况估算。

1. 当输入电压最高和负载电流最小时，I_Z 应最大，但 $I_Z \leqslant I_{Zmax}$，即

$$\frac{U_{Imax} - U_Z}{R} - I_{Lmin} \leqslant I_{Zmax}$$

推导为

$$R > \frac{U_{Imax} - U_Z}{I_{Zmax} + I_{Lmin}} = R_{min} \qquad (9-29)$$

2. 当输入电压最低和负载电流最大时，I_Z 应最小，但 $I_Z \geqslant I_{Zmin}$，即

$$\frac{U_{Imin} - U_Z}{R} - I_{Lmax} > I_{Zmin}$$

推导为

$$R < \frac{U_{Imin} - U_Z}{I_{Zmin} + I_{Lmax}} = R_{max} \qquad (9-30)$$

$$R_{max} > R > R_{min} \qquad (9-31)$$

限流电阻 R 的额定功率为

$$P_R = (2 \sim 3) \frac{(U_{Imax} - U_o)^2}{R} \qquad (9-32)$$

（四）选取稳压二极管

1. 选取稳压二极管，由于稳压管与负载电阻 R_L 并联，所以稳压管的稳压值 U_Z 应该等于

负载电压 U_o,如果一只稳压管的稳定电压值不够,可用多只稳压管串联实现,即每只稳压管稳定电压相加等于负载电压,一般来说,不容易正好相等。

稳压管能够稳压的最大电流 I_{Zmax} 应大于负载电流最大值 I_{Lmax},因此选取原则为

$$\begin{cases} U_Z = U_o \\ I_{Zmax} = (1.5 \sim 3)I_{Lmax} \end{cases} \tag{9-33}$$

2. 滤波后电压选取,整流滤波后的电压 U_I 应该大于负载电压 U_o,由于限流电阻上有压降,它不能过小,否则调整效果差,但也不能过大,因这样能量损失偏大,经验估算公式 U_I 为

$$U_I = (2 \sim 3)U_o \tag{9-34}$$

三、晶体管串联型稳压电路

前面介绍的硅稳压管稳压电路允许负载电流变化范围小,一般只允许负载电流在几十毫安以内变化,另外,输出直流电压不可调,即输出电压就是稳压管的稳压值,为了克服上述缺点,我们可以采用晶体管串联型直流稳压电路。

图 9-18 所示为典型的串联型稳压电路,其中(a)为原理图,图(b)为组成方框图,它由取样电路、基准电压电路、比较放大电路及调整管四个基本部分组成。

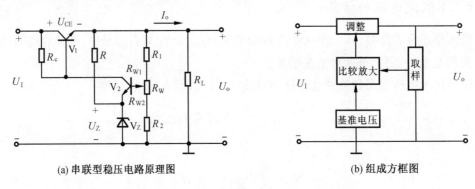

(a) 串联型稳压电路原理图　　　　　(b) 组成方框图

图 9-18　串联型稳压电路及方框图

1. 取样电路:是由 R_1、R_2 和 R_W 组成的分压电路,它的主要功能是对输出电压变化量分压取样,然后送至比较放大系统,同时为 V_2 提供一个合适的静态偏置电压,以保证 V_2 工作于放大区。此外取样电路引入电位器 R_W 还可以调节输出电压 U_o 值。

2. 基准电压电路:是由稳压管 V_Z 和限流电阻 R 组成的稳压电路,提供一个稳定的基准电压。

3. 比较放大电路:是一个由 V_2 构成的直流放大电路,R_c 是 V_2 的集电极负载电阻(同时又是调整管 V_1 的偏流电阻)。它的作用是将输出取样电压与基准电压进行比较,并将误差电压放大,然后再去控制调整管。为了提高稳压性能实际中常采用差放或集成运放来作比较放大电路。

4. 调整电路:一般由功率管(V_1)组成,是稳压电路的核心部分,输出电压的稳定最终要依赖于 V_1 的调整作用来实现,为了有效地起电压调整作用,必须保证它在任何情况下都工

作在放大区,一般要求调整管集电极和发射极间的电压 U_{ce} 满足 $U_{cemin} \geqslant (2 \sim 3)U_{CES}$ 的条件。由于调整管与负载串联,故称它为串联型晶体管直流稳压电路。

（一）稳压原理

1. 如果由于某些原因的影响,使输出电压 U_O 升高,U_O 的增大使 $U_{B2} = (R_{W2} + R_2)U_O/(R_1 + R_W + R_2)$ 升高,（忽略 V_2 管基极电流）,而 V_2 管的射极电压 $U_{E2} = U_Z$ 固定不变,所以 $U_{BE2} = U_{B2} - U_{E2}$ 增加,于是 I_{C2} 增大,集电极电位 U_{C2} 下降,由于 V_1 基极电位 $U_{B1} = U_{C2}$,因此,V_1 的 U_{BE1} 减小,I_{C1} 随之减小,U_{CE1} 增大,迫使 U_O 下降,即维持 U_O 基本不变。上述调节过程表示如下:

$$U_I \uparrow \rightarrow U_O \uparrow \rightarrow U_{B2} \uparrow \rightarrow U_{BE2} \uparrow \rightarrow I_{C2} \uparrow \rightarrow U_{C2} \downarrow (U_{B1}) \downarrow$$
$$U_O \downarrow \leftarrow U_{CE1} \uparrow \leftarrow I_{C1} \downarrow \leftarrow U_{BE1} \downarrow \leftarrow$$

2. 同理,如果由于某种原因使 U_O 下降时,可通过上述类似负反馈过程,迫使 U_O 上升,从而维持 U_O 基本不变。

3. 输出电压调节范围

由图 9 – 18(a) 可得 T_2 基极电压为

$$U_{B2} = \frac{R_{W2} + R_2}{R_1 + R_W + R_2}U_O \approx U_{BE2} + U_Z$$

推出

$$U_O \approx \frac{R_1 + R_W + R_2}{R_{W2} + R_2}(U_{BE2} + U_Z) \qquad (9 - 35)$$

当 R_W 滑动端调至最上端时,$R_{W2} = R_W$,U_o 为最小
得

$$U_{Omin} = \frac{R_1 + R_W + R_2}{R_W + R_2}(U_{BE2} + U_Z) \qquad (9 - 36)$$

当 R_W 滑动端调至最下端时,$R_{W2} = 0$,U_O 最大
得

$$U_{omax} = \frac{R_1 + R_W + R_2}{R_2}(U_{BE2} + U_Z) \qquad (9 - 37)$$

由此可见,调整 R_W 阻值,即可调整 U_o 的大小。

（二）改进措施

为了进一步提高串联型稳压电源的性能及扩大输出电流或扩大输出电压调节范围,在应用中往往采用不同的改进措施。

图 9 – 19 所示为实用的稳压电路,其中,调整管是由 V_1,V_2 构成的复合调整管,比较放大电路采用 V_3 和 V_4 构成的差动放大电路。同时,为了能增大 V_4 负载电阻 R_c 的取值,电路中采用了由稳压管 V_{Z2} 和限流电阻 R_3 构成的辅助电源,因而 V_4 的电源电压为 $U'_o + U_o$,电路的输出电压范围为 U_{omin} 到 U_{omax},即

$$U_{omin} = \frac{R_1 + R_W + R_2}{R_W + R_2}U_{Z1} \qquad (9 - 38)$$

$$U_{omax} = \frac{R_1 + R_W + R_2}{R_2}U_{Z1} \tag{9-39}$$

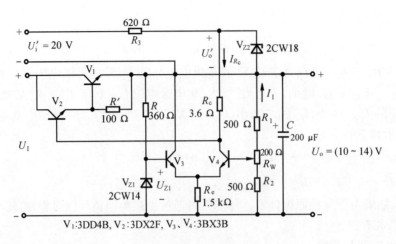

图 9 - 19　实用电路

采用集成运放作比较放大器,高精度基准电源作基准电压,可抑制零漂,提高温度稳定度,从而进一步提高稳压电源的质量,电路如图 9 - 20 所示。

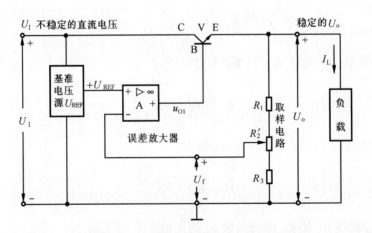

图 9 - 20　串联调整式稳压器基本结构图

(三) 保护措施

我们知道,在串联型稳压电源中,负载与调整管是串联,当过载或输出端不慎短路时,流过调整管的电流会过大,从而其耗散功率超过额定功率造成调整管受损。为保证稳压电路安全工作,应采取必要的保护措施。

1. 限流型保护电路

如图 9 - 21 所示,稳压电路中 R_0 和 V_2 构成限流保护电路,当电路正常工作时,调整管 V_1 的电流在额定值范围内,$U_R < U_{BE2}$,故保护管 V_2 截止,对稳压电路无影响。

当稳压电路过载或输出短路时，$U_R > U_{BE2}$，保护管 V_2 导通，由运放流入 V_1 管的基极电流被导通的 V_2 管分流而减小，从而避免了大电流流入 V_1 管（调整管），保护了调整管，使其不会过热或烧坏，这是限流型保护电路。

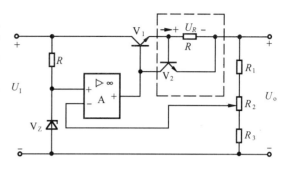

图 9 - 21　有限流保护的稳压电路

2. 截流型保护电路

电路如图 9 - 22 所示，当电路过载时，虽然 9 - 21 所示电路能起到保护作用，但当负载短路时调整管仍有电流，且压降很大，易造成调整管损耗。下面介绍的电路具有负载短路时保护调整管的功能。

在此电路中虚线框中为截流型保护电路。保护管 V_3 的集电极接于调整管 V_1 的基极，与比较放大管共用一个集电极电阻 R_c，稳压管 V_{Z2} 和分压电阻 R_4，R_5 给 V_3 提供一个稳定的正向偏压 U_{B3}，分压电阻 R_6、R_7 为 V_3 提供发射极电压。R 为输出电流取样电阻，其压降 $U_R = I_oR$，与输出电流成正比例。

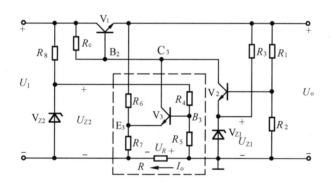

图 9 - 22　截流式保护电路

在正常负载工作情况下，使 $U_{B3} + U_R < U_{E3}$，因而 V_3 截止，保护电路不工作。当电路未正常工作时，负载电流超过允许值，U_R 增大，此时，$U_{BE3} = U_{B3} + U_R - U_{E3} \geqslant U_{BE(Th)}$（$U_{BE(Th)}$ 为三极管导通阈值电压），V_3 导通，导致调整管 V_1 基极电压下降，I_{B1} 减小，I_{C1} 减小，U_{CE1} 增大，于是 U_o 减小，而 V_3 基极电位 U_{B3} 不变，V_3 保持导通。另一方面，由于 U_o 减小，U_{E3} 减小，V_3 进一步导通，U_o 进一步减小，最终使调整管 V_1 完全截止而受到保护，此时 U_o 下降为零。

[例 9 - 1] 稳压管稳压电路如图 9 - 23(a) 所示。已知 $U_1 = 20$ V，变化范围 ± 20%，稳压管稳压值 $U_Z = + 10$ V，负载电阻 R_L 变化范围为 1 ～ 2 kΩ，稳压管的电流范围 I_Z 为 10 ～ 60 mA。

（1）试确定限流电阻 R 的取值范围；

（2）若已知稳压管 V_Z 的等效电阻 $r_Z = 10$ Ω，估算电路的稳压系数 S_r 和输出电阻。

解　（1）确定限流电阻 R 的范围

由图 9 - 23(a) 所示电路可知，当 U_I 为最大值而负载 R_L 流过最小电流 I_{Lmin} 时，稳压管中流过的电流最大，但其值必须小于稳压管额定的电流最大值 I_{Zmax}，即

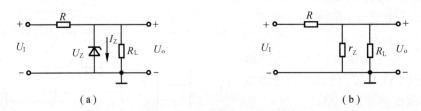

图 9 - 23　稳压管稳压电路

$$\frac{U_{Imax} - U_Z}{R} - I_{Lmin} < I_{Zmax}$$

则

$$R > \frac{U_{Imax} - U_Z}{I_{Zmax} + I_{Lmin}} = R_{min}$$

由已知条件得到 $U_{Imax} = U_I(1 + 20\%) = 24$ V，$I_{Zmax} = 60$ mA，$U_Z = 10$ V，$I_{Lmin} = \dfrac{U_Z}{R_{Lmax}} = \dfrac{10}{2} = 5$ mA。可解得

$$R > \frac{24 - 10}{0.06 + 0.005} = 215 \ \Omega$$

当 U_I 为最小值，负载电流 I_L 为最大值时，稳压管中流过的电流为最小值，其值应大于 I_{Zmin}，即

$$\frac{U_{Zmin} - U_Z}{R} - I_{Lmax} > I_{Zmin}$$

由上式，可求得限流电阻 R 上限值的计算公式为

$$R < \frac{U_{Imin} - U_Z}{I_{Zmin} + I_{Lmax}} = R_{max}$$

由已知条件得到 $U_{Imin} = U_I(1 - 20\%) = 16$ V，$I_{Zmin} = 10$ mA，$I_{Lmax} = \dfrac{U_Z}{R_{Lmin}} = \dfrac{10}{1} = 10$ mA。可解得

$$R < \frac{16 - 10}{(10 + 10) \times 10^{-3}} = 300 \ \Omega$$

限流电阻 R 必须满足条件 $\qquad R_{min} < R < R_{max}$

则 R 的取值范围为 $\qquad 215 \ \Omega < R < 300 \ \Omega$

（2）稳压系数 S_r 与输出电阻 r_o 的估算

稳定系数 S_r 的定义是

$$S_r = \left. \frac{\Delta U_o / U_o}{\Delta U_I / U_I} \right|_{R_L = 常数}$$

在 R_L 不变情况下，S_r 可改写为

$$S_r = \frac{\Delta U_o}{\Delta U_I} \cdot \frac{U_I}{U_o}$$

在考虑输入变化量对输出变化量的影响时，图 9 - 23(a) 电路可画成图 9 - 23(b) 所示的等

效电路,由图(b)电路可得

$$\frac{\Delta U_{o}}{\Delta U_{Z}} \approx \frac{r_{Z} /\!/ R_{L}}{R + r_{Z} /\!/ R_{L}}$$

在 $R_{L} \gg r_{Z}$ 条件下,上式可近似为

$$\frac{\Delta U_{o}}{\Delta U_{Z}} = \frac{r_{Z}}{R + r_{Z}}$$

于是稳压系数 S_{r} 为

$$S_{r} = \frac{r_{Z}}{R + r_{Z}} \frac{U_{1}}{U_{Z}}$$

已知 $r_{Z} = 10\ \Omega$,若取 $R = 250\ \Omega$,则

$$S_{r} = \frac{10 \times 20}{(250 + 10) \times 10} = 0.077 = 7.7\%$$

电路的输出电阻 r_{o} 为

$$r_{o} = r_{Z} /\!/ R = r_{Z} = 10\ \Omega$$

[**例9－2**]　这个实用电路输出的直流电压在 $6 \sim 24$ V 内可调,输出电流为 $0 \sim 1$ A。

在直流稳压电路的定量计算方面,输出电压 U_{o} 大小、U_{o} 调节范围、负载电流及调整管的最大管耗 P_{cm} 是计算的主要内容。下面以图 $9-24$ 为例进行计算。

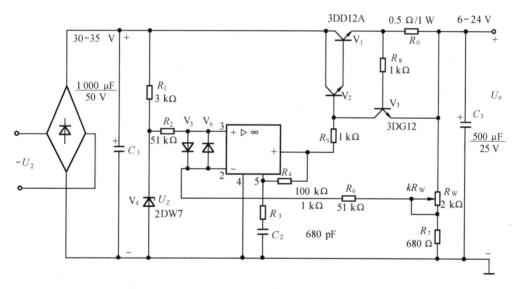

图 9 － 24　串联型直流稳压实用电路

解　(1) 输出电压 U_{o} 的表达式

推导 U_{o} 表达式有两种方法:

① 因理想运放 $U_{+} = U_{-}, I_{+} = I_{-} = 0$

$$U_{+} = U_{Z}, \quad U_{-} = \frac{R_{7}}{kR_{W} + R_{7}} U_{o}$$

则

$$U_o = \frac{kR_W + R_7}{R_7} U_Z = \left(1 + \frac{kR_W}{R_7}\right) U_Z$$

② 从负反馈角度考虑,基准电压 U_Z 是同相输入端电压 U_+,即 $U_+ = U_Z$,kR_W 是反馈回路电阻,R_7 是反相输入端到地电阻,比较放大环节视为同相比例电路,故也得

$$U_o = \left(1 + \frac{kR_W}{R_7}\right) U_Z$$

(2) 调节范围

当 $k = 0$,即 R_W 滑动端位于最上端,为 U_{omin} 值,即

$$U_{omin} = U_Z = 6\ \text{V} \quad 2DW7 U_Z = 6\ \text{V}$$

当 $k = 1$,即 R_W 滑动端位于最下端为 U_{omax},即 $U_{omax} = 24\ \text{V}$。

(3) 输出电流 I_o(即负载电流 I_L)

$$I_o = I_L = \frac{U_o}{R_L} \quad I_{omin} = \frac{U_o}{R_{Lmax}}$$

空载 $R_L \to \infty$,$I_o = 0$,

$$I_{omax} = \frac{U_o}{R_{min}}$$

当 $R_L = 24\ \Omega$ 时,

$$I_o = 1\ \text{A}$$

(4) P_{cm} 计算

通常满足 $kR_W + R_7 \gg R_L$,因而调整管最大集电极电流 $I_{cmax} \approx I_{Lmax}$,$P_{cm} = I_{cmax} U_{cemax} \approx I_{Lmax}(U_{Imax} - U_{omin})$ 而 $I_{Lmax} \approx 1\ \text{A}$,$U_{omin} = 6\ \text{V}$。

图中标注 $U_I = 30 \sim 35\ \text{V}$,取 $U_{Imax} = 35\ \text{V}$,则 $P_{cm} = 1 \times (35 - 6) = 29\ \text{W}$,3DD12 A 的 $P_{cm} = 50\ \text{W}$,$P_{cm} < P_{CM}$ 是合适的。

(5) 验算调整管的工作状态

由

$$U_{ce1min} = U_{Imin} - U_{omax} = 30 - 24 = 6\ \text{V}$$

假设调整管的 $U_{CES} = 2\ \text{V}$,则满足 $U_{ce1min} \geq (2 \sim 3) U_{CES}$ 条件。

因此,调整管在最不利的情况下也工作在放大状态。调整管有调整作用,符合稳压电路的调压要求。

四、集成三端稳压器

集成稳压器是利用半导体集成工艺,将串联型线性稳压器、高精度基准电压源、过流保护电路等集中在一块硅片上制作而成的,它具有如下特点:体积小,外围元件少,调整简单,使用方便而且性能好,稳定性高,价格便宜,因此得到广泛应用。集成稳压器的种类很多,作为小功率稳压电源,目前以三端式(输入端,输出端和公用端三个引脚)集成稳压器应用最为普遍,按输出电压是否可调,它又分为输出电压固定式和可调式两种。

(一) 固定式三端稳压器

固定式三端稳压器的输出电压是定值,通用产品有 W7800(正电压输出)和 W7900(负电压输出)两个系列,输出电压为 5 V、6 V、9 V、12 V、15 V、18 V 和 24 V 等,型号中的后两位数字表示输出电压值,例如 W7809 表示该稳压器输出电压为 9 V,W7918 则表示输出电压

为 – 18 V,此类稳压器的最大输出电流为 1.5 A,此外,还有 78L00 和 79L00 系列 78M00 和 79M00 系列,它们的额定输出电流分别为 100 mA 和 500 mA 三端稳压器的外形和电路符号如图 9 – 25 所示。

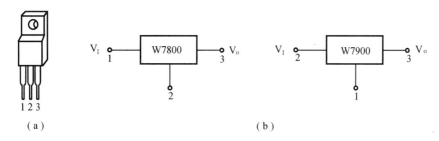

图 9 – 25　固定式三端稳压器

1. 工作原理(以 W7800C 系列为例)

如图 9 – 26 所示是 W7800C 系列集成稳压器内部电路图,包括基准电压、比较放大、调整等环节,还有较全面的保护环节,因此性能更加稳定可靠。

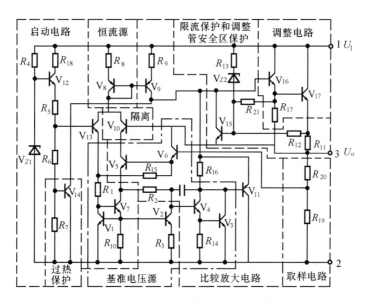

图 9 – 26　W7800C 系列三端式集成稳压器内部电路

(1) 调整环节

调整管是由 V_{16}、V_{17} 构成的复合管,其集电极接输入电压 U_I,射极经 R_{11} 接输出端。其稳压原理为:输出电压的变化量经取样电路 R_{19}、R_{20} 分压取样,再给放大环节放大后对调整管基极电位进行反馈控制,从而调节其管压降,达到稳定 U_o 的目的。

(2) 基准电压环节

基准电压电路由 V_1、V_2、V_7、R_1、R_2、R_3、R_{10} 及 $V_3 \sim V_6$ 构成。

它是具有低噪声,低温漂特点的基准电源电路。由图可得基准电压为

$$U_{REF} = 4U_{BE} + \frac{R_2}{R_3}U_T\ln\frac{I_{E1}}{I_{E2}} \qquad (9-40)$$

式中,U_{BE} 为 $V_3 \sim V_6$ 发射结正向压降,若设 $R_2 = 20$ kΩ,$R_3 = 1$ kΩ,$I_{E1}/I_{E2} = 20$,$V_T = 26$ mV,$U_{BE} = 0.7$ V,代入上式,则得 $U_{BEF} = 4.36$ V。

（3）比较放大环节

W7800 采用基准电源比较放大电路,即基准电压电路与比较放大电路形成一个整体,其中由复合管 V_3、V_4 和 V_{11} 及有源负载 V_9 构成 C·E–C·C 组合电路是比较放大电路的主放大级。由取样电路 R_{19}、R_{20} 获得的取样电压 $R_{19}U_o/(R_{19} + R_{20})$ 直接加到 V_6 的基极与 U_{REF} 相比较,产生的误差电压经主级放大级放大后去控制调整电路,因此稳压电路输出电压为

$$U_o = \left(1 + \frac{R_{20}}{R_{19}}\right)U_{REF} \qquad (9-41)$$

（4）保护环节

W7800 系列稳压器设有短路、过流保护,调整管安全工作区保护和芯片过热保护电路。

短路、过流保护电路由 R_{11}、V_{15} 组成。R_{11} 串在调整管 V_{17} 发射极与输出端之间,当输出电流超过额定允许值时,R_{11} 的压降将超过 0.6 V,加在 V_{15} 发射结上,V_{15} 导通,对 V_{16} 的基极电流分流,从而限制了输出电流的增加,起到保护调整管 V_{16}、V_{17} 的作用。

调整管安全工作区保护电路由 R_{13}、V_{Z2} 和 V_{15} 组成。在正常工作电流条件下,V_{17} 的 U_{CE17} 被限制在一定范围内(如约为 7 V)。当 U_{CE17} 超过此范围时,V_{Z2} 被击穿,R_{13}、V_{Z2} 支路的电流流过 R_{12}。当 R_{12} 和 R_{11} 上的电压之和超过 0.6 V 时,V_{15} 导通,限制了 V_{16}、V_{17} 的输出电流,从而保证了 V_{17} 工作点不超过允许的功耗线,使 V_{17} 处于安全工作区内。

芯片过热保护电路由 R_7 和 V_{14} 组成,V_{14} 的导通阈电压 $U_{BE(Th)}$ 具有负温度系数,R_7 具有正温度系数。当芯片温度较低时,R_7 上的电压 U_{R7} 不足以使 V_{14} 导通,不影响稳压器正常工作。当芯片温度上升到最大允许值,R_7 阻值增大到足够大,U_{R7} 升高,而 $U_{BE(Th)}$ 明显降低。

当 $U_{R7} > U_{BE(Th)}$ 时,T_{14} 导通,对恒流源输出管 V_9 的电流分流,导致 V_{16} 基极电流减小,结果输出电流减小,芯片功耗随之减小,芯片降温,达到过热保护的目的。

启动环节是集成稳压器中一个特殊的环节,它由 V_{12}、V_{13} 和 V_{Z1} 组成,其目的是在 U_1 加入后,帮助快速建立输出电压 U_o。当输入电压 U_1 刚接入时,V_{Z1} 被击穿,U_{Z1} 使 V_{12} 导通,V_{13} 基极建立起较高的电位($U_{B13} = U_{Z1} - U_{BE12} - U_{R5}$),$V_{13}$、$V_8$、$V_7$ 及 V_1 导通,V_9、$V_2 \sim V_6$、$V_{16} \sim V_{17}$ 迅速建立起工作电流,从而使稳压器投入正常工作。当 U_o 建立后取样电压通过 V_6、V_5 使 V_{13} 射极电位升高,V_{13} 截止,启动电压即停止工作。

2. 极限参数

最大输入电压 W7800 系列　　35 V(对应输出电压范围为 $U_o = 5 \sim 18$ V)

　　　　　　　　　　　　　40 V(对应输出电压范围为 $U_o = 20 \sim 24$ V)

　　　　　　W7900 系列　　－35 V(对应输出电压范围为 $U_o = -18 \sim -5$ V)

　　　　　　　　　　　　　－40 V(对应输出电压范围为 $U_o = -24 \sim -20$ V)

输出电流　1.5 A

允许功耗　1.5 W(金属壳封装加散热片);7.5 W(塑料封装加散热片)

工作温度　0 ~ 150 ℃

3. 基本应用电路

如图 9 - 27 所示为三端固定式稳压器的基本应用电路。

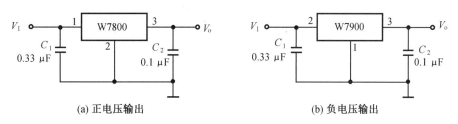

(a) 正电压输出   (b) 负电压输出

图 9 - 27 固定式三端稳压器基本应用电路

其中图 9 - 27(a) 为固定正电压输出;图 9 - 27(b) 为固定负电压输出,实际应用时,可根据对输出电压 U_o 数值和极性的要求去选择合适的型号。值得注意的是 U_1 与 U_o 的压差在 2 V 以上,即 $|U_1 - U_o| \geq 2$ V。芯片的输入端和输出端与地之间除分别接大容量滤波电容外,还需在芯片引脚根部接小容量 (0.1 ~ 10 μF) 电容 C_1、C_2 到地。C_1 用于抑制芯片自激振荡,C_2 用于压缩芯片的高频带宽,减小高频噪声。

当需要同时输出正、负电压时,可用 W7800 和 W7900 组成如图 9 - 28 所示的具有正、负对称输出两种电源的稳压电路。

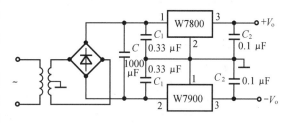

图 9 - 28 输出正、负电压的稳压电路

4. 扩展应用电路

(1) 电压扩展电路

W7800、W7900 系列是固定输出电压,当所需直流电压高于三端稳压器的额定输出电压时,可通过外接电路进行升压。如图 9 - 29 所示,使集成稳压器工作于悬浮状态,即不直接接地方式,从而扩展输出电压,设 W7800 的额定输出电压为 U_o',其公共端电流为 I_d(一般为几十微安至几百毫安),则由图可得扩展后的电压为

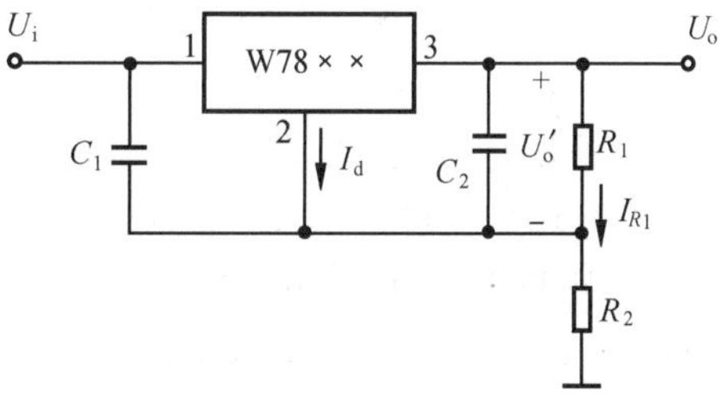

$$U_o = U_o'(1 + \frac{R_2}{R_1}) + I_d R_2 \quad (9 - 42)$$

图 9 - 29 输出电压扩展电路

一般 $I_d \ll I_{R_1}$,当 R_1,R_2 的阻值不是很大时,U_o 可近似表示为

$$U_o = U_o'(1 + \frac{R_2}{R}) \quad\quad\quad (9 - 43)$$

(2) 电流扩展电路

如图所示 9 - 30 所示为扩散稳压电路,图中 V_1 为扩流功率管,V_2 为限流保护管。

当负载电流 I_o 较小时,无须扩流,扩流控制取样电阻 R_1 上的压降不足以使 V_1 导通。此时$I_o = I'_o$(芯片输出电流);当I_o较大,需扩流时,U_{R_1}升高使V_1导通,此时$I_o = I'_o + I_{C1}$。当I_o超过最大允许值时,限流保护取样电阻R_2上的压降U_{R_2}使V_2导通,其电压U_{EC2}下降,迫使V_1发射结正偏电压U_{EB1}下降,从而限制了V_1的电流I_{C1}及输出电流I_o。

（3）输出电压可调电路

固定式三端稳压器配上合适的外接电路可构成输出电压可调的稳压电路,电路如图9 – 31所示。

由图可得集成运放 A 两输入端电压分别为

$$U_N = - \frac{R_3}{R_3 + R_4}U'_o + U_o$$

$$U_P = \frac{R_2}{R_1 + R_2}U_o$$

因工作于线性状态的理想运放两输入端电位近似相等,所以,由$U_N = U_P$求得

$$U_o = (1 + \frac{R_2}{R_1}) \frac{R_3}{R_3 + R_4}U' \qquad (9 - 44)$$

可见调节R_W改变R_2/R_1的比值,就可调节U_o。

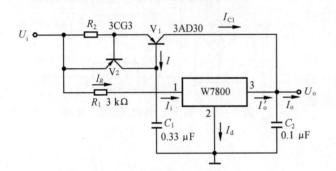

图9 – 30 电流扩展稳压电路

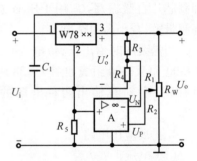

图9 – 31 输出电压可调电路

（4）跟踪稳压电源电路

图9 – 32是一种具有跟踪特性的正、负电压输出的稳压电源电路,W7800为正电源,用运放和功率管做成可跟踪正电源变化的负电源。

跟踪原理:当 + U_o 和 - U_o 绝对值相等(对称输出),即电源正常工作时,运放 F007 的反相输入端保持为零电位。当 U_1 或负载变化使 + U_o 升高时,运放反相输入端电位大于零,运放输出电位(即 V_2 基极电位)下降,由于 V_2 和 V_1 组成了共集电极接法,所以它的输出电压(- U_o)绝对

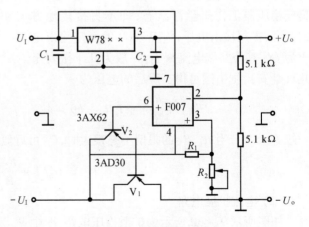

图9 – 32 跟踪稳压电源

值随之增大,从而保持了 − U_o 和 + U_o 对称。反之亦然,从而实现了跟踪关系。

(二)可调式三端稳压器

可调式三端稳压器是在固定式的基础上发展起来的,有 W117/217/317 系列和 W137/237/337 系列,前者为正电压输出,后者为负电压输出。其特点是输出电压连续可调,调节范围较宽,且电压调整率、负载调整率等指标均优于固定式三端稳压器。下面以 W117 系列为例,简单介绍这类稳压器的基本应用。

1. 电路结构与外形

W117 系列的内部电路结构与固定式 W7800 系列相似,包括取样、比较放大、调整等基本部分,且同样具有过热、限流和安全工作区保护。它的外形及电路符号如图 9 − 33 所示,也有三个接线端子,分别为输入、输出和调整端(用 ADJ 表示)。输出端与调整端之间的电压值为基准电压 U_{REF} = 1.25 V,调整端输出电压 I_A = 50 μA。

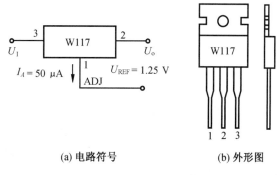

(a) 电路符号   (b) 外形图

图 9 − 33　可调式集成稳压器

2. 极限参数

最大输入电压　40 V

输出电压调节范围　1.2 ~ 37 V

输出电流　1.5 A;2.2 A[金属壳封装,(U_1 − U_o) ≤ 15 V,T_o = 25 ℃]

允许功耗　20W(金属壳封装,加散热片)

　　　　　15W(塑料封装,加散热片)

工作温度　− 55 ~ 15 ℃(W117)

　　　　　− 25 ~ 150 ℃(W217)

　　　　　0 ~ 125 ℃(W317)

3. 可调式三端稳压器的应用

(1)如图 9 − 34 所示为输出电压可调典型应用电路

调整 R_2 即可调整 U_o 的大小

$$U_o = (1 + R_2/R_1) \times 1.25 + I_A R_2 \tag{9 − 45}$$

式中,1.25 为芯片内部基本电压;I_A 为调整端电流。

可调式三端稳压器可利用其外围电路比较容易地实现,这是因为它属于悬浮式稳压电路,只要处于正常工作条件下,(U_1 − U_o) ≤ 40 V,即可使输出电压变化范围在 37.5 V 以上。

(2)如图 9 − 35 所示若将三端可调式稳压器的可调端直接接地可得到输出电压 U_o = 1.25 V。

(3)如图 9 − 36 所示为 W117 系列稳压器基本应用电路,为保证稳压器在空载时也能正常工作,要求流过电阻 R_1 的电流不能太小。一般取 I_{R_1} = 5 ~ 10 mA,故 R_1 = U_{REF}/I_{R_1} = 1.25/(5 ~ 10) mA ≈ 120 ~ 240 Ω。由图可求得输出电压为

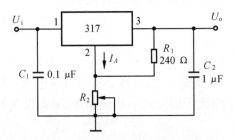

图 9 – 34　可调式三端稳压器典型接法

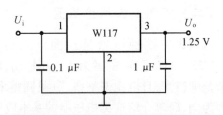

图 9 – 35　1.25 V 低压输出

$$U_o = U_{REF} + (I_{R_1} + I_A)R_W = \left(1 + \frac{R_W}{R_1}\right)U_{REF} + I_A R_W \tag{9 – 46}$$

调节 R_W，即可改变输出电压的大小。

电路中 C_1、C_3 用于防止自激振荡、减小高频噪声和改善负载的瞬态响应。接入 C_2 可提高对纹波的抑制作用。当输出电压较高而 C_3 容量又较大时，必须在 W117 的输入端与输出端之间接上保护二极管 V_1。否则，一旦输入短路，未经释放的 C_3 的电压会通过稳压器内部的输出晶体管放电，可能造成输出晶体管发射结反向击穿。接上 V_1 后，C_3 可通过 V_1 放电。同理，V_2 可用来当输出端短路时为 C_2 提供放电通路，同样起保护稳压器的作用。

若在图 9 – 36 的基础上，配上由 W137 组成的负电源电路，即可构成正、负输出电压可调的稳压电源，如图 9 – 37 所示。该电源输出电压调节范围为($\pm 1.25 \sim \pm 20$) V，输出电流为 1 A。

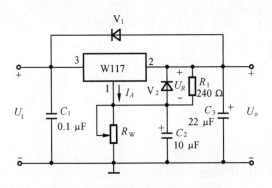

图 9 – 36　可调试三端集成稳压器
基本应用电路

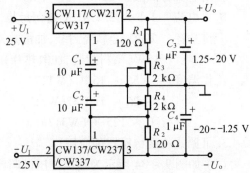

图 9 – 37　可调正负输出电压
集成稳压电路

*　第四节　开关稳压电源电路(SMR 电路)

开关电源自20世纪70年代问世以来，由于其良好的工作特性，迅速占领市场，一跃成为主流电源，开关管的工作频率在20 kHz 以上，目前已提高到100 ~ 500 kHz，开关电源的功率最小为几十瓦，最大可达到5 ~ 10 kW。随着现代电子技术的发展，开关电源正朝着高频、大功率、高效率方向发展，因此被广泛应用。

一、开关稳压电源电路的特点与分类

（一）开关电源的特点

1. 效率高：串联型线性稳压电路是依靠调节调整管集－射极间的电压降来稳定输出电压的。由于调整管始终处于线性工作状态，管压降大，而且承担全部负载电流，因此功耗大，效率很低，可靠性也差。而在开关稳压电路中，调整管（即开关管）处于开关工作状态，依靠调节开关管导通时间 t_{on} 来实现稳压，因此，开关管的损耗很小，电路效率高，一般可达 70% ~ 85%，甚至高于 90%。

2. 体积小、质量轻：高压型开关稳压电源将电网电压直接整流可省去电源变压器（工频变压器），从而使体积小、质量小，利于直流电源小型化。

3. 稳压范围宽：当电网电压在 130 ~ 265 V 变化且负载电流作较大幅度变化时都能达到良好的稳压效果。

4. 应用灵活性高、适应范围广：利用控制开关可获得一路输入多路输出以及同极性或反极性输出；利用输出隔离变压器还可得到低电压大电流或高电压小电流稳压电源，而且输出电压维持时间长，交流输入电压关断后几十毫秒内仍有直流电压输出。但开关稳压电路也有不足之处：输出纹波较大，动态响应时间长（大于一个开关周期）；电流、电压变化率大，不宜在空载或满负载电流变化的场合使用；控制电路比较复杂，射频干扰和电磁干扰大，对元器件要求高，成本也较高。然而随着集成化开关稳压，控制器的大量面世，开关稳压电路的优点越来越突出，并迅速发展，性能日趋完善，已在许多领域广泛应用。

（二）分类

开关稳压电路的种类很多，有各种不同的分类方法，主要有如下几种。

按开关调整管驱动方式分类，可分为自激式和他激式两大类。在自激式基础上引入同步信号，又可构成同步式开关稳压电路。

按稳压的控制方式，开关稳压电路可分为脉冲宽度调制（Pulse Width Modulation，缩写为 PWM）型和脉冲频率调制（Pulse Frequency Modulation，缩写为 PFM）型，而两者结合，又可构成混合调制型。在实际应用中，以脉宽调制型最为常用，而混合调制型由于利用反馈使开关调整管的开关频率和导通时间同时改变，加强了对输出电压变化的调整作用，因而稳压效果较为理想。

按功率开关电路的结构形式，开关稳压电路可分为降压型、升压型、反相型和变压器型。变压器型中按开关管输出电路的形式可分为单端式和双端式。而前者可分为单端正激式和单端反激式，后者又可分为推挽式、半桥式和全桥式。

此外，还有一类称作谐振型的开关稳压电路，有串联型（SRC）、并联型（PRC）和准谐振型（QRC）之分。其中的零电压和零流开关变换器是近期发展得较快的一类新型稳压电路，在理想条件下开关管的损耗为零，工作频率可以提高到 1 ~ 10 MHz 的范围，效率高达 90% 以上。

二、开关稳压电路基本工作原理

(一) 开关稳压电源的基本组成

开关稳压电源的电路结构与线性稳压电源相似,包括电源整流滤波电路和开关稳压电路两大部分,如图9-38所示。开关稳压电路将来自电源整流滤波电路中不稳定的直流输入电压 U_I 变换成各种数值稳定的直流输出电压。因此,开关稳压电路又称为DC-DC变换器。开关稳压电路一般由功率开关器件、储能滤波电路(亦称脉冲或输出整流滤波电路)组成的高频开关变换器、控制电路及附设的各种保护电路构成。其中控制电路由取样电路、比较放大电路、基准电压电路、开关脉冲形成及控制(调制)电路等组成。

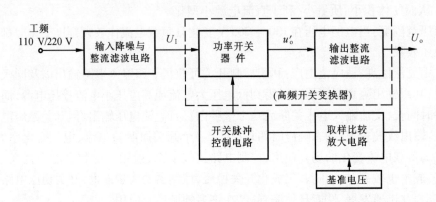

图9-38 开关稳压电源基本组成方框图

高频开关变换器是开关电源的核心部分,故又称为主回路。功率开关器件通常选用高速大功率开关管,如BJT、单向晶闸管SCR、可关断晶闸管GTO,UMOS FET或JGBJT等器件。储能滤波电路的作用是将功率开关器件获得的脉冲电压变成平滑的直流输出电压。它往往采用不同于一般整流滤波电路的特殊元器件,如超快速整流二极管、肖特基势垒二极管、低ESR(等效串联电阻)值电解电容器以及铁淦氧体或钼坡莫合金为磁芯的电感等。

控制电路中的取样电路、基准电压电路及比较放大电路的组成、功能与串联型线性稳压电路相似,而开关脉冲形成及控制电路则常由压控振荡电路或施密特触发电路组成,以产生脉冲宽度或频率受误差信号控制的开关脉冲信号。

(二) 基本工作原理

在开关稳压电路中,功率开关器件起高频开关的作用,在开关脉冲 $H(t)$ 作用下,周期性地导通与截止。因此,不论开关器件与负载是串联还是并联,或通过脉冲变压器相连接,输入稳压电路的直流电压 U_I 经功率开关后将输出一个幅度接近 U_I 的矩形波 u'_o,再经输出整流滤波电路的脉冲整流及滤波而获得平滑、稳定的直流电压 U_o。各波形如图9-39所示。

由图可知,直流输出电压为 u'_o 的平均值,即

$$U_o = \frac{t_{on}}{T}U_I = dU_I \tag{9-47}$$

式中，T 为开关管开关工作周期（即开关脉冲周期）；t_{on} 为开关管饱和导通，开关闭合时间（即开关脉冲的宽度）；$t_{off} = T - t_{on}$ 为开关管截止，开关断开时间；$d = t_{on}/T$ 为开关工作的占空系数（即开关脉冲的占空系数，亦称占空比）。

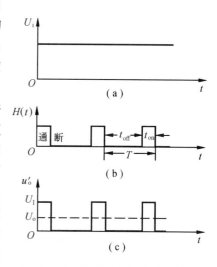

（a）

（b）

（c）

图 9 – 39　开关控制输出电压原理

由式（9 – 47）可见，直流输出电压 U_o 与开关器件的开关占空系数 d 成正比，改变占空系数便可控制直流输出电压的大小。开关稳压电路正是利用这一作用来实现电压的稳定和调节，由图 9 – 38 所示方框图可知，开关稳压电路各组成部分实际上构成一个闭环负反馈系统。当电网电压或负载变化使输出电压 U_o 变化时，通过取样并与基准电压进行比较，产生一误差信号，经放大后去控制开关脉冲的宽度或频率（即周期），从而调整开关器件导通与截止的时间比例，即调整占空系数，使 U_o 做相反方向的变化，以维持 U_o 不变，达到稳压的目的。这种稳压的控制方法又称为"时间 – 比率控制" 法（Time-Ratio Control，缩写为 TRC）。

如前所述，利用 TRC 法来稳定 U_o，有脉冲宽度调制（PWM）、脉冲频率调制（PFM）和混合调制（即脉冲宽度和周期同时调制）三种调制方式。PWM 方式是保持开关脉冲的周期 T 不变，利用误差信号来改变开关脉冲的宽度 t_{on}，从而改变占空系数 d 来稳定输出电压；PFW 方式是保持开关脉冲的宽度 t_{on} 不变，利用误差信号来改变开关脉冲的频率（即周期 T），改变 d 而稳定输出电压；混合调制方式则利用误差信号同时改变 t_{on} 和 T 来改变 d 而稳定输出电压，这种调制方式的 d 值变化范围较宽，适用于要求宽范围内调节输出电压的电源电路。

三、降压型它激式开关型稳压器

它的电原理图见图 9 – 40。与串联型稳压器相比，电路增加了一个 LC 滤波电路，一个产生固定频率的三角波产生器和一个比较器 C 组成的驱动电路。图中 U_I 是整流滤波电路的输出电压。U_B 是比较器的输出电压，它是一个占空比可变、频率与三角波频率相同的脉冲信号。当 U_B 为高电平时，开关功率管 T 饱和导通，设其饱和压降为

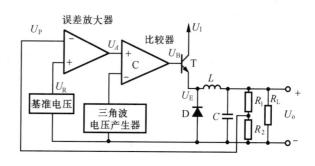

图 9 – 40　降压型它激式开关稳压电路原理图

U_{CES}，则值为 $U_I - U_{CES}$ 的电压加到 D 上，D 截止；当 U_B 为低电平时，T 截止，但由于滤波电感 L 产生反电势，所以在 T 截止期间，D 在反电势作用下导通，于是电感中的能量通过 D 向负载释放，因此 D 通常也称为续流二极管，此时 T 的发射极电位为 $-U_D$（U_D 为二极管的正向压降）。可见，在 U_B 的控制下，U_E 是一个高电平为 $U_I - U_{CES}$ 低电平为 $-U_D$ 的脉冲信号，它经 LC 滤波之后就可获得一个直流输出电压。若 U_E 高电平的时间为 t_{on}，U_E 低电平时间为 t_{off}，则电路输出的直流电压为

$$U_o = \frac{1}{T}\big[\,(U_I - U_{CES})t_{on} + (-U_D)t_{off}\,\big] \tag{9-48}$$

用 $\delta = t_{on}/T$ 表示占空比,并设 $U_{CES} = U_D$,则输出电压 U_o 等于

$$U_o \approx \frac{t_{on}}{T}U_I = \delta U_I \tag{9-49}$$

可见,在一定的 U_I 值时,通过占空比 δ 的调节就可实现对输出电压的调节。

调整管控制电压的占空比大小决定于比较放大器的误差输出电压 U_A。当 $U_A = 0$ 时, $\delta = 0.5$;当 $U_A > 0$ 时, $\delta > 0.5$;当 $U_A < 0$ 时, $\delta < 0.5$。

U_A 是比较放大器的输出信号,它的大小与极性取决于取样电压 U_F 和基准电压 U_R。若 $U_F = \dfrac{R_2}{R_1 + R_2}U_o > U_R$, U_A 为负极性; $U_F < U_R$ 时, U_A 为正极性。

实际的电路组成了一个闭环反馈系统。当输出电压 U_o 由于某个原因增加时,就发生如下的闭环调节过程:

$$U_o \uparrow \rightarrow U_F \uparrow \rightarrow U_A \downarrow \rightarrow \delta \downarrow \rightarrow U_o \downarrow$$

$$U_o = \delta U_I$$

这个自动调节过程就可以保证输出电压 U_o 稳定在要求的数值上。电路工作波形如图 9 - 41。

当这种调节过程达到稳定平衡时,就有 $U_F = U_R$ 成立。由此可求得稳定输出的直流电压 U_o 为

$$U_o = \Big(1 + \frac{R_1}{R_2}\Big)U_R \tag{9-50}$$

它与串联稳压器的结果是相同的。

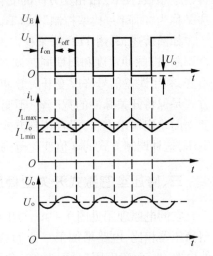

图 9 - 41 开关稳压电路的工作波形图

电路的最佳开关频率一般为 10 ~ 100 kHz。若取上限,可使用较小的 LC 滤波元件,对减小系统的体积、质量和成本是有好处的。但由于开关次数增加,管子的平均耗散功率加大,又将影响电源效率的提高。所以通常开关频率选择在 20 ~ 50 kHz。

由于在 LC 滤波电路输入端是一个占空比可变的脉冲电压波,所以在输出电压中的纹波电压较大,这是它的缺点。所以从输出纹波电压的要求出发,滤波元件 LC 的选择是十分重要的。一般可依据下式选取:

$$L \geqslant 2.5 R_L T(1 - \delta) \tag{9-51}$$

$$C \geqslant \frac{1}{15 f^2 L \gamma} \tag{9-52}$$

式中, γ 是输出电压的纹波系数, $f = 1/T$ 是开关脉冲的重复频率。

关于它们的分析读者可参考有关文献,这里不再讨论。

四、自激式开关稳压电路

这种电路不需要专门设置三角波振荡产生器,而是依靠一定的正反馈量来建立电路的自激励状态,以保证功率开关管工作在开关状态。其原理电路如图 9 – 42 所示。图中比较放大器 A 有两个反馈环路,一个是从节点 A 经 R_3、R_4 分压形成的正反馈,其反馈量一般是 $0.1\% \sim 1\%$;另一个是从取样分压网络 R_1、R_2 的分压节点到比较放大器反相输入端的负反馈回路。它的工作原理可简述如下。

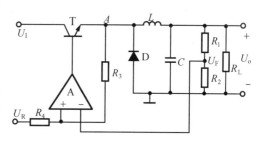

图 9 – 42 自激式开关稳压电路原理图

当 U_1 接入的瞬间,输出电压 $U_o = 0$,基准电压 U_R 经 R_3、R_4 分压加到比较放大器 A 的同相输入端。因为反相输入端电压为零,故迅速驱动开关调整管进入饱和状态,使图中 A 点的电位由零跳变到 $U_1 - U_{CES}$。这样 U_o 就开始增加,并经取样分压电阻 R_1、R_2 分压后送到比较放大器的反相输入端,一旦到达 $U_- \geq U_+$ 时,比较放大器 A 就立即驱动 T 进入截止状态。显然这时输出电压 U_o 随时间减小,故 U_- 也减小。当 $U_- \leq U_+$ 时,电路又驱动 T 进入饱和工作状态,从而使调整管完成了一个周期内的开关动作,以后周而复始地进入开关状态。

由上述工作过程的分析可见,电路自激励状态的建立是靠输出电压中的纹波电压来实现的,而使 T 的工作状态发生转换的条件是

$$\Delta U_+ = \Delta U_-$$

ΔU_+ 是 T_1 管状态变化时,同相输入端的变化量;ΔU_- 是 T_1 管状态变化时,反相输入端的变化量。同相输入端的电压变化量 ΔU_+ 为

$$\Delta U_+ = (U_I - U_{CES}) \frac{R_4}{R_3 + R_4} - (-U_D) \frac{R_4}{R_3 + R_4} \approx U_I \frac{R_4}{R_3 + R_4} \qquad (9-53)$$

而反相输入端电压的变化量 ΔU_- 则是输出纹波电压的峰 – 峰值。忽略高次谐波分量时,其大小为

$$\Delta U_- = U_{tPP} = \frac{4}{\pi} \frac{U_I}{\omega^2 LC} \cdot \frac{R_2}{R_1 + R_2}$$

ω 为输出纹波电压的基波频率,也就是 T 的开关脉冲重复频率。由 $\Delta U_+ = \Delta U_-$ 的条件可得

$$\omega = \sqrt{\frac{4R_2(R_3 + R_4)}{\pi LC(R_1 + R_2)R_4}} = \sqrt{\frac{4U_R(R_3 + R_4)}{\pi LCU_o R_4}} \qquad (9-54)$$

可见自激式开关稳压器的开关角频率是 LC 及正、负反馈系数的函数。

五、开关型稳压器举例

开关型稳压器可以由多端可调输出的串联稳压器结构的集成芯片组成,也可用集成开关电源控制器来实现。图 9 – 43(a) 就是一个由 LM105 作基本器件组成的降压型它激式开关稳压器电路实例。

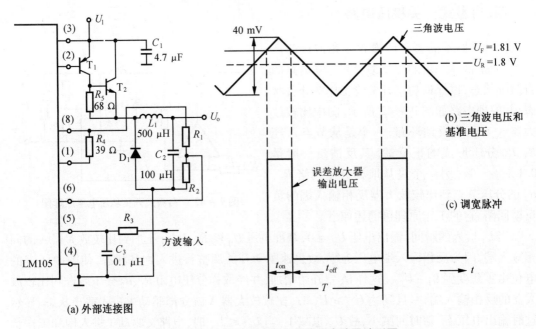

图 9 – 43　LM105 组成的开关稳压电路及波形图

　　图中 T_1, T_2 及 R_5 组成电流扩展器, R_4 是限流检测电阻。经取样分压网络 R_1, R_2 分压得到取样信号直接加到误差放大器的反相输入端 6 脚, 同时, 外部激励方波信号经 RC 积分网络变换成三角波电压与基准电压一同加到误差放大器的同相输入端, 其波形如图9 – 43(b)所示。对本电路, 为了获得最佳特性, 三角电压波的峰 – 峰值取 40 mV 为好。这时经误差比较放大器之后就可获得如图 9 – 43(c) 所示的调宽脉冲, 作为调整管基极控制信号, 若 $U_I = 20$ V, 要求 $U_o = 5$ V, 则相应的控制脉冲占空比为 $\delta = 0.25$。如果取基准电压 $U_R = 1.8$ V, 则对应的取样信号应为 $U_F = U_R + 10$ mV $= 1.81$ V, 这时可决定取样电阻比 $\dfrac{R_2}{R_1} = 1.76$。

　　图9 – 44 是由集成开关电源控制器 CW1524 组成的一种 SMR 电路。CW1524 是一种可调脉宽型调制器, 它的内部包括误差放大器、振荡器、脉宽调制器、触发器及输出功率晶体管。最高工作频率为 100 kHz, 内部的基准电压为 5 V。不加电流扩展时, 最大输出电流为 50 mA。外部有 16 条引脚, 是双列直插式封装的形式, 相应的管脚功能说明示于图9 – 44(b)。

　　图中6, 7 脚的 R_T, C_T 是定时元件, 它决定了开关频率 $f = \dfrac{1.15}{R_T C_T}$。该电路大约能提供 1.0 A, +5 V 的输出。

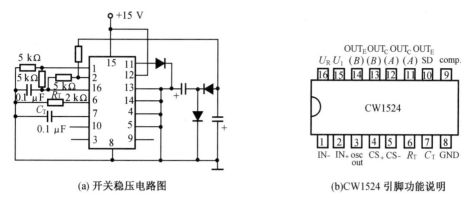

(a) 开关稳压电路图　　　　　　　　(b)CW1524 引脚功能说明

图 9 - 44　CW1524 组成的开关稳压电路及 CW1524 引脚功能说明

本 章 小 结

本章主要讨论了整流、滤波并联型稳压电路的工作原理及参数等,重点介绍了串联型稳压电路的工作原理及计算,最后介绍了一些关于集成稳压器和开关稳压电路的知识。

(一) 整流电路

整流电路是利用二极管的单向导电性来实现的,包括半波、全波、桥式整流电路,最常用的整流电路是桥式整流电路,它除了具备一般全波整流电路的优点外,还具有变压器利用率高的优点,因此在实际中被广泛采用,它的主要参数为:$U_{o(AV)} = 0.9U_2$, $S = 0.67$, $I_{o(AV)} = \dfrac{U_{o(AV)}}{R_L}$, $I_{V(AV)} = \dfrac{1}{2}I_{o(AV)}$, $U_{RM} = \sqrt{2}U_2$。

(二) 滤波电路

滤波电路是利用电容两端电压不能突变或电感中电流不能突变的特性来实现的,本章介绍了电容、电感、$LC\pi$ 型($LC - \pi$ 型、$RC - \pi$ 型) 滤波电路,电容滤波适用于负载电流较小且变化不大的场合,且对整流二极管的冲击电流较大;电感滤波适用于负载电流较大的场合,但其冲击电流很小,但将二者结合起来接成 $LC - \pi$ 型电路可以获得较为理想的滤波效果。

(三) 稳压电路

利用硅稳压管的稳压特性将其与负载并联,构成最简单的稳压电路,但存在输出电压不可调,输出电流变化范围小的缺点,而串联型稳压电路可实现输出电压可调、输出电流大、带负载能力强、输出纹波小等效果,它是利用电压与反馈,晶体管 U_{ce} 可调等原理来实现的,但其功率转换效率低。集成稳压器具有体积小,质量少,设计、组装、调试方便且性能稳定可靠的优点,其中三端稳压器最为常用,但一般用于功率较小的场合。

(四) 开关稳压电源电路

掌握开关稳压电路的特点、分类及基本工作原理,如需要请查阅其他资料。

思考题与习题

9-1 判断下面提法是否正确,用"√"或"×"表示在括号内。

直流电源是

(1) 一种波形变换电路,能将正弦波信号变成直流信号。(   )

(2) 一种能量转换电路,将交流能量变为直流能量。(   )

(3) 一种负反馈放大电路,使输出电压稳定。(   )

9-2 选择合适的内容填空。

(1) 整流的主要目的是_____(a_1. 将交流变直流;b_1. 将正弦波变成方波;c_1. 将高频信号变成低频),主要是利用_____(a_2. 二极管;b_2. 过零比较器;c_2. 滤波器) 实现。

(2) 滤波的主要目的是_____(a_1. 将交流变直流;b_1 将高频变低频;c_1. 将直、交流混合量中的交流成分去掉),故可利用_____(a_2. 二极管;b_2. 变频电路;c_2. 低通滤波电路;d_2. 高通滤波电路) 实现。

9-3 选择合适的内容填空

要求将 220 V,50 Hz 的电网电压变成脉动较小的 6 V 直流电压,已有四个整流二极管,还需要的元件至少是:_____。(a. 晶体管;b. 稳压管;c. 变压器;d. 电感器;e. 电阻器;f. 电容器)

9-4 选择填空

电路如图 9-45 所示。

(1) 若 $U_2 = 20$ V,则 $U_{o(AV)}$ 等于_____ V。(a. 20;b. 18;c. 9;d. 24)

(2) 由于有四个整流管,故流过每只整流管的电流 $I_{V(AV)}$ 为_____。(a. $\dfrac{I_{o(AV)}}{4}$;

b. $\dfrac{I_{o(AV)}}{2}$; c. $4I_{o(AV)}$)

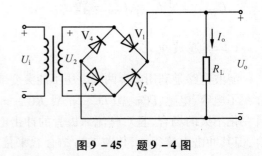

图 9-45 题 9-4 图

(3) 由于整流管是串接的,故每管的最

大反向电压 U_{RM} 为_____。(a. $\dfrac{\sqrt{2}}{2}U_2$;b. $\sqrt{2}U_2$;c. $2\sqrt{2}U_2$)

(4) 若 V_1 管正、负极接反了,则输出_____。(a. 只有半周波形;b. 全波整流波形;c. 无波形且变压器或整流管可能烧毁)

(5) 若 V_1 管开路,则输出_____。(a. 只有半周波形;b. 全波整流波形;c. 无波形且变压器烧毁)

9-5 带中心抽头变压器的全波整流电路如图9-46所示。试说明它的工作原理,并计算 $U_{o(AV)}/U_2$,U_{RM}/U_2,$I_{V1(AV)}/I_{o(AV)}$,S 之值。

9-6 整流电路如图9-47(a)所示。试回答下列问题。

(1) 叙述整流原理,标出 U_{o1},U_{o2} 对地的极性。

(2) 在图(b)中画出 U_{o1},U_{o2} 的波形,指出是全波整流还是半波整流。

(3) 当 $U_{21} = U_{22} = 20$ V 时,$U_{o1(AV)}$ 和 $U_{o2(AV)}$ 各是多少伏?

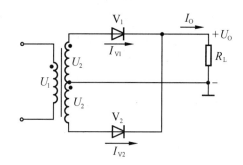

图9-46 题9-5图

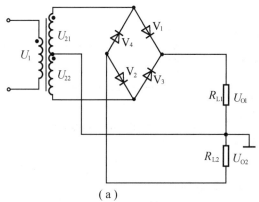

图9-47 题9-6图

9-7 单相半波整流电路如图9-48所示。已知变压器副边电压 $u_2 = 18\sqrt{2}\sin \omega t$(V)。试回答下列问题。

(1) 负载 R_L 上直流电压平均值 $U_{o(AV)}$ 约为多少伏?

(2) 若负载 R_L 的变化范围为100~300 Ω,则选用的整流二极管正向平均电流 $I_{V(AV)}$ 和反向耐压 U_{RM} 各为多大?

9-8 桥式整流电路如图9-45所示。已知 $U_2 = 100$ V,$R_L = 1$ kΩ,若忽略二极管正向电压和反向电流,不计变压器的内阻,求:

(1) R_L 两端电压平均值 $U_{o(AV)}$;

(2) 流过 R_L 的电流平均值 $I_{o(AV)}$;

(3) 应怎样选择二极管?

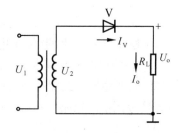

图9-48 题9-7图

9-9 在下面几种情况下,应选:a.电容滤波;b.电感滤波;c.$RC-\pi$ 型三种滤波电路中的哪一种。

(1) $R_L = 1$ kΩ,输出电流为10 mA,要求 $S = 0.1\%$,应选_____。

(2)$R_L = 1\ \text{k}\Omega$,输出电流为 10 mA,要求 $S = 0.01\%$,应选_____。

(3)$R_L = 1\ \Omega$,输出电流为 10 A,要求 $S = 10\%$,应选_____。

9-10 桥式整流电容滤波电路如图 9-49 所示。设滤波电容 $C = 100\ \mu\text{F}$,交流电压频率 $f = 50\ \text{Hz}$,$R_L = 1\ \text{k}\Omega$,问:

(1)要求输出 $U_o = 8\ \text{V}$,U_2 需要多少伏?

(2)该电路在工作过程中,若 R_L 增大,输出直流电压 U_o 是增加还是减小?二极管的导电角是增大还是减小?

(3)该电路在工作过程中,若电容 C 脱焊(相当于把 C 去掉),此时 U_o 是升高还是降低?二极管的导电角是增大还是减小?

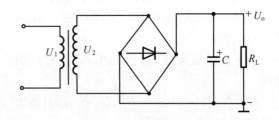

图 9-49 题 9-10 图

9-11 全波整流电容滤波电路如图 9-50 所示。若 $U_2 = 20\ \text{V}$,并忽略变压器和整流管内阻,试计算:

(1)$C = 1\ 000\ \mu\text{F}$,$R_L = 1\ \text{k}\Omega$ 时,$U_{o(AV)}$ 和 S 值。

(2)若 C 不变,$R_L = 50\ \Omega$,$U_{o(AV)}$ 和 S 将如何变化?

(3)当 $R_L = 100\ \Omega$ 时,若要求 $S = 0.1\%$,C 应选多大?

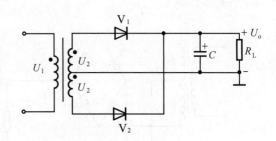

图 9-50 题 9-11 图

9-12 如图 9-49 所示桥式整流电容滤波电路。已知电容值足够大,变压器次级线圈电压有效值 $U_2 = 10\ \text{V}$,如果输出端用电压表直流挡测量有以下值:(1)$U_o = 14\ \text{V}$;(2)$U_o = 9\ \text{V}$;(3)$U_o = 12\ \text{V}$;(4)$U_o = 4.5\ \text{V}$。试说明哪些值为正常工作值,哪些值为非正常工作值,说明原因。

9-13 用"√"或"×"表示下面说法是否正确。

(1)稳压电路能使:① 输出电压与输入电压之比稳定。(   )

② 输出电压与基准电压之比稳定。(   )

(2)既然稳压电路能在 U_I 变化的情况下输出稳定的直流电压,那么可以将变压器次级绕组直接接到稳压电路而不必经过整流滤波电路。(   )

(3)带放大环节的稳压电路中,被放大的量:① 基准电压。(   )② 输出采样电压。(   )③ 误差电压。(   )

9-14 并联型稳压电路如图 9-51 所示。若 $U_I = 22\ \text{V}$,硅稳压管稳压值 $U_Z = 5\ \text{V}$,负载电流 I_L 变化范围为 $10 \sim 30\ \text{mA}$。设电网电压 (U_I) 不变,试估算 I_Z 不小于 5 mA 时的需要的 R 值是多少?在选定 R 后求 I_Z 的最大值。

9-15 硅稳压管稳压电路如图 9-52 所

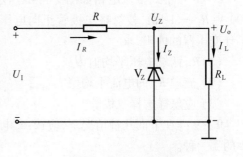

图 9-51 9-14 图

示。已知 $U_1 = 16$ V(变化范围为 $\pm 10\%$)，V_Z 的稳压值 $U_Z = 10$ V，电流 I_Z 的范围为 $10 \sim 50$ mA，负载电阻变化范围为 $1 \sim 500$ kΩ。

（1）试估算限流电阻 R 的取值范围。

（2）若已知稳压管 V_Z 的等效电阻 $r_Z = 8$ Ω，求电路的稳压系数 S_r 和输出电阻 r_o。

9 - 16　晶体管串联型稳压电路如图 9 - 52 所示。已知晶体管参数 $U_{BE} = 0.7$ V，试回答下列问题：

（1）画出稳压电路的方框图，将构成各环节的元器件标在方框内。

（2）若 $R_1 = R_2 = R_W = 300$ Ω，试计算 U_o 的可调范围。

（3）若 R_1 改为 600 Ω 时，你认为调节 R_W 时，U_o 的最大值是多少？

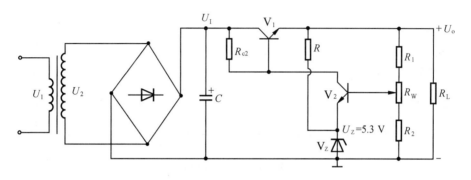

图 9 - 52　题 9 - 16 图

9 - 17　性能较完善的分立元件组成的直流稳压电路如图 9 - 53 所示。已知稳压管 V_5 的稳压值 $U_{Z1} = 12$ V，稳压管 V_6 的稳压值 $U_{Z2} = 8$ V，调整管 V_1 的饱和压降 $U_{CES1} = 3$ V，$R_1 = 200$ Ω，$R_2 = 100$ Ω，$R_3 = 300$ Ω，$R_4 = 5.6$ kΩ，$R_5 = 6$ kΩ，试做如下的定性分析和定量计算：

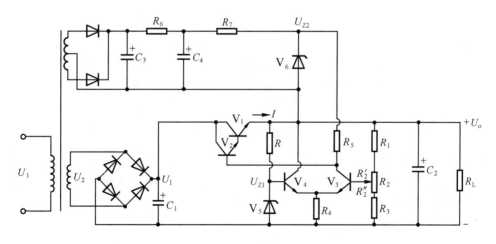

图 9 - 53　题 9 - 17 图

（1）说明电路中各元器件的作用，并用箭头表示法写出稳压过程。

(2) 估算输出直流电压 U_o 的调节范围。

(3) 为使 $U_o = 20$ V,问 R_2 滑动端位于何处,即 $R_2'' = ?$

(4) 已知电源变压器次级电压有效值 $U_2 = 25$ V,试说明调整管 V_1 是否符合直流稳压的要求。

(5) 当电网电压波动范围为 $\pm 15\%$,$I_{e1} = 0.15$ A 时,求调整管 V_1 的最大管耗 P_{cm} 值。

9 - 18　稳压电源如图 9 - 54 所示。设 $U_Z = 6$ V,$R_W = 300$ Ω,输出电压可调范围 $U_o = 9 \sim 18$ V。

(1) 求采样电阻 R_1,R_2 各为多少?

(2) 若调整管 V 的饱和压降 $U_{CES} = 3$ V,问变压器次级线圈电压有效值 U_2 至少应为多少伏?

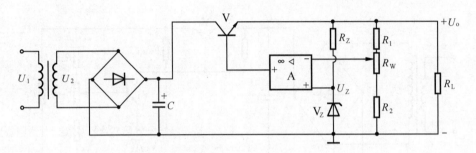

图 9 - 54　题 9 - 18 图

9 - 19　利用 W7805 获得输出电压可调的稳压器如图 9 - 55 所示。计算 U_o 的可调范围为多大?

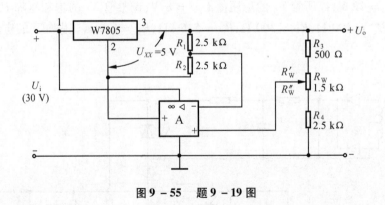

图 9 - 55　题 9 - 19 图

9 - 20　采用集成运放构成的稳压电路如图 9 - 56(a)、(b) 所示。设 $U_{i1} = U_{i2} = 15$ V,$U_{Z2} = U_{Z4} = 6$ V,试分析这种电路中输出电压 U_o 的调节方式和调节范围有何不同,并求出各自的调节范围。

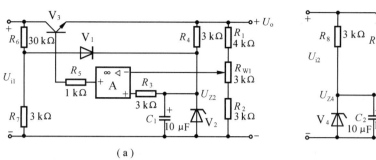
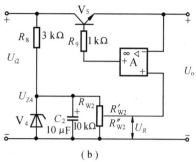

（a）　　　　　　　　　　　　（b）

图 9 – 56　题 9 – 20 图

参 考 文 献

［1］童诗白.模拟电子技术基础［M］.4 版.北京:高等教育出版社,2015.

［2］康华光.电子技术基础:模拟部分［M］.5 版.北京:高等教育出版社,2020.

［3］谢嘉奎.电子线路:线性部分［M］.5 版.北京:高等教育出版社,2019.

［4］唐竞新.模拟电子技术基础解题指南［M］.北京:清华大学出版社,2000.

［5］沈尚贤.模拟电子学［M］.北京:人民邮电出版社,1983.

［6］李清泉,黄昌宁.集成运算放大器原理与应用［M］.北京:科学出版社,1984.

［7］赵保经.模拟集成电路［M］.北京:人民邮电出版社,1983.

［8］张凤言.电子电路基础:高性能模拟电路和电流模技术［M］.2 版.北京:高等教育出版社,1995.

［9］张锡亭,佟芯.模拟电子学基础［M］.北京:机械工业出版社,1987.

［10］应巧琴,田志芬,朱慕荣,等.模拟电子技术基础［M］.北京:高等教育出版社,1984.

［11］MILLMAN J.Microelectronics:Digital and Analg Circuits and Systems［M］.New York:McGraw — Hill Book Company,1979.

［12］GOTTLING J G.Electronics:Models,Analysis and Systems［M］.New York:Marcel Dekker Inc,1982.